新型显示技术

（下册）

高鸿锦　董友梅　等 编著

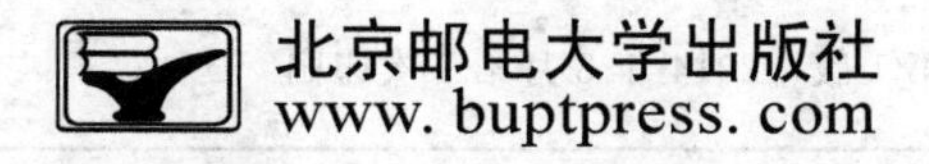

内 容 简 介

本书对显示领域主要显示技术的原理、器件结构及工艺、驱动电路及应用进行了全面介绍，并深入介绍了液晶显示技术、器件工艺和原材料。

全书共18章，分上下两册。上册第1章至第6章分别为显示器导论、光度与色度、图像质量与显示器性能、液晶化学、液晶物理学和液晶光学，内容侧重在基础理论；第7章至第9章分别为常用液晶显示器的显示模式、薄膜晶体管有源矩阵液晶显示器和有机发光二极管显示，内容侧重在器件技术。下册第10章至第13章分别为彩色PDP基础、量子点显示技术、场致发射显示和无机电致发光，内容侧重在器件技术；第14至第18章分别为液晶显示器用原材料、三维显示、触摸屏技术、投影显示和平板显示器光电性能的测试技术与标准，内容为相关技术。

本书可作为大专院校相关专业的本科生和研究生教材，也可供广大从事显示器工作的专业人士参考，更是众多显示器件爱好者的良师益友。

图书在版编目(CIP)数据

新型显示技术. 下 / 高鸿锦等编著. -- 北京：北京邮电大学出版社，2014.8
ISBN 978-7-5635-4044-0

Ⅰ. ①新… Ⅱ. ①高… Ⅲ. ①液晶显示器－基本知识②平板显示器件－基本知识
Ⅳ. ①TN141.9

中国版本图书馆CIP数据核字（2014）第145621号

书　　　名：新型显示技术（下册）
著作责任者：高鸿锦　董友梅　等 编著
责 任 编 辑：孔玥
出 版 发 行：北京邮电大学出版社
社　　　址：北京市海淀区西土城路10号（邮编：100876）
发　行　部：电话：010-62282185　传真：010-62283578
E-mail：publish@bupt.edu.cn
经　　　销：各地新华书店
印　　　刷：北京鑫丰华彩印有限公司
开　　　本：720 mm×1 000 mm　1/16
印　　　张：17.75
字　　　数：354千字
印　　　数：1—3 000册
版　　　次：2014年8月第1版　2014年8月第1次印刷

ISBN 978-7-5635-4044-0　　　　定　价：36.00元

· 如有印装质量问题，请与北京邮电大学出版社发行部联系 ·

目　录

第10章　彩色PDP基础 …… 1

10.1　PDP的发展历史 …… 1

10.1.1　PDP国外发展历史 …… 1

10.1.2　PDP国内发展历史 …… 2

10.2　气体放电特性 …… 3

10.2.1　PDP的全伏安特性 …… 3

10.2.2　辉光放电的发光空间分布 …… 4

10.2.3　帕邢定律 …… 5

10.2.4　潘宁效应 …… 6

10.3　PDP的结构和特性 …… 7

10.3.1　PDP的结构 …… 7

10.3.2　PDP的发光机理 …… 8

10.3.3　PDP的发光效率 …… 10

10.3.4　PDP显示单元等效电路 …… 11

10.3.5　PDP的壁电荷和存储特性 …… 12

10.3.6　PDP的工作原理 …… 14

10.3.7　PDP的寿命 …… 15

10.3.8　PDP的主要光电参数 …… 16

10.4　PDP显示屏的制作工艺 …… 16

10.4.1　工艺特点 …… 16

10.4.2　工艺流程 …… 17

10.4.3　PDP的基板 …… 17

10.4.4　PDP的电极 …… 18

10.4.5　PDP的介质和障壁 …… 19

10.4.6　PDP的MgO保护层 …… 20

10.4.7　PDP荧光粉 …… 20

10.4.8　PDP的封接排气 …… 20

10.4.9　PDP的老炼测试 …… 21

10.5　PDP的ADS驱动方法 …… 21

10.5.1 PDP 的 ADS 驱动原理 …… 21
10.5.2 实现灰度的子场驱动法 …… 24
10.5.3 PDP 驱动模块的框图 …… 24
10.5.4 PDP 的动态伪轮廓现象和克服方法 …… 26
10.6 PDP 面临的挑战和展望 …… 27
10.6.1 提高发光效率 …… 27
10.6.2 进一步降低制作成本 …… 28
10.6.3 展望 …… 28
本章参考文献 …… 28

第 11 章 量子点显示技术 …… 30

11.1 引言 …… 30
11.2 量子点技术发展历史 …… 30
11.2.1 量子点发展历史 …… 30
11.2.2 量子点显示技术发展历史 …… 31
11.3 量子点发光材料 …… 32
13.3.1 量子尺寸效应 …… 33
13.3.2 量子限域效应 …… 34
11.3.3 量子点发光原理 …… 35
11.3.4 量子点光学特性 …… 36
11.3.5 量子点制备方法 …… 38
11.4 量子点显示技术 …… 40
11.4.1 量子点发光二极管显示技术 …… 41
11.4.2 量子点背光源技术 …… 48
11.5 量子点显示技术面临的挑战和展望 …… 51
本章参考文献 …… 54

第 12 章 场致发射显示 …… 56

12.1 概述 …… 56
12.1.1 场致发射显示原理 …… 56
12.1.2 FED 兼有 CRT 和 LCD 的优点 …… 57
12.1.3 FED 显示技术的发展趋势 …… 57
12.2 场致发射原理 …… 59
12.2.1 金属表面的场致发射方程 …… 59
12.2.2 半导体的场致发射 …… 60
12.2.3 场致发射电流的不稳定性和不均匀性 …… 60
12.3 微尖发射阵列的制造工艺和发射均匀性 …… 61

12.3.1　钼微尖阵列的制造工艺……62
12.3.2　硅微尖阵列的制造工艺……64
12.3.3　如何保证 Spindt 微尖型场致发射显示亮度的稳定性和均匀性……64
12.4　FED 制造中的关键工艺和材料……66
12.4.1　支撑技术……66
12.4.2　FED 中真空度的维持……66
12.4.3　FED 中的荧光粉……67
12.5　Spindt 型 FED 举例……68
12.6　新型的 FED 显示器……69
12.6.1　表面传导发射显示……69
12.6.2　碳纳米管(CNT)场致发射显示器……73
本章参考文献……76

第 13 章　无机电致发光……77

13.1　引言……77
13.1.1　无机电致发光基础……77
13.1.2　电致发光原理简介……79
13.2　无机固体薄膜电致发光……81
13.2.1　TFEL 基质材料……82
13.2.2　发光中心特性……85
13.2.3　电介质材料……86
13.2.4　EL 发光特性……88
13.3　厚膜电致发光……89
本章参考文献……101

第 14 章　液晶显示器用原材料……102

14.1　基片玻璃……103
14.1.1　基片玻璃的化学成分与物理特性……103
14.1.2　基片玻璃的生产方法……104
14.1.3　基片玻璃的市场……106
14.2　液晶材料……108
14.3　彩色滤色膜……109
14.3.1　彩色滤色膜的结构与制作方法……110
14.3.2　颜料分散法制作工艺……111
14.3.3　彩色滤色膜的市场……112
14.3.4　彩色滤色膜的技术趋势……114
14.4　导电玻璃……115

14.5 偏振片 …… 116
14.5.1 偏振片的一般特性 …… 116
14.5.2 偏振片的生产 …… 117
14.5.3 偏振片的市场 …… 118
14.6 触摸屏 …… 120
14.7 取向材料 …… 122
14.7.1 取向材料 …… 122
14.7.2 取向膜的形成 …… 124
14.7.3 取向材料的最新进展 …… 125
14.7.4 预倾角的测量 …… 125
14.8 封接材料 …… 128
14.8.1 丝印胶 …… 128
14.8.2 衬垫 …… 129
14.8.3 堵口胶 …… 130
14.8.4 导电胶 …… 132
14.9 背光系统及模块 …… 132
14.9.1 背光源 …… 133
14.9.2 背光模块 …… 133
14.10 背光增亮技术 …… 134
14.10.1 棱镜膜 …… 135
14.10.2 反射偏振片 …… 140
14.10.3 反射片 …… 143
14.10.4 其他增亮技术 …… 144
14.10.5 增亮综合解决方案 …… 145
本章参考文献 …… 146

第15章 立体显示 …… 147

15.1 立体显示视觉基础 …… 147
15.1.1 立体视觉心理线索 …… 147
15.1.2 立体视觉生理线索 …… 148
15.1.3 视差产生立体显示原理 …… 151
15.2 立体显示产业链全貌 …… 152
15.3 立体显示技术 …… 153
15.3.1 立体显示技术分类 …… 154
15.3.2 快门眼镜式立体显示技术 …… 155
15.3.3 偏光眼镜式立体显示技术 …… 157
15.3.4 视差挡板式裸眼立体显示技术 …… 160

15.3.5　柱透镜式裸眼立体显示技术 …… 162
15.4　2D/3D 切换技术 …… 163
15.4.1　活动式视差挡板技术 …… 163
15.4.2　液晶透镜技术 …… 164
15.4.3　指向式背光技术 …… 167
15.5　3D 显示改善技术 …… 167
15.5.1　多视点技术 …… 167
15.5.2　摩尔纹消除技术 …… 169
15.5.3　裸眼立体显示排图 …… 170
15.5.4　扫描光栅 …… 171
15.6　立体显示的困境和未来 …… 172
本章参考文献 …… 173

第 16 章　触摸屏技术 …… 175

16.1　触控市场发展史 …… 175
16.2　触摸屏种类与原理、结构 …… 177
16.2.1　触摸屏的第一个特性——透明 …… 177
16.2.2　触摸屏的第二个特性——绝对坐标系统 …… 178
16.2.3　触摸屏的第三个特性——检测触控并定位 …… 178
16.3　触摸屏种类、原理和结构 …… 178
16.3.1　红外线式触摸屏 …… 178
16.3.2　压力检出式触摸屏 …… 179
16.3.3　光学式触摸屏 …… 179
16.3.4　电阻式触摸屏 …… 179
16.3.5　表面声波式触摸屏 …… 180
16.3.6　电容式触摸屏 …… 180
16.4　触摸屏制造材料 …… 182
16.4.1　ITO 材料 …… 182
16.4.2　ITO 透明塑料薄膜 …… 183
16.4.3　相关油墨胶材 …… 183
16.4.4　ACF 材料 …… 183
16.5　电阻触摸屏的设计 …… 183
16.6　触摸屏制造的检测、检验 …… 187
16.6.1　主材与辅材的进料检验 …… 187
16.6.2　产品外观、电气性能及常见问题 …… 188
16.7　电容式触摸屏 …… 189
16.7.1　电容式触摸屏的应用及制作要求 …… 189

16.7.2 自电容与互电容原理 …… 189
16.7.3 几种常见的电容触控结构 …… 191
16.8 几种替代 ITO 的新型材料 …… 192
16.8.1 碳纳米管 …… 193
16.8.2 纳米银 …… 194
16.8.3 石墨烯 …… 195
本章参考文献 …… 197

第 17 章 投影显示 …… 199

17.1 投影显示原理 …… 199
17.1.1 什么是投影显示 …… 199
17.1.2 投影显示的分类 …… 200
17.2 CRT 投影显示器 …… 201
17.3 LCD 液晶投影显示 …… 202
17.3.1 关于液晶显示和液晶投影显示 …… 202
17.3.2 液晶投影机的系统构成 …… 202
17.4 LCOS 液晶投影显示 …… 211
17.4.1 LCOS 面板结构及工作原理 …… 212
17.4.2 LCOS 微显投影机 …… 213
17.4.3 LCOS 投影机的电路系统 …… 216
17.4.4 LCOS 投影机目前存在的问题 …… 218
17.5 DLP 投影机 …… 218
17.5.1 DLP 投影机的特点 …… 219
17.5.2 DLP 投影机的电路系统 …… 220
17.5.3 DLP 投影机的光学系统 …… 221
17.5.4 单片 DLP 投影机 …… 221
17.5.5 三片式 DLP 投影机 …… 224
17.6 投影机关键部件 …… 225
17.6.1 投影显示的屏幕 …… 225
17.6.2 投影镜头 …… 229
17.6.3 投影机的光源 …… 232
本章参考文献 …… 241

第 18 章 平板显示器光电性能的测试技术和标准 …… 242

18.1 规定标准的测试环境和测量条件 …… 242
18.1.1 对模拟光源的要求与实现 …… 243
18.1.2 标准的测量设备安置方式 …… 245

18.1.3　测量前LMD与显示器的预热时间 …… 245
18.2　亮度和亮度均匀性 …… 246
18.2.1　亮度测量 …… 246
16.2.2　亮度的均匀性 …… 246
18.3　对比度 …… 247
18.3.1　暗室对比度 …… 247
18.3.2　亮室对比度 …… 248
18.4　色度和色度的均匀性 …… 249
18.4.1　屏中心色坐标、色域和色域面积 …… 249
18.4.2　色度的不均匀性 …… 250
18.5　流明效力 …… 250
18.5.1　采用积分球测量光通量 …… 250
18.5.2　用亮度计测量光通量 …… 252
18.6　显示器的静态图像质量指标 …… 252
18.6.1　可视角 …… 252
18.6.2　响应特性 …… 255
18.6.3　交叉效应 …… 257
18.6.4　残像(图像黏滞) …… 260
18.6.5　闪烁 …… 262
18.7　国内外主要标准组织 …… 264
本章参考文献 …… 265

附录A:平板显示相关网站 …… 266

附录B:世界液晶研究小组、研究中心 …… 268

第10章　彩色PDP基础

10.1　PDP的发展历史

10.1.1　PDP国外发展历史

1964年，美国Illinois大学的Bitzer和Slottow在电极表面制作介质层，发明了利用气体放电实现显示的交流器件，并命名为等离子体显示(plasma display panel, PDP)。

1968年，Owens-Illinois将PDP单元改为开放式结构，器件寿命大为延长，使PDP的批量生产成为可能。

1970年至20世纪80年代早期，先后出现了直流PDP、自扫描PDP、交直流混合PDP等，并确立了PDP在大面积显示方面的优势。

1976年，美国贝尔实验室的G. W. Dick发明了单基板结构的ACPDP，奠定了现代PDP的基础。

20世纪70年代，开始彩色PDP的开发，人们曾试图通过不同气体的混合发出不同色彩的光或利用电子激发的荧光粉实现彩色显示，但没有取得成功。

20世纪70年代，发现Xe在100～200 nm间有丰富的谱线，而且发光效率高，才逐渐确立了利用气体放电产生紫外线激发光致发光荧光粉实现彩色显示的方法。

为了避免荧光粉受到放电粒子的轰击，20世纪70年代开展彩色PDP研究的公司多采用DCPDP。1983年，日本的NHK公司最早研制出了对角线16英寸、320×240像素的DC彩色PDP电视，由于单元无记忆能力，采用的是刷新式工作方式。

1983年，美国的Photonics公司制作出了最大的单色等离子体显示器，对角线1 m，有1 212×1 596个单元。IBM也制作出了960×768单元的单色ACPDP。

20世纪80年代至90年代初，美国的Photonics公司、法国的Thomson公司分别利用与单色PDP类似的双基板结构研制出了17、21、30英寸交流彩色PDP。

1993年日本的富士通公司利用1976年G. W. Dick发明的单基板结构，设计了条状障壁，制作出了彩色PDP原理样机。奠定了现代彩色PDP产业的基础。

1996年，日本富士通公司对单基板结构进行了改进，实现了21英寸640×480彩色PDP显示器的批量生产。

1998年实现40英寸彩色PDP批量生产。到目前为止对角线32英寸、34英寸、42英寸、50英寸、60英寸的彩色PDP已实现量产。

2012年松下研发出145寸超大彩色PDP,尺寸为3.2 m×1.8 m,像素7 680×4 320,表10.1示出了彩色PDP 2005年代表性产品的主要性能。

表10.1 彩色PDP 2005年代表性产品的主要性能(长宽比都为16∶9)

公司	对角线/英寸	显示容量	节距/mm	亮度 $\frac{}{cd \cdot m^{-2}}$	暗室对比度	颜色数	备注
FHP	32	852×1 024	0.84×0.39	1 000	-	1.07 B	ALIS
	42	1 024×1 024	0.90×0.51	1 100	-	1.07 B	ALIS
	55	1 366×768	0.90×0.90	1 000	-	1.07 B	e-ALIS
松下	37	852×480	0.882×1.175	1 000	4 000∶1	1.07 B	-
	42	1 024×768	0.897×0.657	500	3 000∶1	1.07 B	-
先锋	35	853×480	0.921×0.921	-	-	-	-
	43	1 024×768	0.930×0.698	1 100	900∶1	1.07 B	-
	50	1 280×768	0.858×0.808	1 000	900∶1	1.07 B	-
	61	1 365×768	0.99×0.99	600	700∶1	68.7 B	Color Filter
三星	42	852×480	1.11×1.11	1 000	3 000∶1	16 MB	-
	63	1 366×768	1.02×1.02	700	1 000∶1	16 MB	-
	80	1 920×1 080	0.85×1.129	1 000	2 000∶1	-	样机
	102	1 920×1 080	-	1 000	2 000∶1	-	样机
LG	60	1 280×720	1.032×1.032	1 000	1 000∶1	16 MB	-
	76	1 920×1 080	0.804×1.072	800	1 000∶1	-	样机

10.1.2 PDP国内发展历史

20世纪70年代中期,由信息产业部电子第五十五研究所(以下简称五十五所)率先开展了单色PDP研究和开发,20世纪80年代初该所解决了单色PDP的寿命问题,实现了640×480线、960×768线、1024×768线等单色PDP的系列产品的生产,少量产品供军方使用,并建有一条单色PDP军标生产线。杭州大学也开始相应研究。

20世纪80年代后期至90年代初,五十五所国内首先开展了彩色PDP技术的研究和开发,先后研制出了64×64线多色交流PDP拼接用显示屏和显示器、128×128彩色像素彩色PDP原理样机,320×240彩色像素彩色PDP显示屏和样机。杭州大学也有拼接屏研究。

"九五"期间,在国家科学技术部支持下,五十五所和西安交大开展了21英寸640×480彩色PDP科技攻关,分别研制出了21英寸彩色PDP实用化样机。

2001年上海松下等离子显示器有限公司成立,开始生产彩色PDP显示屏。

2002年,五十五所和东南大学进一步开展PDP国家科技攻关,五十五所开发出

42 英寸 852×480 彩色像素的彩色 PDP 的实用化样机，东南大学开发出 14 英寸新型荫罩型彩色 PDP 显示器。彩虹集团与俄罗斯合作开发出 42 英寸彩色 PDP 样机。

2003 年，TCL 开发出全套彩色 PDP 驱动电路。

2005 年，东南大学开发出 34 英寸荫罩型彩色 PDP 样机。彩虹集团开发出 50 英寸彩色 PDP 样机。

2006 年长虹集团投资 6.75 亿美元建设国内首条 8 面取（以 42 英寸计）等离子屏生产线。

2009 年合肥鑫昊投资约 20 亿人民币采购了日立 4 面取生产线，产能为 150 万片/年。

10.2　气体放电特性

10.2.1　PDP 的全伏安特性

在气体放电中，作为电源负载的放电气体可看成是可变电阻，击穿之前其电阻无穷大，放电后其电阻的大小与气体种类及成分，压力及温度，极间距离，电极材料，电极表面状态密切相关。

图 10.1 所示为用于 PDP 的典型气体放电伏安特性曲线。这里纵坐标上的电流值是取对数后的值，已给出坐标值实际跨跃了若干个数量级。其中 AB 段是非自持放电，它是依靠空间存在的自然辐射、照射阴极所引起的电子发射和气体的空间电离所产生的。B 点后由非自持放电过渡到自持放电。BC 是自持的暗放电，有微弱的发光。B 点对应于击穿电压（即放电着火电压）。若电路中的限流电阻不很大，则电压 U 提高后，放电可迅速过渡到 E 点之后，即 U 突然下降，而 I 突然上升，并随之立即发出较强的辉光；若回路里串有很大的电阻（$10^6\ \Omega$ 以上），则可能逐点测出 CE 段。这是由自持暗放电 BC 段到辉光放电 EG 段的过渡区域，很不稳定。只要放电回路中电流稍有增加，电压则很快向 E 点转移。

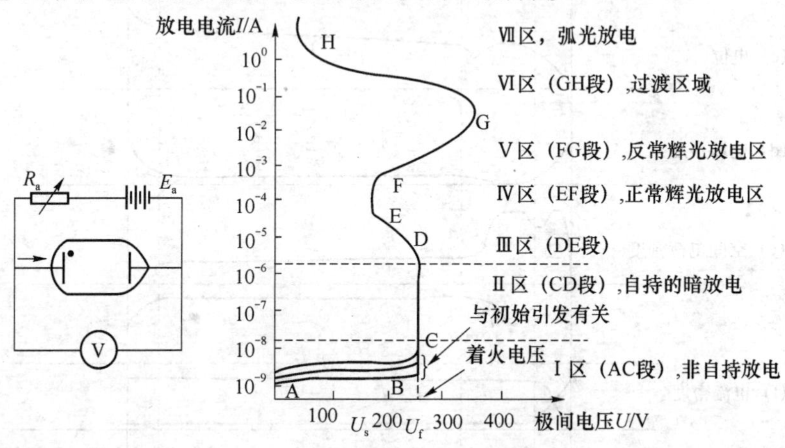

图 10.1　气体放电的伏安特性曲线

当电流增加到 E 点,放电间隙中会出现如图 10.2 所示的特定外貌的发光。这时阴极表面只有一部分发光,即只有一部分阴极表面发射电子,这部分叫阴极斑点。随着放电电流增加,阴极斑点面积按正比例增加,而 U 保持不变。一直到阴极斑点覆盖整个阴极表面后,再使 I 增加,则 U 也增加,这时放电对阴极的溅射也增加。一般把 EF 段称为正常辉光放电区,而 FG 段称为反常辉光放电区。

在彩色 PDP 的维持发光期为了获得较高的亮度,需要有较强的放电,大都使用正常辉光放电区的高端,就是即将向反常辉光放电相过渡的区域,这时维持电压不用提高,放电覆盖整个电极表面,放电发光较强,又不至于损伤阴极。

可以证实,平板充气二极管的伏安特性具有极强的非线性。

10.2.2 辉光放电的发光空间分布

凡是电流通过气体的现象即为气体放电,许多低压气体放电光源都直接或间接地利用气体放电而发光的,如日光灯、霓红灯等。在气体中的两电极间施加电压,在一定条件下,会产生气体辉光放电,PDP 正是利用气体辉光放电而发光的。按辉光放电外貌及其微观过程,从阴极到阳极大致可分为阿斯顿暗区、阴极光层、阴极暗区、负辉区、法拉第暗区、正光柱区及阳极区等几个区域。如图 10.2 所示为辉光放电的外貌,发光强度,电位,场强,空间电荷密度,电流密度等分布。

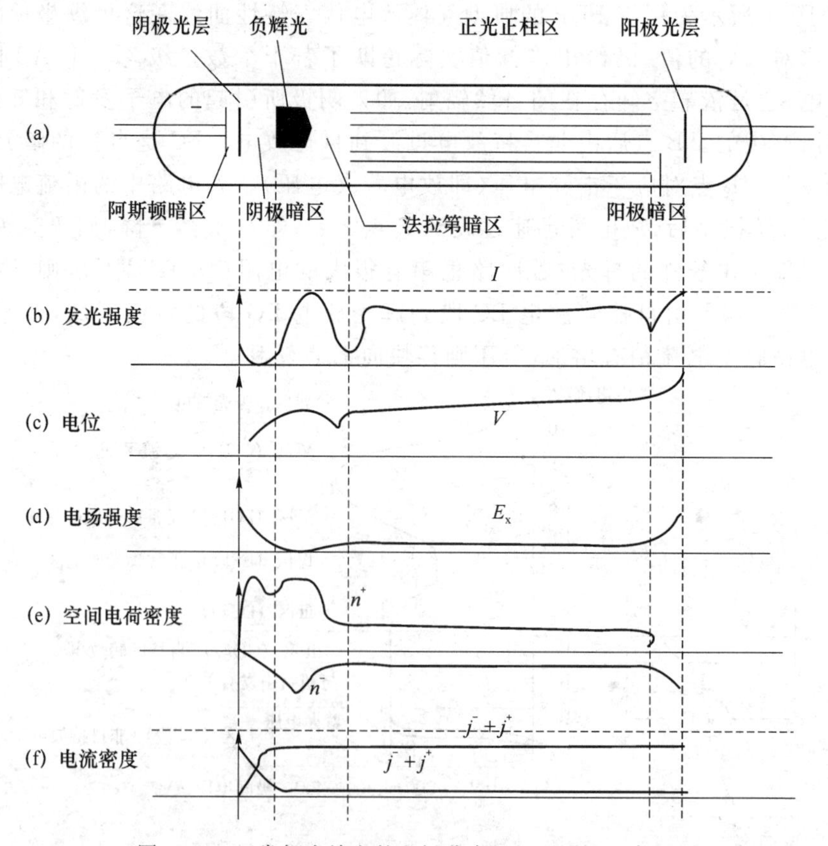

图 10.2 正常辉光放电的空间分布(Ne,1.33×10² Pa)

在外加电场作用下，阴极发出的电子或在放电空间产生的电子在电场作用下跑向阳极，并不断增加速度。刚离开冷阴极的电子能量很低，不足以引起气体原子激发和电离，所以，阴极近表面为一暗区，即阿斯顿暗区；随着电子在电场中加速，当电子的能量足以使气体原子激发时，就产生辉光，这就是阴极光层；电子能量进一步增加时，就能引起气体原子电离，从而产生大量的离子与低速电子，这一过程并不发可见光，这一区域称为阴极暗区，阴极位降主要发生在这一区域中；低速电子增加速度后，会引起气体原子激发，从而形成负辉区。再向阳极方向，还有几个明暗相间的区域。

辉光放电具有以下的基本特征：

(1) 是一种稳定的自持放电；

(2) 放电电压明显低于着火电压，其着火电压由帕邢定律决定；

(3) 放电时，放电空间呈现明暗相间的，有一定分布的光区；

(4) 严格地讲，只有正光柱区部分属于等离子区，其中正负电荷密度相等，整体呈电中性；

(5) 放电主要依靠二次电子繁流来维持。

正常辉光放电有 4 个明显的发光区域，即阴极光层，负辉区，正柱区及阳极光层，如图 10.2(a)、(b)所示。其中，阴极光层和阳极光层对发光的贡献远小于负辉区和正柱区。负辉区的发光强度最大，但发光区域较小。正柱区的发光区域最大，对光通量的贡献也最大。但是气体放电时，以上 4 个区域并不一定全部出现。当电极间距离逐渐缩短时，正柱区逐渐缩短并首先消失，然后是法拉第暗区负光辉区相继消失。由图 10.2(c)可以看出，阴阳极之间的电位降主要发生在负辉区之前；维持光辉放电所必需的电离大部分发生在阴极暗区。也就是说，阴极位降区(包括阿斯顿暗区，阴极光层和阳极暗区)是维持辉光放电必不可少的部分。阴极位降区的宽度随气体压力成反比例变化。

10.2.3　帕邢定律

放电管电极是一对平板电极，电极间是均匀电场。当气体两端的电压缓慢上升时，初始阶段只有 10^{-16} A 的电流，说明气体并没放电，电流是由气体中存在的少量的放电粒子导致的。当电压超过某一值时，电流开始以指数规律增加，这时的放电一般称为汤生放电。

汤生放电的电流可用式(10.1)表示，即

$$I = I_0 e^{\alpha d} / [1 - \gamma(e^{\alpha d} - 1)] \tag{10.1}$$

其中，I_0 为电初始电流；α 为汤生放电第一系数，即电子沿电场方向移动单位距离发生碰撞电离的次数，简称电离系数；d 为电极间的距离；γ 为二次电子发射系数。

自持放电的条件为

$$\gamma(e^{\alpha d} - 1) = 1 \tag{10.2}$$

即

$$\alpha d = \ln(1 + 1/\gamma) \tag{10.3}$$

不考虑空间电荷对电极间电场的影响，汤生第一电离系数为

$$\alpha=C_1 p\exp(-C_2 p/E) \tag{10.4}$$

其中,p 为气体的气压;E 为电极间电场强度;C_1、C_2 为与气体有关的常数。

将式(10.4)代入式(10.3),考虑到 $E=U_f/d$,可得气体的击穿电压或着火电压 U_f 为

$$U_f=\frac{C_2 pd}{\ln\left[\frac{C_1}{\ln(1+1/\gamma)}\right]+\ln(pd)}=f(pd) \tag{10.5}$$

式(10.5)确定了气体击穿或称着火时加在气体两端的电压与气压、电极间的距离、气体种类、电极表面的材料间的关系。也就是说,在平板均匀电场中,气体的着火电压是气体压强和极间距离乘积(pd)的函数。这就是气体放电的帕邢定律,也是彩色 PDP 工作的基本定律之一。帕邢定律也是气体的同比定律在气体放电时应用的一个实例。

令 $dU_f/d(pd)=0$,由式(10.5)可得着火电压 U_f 的最小值和相应的 pd 值,即

$$(pd)_{min}=2.72C_1^{-1}\ln(1+1/\gamma) \tag{10.6}$$

$$U_{f,min}=2.72C_2C_1^{-1}\ln(1+1/\gamma) \tag{10.7}$$

一些气体的帕邢曲线如图 10.3 所示。

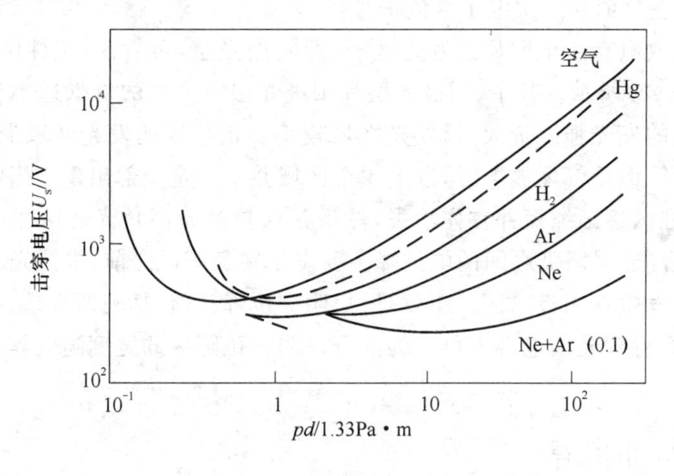

图 10.3 一些气体的帕邢曲线

影响单元着火电压的因素还有电极材料和它们的表面状况。如果电极表面的二次发射系数较高,有利于繁流的产生和维持,因而着火电压可以降低。初始粒子的引火效应对着火电压也有明显影响,引火装置的采用可导入浓度较高的初始粒子,从而降低着火电压。

10.2.4 潘宁效应

研究表明,在给定的基本气体中加入少量的杂质气体,如果杂质气体的电离电位小于基本气体的亚稳态能级,混合气体的着火电压会小于基本气体的着火电压,这种现象称为潘宁(Penning)效应。例如:Ne-Ar,He-Xe,Ne-Xe,Ar-Hg 混合可产生潘宁效应,它们的混合气体常称为潘宁气体。在 PDP 设计中常用潘宁气体来降低器件的着火电压。表 10.2 为几种气体的亚稳态能级和电离电位。

表 10.2　几种气体的亚稳态能级和电离电位

元素	原子序素	亚稳态能级/eV	电离电位/eV
Hg	80	-	10.40
He	2	19.80	24.58
Ne	10	16.62	21.56
Ar	18	11.53	15.76
Kr	36	9.91	13.99
Xe	54	8.32	12.13

潘宁效应是因为基本气体的亚稳态原子和杂质气体原子之间具有极高的碰撞几率，从而提高了杂质气体的电离截面，加速了杂质气体原子的电离雪崩，降低了工作气体的着火电压。

10.3　PDP 的结构和特性

10.3.1　PDP 的结构

单色等离子体显示是利用 Ne-Ar 混合气体在一定电压作用下产生气体放电，直接发射出 582 nm 橙色光。

可以找到一些混合气体，放电时产生红、绿、蓝三基色，遗憾的是这些气体的发光效率很低，稳定性差，有的还有腐蚀性；而且为避免不同种类的气体的混合，发光单元不能做在一个气室里，需要制成上下互不相通的 3 个气室叠在一起，不仅工艺十分复杂，不同角度观察时也会产生视差，因此人们很快就放弃了这种方案。现在获得成功的方法是用 He-Xe 混合气体放电时产生不可见的 147 nm 真空紫外线(VUV)，再使 VUV 激发相应的三基色光致发荧光粉发出可见光而达到显示的目的。

彩色 PDP 从结构上分为交流 PDP、直流 PDP 和交直流混合型 PDP3 种，目前已实现商品化生产的均为交流彩色 PDP。交流 PDP 又可分为表面放电型和对向放电型两种结构。表面放电型 PDP 发光效率较高，目前市售彩色 PDP 产品都是表面放电型彩色 PDP。本章的分析也以表面放电型彩色 PDP 为主。

表面放电型彩色 PDP 显示屏结构示意图如图 10.4 所示，可以看出，彩色 PDP 显示屏由前后两个基板组成，在前基板上，每一彩色像素包括一对 ITO 透明电极，ITO 电极之上，制作有金属电极，称之为汇流电极(BUS 电极)；像素之间，与电极平行方向制作有黑色介质条，用于提高显示对比度；介质和黑条之上，是透明介质，最上层是用于降低工作电压和对介质进行保护的 MgO 层。在后基板上，最下层是选址电极，每个像素包括 3 条电极，与前基板电极呈空间正交；电极之上先制作的是白色介质层，介质之上，两条电极之间制作的是用于防止单元间光串扰和控制基板间隙的障壁，障壁的底部和侧面涂覆的是真空紫外光致发光荧光粉，相邻 3 个障壁槽内分别涂覆 R、G、

B 三基色荧光粉,形成一个彩色像素,后基板一角有一根排气管。前后基板用低融点玻璃粉进行气密封接,通过排气管排出基板间的气体后,充入的是 Ne-Xe 潘宁工作气体。

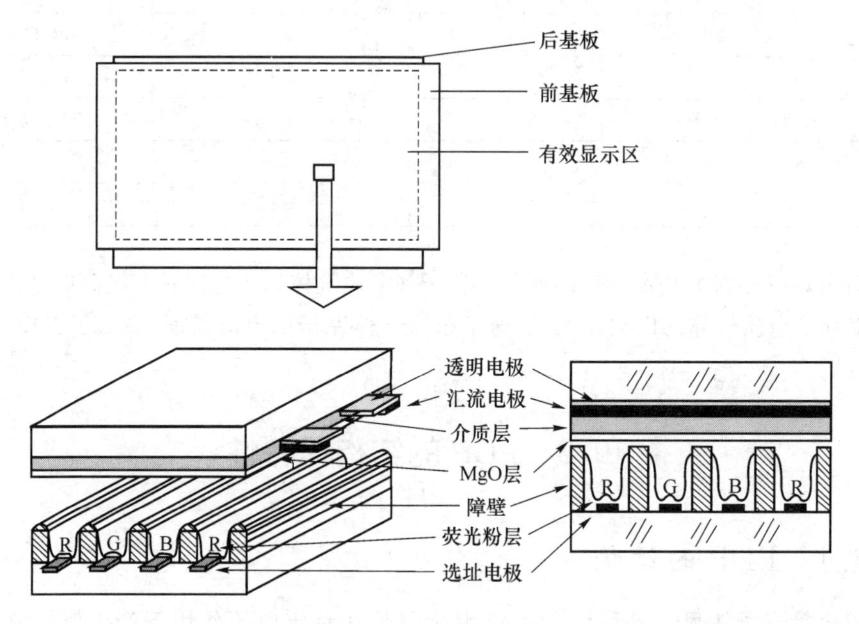

图 10.4　表面放电型彩色 PDP 显示屏结构示意图

10.3.2　PDP 的发光机理

彩色 PDP 虽然有多种不同的结构,但其放电发光的机理是相同的。彩色 PDP 的发光显示主要由以下两个基本过程组成。

(1) 气体放电过程,即隋性气体在外加电信号的作用下产生放电,使原子受激而跃迁,发射出真空紫外线(波长小于 200 nm)的过程。

(2) 荧光粉发光过程,即气体放电所产生紫外线,激发光致荧光粉发射可见光的过程。

下面以充有 Ne-Xe 混合气体的表面放电型 AC 型 PDP 为例,来说明 PDP 的发光机理。

1. 气体放电过程

Ne-Xe 混合气体在一定外部电压作用下产生气体放电时,气体内部最主要反应是 Ne 原子的直接电离反应,即

$$e + Ne = Ne^{+} + 2e(\text{电子碰撞电离}) \tag{10.8}$$

其中,Ne^{+} 为氖离子。由于受到外部条件或引火单元激发,气体内部已存在少量的放电粒子。其中电子被极间电场加速并达到一定动能时碰撞 Ne 原子,使其电离而导致气体内部的自由电子增殖,同时又重复式(10.8)反应致使形成电离雪崩效应。这种电离雪崩过程中会大量产生如式(10.8)、式(10.9)、式(10.10)所示的两体碰撞反应,即

$$e + Ne^{*} \rightarrow Ne^{+} + 2e\text{(逐次电离)} \tag{10.9}$$

$$e + Ne = Ne^{m} + e\text{(亚稳激发)} \tag{10.10}$$

$$e + Xe = Xe^{+} + 2e\text{(电子碰撞电离)} \tag{10.11}$$

其中，Ne^{*} 表示 Ne 的激发态，式(10.9)表示电子与激发态原子碰撞，产生电离反应，是一种重要的反应；Ne^{m} 为 Ne 的亚稳激发态。由于 Ne^{m} 的亚稳能级(16.62 eV)大于 Xe 的电离能(12.127 eV)，因此，亚稳原子 Ne^{m} 与 Xe 原子碰撞过程为

$$Ne^{m} + Xe = Ne + Xe^{+} + e \tag{10.12}$$

人们称此为潘宁电离反应，这种反应产生的几率极高，从而提高了气体的电离截面，加速了 Ne^{m} 的消失和 Xe 原子的电离雪崩。此外这种反应的工作电压比直接电离反应的要低，因此也降低了显示器件的工作电压。

与此同时，被加速后的电子也会与 Xe^{+} 发生碰撞。碰撞复合后，激发态 Xe^{**} 原子的外围电子，由较高能级跃迁到较低能级，产生碰撞跃迁，即

$$e + Xe^{+} \rightarrow Xe^{**}(2P_2\text{ 或 }2P_6) + h\upsilon \tag{10.13}$$

由于 Xe 原子 $2P_5$、$2P_6$ 能级的激发态 Xe^{**} $2P_2$ 或 $2P_6$ 很不稳定，极易由较高能级跃迁到较低的能级，产生逐级跃迁，即

$$Xe^{**}(2P_5\text{ 或 }2P_6) \rightarrow Xe^{*}(1S_4\text{ 或 }1S_5) + h\upsilon(823\text{ nm、}828\text{ nm}) \tag{10.14}$$

$Xe^{*}(1S_5)$ 与周围的分子相互碰撞，发生能量转移，但并不产生辐射，即发生碰撞转移：

$$Xe^{*}(1S_5) \rightarrow Xe^{*}(1S_4) \tag{10.15}$$

其中，$1S_4$ 是原子 Xe 的谐振激发能级。Xe 原子能级的激发态跃迁到 Xe 的基态时，就发生共振跃迁，产生使 PDP 放电发光的 147 nm 紫外光，即

$$Xe^{*}(1S_4) \rightarrow Xe + h\upsilon(147\text{ nm}) \tag{10.16}$$

潘宁电离反应与 Xe^{**} 逐级跃迁的示意图如图 10.5 所示。

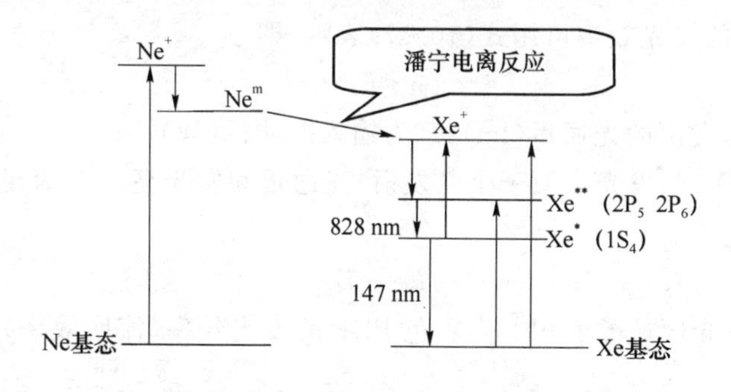

图 10.5　潘宁电离反应与 Xe^{**} 逐级跃迁示意图

2. 荧光粉发光过程

由于 147 nm 的真空紫外光能量大，发光强度高，所以彩色 PDP 激发红、绿、蓝荧光粉发光，得到三基色，从而实现彩色显示。这种发光被称为光致发光。真空紫外光激发荧光粉发光的原理如图 10.6 所示。

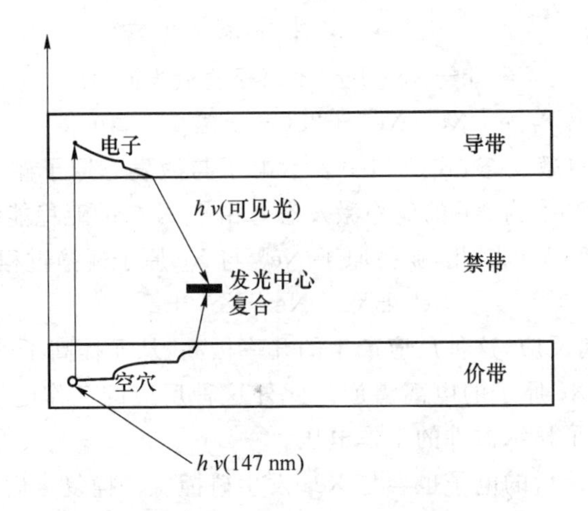

图 10.6　真空紫外光激发发光荧光粉发光过程

当真空紫外光照射到荧光粉表面时,一部分被反射,一部分被吸收,另一部分则透射出荧光粉层。当荧光粉的基质吸收了真空紫外光能量后,基态电子从原子的价带跃迁到导带,价带中因为电子跃迁而出现空穴。在价带中,空穴因热运动而扩散到价带顶,然后被掺入到荧光粉中的激活剂所构成的发光中心俘获。例如,红粉 Y_2O_3 : Eu 中的 Eu_3+是激活剂,它是红粉的发光中心。没有掺杂的荧光粉基质 Y_2O_3 是不具有发光本领的。另一方面,获得光子能量而跃迁到导带的电子,在导带中运动,并很快在消耗能量后下降到导带底,然后与发光中心的空穴复合,放出一定波长的光。基质不同的荧光粉,由于掺杂元素不同,构成的发光中心的能级也不同,因而产生了不同颜色的可见光。

10.3.3　PDP 的发光效率

一个发光体的发光效率可用式(10.17)表示,即

$$\eta = F/P \tag{10.17}$$

其中,F 为发光体发出的光通量(lm);P 为输入的功耗(W)。

假定彩色 PDP 的发光近似于余弦发射,光通量和发光亮度 B 满足式(10.18)所示关系,即

$$F = \pi BS \tag{10.18}$$

其中,S 为有效发光区域的面积。则彩色 PDP 的发光效率(流明效率)可用式(10.19)表示,即

$$\eta = \pi BS/P \tag{10.19}$$

彩色 PDP 的发光效率由放电效率、荧光粉效率、电路效率等组成。

为了进一步了解彩色 PDP 发光效率,可以与彩色 PDP 有相似发光原理的荧光灯的效率进行比较,如图 10.7 所示。

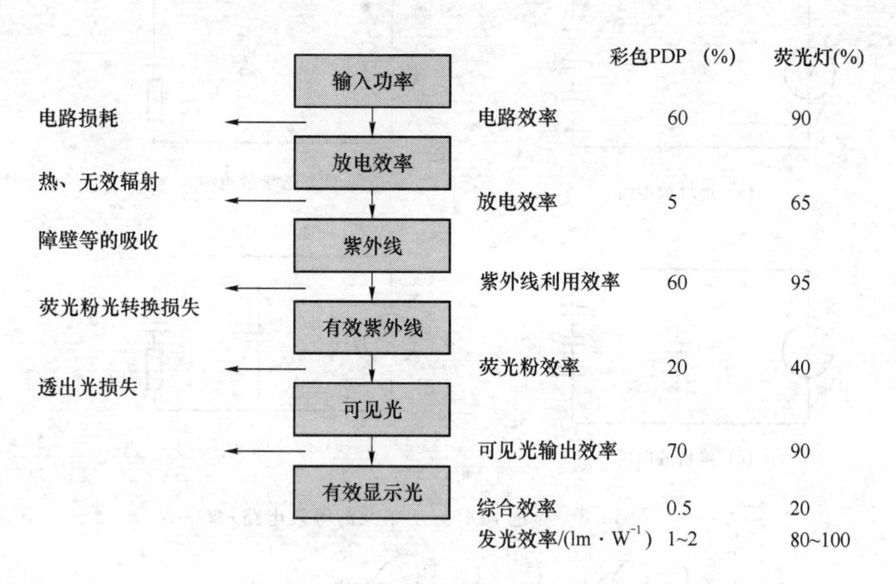

图 10.7　彩色 PDP 与荧光灯发光效率的比较

荧光灯的高光效在于其利用了热阴极、低阴极位降的弧光放电并且利用了放电正柱区内的 Hg 的 254 nm 的紫外线去激发荧光粉发光。而彩色 PDP 利用高阴极区位降的辉光放电，又由于彩色 PDP 放电单元狭小，只有负辉区辐射的 Xe 的 147 nm 的真空紫外线激发荧光粉发光。故两者之间的光效相差极大，这也为努力提高彩色 PDP 的光效留下足够的空间。从上面的分析可以看出，提高彩色 PDP 的发光效率应着重提高放电产生紫外线的效率，以及荧光粉对紫外线的转换效率这两个方面入手。

10.3.4　PDP 显示单元等效电路

彩色 PDP 显示单元的等效电路如图 10.8 所示。从放电单元等效电路的分析可以看出，单元气隙上的电压，单元等效容抗，幅值及频率对伏安特性存在影响。

在选址放电进行前，单元等效电容为 $(1/C_1+1/C_2+1/C_3)^{-1}$，这时加在 Y_i 电极和 A_j 选址电极上的电压在气隙电容上的分压为

$$U_{ca}=U_a(1/C_1+1/C_2+1/C_3)^{-1}/C_2 \tag{10.20}$$

着火后若将外加脉冲进行傅里叶变换，则对其任一频率的谐波信号，等效电容产生的容抗为 $1/(\omega_i C_1 C_3/(C_1+C_3))$，总放电电流为

$$I_a=U_a/\{1/[\sum \omega_i C_1 C_3/(C_1+C_3)]+R_{dis2}\} \tag{10.21}$$

其他参数固定时，C_1 或 C_3 变大则放电电流 I_a 增大，放电增强。

对表面放电，放电前的电容为 $C_g+C_0C_d/(2C_0+C_d)$，因为放电后 R_{dis1} 变得非常小，放电进行后放电电容变为 $C_g+1/2C_d$，放电前外加电压在气隙上的分压为

$$U_{cs}=U_s\cdot C_d/(C_d+2C_0) \tag{10.22}$$

同理，放电后的电流

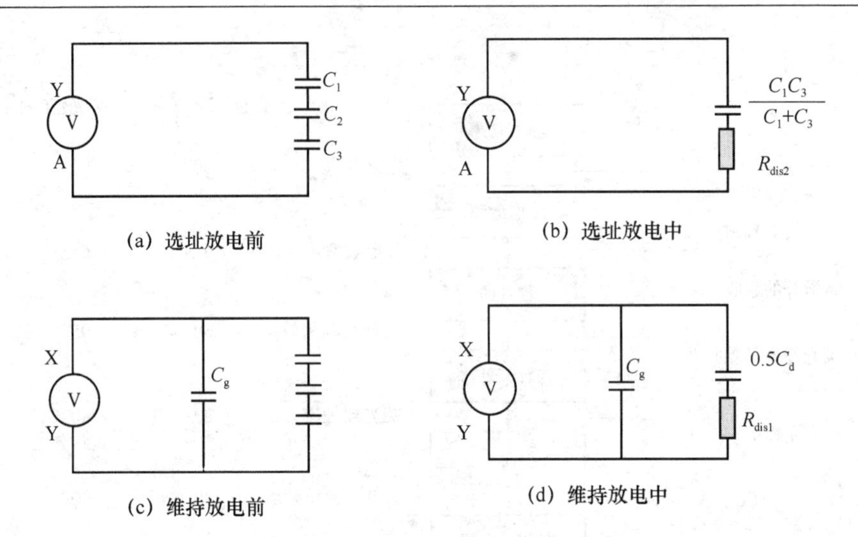

图 10.8 彩色 PDP 显示单元的等效电路

$$I_{sTotal} = U_s' \cdot \sum \omega_j \cdot C_g + U_s / [1/\sum \omega_j \cdot (0.5C_d) + R_{dis1}] \tag{10.23}$$

式(10.23)由两部分组成,第一项是相邻电极间的耦合电容 C_g 上的位移电流,对发光无贡献,第二项是放电电流,对发光有贡献。

当单元结构参数的变化引起这些分布电容改变时则可能改变了着火电压大小、放电时放电电流大小等单元的电特性。所要指出的是现在已可用实验方法来精确测量这些电容的大小,这对进一步研究和改进 PDP 的特性提供有力保证。比如利用测得壁电荷对外加电压的转移特性 Q-U 曲线,则求得该曲线的斜率即 $\mathrm{d}Q/\mathrm{d}U$ 正好是其电容的大小。

10.3.5 PDP 的壁电荷和存储特性

从前面的分析可以知道,当气体两端所加电压小于某一阈值电压时,气体不发生放电现象,而这一阈值电压被称为“着火电压”,当气体两端所加电压超过这一阈值电压时,则气体放电迅速形成。在阈值电压以上的电流-电压特性十分陡峭,也就是有很强的非线性。

交流 PDP 的电极表面覆盖有介质,驱动波形是交流脉冲。这样当气体着火后,产生的电子和正离子会沿外加电压方向定向移动并聚积在电极对应的介质表面,形成壁电荷。

由壁电荷可以得到壁电荷形成的壁电压 U_w。

$$U_w = Q_w / C_0 \tag{10.24}$$

必须注意,由壁电荷产生的壁电压与外加电压极性相反。

壁电荷产生的电场与外加电场反向,导致实际加在气体两端的电压减弱,放电停止。由于外加电压是交变的,当电压反向时,壁电荷产生的电场与外加电场正向叠加而使放电空间的实际电压增强,脉冲幅值大于着火电压 U_f,放电再次发生。当单元外加的交流脉冲幅值小于着火电压 U_f 而大于某一最小维持电压 U_{sm}（最小维持电压 U_{sm} 是指当外加电压小于这一电压值时，即使单元存在足够的壁电荷，也不能保证这一单元一直“点亮”）时，如果单元所带的壁电荷产生的电压叠加这一外加电压而大于气体着火电压时，那么这一单元将保持“点亮”的状态，如果这一单元没有壁电荷或壁电荷的数量不足以使壁电压与外加电压之和大于着火电压，那么这一单元将为“熄火”状态。因此，当单元施加这一幅值范围的交流脉冲时，如果单元原先是“点亮”的，此后的状态仍为“点亮”，原来是“熄火”的仍为“熄火”，记忆了单元的历史。只有当外加一定特征的脉冲改变单元内的壁电荷，“点亮”、“熄火”状态才会发生改变。这一特征即为交流 PDP 的存储特性，如图 10.9 所示。利用交流 PDP 的存储方式工作可以实现 PDP 的大容量显示而不影响 PDP 的亮度。

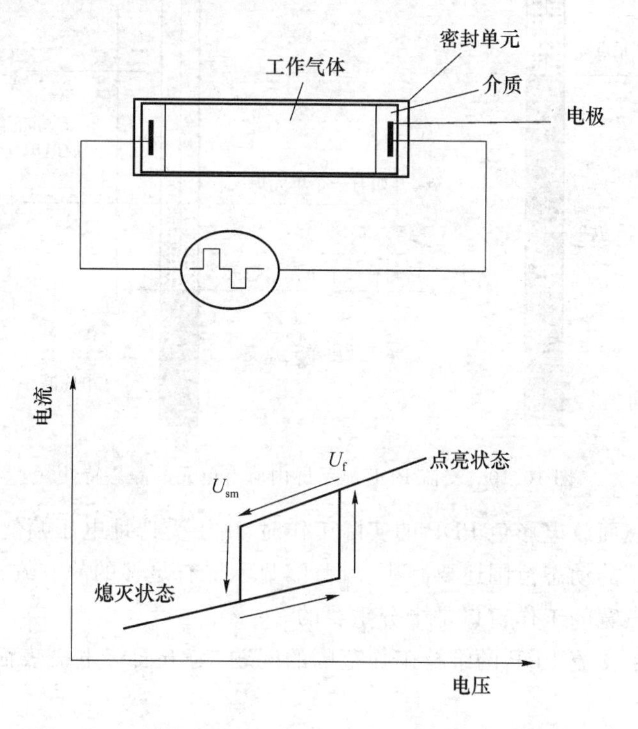

图 10.9　交流 PDP 放电单元电流、电压特性（有存储性）

上面讲述了交流 PDP 的一个放电单元的特点，但在一块真正的显示屏上是由若干个单元组成的，由于制造工艺的原因，这些单元的着火电压和最小维持电压必然存在一定的差异。如图 10.10 所示，考虑假若把维持电压加到显示屏的所有单元，并从所有单元都由处于熄灭火的状态开始缓慢上升。把显示屏上第一次出现一个点亮单元的电压称为最小着火电压 U_{f_1}，把正好使所有单元全亮的电压定义为最大着火电压 U_{f_n}。考虑把维持电压从大于 U_{f_n} 的幅值向下缓慢减少，这里定义出现第一个单元开始熄火时的电压为最大熄火电压 U_{sm}，定义使熄火的单元减少到为只剩一个点亮单元的维持电压为最小熄火电压 U_{sm_1}。实际驱动交流 PDP 显示屏，所加的维持电压应小于最小着火电压，否则有些单元将被点亮而不管其前面的状态如何；所加的维持电压又要大于最小熄火电压,以保证记忆住有效壁电荷的单元,否则有些该点亮的单元也维持不住。定义静态维持工作范围 ΔU_s 是最小着火电压与最大熄火电压之差,即

$$\Delta U_s = U_{f_1} - U_{sm} \tag{10.25}$$

其中,ΔU_s 也称为存储容限。只有当 ΔU_s 为正值时,交流 PDP 才能在存储模式下工作。

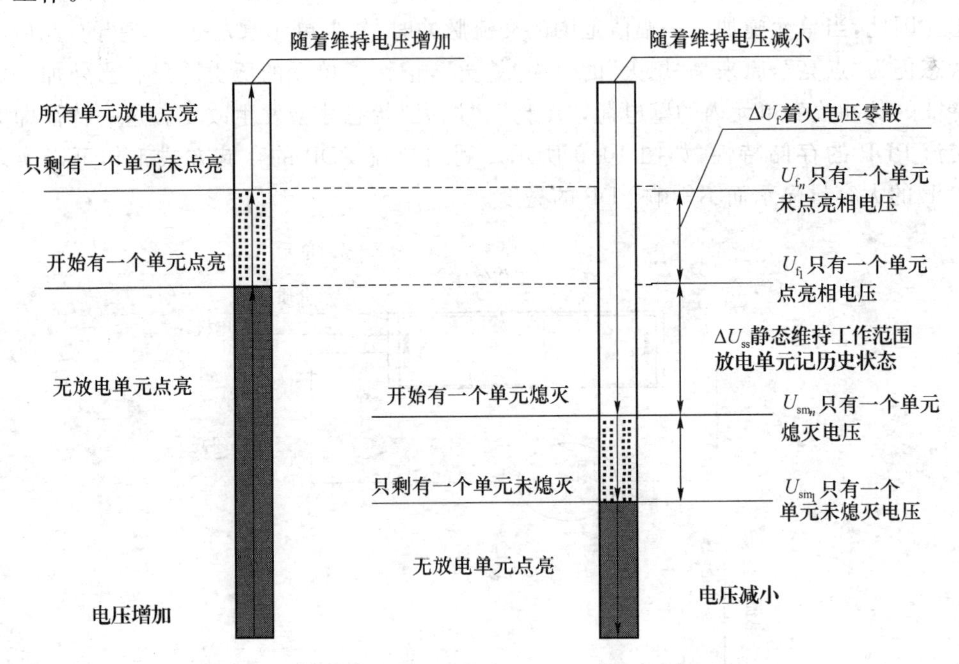

图 10.10　交流 PDP 显示屏内所有单元的静态特性

在三电极表面放电彩色 PDP 的实际工作时,由于受选址电压幅值的影响,动态工作时的维持电压的动态范围还要减少。因此,显示屏有足够的静态维持电压范围对于动态工作时有较宽的工作窗口是十分重要的。

以上介绍了交流 PDP 的维持工作范围的问题,为下面三电极表面放电彩色 PDP 驱动做好了准备。

10.3.6　PDP 的工作原理

AC-PDP 工作时,所有行、列电极之间都加上交变的维持电压脉冲 U_s,其幅值不足以引燃单元放电,但能维持已有的放电,此时各行、列电极交点形成的像素均未放电发光。PDP 的擦写工作原理如图 10.11 所示,如果在被选单元相对应的一对电极间叠加一个书写脉冲,其幅值超过着火电压 U_f,则该单元产生放电而发光。放电所产生的电子和正离子在电场的作用下分别向瞬时阳极和瞬时阴极运动,并积累于各自的介质表面成为壁电荷,壁电荷产生的电场与外加电场方向相反,经几百纳秒后其合成电场已不足以维持放电,放电终止,发光呈一光脉冲。维持电压转至下半周期时极性相反,外加电场与上次壁电荷所产生的电场变为同向叠加,不必再加书写脉冲,光靠维持

电压脉冲就可引起再次放电，亦即只要加入一个书写脉冲，就可使单元从熄火转入放电，并继续维持下去。如要停止已放电单元的放电，可在维持脉冲之前加入一个擦除脉冲，它产生一个弱放电，抵消原来存在介质表面的电荷，却不产生足够的新的壁电荷，维持电压倒向后没有足够的壁电荷电场与之相加，放电就不能继续发生，转入熄火状态。所以，AC-PDP 的像素在书写脉冲和擦除脉冲的作用下分别进入放电和熄火状态以后，仅在维持脉冲的作用下就能保持原有的放电和熄火状态，直到下次改写的脉冲到来为止。

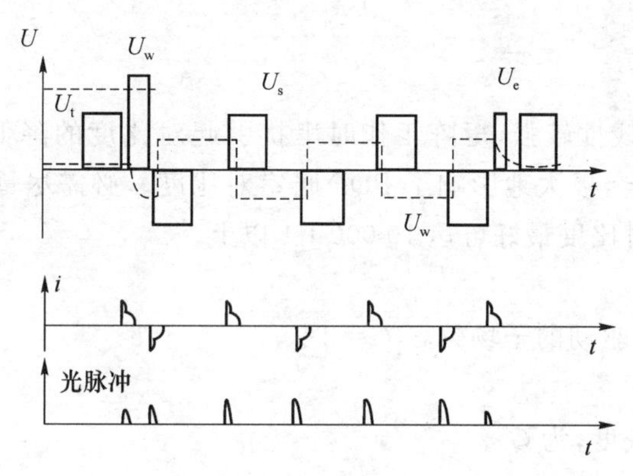

图 10.11 PDP 的擦写工作原理图

10.3.7 PDP 的寿命

PDP 是一种气体放电型器件。工作时，气体放电所产生的大量电子和离子在电场的作用下定向撞击放电单元的表面，使单元表面受到损伤。尤其是带正电荷的正离子，由于它质量较大，相应的动量较大，轰击单元表面时往往会引起溅射，造成单元表面物理和化学损伤。如不采取保护措施，PDP 的寿命将很快终了。

人们发现，MgO 薄膜是一种耐离子轰击性能优良的薄膜，由于它的二次发射系数较大，离子轰击的动量很方便地以发射若干个二次电子来消化，从而保护了 MgO 薄膜下面的结构。研究结果还表明，MgO 较高的二次发射系数，还可以降低器件的着火电压。因此现在的交流 PDP 都无一例外地采用 MgO 保护膜。采用 MgO 保护膜的器件，再加上合理的器件设计，工作寿命可以达到 3～5 万小时。有资料表明，用电子束蒸发的 MgO 薄膜具有[111]晶向，具有较好的二次发射系数和良好的保护作用。

彩色 PDP 的寿命过程由以下两个方面决定。

(1) MgO 薄膜在正离子的不断轰击下，γ 不断下降，着火电压不断增高，同时加剧了显示各单元电特性的不一致性，导致 ΔU_{ss} 下降，直到 PDP 无法驱动。

(2) 荧光粉在少量正离子的轰击下逐步劣化，在 147 nm 紫外线的照射下劣化，在少量轰击蒸发物的污染下劣化，导致发光亮度下降。至发光亮度下降到初始值的 50%时，就认为寿命终了。这就是器件的半亮度寿命。

目前，商品的中荧光粉的半亮度寿命是决定 PDP 寿命的主要因素。

10.3.8 PDP的主要光电参数

1. 亮度

PDP的亮度决定于器件的结构和驱动方法。开口率是个很直观的因素,因而障壁要尽可能窄。气体放电的效率是重要的因素,潜力较大,现在高Xe浓度的器件亮度高;荧光粉的效率和涂复方法也是重要的因素,反射式亮度高。从驱动方面讲,维持脉冲个数多,也就是维持频率高,可以提高亮度。提高电压也可提高亮度,但曲线比较平坦。

2. 对比度

由于PDP的非线性较强,矩阵工作时串扰引起对比度的降低不明显,但是PDP初始化时产生的放电,极大地影响了PDP暗室对比度。必需尽量减少初始化放电时的发光。现在暗室对比度最好可达10 000∶1以上。

3. 灰度

灰度(G)决定于驱动的子场数S,$G=2^s$。

4. 颜色数

颜色数取决于灰度,为G^3。

5. 色温

色温决定于RGB各基色的比例,提高B的比例可以提高色温。现在一般在7 500～11 000 K之间。

6. 响应速度

气体放电的响应速度在微秒量级。PDP响应速度决定于荧光粉的余辉。

7. 视角

荧光粉涂在凹槽中,视角大于160°,没有任何颜色漂移。

8. 色度范围

色度范围决定于RGB各基色荧光粉的色饱和度。

9. 功耗

功耗决定于器件的发光效率、电路效率和能量复得电路的效率。

10.4 PDP显示屏的制作工艺

10.4.1 工艺特点

1. 大面积

彩色PDP的优势在于大屏幕显示。单块42英寸显示屏对角线大于1 m。为了提高生产效率,PDP也和LCD一样采用一块基板一次制作多块显示屏的“多面取”做法。8面取在2007年已经投产。基板尺寸很大,因而工艺设备大,加工面积大。在大的加工面积上实现加工参数的均匀性和一致性是设备和工艺首先要考虑的问题。

2. 厚膜工艺较多

要在大面积上加工较高精度的图形,薄膜工艺成本高。为了降低生产成本,PDP尽量采用成本相对较低的厚膜技术。

3. 热处理工艺多

PDP 采用多种玻璃粉浆料加工,它们需要不同的干燥和烧结处理,荧光粉也需要类似的工艺,最后的排气过程也需要长时间的热处理。因此 PDP 生产线有许多炉子。这些炉子体积大,电能的消耗也很大。

10.4.2 工艺流程

显示屏工艺流程主要有大面积精密丝印网版制作工艺、大面积精密电极制作工艺(包括 ITO 电极、汇流电极和数据电极工艺)、大面积精密障壁制作工艺、大面积精密荧光粉发光层制作工艺、MgO 制作工艺、封接排气工艺、潘宁工作气体优化、显示屏老炼工艺等。工艺可分上下基板分别进行,具体的工艺流程方框图如图10.12所示。

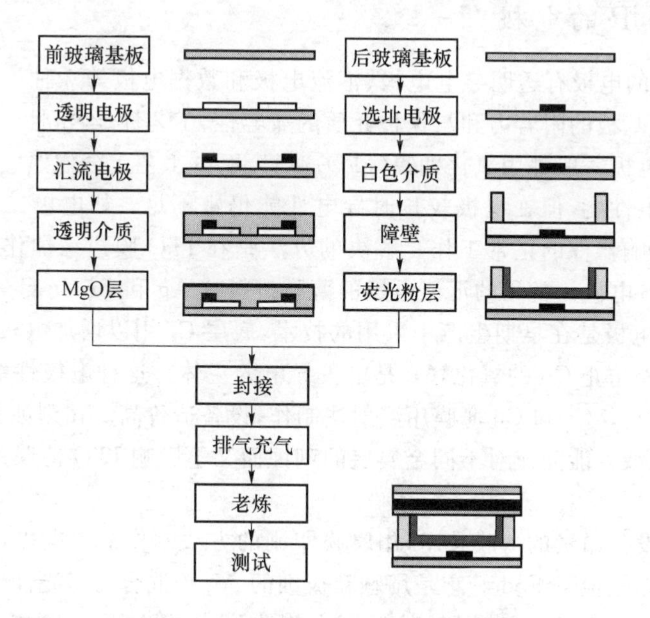

图 10.12 显示屏制屏工艺流程图

10.4.3 PDP 的基板

玻璃基板是 PDP 显示屏的重要部件,也是显示屏材料成本的重要组成部分之一。对 PDP 基板的要求,除了表面平整、透明度好、无气泡、划伤等通常要求之外,还要求它和所使用的介质封接材料匹配良好,现在所用的基板膨胀系数一般在 83×10^{-7}/ ℃左右。

PDP 基板的另一个重要要求是它的应变点要高。这是因为在 PDP 制造过程中，需要经受多次高温处理，经受的最高温度在 500 ℃以上。在多次高温处理的过程中基板会产生明显的塑性形变，给不同工艺步骤的对准带来很大困难。而提高玻璃的应变点可以显著减少基板的形变，大大提高成品率。日本旭硝子公司开发的 PD200 专用基板，其应变点比普通钠钙玻璃高 60 ℃，是目前生产线常用的基板材料。早先玻璃基板的常用厚度为 2.8 mm，现在开始用 1.8 mm 厚的。普通钠碱玻璃和 PD200 性能比较见表 10.3。

表 10.3 普通钠碱玻璃和 PD200 性能比较

性能	普通钠碱玻璃	高应变点玻璃(PD200)
应变点/℃	511	570
软化温度/℃	735	830
退火温度/℃	554	620
膨胀系数($\times 10^{-7}$)/℃	85	83

10.4.4 PDP 的电极

彩色 PDP 的电极有透明导电电极、汇流电极和数据电极等 3 种。考虑的因素主要有导电性、与基板的附着力和与保护介质的兼容性、工艺性、经济性。

透明导电电极一般都用氧化铟锡(ITO)薄膜，ITO 工艺十分成熟。透明电极虽然有相当好的导电性能，但在电极较长时导电性能仍嫌不足。如电极二端的压降超过 10 V，将严重影响器件的正常工作。解决的方法是在 ITO 膜边缘加作一条金属汇流电极，也称 BUS 电极。常用的汇流电极的薄膜材料有 Ag 和 Cr-Cu-Cr 等。

Cr-Cu-Cr 电极是在早期生产中采用的技术，底层 Cr 用以增加电板与玻片的附着力，顶层 Cr 用以防止 Cu 的氧化，Cu 是电极导电的主体。这种电极性能优良，但制作工艺复杂，成本高。Cr 和 Cu 薄膜用溅射法制作，设备造价高。在刻蚀方面，至少需选用 2～3 种腐蚀液方能完成对不同金属层的刻蚀而又不影响 ITO 薄膜的性能，工艺比较复杂。

为了取代设备昂贵的薄膜技术，用厚膜印刷的方法制作汇流电极，美国杜邦公司等开发了一种光敏银浆 Fodel，它是用颗粒极细的 Ag 粉混合在感光性树脂中，用丝印的方法形成几微米厚的连续薄膜，然后用光刻法形成电极，最后经烧结而成。Fodel 电极宽度达 20 μm，完全达到汇流电极的要求，最近建设彩色 PDP 生产线，都采用 Fodel 为汇流电极和数据电极的基本制作工艺。Fodel 的进一步发展将是把光敏浆料制作成干膜，使用时用热压法贴在基板上再进行光刻就行。

数据电极一般都用厚膜技术制作。用普通银浆和光敏银浆都可以制作出合格的数据电极来。

银浆电极的成本较高，目前正在开发其他金属电极以适应低成本要求。

10.4.5　PDP的介质和障壁

ACPDP的电极不直接暴露于气隙，而是通过一层介质与气隙相耦合。从前述PDP的等效电路图可以看出，介质层相当于耦合电容器的介质，它不仅要存储气体放电所产生的壁电荷，还要作为一个分压电容，把外加电压耦合到气隙上。PDP介质的光学要求，对前基板介质要求烧结后的透明度高，称为透明介质；对后基板的介质，要求烧结后的反射系数大，称为白色介质。对介质电学性能的要求，完全可以从电容器介质的要求来分析，即要求耐压好，介电常数ε高，高频损耗小等。介质工艺性的要求主要是易于印刷，烧结后不易产生针孔，与复盖的电极附着良好，不起化学反应等。

PDP的介质材料通常由SiO_2、CaO、PbO等一系列玻璃粉材料组成，通过调节这些成分的比例，可以制作出符合以上多种要求的玻璃粉，日本、韩国、美国等有多家公司有成套材料出售。国内正在开发相应的替代产品。由于欧盟对环保的要求，国外已经开始使用不含Pb的介质材料。

障壁制作是彩色PDP所特有的专门技术。对障壁几何尺寸的要求是壁应尽可能窄，以增大像素的开口率。要求障壁端面平整度优于正负几微米，以防止因交叉干扰而引起PDP在寻址时的误动作。障壁主体应该是白色，有较高的反射系数；端面呈黑色，以提高器件的对比度。障壁制作的主要方法有以下几种。

1. 丝网印刷法

厚膜印刷是最早用来制作障壁的技术之一。印刷方法要用几种不同的浆料，印刷6～8次，才能印出150 μm高的障壁来。它材料浪费少，材料成本低，但工艺次数多，流程时间长，成品率难以大幅度提高。而且要求丝印工作间温控精度±0.5 ℃，还要求操作人员有熟练的技术。在生产线上已很少采用。

2. 喷砂法

喷砂法采用一种耐喷砂的光敏胶(或光敏干膜)，用光刻法制成图形，喷砂时利用障壁材料和光敏胶的选择性刻蚀，形成障壁图形，再经去胶和烧结而成。由于采用光刻中的曝光技术，障壁尺寸一致性好，目前障壁的宽度实验室可做到30 μm，生产上做到70 μm，有利于器件开口率的提高。喷砂法的产率高，一块107 cm的板只需数分钟就可完成喷砂刻蚀。因此喷砂法是一种适合于大生产的工艺技术。早期的喷砂法材料利用率低，有环保问题，现在都已经得到解决。喷砂法是普通分辨率PDP的主要生产技术。

3. 光敏浆料法

在障壁材料中加入光敏树脂形成浆料，用印刷的方法涂复到基板上形成连续膜，然后直接用掩膜曝光显影，最后经烧结而成障壁，这就是光敏浆料法。这是一种标准的光刻方法，因此图形可以做得比较精细。日本Toray公司已经有这种材料出售，杜邦公司也推出了光敏障壁干膜，使工艺更趋简便。是高分辨率PDP的主要生产技术。

障壁制作技术的研究开发十分活跃，新的方法十分繁多，其中模压法(Press或Stamping)值得注意。几种主要障壁制作技术比较见表10.4。

表 10.4 几种主要障壁制作技术比较

方法	工艺要求	环境要求	产率	材料消耗	障壁厚度/μm	实用程度
印刷	高	严	低	小	100	初期用
喷砂	中	一般	高	大	80	大生产
光敏材料	中	一般	高	大	60	大生产
模压	中	一般	高	小	30	研究开发

10.4.6 PDP 的 MgO 保护层

如前所述,MgO 保护层在降低着火电压和长寿命工作方面有十分重要的作用。现在规模生产线上都用电子束蒸发的办法制作,厚度约 500 nm 左右。研究结果表明,EB 蒸发的 MgO 薄膜[111]取向明显,有良好的二次发射系数。为了提高产率,也有公司开发射频磁控溅射法,空心阴极离子镀法制作,但都尚未应用到生产中。保护膜材料方面,有开发其他材料、MgO 和其他材料混合等工作,均处在实验室研究阶段。

由于 MgO 薄膜的制作是 PDP 工艺为数不多的薄膜工艺,设备复杂,价格昂贵,产率不高,是 PDP 工艺中重要的革新目标之一。

10.4.7 PDP 荧光粉

彩色 PDP 用的荧光粉和彩色 CRT 用粉不同,是一种光致荧光粉。紫外光的能量不过 5～6 eV,而 CRT 中的电子能量大于几万 eV,因此光致发光荧光粉的激发密度远低于阴极射线发光,因而有较高的转换效率。一些材料在电子束激发下易于发光,但不能在 VUV 的照射下发光。因此这两种粉无论在基质材料还是在掺杂剂浓度方面都有相当的不同。彩色 PDP 常用的荧光粉材料见表 10.5,其中相对效率以 Zn_2SiO_4 ∶Mn 为 1 计算。由于 Zn_2SiO_4 ∶Mn 余辉时间略长,大多已被 $BaAl_{12}O_{19}$ ∶Mn 代替。

表 10.5 彩色 PDP 常用的荧光粉材料

颜色	荧光粉材料	色度坐标 *u*	色度坐标 *v*	相对效率
红(R)	$(Y,Gd)BO_3$ ∶Eu	0.44	0.36	1.2
绿(G)	Zn_2SiO_4	0.07	0.38	1.0
	$BaAl_{12}O_{19}$ ∶Mn	0.05	0.38	1.1
蓝(B)	$BaMgAl_{14}O_{23}$ ∶Eu	0.15	0.14	1.6

10.4.8 PDP 的封接排气

PDP 的封接用低熔点玻璃粉实现。用分布机(dispenser)把低熔点玻璃粉浆料在显示屏四周生成一个封闭的低熔点玻璃粉边框,在一定的压力下烧结形成密封。排气管在后板的一个角上与后板垂直封好。由于 PDP 上下基板的间隙仅为 150 μm 左右,中间又有上千条障壁阻隔。排气通导很小,效率很低。一般要在真空下保温 10 小时以上才能获得较好的效果。接着充入一定气压的混合充分的潘宁气体,目前常用Ne-Xe混合气体,气压在450托左右。并从排气台上分离,就完成了显示屏的制作。

为了提高封接排气的生产效率,现在常用封接排气一体化工艺,即在真空条件下封接,以大大缩短升温降温和排气充气的时间。

10.4.9　PDP的老炼测试

刚从排气台上下来的PDP显示屏,各项电学和光学参数并不稳定,需要在一定的工作条件下使全屏各像素同时点亮,工作一段时间后各种参数趋于稳定,这就是老炼的过程。老炼所要的时间要根据显示屏的结构,性能和老炼的规范而定。在一般情况下老炼过程中着火电压会略有下降,存储容限M稍有增大,而亮度会有一定的下降。不同的生产线根据自己产品的特性,进行一系列老炼试验,把结果作成曲线,根据曲线的变化趋势,确定适合于本产品的老炼规范和时间。

老炼以后的产品就需进行初步的测试,包括红场、绿场、蓝场、白场的目检,白场下的亮度和亮度均匀性等。相应的一些电学工作参数也随着确定。PDP光电性能的测试目前还没有国际标准,IEC公布了PDP性能测试方法的讨论稿。各大公司都有自己的公司标准,据了解,这些标准和IEC公布的讨论稿大体一致。经过老炼测试的显示屏,淘汰掉不合格的产品,就可以进入模块安装工序了。

10.5　PDP的ADS驱动方法

10.5.1　PDP的ADS驱动原理

在驱动三电极表面放电彩色PDP时,通常将所有维持电极相连,由X维持驱动电路驱动;Y扫描电极扫描驱动电路和维持电路分别驱动,A选址电极与选址驱动器相连。在选址过程中Y电极和A电极之间进行选址触发放电,使将来要点亮的单元的X、Y电极表面带上一定量的壁电荷。所有单元的维持发光放电由X电极和Y电极之间的维持显示驱动完成,维持电压的大小前面已有过讨论。X、Y电极之间除了进行维持显示之处,还要对全屏所有单元进行初始化或擦除多余电荷,其目的是使在选址过程中使各单元的状态一致,实现稳定的选址。

ADS(Address and Display Separation)工作方式也就是选址和显示分离方式,是目前最常用的驱动方法。如图10.13所示为ADS工作方式在每一场内加在显示屏各电极上的具体的工作波形,所不同的是各场的维持时间。

由图10.13可以看出,ADS工作方式在每子场内的工作主要分为3个阶段,分别是初始化阶段、选址阶段及维持阶段。

初始化阶段的主要目的是消除上一子场在单元内产生的壁电荷,使各单元具有相同的初始状态。

选址阶段采取每次一行的选址方式,扫描由Y电极进行,扫描到某一Y行时,在该行Y电极上施加一负电压脉冲,所有需选址单元对应的A电极同时施加一正的选址脉冲,使需选址单元放电,由于选址阶级X电极加一正电压,所以选址单元放电产生的壁电可以积累在单元内的X、Y电极表面的介质上,产生壁电压。

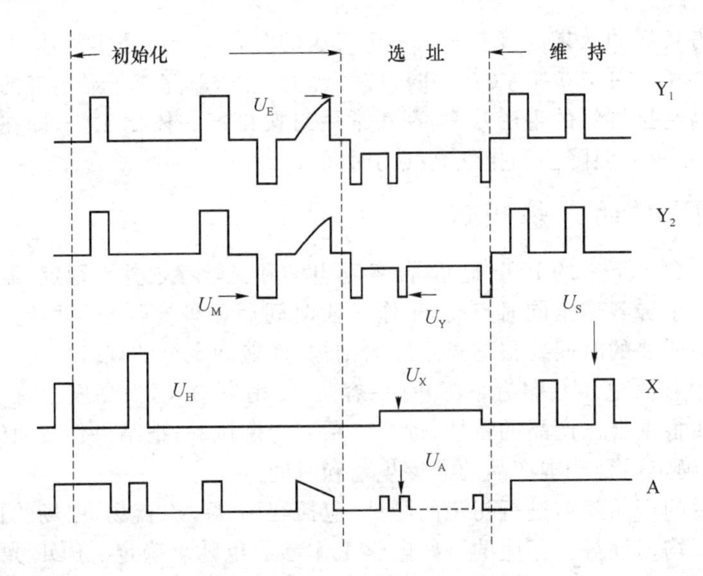

图 10.13 ADS 工作波形

所有行均扫描结束后,全屏同时进入维持过程,使本场已选址的单元在维持电压的作用下放电,实现显示目的。维持阶段的第一个脉冲必须与单元内壁电压的极性相同,且满足维持电压规定的条件。

一子场结束后,进入下一子场,直至一场结束,进入下一场,重复上述过程,实现灰度显示。

1. 初始化阶段

每子场的初始化阶段又分为 3 个阶段,首先是在 X 电极上施加一高电压正脉冲,幅度远高于 X、Y 电极间的着火电压,使全板所有的单元不论内部有无壁电荷均能产生一次强烈的放电,放电产生大量的壁电荷。通过放电,消除各单元间壁电荷的不均匀性。同时,产生的壁电压大于气体的着火电压,使单元在正脉冲过去后产生自放电,消除单元内的壁电荷,由于自放电过程慢,所以在施加高压脉冲后,必须留有充分的自放电时间。

第二个阶段是对在自放电过程中没有消除的壁电荷进行放大。自放电后,在 X 电极上积累的是电子,Y 电极上积累的是正离子,为了对壁电荷数量进行放大后消除,在自放电后,Y 电极上施加一正脉冲,使有壁电荷的单元产生一次放电,已无壁电荷的单元将不再放电,从而不再产生新的壁电荷。然后,在 Y 电极上再施加一个负脉冲,使壁电压极性转向。

第三个阶段是消除第二阶段产生的壁电荷,以确保下一步选址时,单元内的壁电荷对选址不至于造成影响。消除单元内的壁电荷的方法是在所有的 Y 电极上施加一幅度逐渐上升的斜坡脉冲。斜坡脉冲的作用是不论单元内壁电压的幅值是多少,一旦壁电压的幅值与斜坡脉冲某一位置的幅值相加大于或等于气体的着火电压,单元就放电,放电后,使原壁电荷的数量减少,减少到一定程度后,放电熄火。随着斜坡脉冲幅度的缓慢上升,一旦满足放电条件,再发生一次弱放电,直至当斜坡脉冲达到最大时为止。由上述分析可知,斜坡脉冲的施加,可以通过一系列的弱放电逐渐消除单元内的壁电荷，最后达到斜坡脉冲的最大幅值与单元内的残留的壁电压之和小于着火电压。

2. 选址阶段

消除单元内的壁电荷后，进入选址阶段。

如上所述，选址是在 A、Y 电极间进行的，并采用一次一行的选址方式。在选址到某一行时，需选址单元对应的 A 电极施加一正脉冲数据信号，该行对应的 Y 电极施加一负脉冲，使电压之和大于 A、Y 电极间的着火电压，由于选址时 X 电极施加一正电平，选址放电在 X、Y 电极上的介质表面形成壁电荷。某行选址时，其他行中施加的是不足以导致 A、Y 间放电的负电压。

屏上所有行均选址后，所有选址单元内均产生了壁电荷，有壁电压存在，相当于将一子场的图像信号用壁电荷写入相应的单元内。

3. 维持阶段

选址后，进入维持阶段，维持是在 X、Y 电极间进行的，维持的第一个脉冲必须与选址单元内的壁电压的极性相同，以确保所加维持脉冲的幅度和壁电压之和大于 X、Y 电极间的着火电压，产生用于显示的放电。随着放电的进行，单元内的壁电荷由逐渐减少直到无壁电压，最后过渡到反向积累，到放电结束时，壁电压的极性与放电之前极性相反。下一个极性相反的脉冲到来时与上一脉冲刚好极性相反，因此，第二个脉冲到来后，刚好与上一次放电产生的壁电压极性相同，相加大于着火电压，再一次放电。所以在维持阶段，X、Y 电极上施加的必须是双极性脉冲。同时，为了不误写，维持电压必须小于着火电压。上述过程单元内壁电荷转移过程如图 10.14 所示。

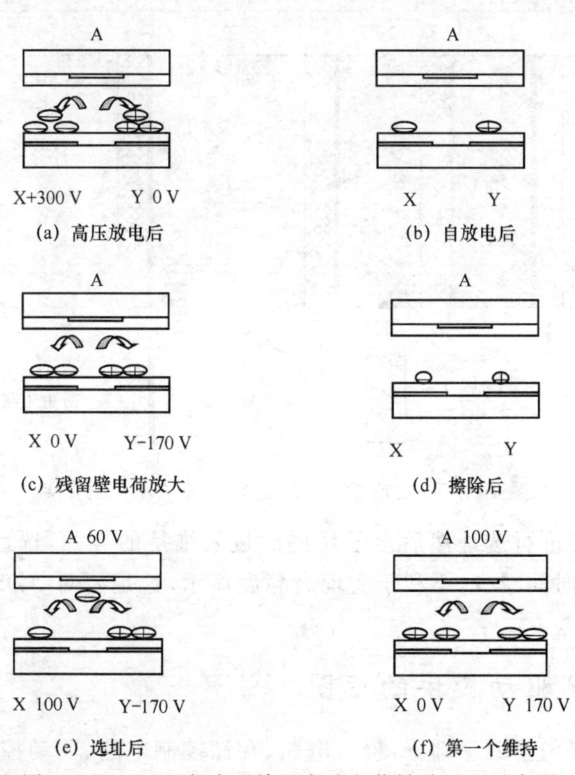

图 10.14　ADS 方式下单元内壁电荷转移过程示意图

10.5.2 实现灰度的子场驱动法

PDP单元的状态只有两种,要么“点亮”要么“熄火”,PDP要实现灰度显示时就需要采用特殊的方法——子场驱动法。子场驱动法就是把一个电视场分为若干个子场,每一子场维持时间不同,产生不同强度的辐射。不同子场的组合产生不同辐射强度的积分效应,在人眼视网膜上感受到辐射不同的强度。这样每场的某一单元的亮度是由各子场维持显示时间的组合确定的。各子场内的维持时间有一定的关系,以实256级灰度为例,各子场维持时间之比采用二进制方式,如1∶2∶4∶8∶16∶32∶64∶128,只需8个子场分割就可以实现一个视场的256级灰度显示。这样一个彩色像素内R、G、B三基色放电单元,每一单元的基色都可产生256级不同的亮度,因此,一个彩色像素共可表现出256^3种颜色,约为1 677万种不同色彩。

ADS方式子场法实现彩色PDP的灰度的驱动方式如图10.15所示。以640×480彩色像素的彩色PDP实现256级灰度为例,一个电视场在16.7 ms时间内分为8个子场,每一子场先进行逐行扫描选址,每行的扫描时间约为3 μs,在此时间内,根据图像数据由A、Y电极对该行单元进行选址。全屏所有的行均选址完毕后,同时进行维持放电。一子场维持结束后进入下一子场,重复上述过程,直至该场结束。

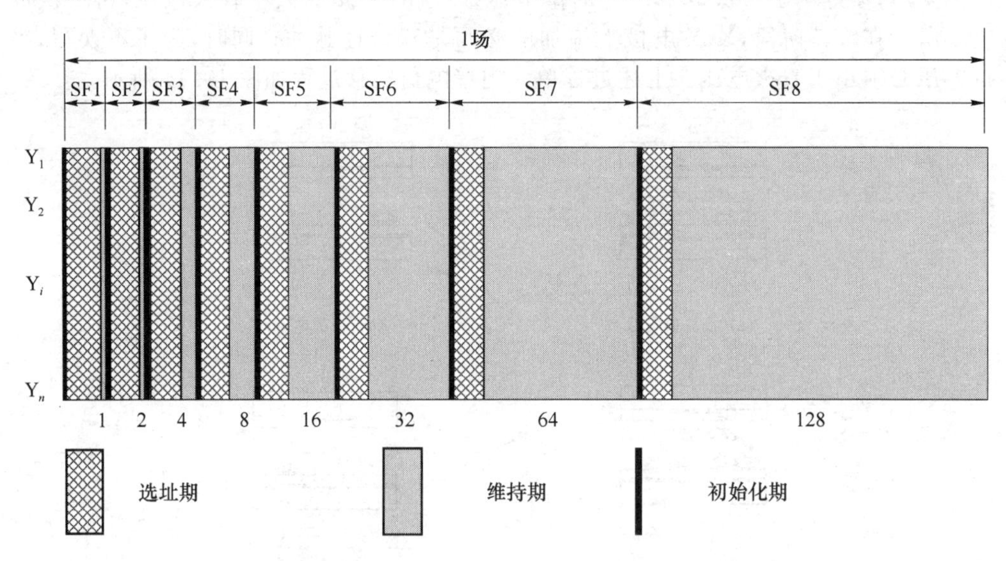

图10.15　ADS实现256级灰度的子场分配方法

上述每子场先进行选址然后全子场同时进入维持的方式,选址占用了大量的时间,使用于维持的时间减少,不利于实现高亮度显示,这是要对ADS工作方式进行改进的原因之一。

10.5.3 PDP驱动模块的框图

模块电路主要包括五个部分:接口电路、存储控制电路、驱动控制电路、高压驱动电路及电源,其电路框图如图10.16所示。

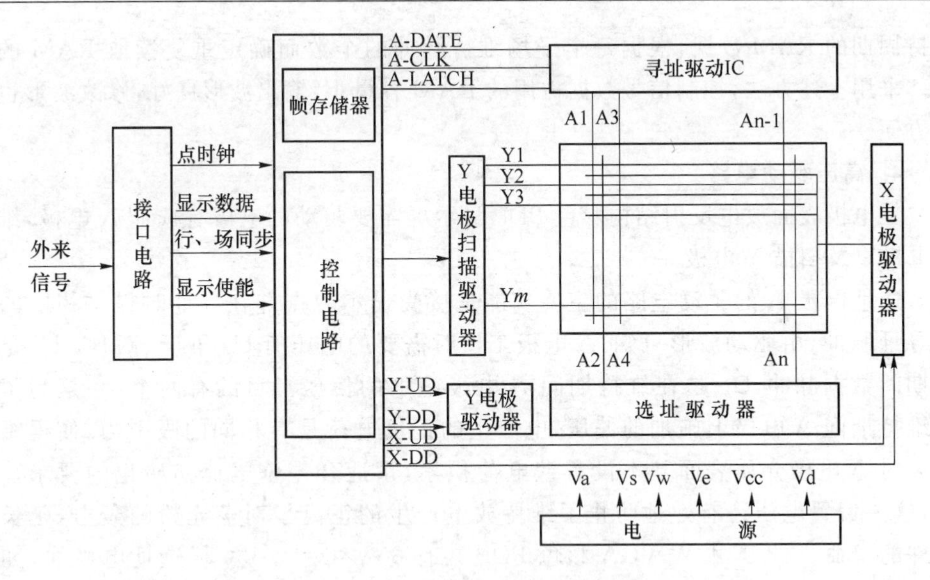

图10.16　42英寸彩色PDP电路框图

1. 接口电路

接口电路将计算机等的视频信号进行A/D变换，转化成后面电路所需要的数字信号，同时为后级提供行、场同步等控制信号。信号存储与控制电路主要是将接口A/D变换后的数据进行必要的处理，包括控制图像灰度和亮度等功能，它同时产生驱动电路所需要的各种控制信号。高压驱动则是用前级送来的低压信号控制高压器件来产生各种高压信号，并形成彩色PDP初始化和维持发光高压脉冲，最终使得连接X、Y、A三电极的高压驱动电路在控制电路的控制下，实现按ADS工作方式要求的协同工作，产生彩色PDP图像显示。

2. 存储控制电路

存储控制电路的功能主要是将接口电路送来的点阵数字信号和时钟信号暂存在DRAM中，然后产生读取信号将存储器中的内容一帧一帧地按顺序读出送往A方向高压驱动器。它可以分成两个方面的电路：时序控制电路和数据整合电路。

3. 驱动控制电路

彩色PDP的驱动器是一种高压输出集成电路。要想驱动器输出正确的高压驱动波形，就必须向它提供TTL电平的控制信号。驱动控制电路除了提供驱动集成电路的信号，还提供产生初始化，擦除等各种高压驱动脉冲的开关信号。X电极上的初始化信号以及Y电极电路谐波擦除信号，选址期间的负压偏置信号的控制，都由这电路提供。

控制电路将主要的控制信号波形数据保存在该器件内嵌的RAM中，然后由该取逻辑将其中的数据读出即可作为驱动电路的控制信号。初始化和寻址阶段的每个控制状态时的控制信号仅保存在RAM的一个地址中，每个信号状态需要持续多长时间完全由重复读出的次数来确定。这样，即使需要修改波形，也只需很方便地修改重复读取RAM的次数和读取的地址即可实现。对于维持阶段的控制信号，也只存储一个维持周期的 RAM 数据,根据每个子场维持脉冲的个数而确定重复读取 RAM 的次数。采用上述方法,控制信号数据占用的 RAM 容量小,输出波形良好,修改波形也非常方便。

4. 高压驱动电路

三电极表面放电反射结构彩色 PDP 显示屏需要驱动的电极有选址 A 电极,维持 X 电极以及扫描 Y 电极。

选址电极 A 的驱动电路的主要功能是接受显示数据并在寻址时提供相应的高压寻址脉冲,由驱动波形可知,A 电极工作时需要的电压有 U_a 和 U_{aw} 两种,U_a 是寻址期间数据脉冲,U_{aw} 是在维持期间 A 电极施加的偏压。目的有两个:一是为了使在维持期间 A 电极上施加的偏压,电产生的正负电荷是有相同的吸引力,使得维持结束时 A 电极介质表面基本没有壁电荷积累,正适合零壁电荷初始化的要求。另外,这一偏置电压还有效地防止了维持放电产生的正离了对荧光粉的轰击,延长了器件的寿命。42 英寸 W-VGA 彩色 PDP 共有 852×3=2 556 根选址电极线,如选址驱动器输出引脚为 64 个,共需 40 块选址驱动集成电路。

维持 X 电极的驱动电路:由于所有的 X 电极都连接在一起,所以不需要驱动 IC。X 电极所需的电压脉冲有 U_x、U_{xw}、U_s。U_x 是选址时的偏压,用来在 A-Y 选址放电后在 X-Y 之间的放电并积累壁电荷的作用。U_{xw} 是第一子场的初始化全屏作用的放电的电压。U_s 是在维持期间施加的维持脉冲电压。

扫描电极的驱动电路, 即 Y 电极驱动电路, 由于要完成扫描操作和维持脉冲的施加,因此使用了驱动 IC。选址期间的扫描脉冲由驱动 IC 产生。工作时 Y 电极所需的 $-U_y$、$-U_{sc}$、U_s 和 U_b 等几种脉冲与 Y 电极相连开关电路和 RC 电路完成。42 英寸 W-VGA 彩色 PDP 共有 480 根扫描电极引线,使用输出引脚为 40 个的扫描驱动器,需要 12 块扫描驱动器。扫描驱动器工作在浮地状态。

5. 电源电路

电源电路主要通过 AC/DC 和 DC/AC 转换,为各部分电路提供所需要的电压。

10.5.4 PDP 的动态伪轮廓现象和克服方法

彩色 PDP 在显示静态图像时性能优良,但是在显示运动图像时却出现了灰度紊乱问题。假设一个物体的图像在屏上自左向右移动,而观察者的眼睛也跟随物体的运动而移动,此时观察者所感受到的运动物体,在图像的某些地方,尤其是明亮变换比较明显的边界地带出现了亮的或暗的伪轮廓。但只要运动一停止,或者观察者的目光不随运动物体移动,上述伪轮廓现象就立即消失,这就是所谓的运动图像的伪轮廓现象。可见,伪轮廓现象是图像运动和目光跟随同时发生时才出现的噪声干扰。伪轮廓现象的存在可以用跟随运动图像同步旋转的照相机拍的照片得到证实。

为什么 CRT 在显示运动图像时没有类似的现象发生? 研究表明,CRT 发光时间只占一电视场的极小部分。但 PDP 发光的情形就不同了,PDP 用子场法来实现灰度显示,这种产生灰度的方法要求在整个电视场的周期内都可以发光,在显示运动物体时就会出现发光在时间分布上的不均匀,从而在人眼跟着运动图像移动时,在视网膜上出现伪轮廓。原则上讲,任何采用子场技术来实现灰度显示的地方都会出现伪轮廓现象,无法彻底根除,但可以采用种种不同的方法加以抑制,以减小伪轮廓的程度,使人眼不容易感受出来。

运动图像的伪轮廓现象不仅会产生灰度的紊乱,对彩色显示而言,同时会产生色彩的紊乱。

运动图像伪轮廓的抑制方法有以下几种。

(1) 压缩一场中发光的时间。但器件的发光亮度就会随着下降。

(2) 分割二个最大的子场。这二个子场发光的时间分布较宽,导致伪轮廓严重,改进的方法是将这二个子场重新分割成 4 个 48 的子场。

(3) 子场控制法(SFC)。进一步缩小相邻像素所加子场的差别,优化子场排列顺序。

(4) 补偿脉冲法。对于出现了明显暗区的位置,可以在原有的信号上加上几个额外的光发射区,也就是加上几个补偿脉冲,使伪轮廓所相应的暗区得到补偿。同样,对于亮区性质的伪轮廓,可以在相应的位置加上几个负的补偿脉冲加以补偿。

(5) 误差扩散法。误差扩散法是在硬拷贝领域里经常采用的一种方法。这种方法的核心是设法测出原信号亮度与显示图像亮度之差,将此差额与相邻单元亮度值相加或相减,使图像的连续性增强。具体到 PDP 的驱动,这种方法可以使伪轮廓的边缘较为模糊,从而不易为观察者所觉察。

以上所介绍的多种方法以及它们的组合采用,已经可以使伪轮廓干扰降低到1/40以下,达到不易被观察者感受到的程度,基本上满足了普通壁挂电视乃至 HDTV 对图像质量的要求。抑制伪轮廓现象的研究还将进一步深入,以找到既有效,又便于电路实现的经济有效的方法。

伪轮廓现象的起因和抑制办法较为复杂,进一步内容读者可参考《光电子技术》1999 年第一期。

10.6　PDP 面临的挑战和展望

10.6.1　提高发光效率

PDP 在实现 FHD 显示面临的挑战除了要提高工艺精度以外,发光效率是最为根本的问题,因为显示单元做小了,发光效率就低了,亮度也上不去,所以发光效率是彩色 PDP 技术走向成熟最关键的问题。现在已经实现 50 英寸全高清显示,尽快实现 42 英寸全高清显示是一道坎。据 2006 年统计,器件的发光效率为 1.8 lm/W 左右。在这样的效率下,模件的功耗大约为每英寸对角线 6 W 左右,亮度为 500 cd/m^2。

PDP 目前的发光效率低于 CRT,甚至比 LCD 模件的发光效率还稍差一点。PDP

发光效率下一步的目标应该在 3 lm/W。这就可以与 LCD 的效率相当。要做到这一点,改进器件的结构,研究新的气体放电模式,提高荧光粉在 147 nmVUV 照射下的量子效率是几个主要的技术途径。PDP 发光效率的最终目标在 5 lm/W。这可能要在以上各个领域内取得革命性的进展才能实现。

10.6.2 进一步降低制作成本

PDP 目前面临的另一个问题是降低生产成本,为大规模进入家庭扫清道路。在中试生产和小规模生产线上,显示屏和电路的成本各占 50%;在规模生产线上,显示屏成本可降至 20%,而电路的成本要上升为 80%。可见降低电路的成本是 PDP 降价的关键。降低峰值电压和峰值电流是降低电路成本的重要方面,但它和器件的结构(保护层的二次发射系数,气体比份,结构均匀性,杂散电容等)密切相关;改进驱动方法,简化电路,提高电路集成度,提高开关电源效率等则是电路本身的课题。

在降低屏的生产成本方面,以较小的材料消耗和较高的生产率为目标。8 面取的基板、新的工艺方法和简化工艺流程的进展正酝酿着新一代生产技术的形成。在完成了规模生产的考验以后,必将大大降低屏的生产成本。从国内建设 PDP 生产线的角度看,最大限度地实现原材料(包含 IC)的国产化是降低生产成本的重要方面。应该在器件和电路开发的同时,推进原材料本地化的进程。

10.6.3 展望

彩色 PDP 主要的应用领域是大屏幕电视市场。在 40～80 英寸的应用范围内具有一定的技术优势,在 2000—2010 年间得到了迅速发展。但是随着 TFT-LCD 迅速向大尺寸方向发展,PDP 大尺寸的优势不再明显。而且 TFT-LCD 分辨率高,易于制作全高清,而 PDP 不容易制作全高清;TFT-LCD 功耗低,而 PDP 发光效率迟迟未能取得突破性进展,功耗居高不下。所以 PDP 电视的销售在 LCD 的强大压力下,自 2011 年出现明显下降。日本开始退出 PDP 生产,韩国也宣布不再继续投资扩大 PDP 的生产。PDP 产业进入了进退维谷的境地。

PDP 响应速度快,视频特性优良,用作快门眼镜的 3D 电视有一定的优势,随着 3D 电视的热销又产生了转机的希望。但戴眼镜的 3D 电视本身并没有得到消费者真正的青睐,所以 PDP 还是会按照原来的轨迹发展。

PDP 的一些基础研究,尤其是高发光效率的新模式和新结构的研究还在继续,它们未来的突破也许可以用在其他应用领域,当然也包括显示技术在内。

PDP 原本就是一种很好的显示技术,LCD 发展太快,PDP 生不逢时,如此而已。

本章参考文献

[1] WEBER L F. The promise of plasma display for HDTV. SID 00 Digest, 2000:402-404.

[2] 内池平树.プラズマデイスプレイのすべて.工业调查会,1997.
[3] プラズマデイスプレイ内の放电基础特性.电气学会技术报告,第 688 号,1998 年 9 月.
[4] 和泉志伸.プラズマデイスプレイビジネス最前线.工业调查会,1997.
[5] 朱昌昌.千年之交的平板显示技术和市场//2000 中国平板显示学术会议论文集.
[6] 朱昌昌.彩色 PDP 电极和障壁制作技术评述.光电子技术,1998,(18)3:169-175.
[7] 朱昌昌.彩色 PDP 运动图像虚影现象的产生及解决方法.光电子技术,1999,19(1):1-9.
[8] 王绪丰.采用 ADS 方式工作的彩色 PDP 显示屏性能评价技术研究.南京:东南大学电子科学与工程学院,2001.
[9] 樊卫华.彩色等离子体显示器高对比度驱动方法的研究.南京:东南大学电子科学与工程学院,2003.

第 11 章　量子点显示技术

11.1 引　言

色彩质量的改善和能效的提高是新一代显示技术所追求的目标。实现这一目标的关键是开发色彩纯度高，稳定性好，易加工，高光效的发光材料。量子点材料（以下简称量子点）是可以同时满足这些要求的材料之一。

量子点是粒径小于或接近激子波尔半径的半导体纳米晶体。量子点三个维度的尺度通常在 10 nm 以下，内部的电子和空穴在各个方向上的运动均受到限制，量子限域效应（quantum confinement effect）十分明显。由于电子和空穴被量子限域，量子点具有分立的能级结构。这种分立的能级结构使得量子点具有独特的光学性质。

量子点的发光峰窄、发光颜色随自身尺寸可调、发光效率高，非常适合用作显示器件的发光材料。目前，在全球科研机构和公司的不断推动下，量子点在显示技术领域的应用取得了显著进展。量子点在显示技术领域的应用主要包括两个方面：①基于量子点电致发光特性的量子点发光二极管显示技术（Quantum Dots Light Emitting Diode Displays，QLED）；② 基于量子点光致发光特性的量子点背光源技术（Quantum Dots-Backlight Unit，QD-BLU）。

本章主要对量子点的发展历史、发光原理和显示应用分别进行阐述。

11.2 量子点技术发展历史

11.2.1　量子点发展历史

20 世纪 70 年代早期，由于半导体外延生长技术的发展，使得纳米结构的制备成为可能。首先，被称为量子阱（Quantum Wells，QW）的薄层二维纳米结构被合成出来，并被广泛研究。这种纳米薄层结构由两种不同的半导体材料相间排列形成，电子和空穴被限制在几纳米厚度的薄层中，具有明显的限域效应。通过调整组成成分比例，量子阱的禁带宽度（Band Gap）可以发生改变。

1975 年，R. Dingle 等人首次报道了量子阱的光学吸收具有能量量子化的现象。随着量子阱的深入研究和量子理论的不断发展，准零维纳米材料的制备和性质开始成为研究热点。20 世纪 70 年代晚期，纳米结构制备技术取得显著进展。特别是各种微观表征技术，如透射电子显微镜、扫描隧道显微镜、原子力显微镜等的完善和升级，获取纳米结构原子水平的信息成为可能。

1981 年，瑞士物理学家在水溶液中合成了硫化镉胶体，并验证了其具有光催化分解水的功能。

1983 年，贝尔实验室 L. E. Brus 教授的研究团队首次报道了胶体硫化镉纳米晶随着尺寸变化光化学氧化还原电位和激子能量发生变化的现象。L. E. Brus 将胶体硫化镉与量子点的概念结合起来，首次提出胶体量子点(colloidal quantum dot)这一概念，胶体量子点开始成为物理化学领域的研究热点。

1984 年，前苏联 Yoffe 研究所的科学家 A. I. Ekimov 和 A. A. Onushchenko 发现量子点具有能量量子化的特性。这一特性主要表现为量子点的主要激子吸收峰位随自身粒径的减小而蓝移。量子点的量子尺寸效应得到了实验证实，标志着量子点的制备和性质研究进入了新的阶段。

1993 年，为了解决共沉淀方法合成的胶体量子点尺寸均一性差、性质不稳定的问题，麻省理工学院 M. G. Bawendi 教授的研究团队提出了一种高温液相合成高质量 CdE(E＝S,Se,Te)量子点的方法。这种方法以有机镉作为镉前驱体，以三辛基氧化磷(TOPO)作为溶剂，通过高温成核、生长得到 CdE 量子点。这种方法得到的 CdSe 量子点性质稳定、粒径均一、物理化学特性出色，大大促进了胶体量子点的应用研究。

近年来，人们已经通过调节量子点的粒径、结构、组分，获得了色纯度高、稳定性好、高效发光的多种量子点。量子点的性能随着制备技术的发展而不断提高，为量子点应用于显示技术领域提供了良好条件。

11.2.2　量子点显示技术发展历史

量子点显示技术主要包括量子点发光二极管显示技术和量子点背光源技术。应用量子点技术制作得到的显示器件，相比传统的显示器件具有更宽的色域和更高的色彩饱和度，受到了人们的青睐。

发光二极管(Light Emitting Diode, LED)与普通二极管一样是由一个 PN 结组成，具有单向导电性。PN 结处于平衡时，存在一定的势垒区。当施加一正向偏压时，势垒便降低，载流子发生扩散。电子由 N 区注入 P 区，同时空穴由 P 区注入 N 区，这些进入 P 区的电子和进入 N 区的空穴为非平衡少数载流子。这些少数载流子不断与多数载流子复合而发光(辐射复合)。这就是发光二极管的发光机理。不同的半导体材料中电子和空穴所处的能量状态不同。当电子和空穴复合时，二者的能量差越大，释放出的能量越多，发光的波长越短。目前已经可以制作发红光、绿光或蓝光的 LED。如图 11.1 所示为三颗不同发光颜色的 LED。

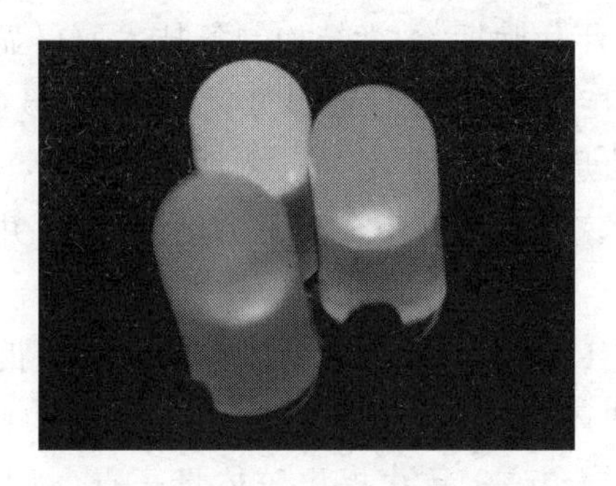

图 11.1　三颗不同发光颜色的 LED

1961 年,美国公司德州仪器的 Robert Biard 与 Gary Pittman 首次发现了砷化镓及其半导体合金的红外放射作用。

1962 年,通用电气公司的 Nick Holonyak Jr. 开发出第一种可实际应用的可见光发光二极管。

1994 年,加州大学伯克利分校的 A. P. Alivisatos 教授的研究团队首次报道了以胶体量子点作为电致发光层的发光二极管。这种电致发光器件以有机聚合物作为电荷传输层,胶体量子点作为电致发光层,利用胶体量子点实现电光转化,从此,量子点发光二极管(QLED)产生了。由于量子点的量子尺寸效应,这种发光器件可以通过调节量子点尺寸来调节发光颜色,在显示领域具有广阔的应用前景。

1998 年,Matoussi 等人为了改良 QLED 的性能,引入含有有机物及量子点的混合发射体的 QLED 装置。

2002 年,麻省理工学院的 Seth Coe 等人,以有机层和单层量子点的三明治夹层结构作为量子点发光二极管,其中有机层作为电子和空穴传输层,量子点作为电致发光层,发光效率可以达到 0.5%。

2005 年,Muller 等人通过在真空沉积的 n-GaN 和 p-GaN 层之间夹合单层 CdSe/ZnS 量子点层,构造了全无机的 QLED。

2010 年 QD vision 与美国 Nexxus Lighting 合作推出量子点照明灯具。在这种灯具中,量子点膜片被覆盖在蓝光 LED 芯片表面,将 LED 芯片的蓝光转化成红光。

2011 年 Nanosys 公司以蓝光 LED 激发量子点发光薄膜作为背光源,开发了色域达到 80% NTSC 的 47 英寸全高清 LCD 电视。

2011 年,三星电子公司以有机层和无机层,分别作为量子点发光层的电子和空穴传输层,制备得到了量子点发光二极管。通过转印法(transfer printing)对量子点薄膜图形化,三星电子公司制作了 4 英寸全彩有源矩阵 QLED 显示器件。至此,量子点显示技术进入了快速的商业发展期。

11.3　量子点发光材料

量子点是一种由有限数目原子组成的准零维半导体纳米晶体,在三维尺度上小于或接近于激子玻尔半径(1～10 nm)。由于量子尺寸效应(quantum size effect),量子点不同于块体材料连续的能级结构,具有分立的能级结构。此外,这种纳米结构将导带电子、价带空穴在三个空间方向上束缚住,具备显著量子限域效应(quantum confinement effect)。因此,量子点具有不同于块体半导体材料的发光原理和发光性能。

13.3.1 量子尺寸效应

不同维度材料的能带结构如图 11.2 所示,不管是块体材料还是零维纳米材料,均可以采用理论公式来表征其能态密度的变化。

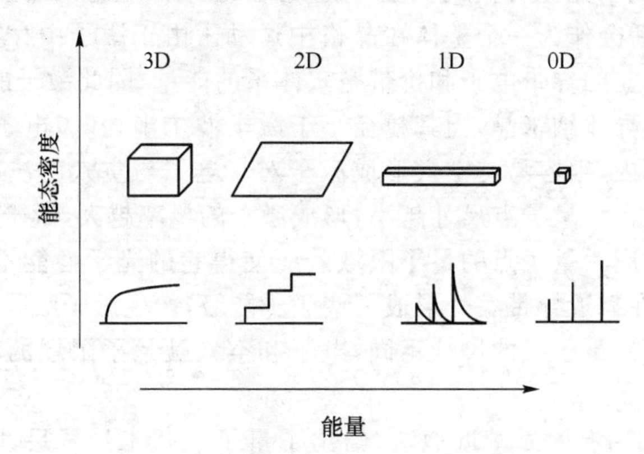

图 11.2 各种维度的材料能级结构图

(1) 块体材料中,电子在三维空间上自由移动,能量公式如下:

$$E=\frac{\hbar^2}{2m^*}(k_x^2+k_y^2+k_z^2)$$

其中,m^* 为电子的有效质量,$\hbar$(等于 $h/2\pi$)为约化普朗克常量,k_x,k_y,k_z 为三个空间上的波矢量。所以在块体材料中,能带是连续的。能态密度与电子能量的关系为:$D_s(E)\propto E^{1/2}$。

(2) 在二维系统中,电子在 z 方向的移动量子化为分立的能带,而在 x,y 方向上自由移动。

$$E=\frac{\hbar^2}{2m^*}(k_x^2+k_y^2)+E_z^i$$

其中,$i=1,2,3,\cdots$。因此,在三维空间内,由于在 z 方向近似量子化,二维材料(纳米片)的能态变化为阶梯型。

(3) 在一维体系中,由于电子运动被进一步地限制,仅在 x 方向上可以自由移动。

$$E=\frac{\hbar^2}{2m^*}k_x^2+E_y^i+E_z^j$$

其中,$i,j=1,2,3,\cdots$。在三维空间内,由于在 y,z 方向均近似量子化,一维材料(纳米线)的能态密度更加分立,出现连续的尖峰。

(4) 在零维体系中,电子运动在三维方向上均受限制。

$$E=E_x^i+E_y^j+E_z^k$$

其中,$i,j,k=1,2,3,\cdots$。在三维空间内,由于在 x,y,z 三个方向均近似量子化,零维材料(量子点)的能带更加离散,能态密度分立为一系列的尖峰。所以,量子点具有分立的能级结构。

13.3.2 量子限域效应

在半导体中,大量的电子位于价带(化学键)上,称为价电子。当价电子吸收足够的能量跃迁到导带后成为自由电子并留下价带空穴,这个能量的最小值称为禁带宽度(band gap)。当电子吸收外界的能量小于禁带宽度时,不能直接产生完全自由的电子和空穴对,而是形成未完全分离的具有一定键能的电子-空穴对,这种电子-空穴对称为激子,激子形成后会作为一个整体在晶格中运动。由于激子中存在键能,激子体系中的总能量小于孤立的导带电子和价带空穴体系的能量,因此激子能级位于禁带内。

量子点作为半导体纳米晶,当其粒径小于激子波尔半径时,电子的平均自由程被局限在很小的范围内,很容易与空穴形成激子对。电子与空穴的波函数发生重叠,因而产生了激子吸收带。量子点尺寸越小,形成激子的概率越大,激子浓度越高,这种效应称为量子限域效应。量子点的量子限域效应使得它的光学性能不同于常规半导体材料,其能带结构在靠近导带底处形成一些激子能级,产生激子吸收带,而激子的复合将会产生荧光辐射。量子点的尺寸不同,电子和空穴被量子限域的程度不同,其分立能级结构也有差别。

L. E. Brus 利用有效质量近似法,给出了量子点基于量子尺寸效应和量子限域效应的能带带隙 E 公式:

$$E=E_g+\frac{\hbar^2\pi^2}{2R^2}\left[\frac{1}{m_e}+\frac{1}{m_h}\right]-\frac{1.8e^2}{\varepsilon_1 R}-\frac{0.25\varepsilon_1}{\varepsilon_2}$$

其中,E_g 为半导体体相材料的带隙;R 为量子点尺寸大小;m_e 和 m_h 分别为电子和空穴的质量;ε_1 为颗粒的介电常数;ε_2 为介质的介电常数。式中的第 2 项为量子限域能,也就是电子和空穴的动能;第 3 项为电子-空穴对的库伦作用能;第 4 项为周围介质对纳米粒子带隙的影响。公式表明,随着颗粒尺寸的减小,电子和空穴的受限程度增大,导致二者的动能增加即量子限域能增大,量子点的有效带隙增宽,相应的吸收光谱和发射光谱发生蓝移,并且尺寸越小,蓝移程度越大。

如图 11.3 所示,通过调节量子点的尺寸,量子点的发光光谱可调。量子点有不同的种类和尺寸,发光范围可以覆盖整个可见光区,甚至近紫外与近红外区。

图 11.3 不同尺寸 CdSe 量子点在紫外光照射下的发光照片

11.3.3　量子点发光原理

量子点具有显著的量子尺寸效应和量子限域效应，其发光原理不同于块体半导体材料。基于块体半导体材料的常规无机 LED 是由砷化镓、磷化镓、磷砷化镓等半导体制成的 PN 结，在一定条件下，具有发光特性(图 11.4)。在吸收外界的能量后，半导体材料的价带电子跃迁到导带，导带电子绝大多数落入较深的电子陷阱中产生淬灭，只有极少数的电子与价带空穴复合以光子的形式释放能量而发光〔图 11.5(a)〕。因此，常规的 LED 发光效率低，且每种材料只能发出一种颜色的光。

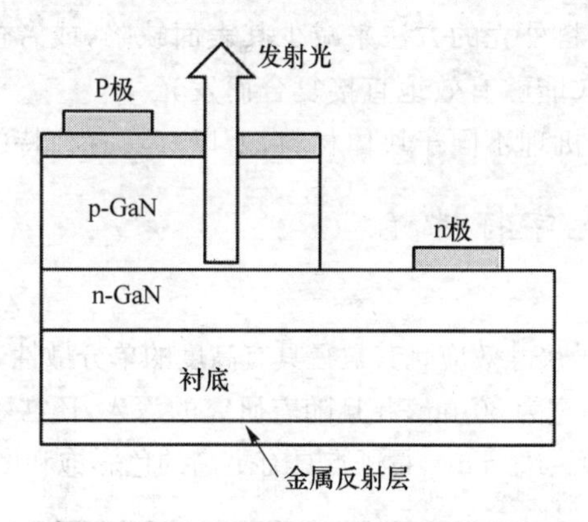

图 11.4　一种典型的无机 LED 结构图

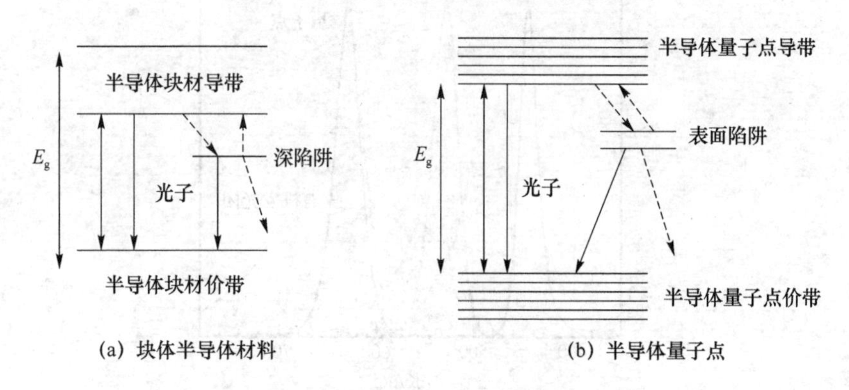

图 11.5　块体半导体材料及半导体量子点的发光原理图
(实线代表辐射跃迁，虚线代表非辐射跃迁)

量子点具有分立能级结构，吸收外界能量后，产生激子(电子-空穴对)。电子和空穴复合时，产生的能量以光子的形式释放而发光〔图 11.5(b)〕。电子和空穴的复合途径如下：

(1) 电子和空穴直接复合，产生激发态发光。由于量子限域效应，量子点的发射光波长随颗粒尺寸的减小而蓝移。

(2) 通过表面缺陷态间接复合发光。在量子点表面存在许多悬挂键，从而形成了许多表面缺陷态，当受到外界电能或光能激发后，产生的载流子被表面缺陷态俘获而产生表面缺陷态发光,量子点的表面越完整,表面对载流子的俘获能力就越弱。

(3) 通过杂质能级复合发光。量子点经过掺杂或者自带的杂质原子破坏了量子点自身的能级结构,可以产生能量在带隙中的局域化电子态,称为杂质能级。由于杂质的离化能很小,自身容易成为电子或空穴的供体或受体,电子和空穴在杂质能级即可复合发光。

以上三种发光形式是相互竞争的。量子点的表面缺陷越多,对电子和空穴的俘获能力就越强,电子和空穴直接复合的机率越小,从而只有表面缺陷态的发光,所以发光会很弱甚至观察不到。为了消除表面缺陷对载流子的俘获作用,常常通过对量子点表面包覆宽禁带的无机材料外壳的方法来减少其表面缺陷,或者包覆有机配体来钝化表面,最终使得电子和空穴能够有效地直接复合而发光。

由于量子点的发光机理不同于块体材料,所以其具有独特的光学特性。

11.3.4 量子点光学特性

1. 发光峰窄

由于量子点存在量子尺寸效应且其粒径具有高度的单分散性,胶体量子点的发光峰非常窄(CdSe 量子点的半峰宽为 30 nm,并且随着研究的深入,还在不断变得更窄)。相对于有机发光团(半峰宽为 50～100 nm),量子点具有更高的色彩饱和度(图 11.6)。

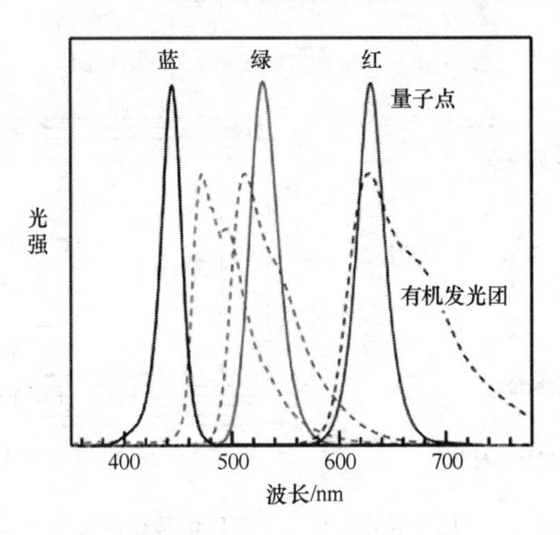

图 11.6 量子点的发光光谱与有机发光团发光光谱对照
(实线为量子点光谱,虚线为有机发光团光谱)

2. 光谱可调

量子点的光谱性能主要受颗粒本身性质的影响,包括材料的成分、颗粒尺寸等。首先,不同结构成分的半导体材料具有不同的带隙宽,因此可以通过材料的选择进行量子点光谱的调控。一般来说,材料共价性增加,颗粒的带隙会变宽。因此,紫外或者蓝光材料一般采用带隙较大的 ZnS、ZnSe、CdS 等材料,其能带分别为 3.61 eV、2.69 eV、2.49 eV。而红外光材料一般采用带隙较小的 CdTe、InP、InAs 等,其能带分别为 1.43 eV、1.35 eV、0.35 eV。其中，CdSe(1.74 eV)跨越的光谱范围正好处于可见光区，因此 CdSe 量子点的制备和应用受到研究者的青睐。其次，量子点在发光应用的最大优势在于其发光峰峰位随尺寸可调，这一特性是由其自身的量子尺寸效应决定的。量子点对电子-空穴(激子)的限域效应导致了量子点的能级量子化，量子点的带宽随粒径的减小而增加，最终使得发射光蓝移。通过调节量子点的成分和尺寸，可以精确地调控其发光光谱，从可见光区可以拓展到近红外区，这是相对有机染料的突出优势(如图 11.7 所示)。

Ⅱ-Ⅵ QDs
(CdS、CdSe、CdTe、PbSe)
可见光区

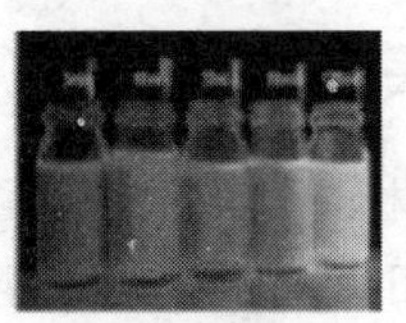

Ⅲ-Ⅴ QDs
(InP)
绿光至黄光

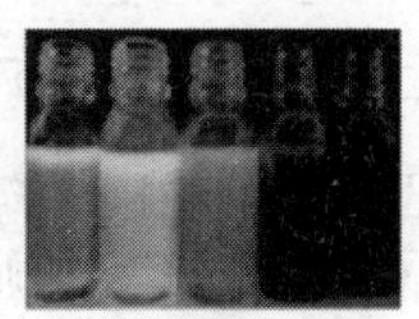

Ⅰ-Ⅲ-$Ⅵ_2$ QDs
($CuInS_2$)
绿光至近红外区

图 11.7　不同种类和尺寸的量子点发光照片

3. 高量子产率

量子产率(quantum yield)指处于激发态的量子点，通过发光而回到基态的量子点占全部激发态量子点的分数，也即量子点的发光效率。量子点具有很高的量子产率，CdSe 量子点的量子产率可达 80%左右。量子点通过包覆宽带隙的无机半导体外壳，其量子产率可以提高到 95%以上，并具有很好的光稳定性。相对仅使用有机配体来说，无机外壳可以更加有效地钝化量子点表面无辐射的激子复合位点，并将激子限制在核内，远离量子点的表面缺陷，最终提高量子点的发光效率(表 11.1)。

表 11.1　部分文献报道的量子点的量子产率

量子点	尺寸/nm	发光峰位	量子产率
CdSe	3.8	555 nm	30%
CdSe/CdS	5.2	600 nm	60%
CdSe/CdS/$Zn_{0.5}CdS_{0.5}$	7.5	610 nm	65%
CdSe/ZnS/CdSZnS	5.5	530 nm	100%
CdSe/CdS/ZnS/CdSZnS	8.6	630 nm	95%
ZnSe/ZnS	-	412 nm	45%
CdZnS	6.3	452 nm	-
CdZnS/ZnS	9.5	-	70%
CdZnS/ZnS	11.5	-	98%
InP/ZnSeS	2.8	518 nm	72%

4. 光稳定性好

通常来说，量子点的发光稳定性优于有机发色基团，这也赋予它们在显示应用的独特优势。此外,通过对量子点包覆壳层来钝化表面缺陷,将激子限制在量子点的核内,同时有效阻止氧扩散到核内,可以明显地增强其光稳定性。厚的无机多层壳,表面钝化配体和分级的合金壳层,可以很大程度甚至完全抑制量子点的发光闪烁(量子点激发光的间歇现象)。减少发光闪烁现象对量子点显示器件来说至关重要,因为这样可以达到更高光效。Talapin 等人最近合成了同时具备无机分子金属硫配体和无金属的离子配体的量子点,降低了有机配体不稳定性对量子点的不良影响,有效提高了量子点的发光稳定性和使用寿命。

11.3.5 量子点制备方法

量子点的合成路径主要有气相外延生长法和溶液法两种。气相外延生长法需要相当高的能量介入,而溶液法则相对简单、便捷。溶液法化学合成得到的量子点的粒度和形貌可控,单分散性好,量子产率高,远好于外延生长法得到的量子点。溶液法化学合成得到的量子点称为胶体量子点,是本章的研究重点。胶体量子点为离散的纳米晶,因此能够采用多种方法进行化学后处理,并且可以自组装为薄膜。溶液法的制备条件相对廉价、易操控和规模化,可以合成几乎没有缺陷的胶体量子点。

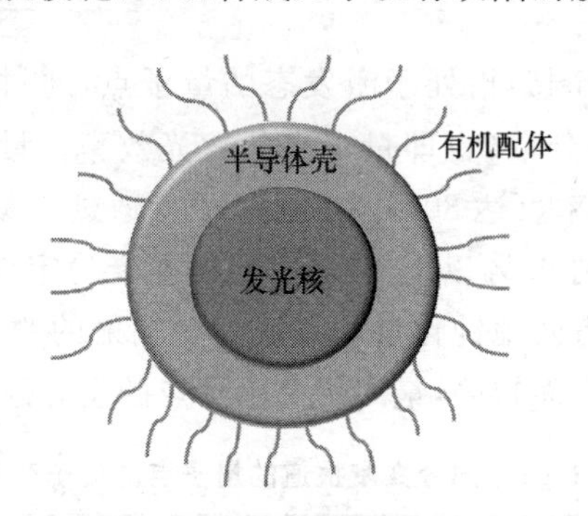

图 11.8 一种典型的胶体量子点结构图

胶体量子点包含一个很小的无机半导体核(粒径 1～10 nm),通常还有更高带宽的无机半导体壳,最外层包覆有机钝化配体(图 11.8),各层结构和组分如下。

(1) 发光核:量子点发光峰位的调节可以通过改变发光核的尺寸来实现。发光核一般为Ⅳ(Si)、Ⅲ-Ⅴ(InAs)、Ⅱ-Ⅵ(CdSe)半导体材料。对于可见光谱部分的发射而言,CdSe 为优选的核材料,也是目前研发最成熟、性能较好的量子点核材料之一。由于 Cd 为有毒重金属,所以无毒材料也在积极研发中,如 InP、CuInS 等。

(2) 半导体壳:在发光核表面包覆宽禁带材料(如 ZnSe,ZnS 等),可以钝化核颗粒表面态,提高量子效率以及量子点的稳定性,例如 CdSe/ZnS 核壳量子点的量子产率可达 30%～95%,比只有 CdSe 核的量子点高一个数量级。

(3) 有机配体:有机配体用来钝化半导体壳,防止量子点团聚。常用的有机配体有 TOPO(三辛基氧化磷)、烷基胺、吡啶等。

通过溶液法,可以制备得到量子产率高、单分散性好的量子点。合成路径主要分为水相合成法和有机相合成法两类。

1. 水相合成法

早期胶体量子点主要是通过共沉淀法制备得到，也就是 Cd^{2+} 和 S^{2-} 的简单混合，这种方法得到的量子点粒径分布非常不均匀，表面缺陷较多，物理化学性质较差。1996 年，德国汉堡大学的 Weller 研究组首次在共沉淀法的基础上引入巯基小分子配体，束缚量子点在反应过程中的生长，使得量子点粒径分布更加集中并使得量子点表面得到钝化。2002 年，Weller 利用不同的巯基试剂作为稳定剂，制备了单分散性好、量子产率高的各种巯基化的 CdTe 量子点，证实了这种方法的通用性，巯基化量子点逐渐成为人们研究的热点。

总的来说，量子点的水相合成方法主要是利用巯基小分子等配位剂作为稳定剂，基于共沉淀反应在水溶液中直接合成量子点。配位剂一般采用双功能的巯基化合物，巯基与量子点表面的金属 Cd 等配位结合，另一端的 NH_2、COOH、OH 等可以作为功能修饰化基团，并且保证量子点的水溶性。水相量子点的成核一般基于高饱和状态下难溶化合物的生成，然后经过 Ostwald 生长熟化过程形成纳米晶体（Wilhelm Ostwald 在 1896 年发现的一种描述固溶体中多相结构随着时间的变化而变化的一种现象。Ostwald 生长熟化发生的过程包括小于一个临界尺寸的粒子的溶解，并将质量转移到大于这个临界尺寸的粒子上）。水相合成法主要用于离子性较强的Ⅱ-Ⅵ族量子点。水相合成法操作简便、重复性高、成本低、表面电荷和表面性质可控，很容易引入各种官能团分子，便于大规模制备；水相合成法的不足在于量子点的结晶性和发光效率较低，单分散性和荧光量子产率不如有机相合成的材料，此外巯基配体也很容易脱落使得量子点团聚变性。

2. 有机相合成法

1993 年，麻省理工学院 M. G. Bawendi 教授的研究团队报道了一种高温液相合成高质量 CdE(E＝S，Se，Te)量子点的方法。制备过程主要为在高温（200～360 ℃）惰性气氛保护下，第一步，有机配体和溶剂热解有机金属前驱体；第二步，热引发前驱体首先得到小的微晶，再经过成核、生长，直到冷却终止反应得到量子点。量子点的粒径范围和粒度分布可以通过调节反应时间和温度，以及前驱体和表面活性剂浓度来精确控制。获得的量子点被有机配体包覆，可以保证量子点在大部分常见的有机溶剂中可溶。为了解决有机镉前驱体的毒性和不稳定的问题，2001 年，彭笑刚研究组在 JACS 发表文章，利用氧化镉作为前驱体，开发出简单、高质量、大规模合成 CdE(E＝S，Se，Te)量子点的方法。这种方法中，CdO、$Cd(Ac)_2$ 和脂肪酸可以作为通用的镉前驱体和溶剂。得到的量子点粒径范围为 1.5～25 nm，可制备的量子点粒径范围宽于有机金属前驱体法。这种方法相对于有机镉前驱体法来说，更安全、经济，并且得到的量子点的质量不逊色于前者。

有机相合成法几乎可以合成所有种类的量子点，并且，得到的量子点晶格较好，尺寸分布更加均一，量子产率更高，易溶于多种有机溶剂，有利于后续溶液制程，寿命长，光化学性质稳定。但这种方法造价较高，反应条件相对严格，反应规模不容易放大。目前，应用于量子点显示技术领域的量子点材料，主要通过有机合成法制备得到。

3. 溶液法的优势

溶液法制备得到的量子点,表面存在大量有机分子配体,因此在多种有机溶剂中具有很好的溶解性。量子点分散在有机溶剂后,应用多种量子点沉积技术,如旋涂、流平涂覆、喷墨印刷、微接触印刷等,可以方便地对量子点进行图形化处理。此外,利用溶液法,可以合成出多种新型量子点,如不含重金属的 $CuInSe_2$、$CuInS_2$ 和 $AgInS_2$ 等量子点。这种方法还可以方便地对已有的量子点进行离子掺杂,调控量子点的能级结构、发光性质和发光稳定性。

此外,溶液法合成胶体量子点的生产规模容易扩大,可以显著降低量子点的制备成本,有利于其在显示领域的应用。目前,量子点的制备已经产业化,国内的公司主要有杭州纳晶科技股份有限公司、武汉伽源量子点公司、天津游瑞量子点技术发展有限公司等,国外的公司主要有 QD Vision、Evident、Nanostart investments、Crystalplex、Nanoco、Ocean NanoTech、Nanosys 等。

11.4 量子点显示技术

随着量子点制备技术的迅速发展,量子点的发光性能在不断提高;同时溶液法制备得到量子点可以简单地进行溶液加工、旋涂并可以像墨水一样印刷成膜,因此量子点在高色彩质量的显示技术领域的应用很受关注。

量子点显示器件具有很宽的色域和很高的色彩饱和度。这种很高的色彩质量可以通过国际照明委员会(Commission Internationale de L'Eclairage,CIE)的色域图来衡量。CIE 色域图描绘了依据人眼对色调和色彩饱和度的色彩辨识。结合三种光源,如红、绿以及蓝色发光显示像素,一系列的显示颜色可以通过 CIE 图标的三角区颜色叠加。图 11.9 展示了量子点具有很高的色彩饱和度(单色性),其作为红-绿-蓝量子点光源,可以覆盖的色域范围超过了高清电视需要的标准(图中虚线部分)。

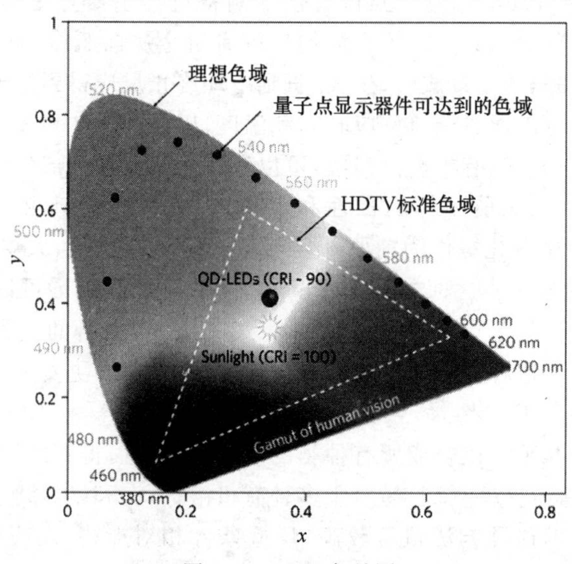

图 11.9 CIE 色品图

通常,人造光源的白光质量可以通过显色指数(Color Rendition Index,CRI)来进行量化分析并以阳光(理想的白色光源,CRI 值为 100)作为对照。量子点具有很窄的发射光谱(半峰宽约 30 nm),可以作为蓝光背景灯下的转换光源,得到的白光光源的 CRI 可达 90%以上。因此将量子点应用于固态光源中,不仅可以有效地提高光源的颜色质量,同时能降低能耗。类似的,量子点还可以在高色彩质量的液晶显示器中用作背光源。2011 年,Nanosys 公司展示了以量子点薄膜结合蓝光 LED 为背光源的液晶显示器。

目前量子点在显示技术中的应用主要分为:① 基于量子点电致发光性能的量子点发光二极管显示技术(QLED);② 基于量子点光致发光性能的背光源技术。

11.4.1　量子点发光二极管显示技术

1. 量子点发光二极管显示基本原理

量子点发光二极管显示器(Quantum Dots Light Emitting Diode Displays, QLED)是在有机发光显示器的基础上发展起来的一种新型显示技术。不同的是,其电致发光结构为量子点层。其原理为:电子通过电子传输层注入量子点层,空穴通过空穴传输层注入量子点层,电子和空穴在量子点层中复合发光。与有机发光二极管显示器件相比,QLED 具有发光峰窄、色彩饱和度高、色域宽、光稳定性好、寿命长等优点。近年来,随着三星、LG、QD Vision 等公司的不断推进,QLED 的商品化进程迅速加快,作为一种未来显示技术,具有广阔的市场前景。

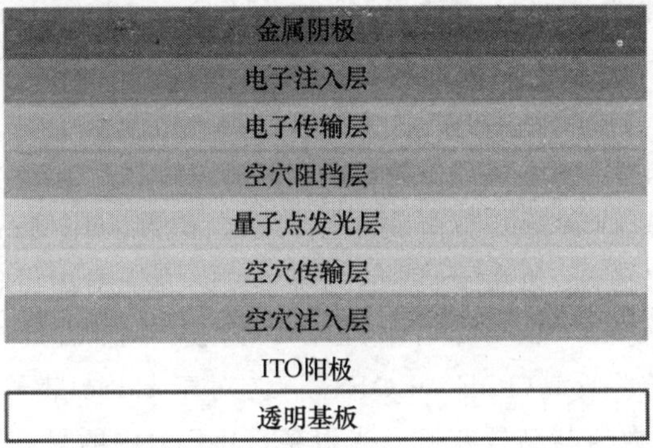

金属阴极
电子注入层
电子传输层
空穴阻挡层
量子点发光层
空穴传输层
空穴注入层
ITO阳极
透明基板

图 11.10　QLED 装置的叠层结构

与 OLED 显示器件类似,QLED 也是属于载流子双注入型发光器件。一种典型的 QLED 装置包括空穴注入层/空穴传输层/量子点层/电子传输层/电子注入层这一叠层结构(图 11.10)。发光过程主要通过以下几个步骤。

(1) 载流子注入:对器件施加适当的正向偏压后,电子和空穴克服界面能垒,分别经由阴极和阳极注入,电子注入到电子传输层的最低未占轨道能级,空穴注入到空穴传输层的最高已占轨道能级。

(2) 载流子的传输:在外部电场的驱动下,注入的电子和空穴在电子传输层和空穴传输层中向量子点发光层迁移。

(3) 激子形成:电子和空穴在同一量子点中相遇并互相作用,形成激子,由于量子限域效应,激子能量随量子点尺寸的减小而增大。

(4) 电致发光:激子发生复合,产生光子,释放能量而湮灭。电致发光的发光峰位随量子点尺寸的减小而蓝移。

空穴阻挡层的作用:空穴阻挡层的最高已占轨道的能阶比量子点发光层低,因此在量子点发光层与空穴阻挡层之间会产生很大的能障,空穴的传递会被阻挡在量子点层与阻挡层的界面处,增大了电子、空穴在量子点层复合的概率,提高了器件的发光效率。

2. QLED 器件发光效率

量子点发光显示器件通常包含量子点薄膜,量子点密堆形成薄膜时的量子产率决定了发光器件的最大发光效率。无壳量子点紧密排列形成薄膜后,量子产率相比溶液中降低 1 到 2 个数量级。在紧密排列的量子点薄膜中,不同粒径量子点之间发生荧光共振能量转移(Fluorescence Resonant Energy Transfer,FRET),激子转移到相邻量子点的无发光位点,发生无效复合,导致了自淬灭现象。这种自淬灭现象与量子点之间的距离密切相关(随距离减小而加剧),因此量子点表面的配体长度和壳层厚度可以深刻地影响量子点自淬灭的程度。具有长的油酸配体的 CdSe-ZnS 核壳量子点薄膜可以将量子产率保持为 10%～20%,这有益于含有这些量子点薄膜的量子点显示器件的发光效率。

量子点发光器件的外部量子效率(External Quantum Efficiency,EQE)值定义为:在显示方向上量子点显示器件的发射光子数与注入的电子数之间的比值。计算表达式如下:

$$\mathrm{EQE}=\eta_r \chi \eta_{PL} \eta_{oc}$$

其中,η_r 为量子点中形成激子的电荷数占注入总电荷数的比例;χ 为转化为光子的激子数占总激子数的比例;η_{PL} 为量子点的量子产率;η_{oc} 为辐射出设备的光子比例。内部量子效率(Internal Quantum Efficiency,IQE)为去除 η_{oc} 后的电子利用效率,也即 QLED 的发光材料光学效率($\mathrm{IQE}=\mathrm{EQE}/\eta_{oc}$)。对于 CdSe 量子点来说,它的优势在于其 χ 约为 1。这一数值与高效有机发光设备(OLED)中的最高效的有机荧光团的数值相同。CdSe 量子点中,这一很高的 χ 值是由于量子点中,“亮”态和“暗”态之间的激子能带边缘间距很小(<25 meV)。室温下的热运动即可使得激子可以有效地横跨“暗”态到更高的“亮”态,得到高的 χ 值。因此,量子点比有机发光材料具有更高的光效、更明亮的发射光。所以,从这点来说 QLED 比 OLED 具有更加广阔的发展前景。

3. 量子点发光二极管类型

经过二十年的不懈努力,通过制备高质量的量子点、发展量子点薄膜沉积技术,改进电荷传输层材料,优化器件结构等方式来不断提高 QLED 的性能,使得红光 QLED 的外量子效率(EQE)达 18 %,最大亮度$>10^4$ cd/m^2,接近 OLED 性能。图 11.11(a)和图 11.11(b)主要从 EQE 值和亮度两个方面的提升进行评价,对照总结了 4 种不同

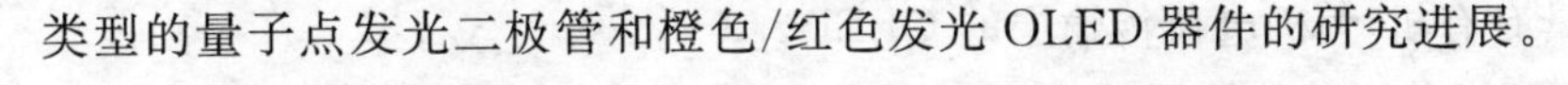

类型的量子点发光二极管和橙色/红色发光 OLED 器件的研究进展。

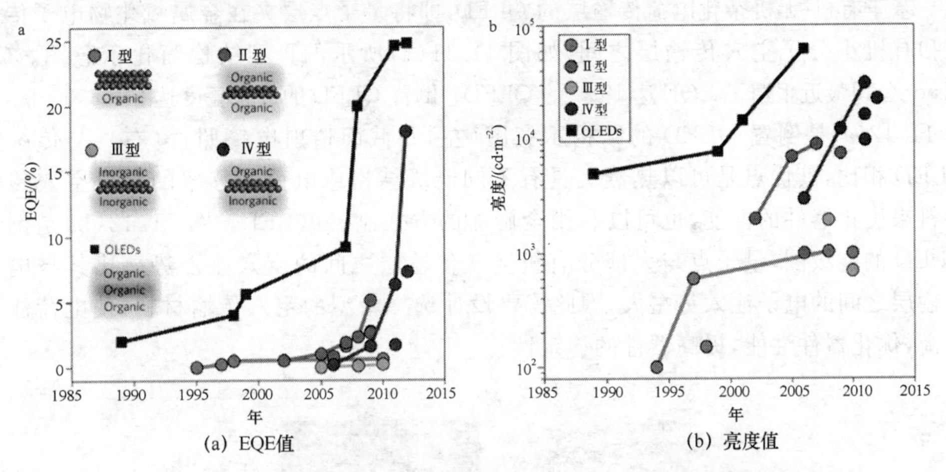

(a) EQE值　　(b) 亮度值

图 11.11　不同类型的 QLED 器件随时间的进展(OLED 作为对照)

(1) Ⅰ型:具有聚合物电荷传输层的 QLED

1994 年,加州大学伯克利分校的 A. P. Alivisatos 教授的研究团队首次报道了以胶体量子点作为电致发光层的发光二极管,即量子点-有机聚合物双层或混合层夹在 ITO 阳极和金属阴极之间的三明治结构,如图 11.11(a)所示的Ⅰ型结构简化示意图。由于量子点因表面修饰有绝缘的有机配体,既是电荷传输层又是发光层材料,导致器件的电流密度很小,亮度低;且同时存在量子点和有机聚合物的电致发光光谱,色彩难以调控。

(2) Ⅱ型:具有有机小分子电荷传输层的 QLED

2002 年,Coe 等人报道了将单层量子点薄膜夹在双层 OLED 中间界面处的 QLED 结构,如图 11.11(a)所示的Ⅱ型结构简化示意图。发现制备单层量子点薄膜(相分离法和微接触印刷技术)是提高 QLED 效率的关键,主要归因于单层量子点与来自在有机层电荷传输过程发光的解耦合作用。

Ⅱ型 QLED 增加了光谱的纯度和可调性,表明 QLED 可以用于电致发光显示;但是,有机电荷传输层材料易被水、氧侵蚀,商业化的 QLED 需要封装,成本增加;有机半导体的电荷迁移率低,将限制 QLED 的电流密度,进而限制了器件的亮度。

(3) Ⅲ型:基于全无机电荷传输层的 QLED

全无机 QLED(除了量子点表面的有机配体),即将Ⅱ型 QLED 的有机电荷传输层材料用无机电荷传输层材料替换,如图 11.11(a)所示的Ⅲ型结构简化示意图。Ⅲ型器件主要基于磁控溅射法室温下沉积金属氧化物层作为电荷传输层,具有高稳定性、电流密度达 4 A/cm^2,EQE 小于 0.1%并存在电场离化激发量子点机制。这种低效率的原因可能在于:溅射氧化层过程中对量子点的破坏;载体与量子点之间存在空穴注入障碍;无机电荷传输层对量子点荧光有淬灭作用等。

(4) Ⅳ型:具有有机-无机电荷传输层的 QLED

基于有机-无机杂化电荷传输层的 QLED,即将量子点层夹在金属氧化物电子传输层和有机小分子空穴传输层之间,如图 11.11(a)所示的Ⅳ型结构简化示意图。QD Vision公司最近报道了 EQE 达 18% 的 QLED。倒置 QLED 的最大亮度达 218 800 cd/m^2。图 11.12(a)是倒置 QLED 的结构示意图(左)和截面透射电镜照片(右),与传统的 QLED 相比,其优点是可以热蒸镀具有不同能级结构或电荷迁移率的有机空穴传输材料来优化器件的性能,也可以利用全旋涂的方式制备 QLED。图 11.12(b)是倒置 QLED 的能级图,量子点与大部分有机空穴传输层之间的空穴注入势垒比其与电子传输层之间的电子注入势垒大,因此需要设计选择新型的空穴传输材料,使电荷注入平衡,优化器件性能,提高器件的稳定性。

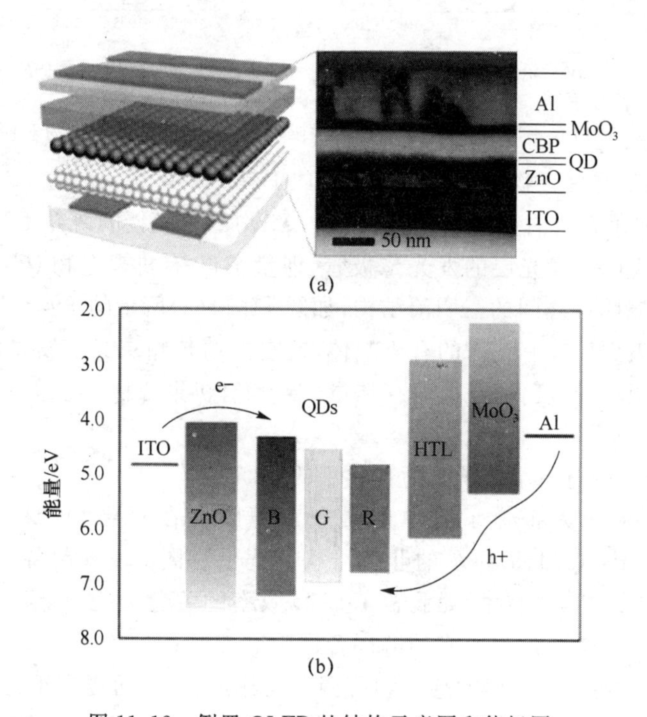

图 11.12 倒置 QLED 的结构示意图和能级图

韩国三星电子公司采用传统 QLED 结构,以 ITO 为阳极,旋涂胶体 TiO_2 薄膜为电子传输层,将高分辨率微接触印刷量子点薄膜(>1 000 像素每英寸)成功用于制备全彩色、柔性、大尺寸显示器件,如图 11.13(a)和 11.13(b)所示。

4. 量子点发光层图形化工艺

量子点作为 QLED 的发光材料,如果进行全彩显示,必须选择合适的图形化工艺来构建量子点发光单元。量子点材料图形化工艺的选择应在分析量子点材料性能的基础上进行,如量子点粒径大小、粒径分布的均匀性、量子点溶液的黏度、量子点在溶剂中的分散性等性质;不同的工艺对材料各个性能参数的要求不同。此外,不同的图形化工艺制备得到的 QLED 器件,发光效率、显示品质、造价等方面也不同。目前,量

(a) 4 英寸全彩色 QLED 显示屏

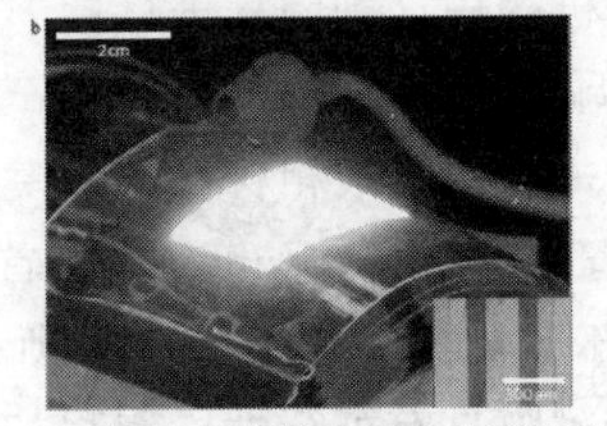

(b) RGB 量子点转印技术制备的柔性QLED

图 11.13　三星电子公司制备的全彩色、柔性、大尺寸显示器件

子点发光层制备工艺主要开发了以下四种：旋涂（Spin Coating）、喷墨打印（Ink-jet Printing）、接触打印（Contact Printing）、转印（Transfer Printing），见表 11.2。

表 11.2　四种量子点图形化工艺的特点和研究情况对比

	旋涂	喷墨打印	接触打印	转印
大面积制程	不适合	适合	-	-
图形化能力	无	强	强	强
多彩化能力	无	适合	适合	适合
成膜均匀性	差	一般	一般	好
材料使用率	90%以上浪费	80%	-	-
基板需求	适合硬质玻璃基板	玻璃与塑料基板皆可	-	玻璃与塑料基板皆可
工艺难度	低，但有溶剂兼容性要求	一般	高	高
研究机构	较多	Nano-photonica	QD Vision	三星电子公司

(1) 旋涂

旋涂制程是制备薄膜的一种传统工艺。将量子点分散于有机溶剂中，并通过调节浓度和有机小分子添加剂，使得量子点溶液达到一定的浓度和黏度。通过旋涂制程，量子点溶液被涂覆在基板表面，有机溶剂蒸发后，量子点密集排布，形成量子点薄膜。通过添加一定量的交联物质以及后续的图层保护工艺，可以增加量子点薄膜对基板的粘附性。如图 11.14 所示。

(a) 量子点旋涂工艺

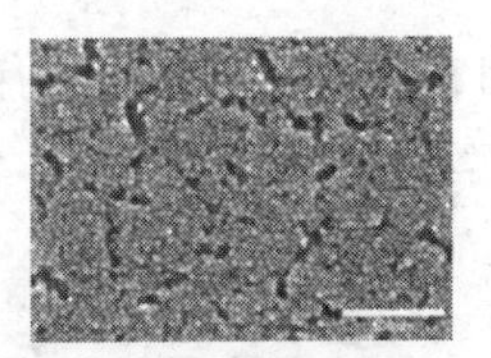

(b) 量子点膜层SEM照片

图 11.14　量子点旋涂

旋涂制程的优势在于工艺难度较低，缺点是量子点膜层会出现很多裂痕、不适合大面积制程、不能图形化、不能多彩化、成膜均匀性差、材料 90%以上浪费。目前，国

内外有大批科研机构用这种制程进行量子点薄膜的制备。

(2) 喷墨打印法

喷墨印刷是一种基于液相材料无须模具的沉积技术,可以简单、精确地印制预先设定的图案,节省原料。Haverinen 等人首次报道了用喷墨印刷法制备有图案的量子点薄膜,并应用于 QLED(如图 11.15 所示),表明喷墨印刷方法制备全彩显示用 QLED 的量子点薄膜具有可行性。制程如下:① 将量子点和特定的添加剂溶于合适的有机溶剂中,得到量子点墨水;② 通过喷墨打印机将量子点墨水喷墨打印至 QLED 基板表面,形成量子点发光层图案。

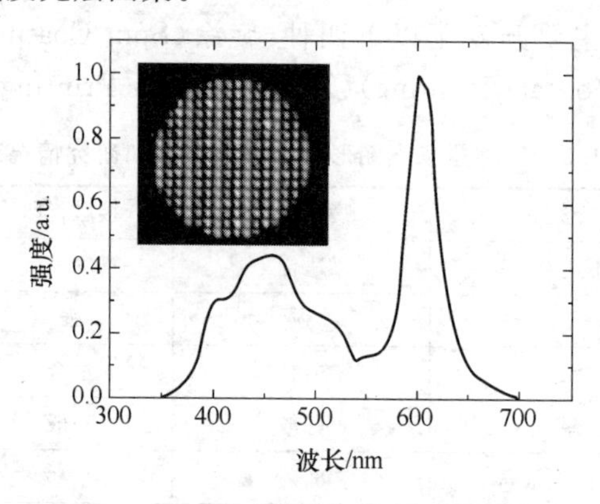

图 11.15　RGB 光谱及器件工作时的高倍放大照片

喷墨印刷法制备紧密堆积、连续平滑的量子点薄膜需要克服的是“咖啡环效应”,即印刷量子点时溶剂蒸发后在液滴边缘形成的不均匀的厚度,如图 11.16(a)所示。Wood 等人通过将量子点溶液与聚异丁烯(PIB)溶液混合、优化溶剂比例及热处理基底等途径喷墨印刷了一致的 QD-PIB 薄膜,避免了咖啡环效应,如图 11.16(b)所示。

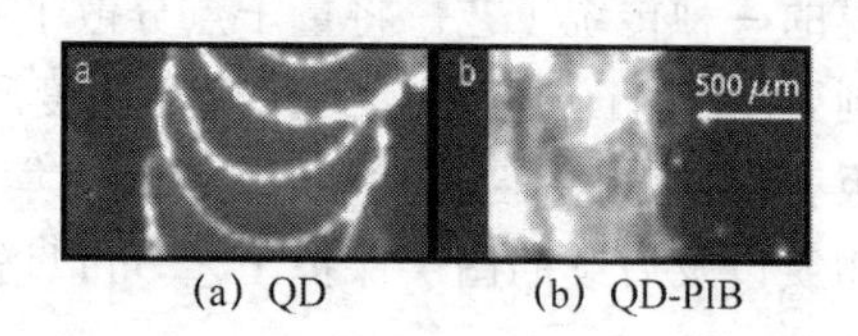

(a) QD　　(b) QD-PIB

图 11.16　喷墨法印刷法制备的薄膜荧光显微照片

这种工艺适合大面积制程,图形化能力强,可以形成高分辨率的发光像素区域,适合多彩化,材料使用效率高,工艺难度适中,但成膜均匀性一般。目前的研究机构主要有 MIT 和 Nano-photonica 等。

(3) 接触打印法

MIT 于 2008 年使用接触打印法制作 QLED,其分辨率约为 1 000 dpi(pixel 宽度约为 25 μm);他们利用该工艺制作了红、绿光量子点图形。制备方法:① 用聚二甲基硅氧烷(PDMS)对图案化的模具表面进行修饰。② 通过旋涂工艺将量子点涂覆于模具表面,进行干燥去除溶剂。③ 通过接触按压的方式将量子点层压印至 QLED 基板表面,形成量子点薄膜图案。这种方法为无溶剂直接压印得到量子点图层,可以有效避免利用量子点溶液直接制图时，有机溶剂对有机电荷传输层造成的破坏。这样可以减少量子点图形化过程对有机电荷传输层的影响，有机电荷传输层材料的选择限制也大大降低。此外，接触打印法，利用压印力将量子点部分地压入电荷传输层，大大增加了电荷的传输效率，有利于 QLED 器件性能的进一步提升。这种工艺图形化能力强，可以形成高分辨率的发光像素区域，适合多彩化，但工艺难度较高，成膜均匀性一般。目前的研究机构主要有 MIT 和 QD Vision 等。

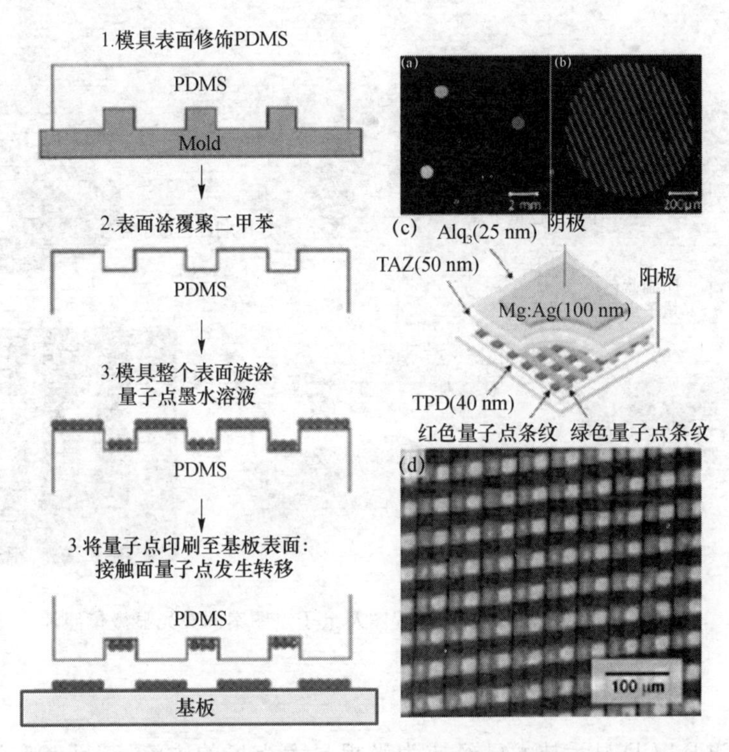

图 11.17　接触打印法制备量子点层的工艺流程与器件结构示意图

(4) 转印法

转印制程可以显著地减少量子点膜层的裂痕，而且量子点层与电荷传输层之间会形成良好的界面，这样可以减少漏电流提高发光效率。制程如下：① 通过化学键和自组装单层结构(Self-Assembled Monolayer，SAM)改性基板表面；② 通过适当的压力将弹性的图案化印章按压量子点薄膜表面；③ 迅速将印章剥离基板表面；④ 将印有量子点膜层的印章按压至 QLED 基板表面，缓慢将印章与量子点层剥离，将量子点印制到 QLED 基板；⑤ 连续转印红、绿、蓝光量子点条纹至 QLED 基板，最终实现了量子点的图案化。在紫外光的照射下，利用荧光显微镜可以观察转印得到的红、绿、蓝光量子点条纹。转印制程图案化能力强、可以实现 QLED 的多彩化，成膜均匀性好；但工艺难度较大，生产设备并不成熟。主要的研究机构为三星电子公司。转印法的工艺流程图及量子点图案的荧光显微镜照片如图 11.18 所示。

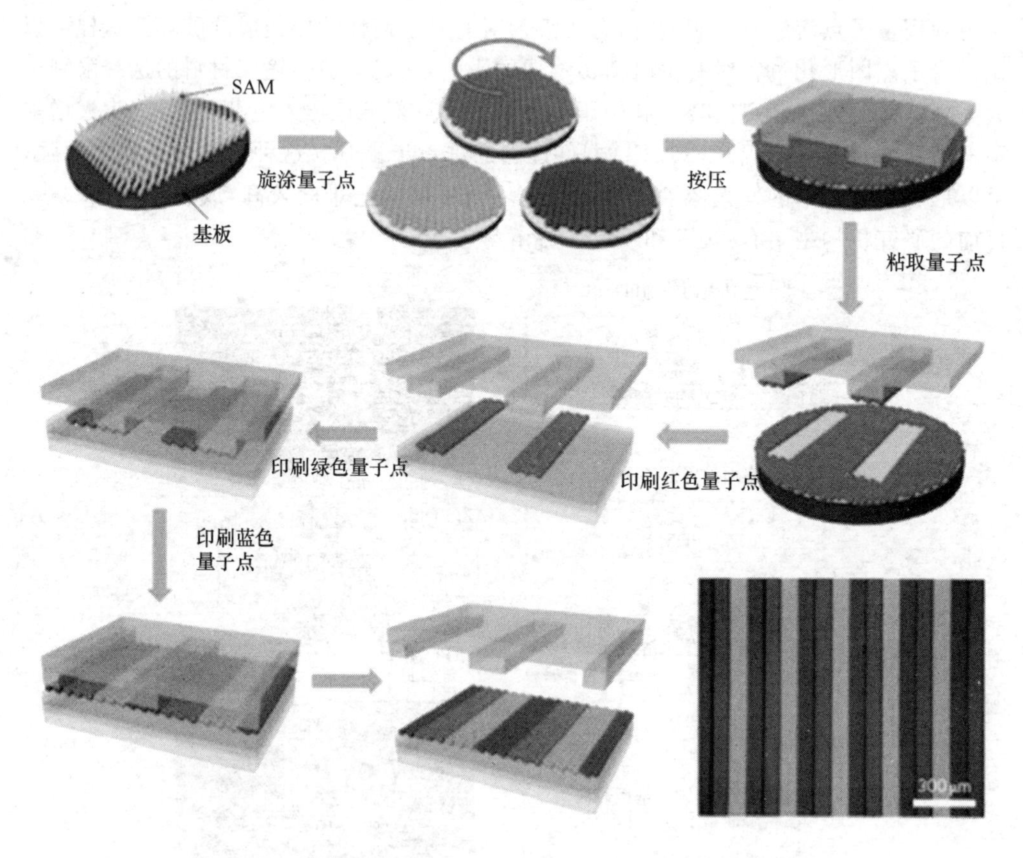

图 11.18　转印法的工艺流程图及量子点图案的荧光显微镜照片

11.4.2　量子点背光源技术

目前 TFT-LCD 显示技术已经成为平板显示市场的主流,其已经广泛应用到手机、平板电脑、PC、电视、监视器等各个领域。以往 LCD 显示技术遇到的问题:窄视角、对比度低、高功耗等,已经得到了很好的改善。然而,OLED 技术也在不断地进展,挑战 LCD 的地位。OLED 相对 LCD 的最大卖点之一在于其具备更高的色域。LCD 显示技术为提高其显示色域,必须不断开发色域更高的背光源。冷阴极荧光灯(Cold Cathode Fluorescent Lamp,CCFL)早期被广泛地用于 LCD 的背光源,其价格便宜,但色域只有不到 75% NTSC。为了提高背光源的色域和亮度并降低功耗,无汞的白光无机 LED 开始取代 CCFL,作为 LCD 的背光源。白光 LED(WLED)分为单发光芯片和多发光芯片结构。通用的一种单芯片 WLED 为蓝光 InGaN LED 表面涂覆黄光荧光粉(主要为 Ce:YAG 荧光粉),蓝光激发荧光粉产生黄光,与蓝光混合形成白光。这种 WLED 造价较低但色域太窄。改善这种 WLED 色域的主要方法为:加入多种颜色发光的荧光粉,但红色荧光粉寿命非常有限且光效较低。多芯片结构的 WLED 为红、绿、蓝三种 LED 芯片组装而成,最终经过混色发出白光。但这种结构实现较为困难,造价高昂,而且绿光 LED 的光效较低。

最近，基于量子点光致发光机理的 LCD 背光源被广泛研究。量子点具有高的量子产率、宽的吸收谱、窄的发射谱以及可调的发射峰，作为 LCD 的背光源有很大的优势。将量子点光致发光原理应用于 LCD 背光源中，可以缩小 LCD 显示屏与 OLED 显示屏在色域上的差距。一般方法是将量子点膜与蓝光 LED 组合形成量子点背光源，用于 LCD 显示器件中，工艺简单方便；量子点膜层中一般含有发红光和绿光的量子点，这些量子点吸收一部分从 LED 发出的蓝光后发出红光和绿光，三种颜色最终混合形成白光。目前 Nanosys、QD Vision、Nanoco 以及 3M 公司正在进行相关的研究。三星和索尼公司已经将量子点作为背光源的 LCD 相关产品进行了展示。

1. 量子点背光源基本结构

目前 LCD 的背光源主要分为两种结构：侧光式背光源和直下式背光源。如图 11.19所示为侧光式背光源结构。侧光源发出的光线经过导光板和低反射片的调制，进入扩散片将光线均匀分布，再经过棱镜片和增亮膜透射到液晶面板。这种方式所需光源数量较少，模组厚度较薄，技术非常成熟，但增加了显示面板边框的宽度，影响器件的美观。

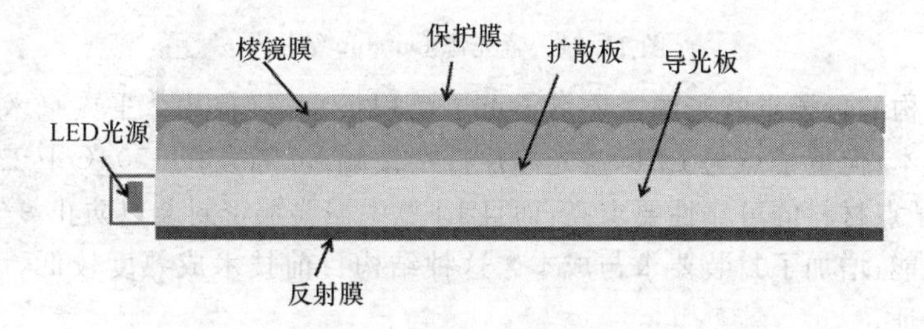

图 11.19　侧光式背光源

直下式背光源如图 11.20 所示。线光源或者点光源设置在底反射片上部，光线经过反射片反射，扩散片调制进入棱镜片和增亮膜，最后投射到液晶面板。这种方式将光源设置在面板后方，减小了边框的宽度，可以得到窄边框产品。不过，这种方式对光源的数量和分布要求较高，造价也相对较高。

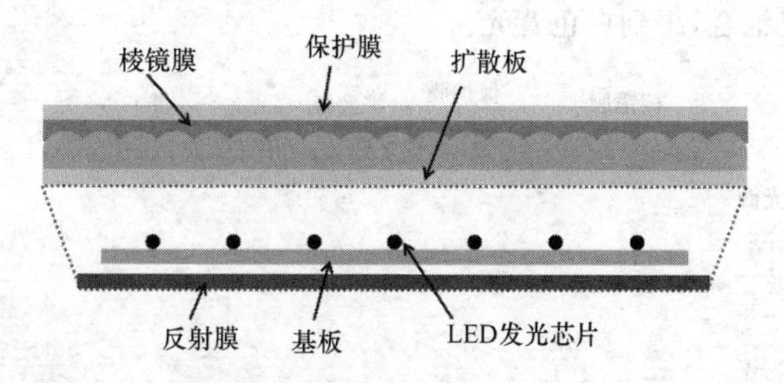

图 11.20　直下式背光源

量子点背光源：将量子点整合到背光模组中，通过蓝光 LED 激发红、绿光量子点光致发光和混光，得到白色背光。以侧光式背光源为例，目前有以下三种结构可以实现量子点在 LCD 背光源中的应用。

(1) On chip 结构

On chip 结构如图 11.21 所示。即绿光、红光量子点直接涂在蓝光 LED 芯片的发光面上,然后再对 LED 封装。对于侧入式的 LED 背光源,量子点受到蓝光 LED 激发产生绿光和红光,与 LED 自身发出的蓝光进行混光,得到白光。通过导光板、反射膜和扩散板对光线的调制,形成 LCD 的背光。此外,作为这种结构的演变结构,还可以将制备好的量子点膜片贴覆在蓝光 LED 芯片表面,这样可以显著提高量子点的寿命。为了产品的窄边框设计,目前背光源很多均为直下式,直下式背光源中,LED 芯片分布在背板的后部,因此,需要将量子点覆盖在每个蓝光 LED 芯片的表面。

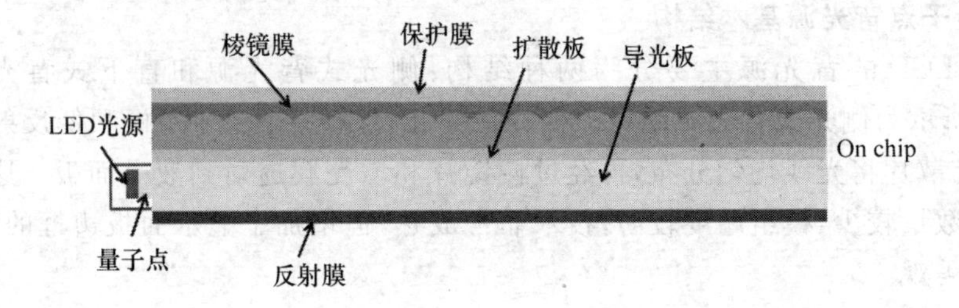

图 11.21 背光源 On chip 结构

这种结构的量子点背光源需要量子点层面积很小,只有几个平方毫米,有利于节约材料和成本;但量子点与 LED 蓝光芯片直接接触,可能会在 150 ℃下工作,且光通量大,对量子点材料的可靠性要求高,而且 LED 中需要加密封装以防止氧气与水分影响量子点性能,增加了封装要求与成本。这种结构目前技术成熟度较低,可靠性还需要进一步验证。

(2) On surface 结构

On surface 结构如图 11.22 所示。在导光板上加一层覆盖整个显示区域的量子点膜,量子点为绿光、红光量子点的混合,或者多种发光颜色的量子点混合,其余的背光源制备工艺与现有 LCD 模组工艺相同。蓝光 LED 芯片作为蓝光光源,经过导光板导光以及反射膜反射,部分光线激发量子点薄膜发光,最后量子点薄膜的激发光与 LED 芯片的蓝光混合,得到白色背光。

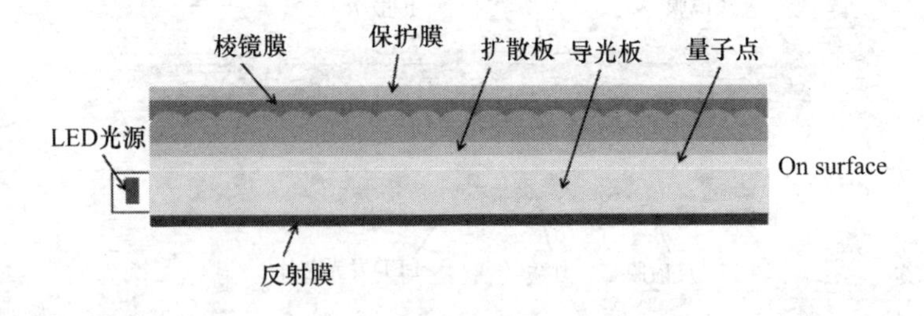

图 11.22 背光源 On surface 结构

这种量子点背光源,量子点发光膜片与蓝光 LED 芯片距离较大,其工作温度接近室温,经由量子点层的光通量也较少,降低了对量子点可靠性的要求。不过这种方式对量子点的成膜要求较高,需要量子点在膜材中高度分散,以防止量子点之间因为团聚而造成荧光共振能量转移,影响发光效率。On surface 型背光结构需要量子点膜层较大,对量子点的消耗高,提高了背光模组的成本。

(3) On edge 结构

On edge 结构如图 11.23 所示。在 LED 与导光板之间加一层量子点,是 On chip 与 On surface 的折中方式。蓝光 LED 芯片发光透射到量子点层,激发量子点发光,混合光通过导光板、反射膜和扩散板对光线的调制,形成 LCD 的背光。这种方式主要针对侧光式 LCD 背光结构,对蓝光 LED 芯片、量子点膜片以及导光板三者直接的组装具有一定要求,尽量要求 LED 光线全部经过量子点膜片。这种结构对窄边框产品可能会有一定的影响,此外对色域的提升效果也需要进一步的评估。

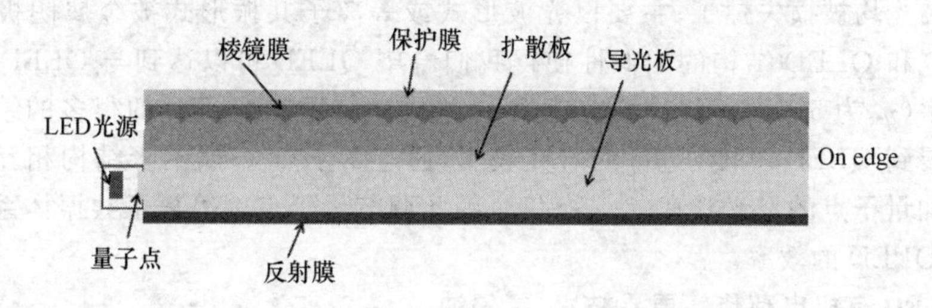

图 11.23　背光源 On edge 结构

2. 量子点背光源技术优势和问题

量子点背光源的技术优势在于:① 量子点的发射光谱窄(半峰宽在 30～40 nm),色彩饱和度高,以量子点光致发光得到的背光色彩纯真,色域广,得到的 LCD 产品显色更加真实;② 量子点背光模组制程简单,与现有 TFT-LCD 结构相比改动很小,仅更换 LED 芯片及量子点膜片即可。目前,利用量子点光致发光特性,除了将其应用于背光模组,量子点还可以掺杂在彩膜中或者直接作为彩膜的主要成分,拓展 LCD 的显示色域,提高显示品质。

量子点薄膜同时也存在一些问题有待解决:① 量子点薄膜存在边缘密封的问题,密封不严格会使量子点发生氧化进而性能劣化;② 量子点膜片所用树脂目前依然存在一些问题,需要开发新型树脂来解决膜材基质对量子点发光性能的影响;③ 量子点薄膜的发光效率有待提高,希望进一步降低背光模组的功耗。

11.5　量子点显示技术面临的挑战和展望

量子点显示技术领域主要面临以下问题:① 量子点自身的荧光淬灭;② 相对较低的发光效率;③ 有机电荷传输层遇到类似 OLED 问题,易被水、氧侵蚀;④ 较低的使用寿命、较高的造价;⑤ 环境友好型量子点的开发。

1. 量子点自身的荧光淬灭

在 QLED 器件中,量子点的激子经常通过无辐射的 FRET 转移到导电氧化物,或者被氧化物薄膜的电子缺陷捕获而发生淬灭。这些 QLED 器件中的量子点薄膜经常发生类似的"自淬灭现象"。除此之外。在QLED的外加电压的作用下,电荷注入引起的俄歇复合和电场诱导的激子解离,导致了量子产率的进一步降低。由于QLED自身的结构和操作原理引起的量子点不稳定性最终导致了QLED器件的使用寿命降低。提高量子产率的主要方法为:① 使用对俄歇复合不敏感的量子点;② 将量子点分散到双极性的有机介质中。这样利用FRET高效的激发量子点(而不是通过直接的电荷注入),可以将量子点自身荧光淬灭降低到最小。

2. 相对较低的发光效率

QLED器件的光效EQE值除了受量子点材料的光效值IQE影响之外,器件自身的有效光辐射比率 η_{oc} 也非常重要。在通常的平板OLED结构中,电致发光得到的50%～95%光均被损失掉了;主要以光波形式或等离子共振形式被金属阴极表面捕获。OLED和QLED结构的相似性使得我们希望QLED可以达到与OLED相近的光发射效率(η_{oc} 为5%～50%)。这将使得一些成功应用于OLED的很多的结构模式可以被拓展到QLED。正在进行的研究表明,通过量子点-金属纳米结构相互作用可以大大增加量子点的发光效率(2～50倍),因此调节量子点的等离子共振体系可以被用于增强QLED的效率。

3. QLED有机电荷传输层易被水、氧侵蚀

目前的QLED主要为基于有机-无机杂化电荷传输层的QLED。有机电荷传输层材料易被水、氧侵蚀,商业化的QLED需要封装,成本增加。为了解决这些问题可以从两方面入手:① 借鉴OLED的现有封装技术,在器件中引入吸水材料,控制封装过程中水氧浓度,最终得到密封性良好的器件;② 开发新型电子传输层,降低对水、氧的敏感程度,简化封装过程,降低器件的制作成本。

4. 量子点发光二极管寿命和成本

目前,QLED稳定性缺乏深入的研究,作为器件重要的参数,使用寿命过短限制了其商业应用。最近,QD Vision公司报道了QLED在亮度100 cd/m^{2}寿命大于10 000 h,接近显示器件的要求。作为对照,经过几十年的商业开发和科学研究,最先进的OLED器件的寿命可达 10^6 h。对于量子点本身来说,不可避免的发光淬灭过程(外加电场作用,原子和离子等杂质在器件使用过程中的迁移引入,以及组成成分的化学降解)将极大地限制QLED的使用寿命。缓和这些负面因素影响,需要钝化量子点表面和优化量子点表面配体。考虑到电流流过器件,将引起量子点发光猝灭,可能导致器件永久或不可逆降解,因此需要合成多壳层包覆的量子点来抑制俄歇复合过程(电荷注入引起的)和选择合适的电荷传输材料,使能级更加匹配,有利于平衡的电荷注入来抑制电场诱导的激子分离过程(电荷积累引起的)。

制备QLED的成本,主要包括量子点的批量生产成本和器件的制备工艺成本。目前,增大比例连续制备量子点的成本为10美元/克,要比有机小分子的0.1美元/克成本高,而实现低成本批量生产量子点的关键技术是保证量子点的单分散性。现代QLED的制备工艺和技术与OLED相似,不是阻碍QLED商业化的主要因素。

5. 环境友好型量子点开发

随着人们越来越多地对"绿色、清洁、环保"生活模式的认可,相关产品涌现;在保障人类赖以生活的水、空气、土壤安全的情况下,无镉等重金属 QLED 的发展很受重视。近年来,人们积极探索了 ZnSe/ZnS、InP/ZnSeS、Si 和 C 等 QLED 的性能。这些工作表明,QLED 的物理特性也可以通过不含镉的量子点实现,QLED 在未来显示领域有着更广阔的应用前景。

6. 展望

随着量子点技术研究的不断深入,一些量子点显示原型器件被不断地开发和展示,性能也在不断提升,量子点市场将快速增长。根据佐思咨询公司在 2011 年 2 月所作预测(图 11.24),2010 年,QD 市场销售额大约在 6 千 7 百万美元并保持每年 59.3%的增长率,于 2015 年突破 6 亿 7 千万美元的市场。值得注意的是自 2011 年起,量子点在光电应用迅速崛起,并快速增长,有望在 2014 年成为量子点技术最主要应用。

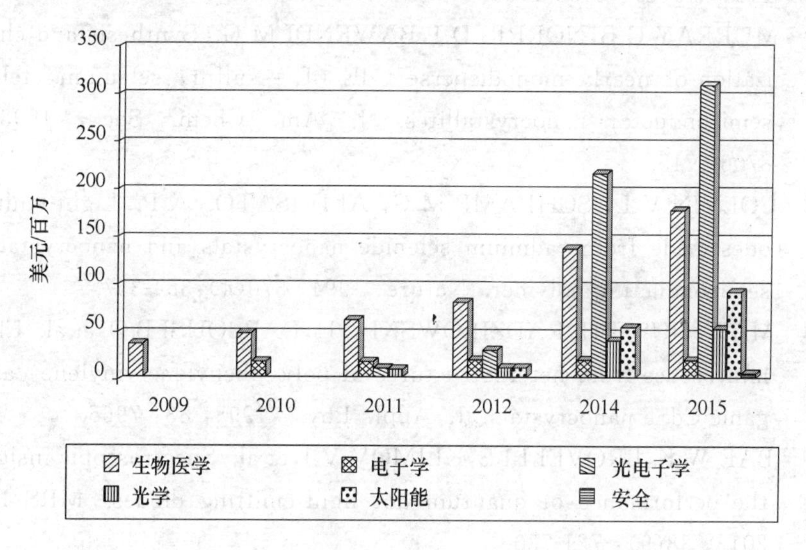

图 11.24　佐思咨询公司 2011 年 QD 市场预测

在 QLED 领域,三星和 QD Vision 已经取得了显著的进展,相关全彩 QLED 样品被不断展示。结合 a-Si TFT、氧化物 TFT 等有源控制技术以及转印、微接触打印、喷墨打印等图形化工艺,商品化的 QLED 显示器将成为可能。目前大量的科研机构在 QLED 显示机理、高性能量子点材料制备及放量、QLED 器件结构、量子点图形化工艺等方面进行深入的研究。

在量子点背光源领域,索尼,LG,Nanosys 等公司具有很强的研发实力。相对于 QLED 显示技术,量子点背光源显示器件更容易实现。主要研究集中在大面积量子点膜材的制备技术的改进,提高量子点利用率,增强量子点的光热稳定性,优化背光模组等方面。

近年来,基于量子点优异的电致发光和光致发光特性的量子点显示技术研究在不断深化。虽然量子点显示技术领域还有大量的科学和技术问题需要解决,但最新的研究成果已经越来越接近实用化,相信量子点显示技术终将改变人们的生活。

本章参考文献

[1] DINGLE R. Confined carrier quantum states in ultrathin semiconductor heterostructures. Advances in Solid State Physics, 1975, 15:21-48.

[2] ROSSETTI R, NAKAHARA S, BRUS L E. Quantum size effects in the redox potentials, resonance Raman spectra, and electronic spectra of CdS crystallites in aqueous solution. J. Chem. Phys. 1983, 79(2):1806-1807.

[3] EKIMOV A I, ONUSHCHENKO A A. Size quantization of the electron energy spectrum in a microscopic semiconductor crystal. JETP Lett., 1984, 40(8): 1136-1139.

[4] MURRAY C B, NORRIS D J, BAWENDI M G. Synthesis and characterization of nearly monodisperse CdE (E = sulfur, selenium, tellurium) semiconductor nanocrystallites. J. Am. Chem. Soc., 1993, 115: 8706-8715.

[5] COLVIN V L, SCHLAMP M C, ALIVISATOS A P. Light-emitting diodes made from cadmium selenide nanocrystals and nanocrystals and a semiconducting polymer. Nature, 1994, 370(4):354-357.

[6] MATTOUSSI H, RADZILOWSKI L H, DABBOUSI B O, et al. Electroluminescence from heterostructures of poly(phenylene vinylene) and inorganic CdSe nanocrystals. J. Appl. Phys., 1998, 83: 7965.

[7] BAE W K, BROVELLI S, KLIMOV V I, et al. Spectroscopic insights into the performance of quantum dot light-emitting diodes. MRS Bulletin. 2013, 38(9): 721-730.

[8] JANG E, JUN S, JANG H. White-light-emitting diodes with quantum dot color converters for display backlights. Adv. Mater., 2010, 22: 3076-3080.

[9] JI W Y, JING P T, XU W. High color purity ZnSe/ZnS core/shell quantum dot based blue light emitting diodes with an inverted device structure. Appl. Phys. Lett., 2013, 103:106.

[10] WOOD V, BULOVIC V. Colloidal quantum dot light-emitting devices. Nano Rev., 2010, 1:1-7.

[11] MASHFORD B S, STEVENSON M, POPOVIC Z, et al. High efficiency quantum dot light-emitting devices with enhanced charge injection. Nat. Photon., 2013, 7: 407-412.

[12] COLVIN V L, SCHLAMP M C, ALIVISATOS A P. Light-emitting diodes made from cadmium selenide nanocrystals and nanocrystals and a

semiconducting polymer. Nature, 1994, 370(4):354-357.

[13] COE S, WOO W, BAWENDI M G, et al. Electroluminescence from single monolayers of nanocrystals in molecular organic devices. Nature, 2002,420:800-803.

[14] CARUGE J M, HALPERT J E, WOOD V, et al. Colloidal quantum-dot light-emitting diodes with metal-oxide charge transport layers. Nat. Photonics,2008, 2(4):247-250.

[15] MASHFORD B S, STEVENSON M, POPOVIC Z, et al. High efficiency quantum dot light-emitting devices with enhanced charge injection. Nat. Photon. ,2013,7:407-412.

[16] KIM T H, CHO K S, LEE E K,et al. Full-colour quantum dot displays fabricated by transfer printing. Nat. Photonics, 2011, 5:176-182.

[17] COE-SULLIVAN S. Nanotechnology for displays: a potential breakthrough for OLED displays and LCDs. SID Display Week,2012.

[18] WOOD V, PANZER M J, CHEN J, et al. Inkjet-printed quantum dotpolymer composites for full-color AC-driven displays. Adv. Mater. , 2009, 21:2151-2155.

[19] MEERHEIM R,et al. Influence of charge balance and exciton distribution on efficiency and lifetime of phosphorescent organic light-emitting devices. J. Appl. Phys. ,2008, 104, 014510.

[20] OLIVER J. Quantum dots: global market growth and future commercial prospects. BCC Research paper 2011, NAN027C.

[21] PARK J, AN K, HWANG Y, et al. Ultra large scale syntheses of monodisperse nanocrystals. Nature Mater. ,2004, 3:891-895.

[22] LIM J, PARK M, BAE W K, et al. Highly efficientcadmium-free quantum dot light-emitting diodes enabled by the direct formation of excitons within InP@ZnSeS quantum dots. ACS nano, 2013, 7:9019-9026.

[23] PUZZO D P, HENDERSON E J, HELANDER M G, et al. Visible colloidal nanocrystal silicon light-Emitting diode. Nano Lett. ,2011,11: 1585-1590.

[24] ZHANG H Z,CUI T,WANG Y,et al. Color-switchable electroluminescence of carbon dot light-Emitting diodes. ACS nano, 2013, 7(12): 11234-11241.

[25] 陈金鑫,黄孝文. OLED梦幻显示器-材料与器件. 北京:人民邮电出版社,2011.

第 12 章　场致发射显示

12.1　概　　述

场致发射显示(Field Emission Display,FED)是不同于 CRT 和 LCD 的另一种显示类别,它兼顾了真空电子学与微电子工艺,具有真空电子器件与固体器件的优点,是真空微电子在显示领域的应用,其特征如下:

(1) 电子源采用薄膜工艺制成场致发射阵列,可以在室温下工作;

(2) 可利用硅集成电路工艺制造场致发射阵列,其电流密度是氧化物热阴极发射电流密度的 $10^2 \sim 10^3$ 倍;

(3) 抗辐射能力强,可以工作于极低温度的宇宙空间;

(4) 场致发射阴极阵列本身可以工作到 500 ℃以下的高温;

(5) 由于电子在极间渡越距离小于 1 mm,所以如果只从电子在真空中的自由路程来考虑,可以工作于低真空。

由上述特点可知,场致发射阴极阵列非常适合于军用器件,同样场致发射显示器也十分适合于军用。

12.1.1　场致发射显示原理

FED 的工作原理与阴极射线管(CRT)显示原理相类似,都是工作于真空环境,靠发射电子轰击荧光粉发光。对于彩色显示,都是采用周期分布的红、绿、蓝三基色荧光粉和黑矩阵结构。不同之处是 CRT 只有一根电子束(对于彩色显示则为 3 根电子束),利用电磁偏转场使电子束扫描整个荧光屏;而 FED 中电子发射源是一个面矩阵,荧光屏像素与阴极电子发射源像素是一一对应的,所以 FED 是平板显示型。如图 12.1所示为三极管型彩色显示 FED 的结构示意图。它由阳极基板与阴极基板构成,阳极基板上为 R、G、B 三基色荧光粉条。为了保证色纯,它们之间由黑矩阵隔开;阴极基板由可以行列寻址的发射阵列和栅极构成。两基板之间有支撑(spacer)以抵抗大气压力,并在基板之间用低熔点玻璃封接。为了维持器件中的真空度,器件中应置放合适的消气剂。

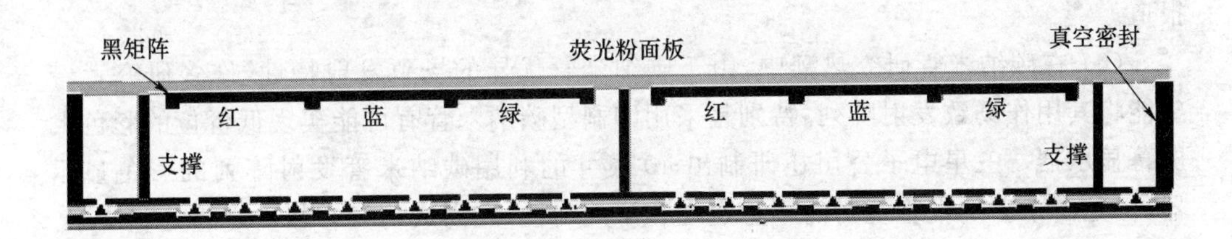

图 12.1　彩色 FED 结构示意

12.1.2　FED 兼有 CRT 和 LCD 的优点

曾经统领过整个显示器市场的显示器是 CRT 显示器，目前统领着显示器市场的显示器是 LCD 显示器。CRT 显示器与 LCD 显示器的优缺点是互补的，即 CRT 显示的缺点在 LCD 中是没有的；同样，LCD 的缺点在 CRT 显示中也是没有的。

FED 是利用电子束流轰击荧光粉发光，具有 CRT 显示的主要优点；同时又是平板显示型，又具有 LCD 的主要优点。所以可以说，FED 是集 CRT 显示与 LCD 两者优点于一身。为了争夺 21 世纪平板显示器市场的主导地位，于 20 世纪八九十年代世界范围内各大公司曾纷纷投巨资进行开发 FED。进入 21 世纪后关于 FED 的研究和报导逐渐减少，到目前已很少有报道了。真正进入过市场的只有小批量小屏幕尺寸的 Spindt 微尖型 FED。

12.1.3　FED 显示技术的发展趋势

根据 FED 的发展史，可将 FED 的发展现状总结如下：

(1) Spindt 钼锥微尖发射阵列制造技术已经成熟，是众多 FED 品种中唯一已商品化的 FED 产品，但是由于制造工艺涉及亚微米量级光刻工艺和制造设备庞大昂贵，造成价格高，产品只限于小屏幕尺寸和军事应用以及部分医学、工业上的应用。

(2) 硅微尖发射阵列因其制造工艺可与硅集成电路工艺兼容，曾进行过较多研究，但是由于即使是重掺杂的硅，其电导率也只有钼的百分之一，所以工作不稳定、寿命低。曾经在硅微尖上蒸镀过各种耐高温薄膜，希望能使硅微尖发射阵列实用化，一直未有成功的报导。对于想从事微尖场致发射研究，而身边又有一条硅集成电路工艺线可以利用的研究人员，经常从硅微尖着手，对微尖的尺寸、形状对发射的影响进行理论和实验研究。

(3) 在 20 世纪末，曾开发出一系列无须亚微米光刻技术和庞大蒸镀设备的边缘场致发射体和热助场致发射体，但是由于电流利用率低、发射不均匀、电子束流发散角大、阴栅间极间电容大的原因，未能获得推广应用。

(4) 金刚石薄膜具有负电子亲合势、工作电压低、发射体能耐高温等优点，曾一度成为研究热点，但是金刚石薄膜大的发射不均匀性使其在显示应用中被拒之门外。

(5) 三星电子公司将多晶硅发射体与 MOS-TFT 集成在一起，希望能解决硅微锥体发射的不稳定性，多年前曾一度宣称已处于大生产的前夕，但后来未见有进一步的报道。

(6) 在碳纳米管研究热潮中,由于碳纳米管优异的场致发射特性,许多研究者希望能将其用作场致发射阵列,特别是采用印刷型碳纳米管有可能实现低价位的彩色大屏幕显示器。三星电子公司还研制出40英寸的利用碳纳米管发射阵列的彩色显示器,但是由于碳纳米管发射的不稳定性和不均匀性,在离成功只有数步之遥处止步了。

(7) 佳能与东芝公司利用历史上曾出现过的表面传导发射技术,研究出了表面传导发射显示器(SED),据称在性能价格比和各种显示器光电参数上,综合性能优于LCD-TV和PDP-TV,并已建厂,主攻大屏幕平板电视高端产品。但是由于大屏幕LCD-TV的迅速发展,SED-TV在性能价格比上已不占优势,所以投产日期一再退后,曾宣布将于2007年1、2季度生产55英寸SED-TV,后来又放弃了。

在中小尺寸平板显示器市场上,本来就是LCD的强项,价廉物美,又何况OLED这类主动发光的薄型显示器正在大举进入中小型显示器市场。由此可见,在中小尺寸显示器市场中,除了少量军事应用和十分恶劣环境中应用外,FED是没有竞争力的。

FED要能在大屏幕显示市场上站住脚,必须具备低成本、长寿命和高画质,为此必须满足下列条件:

(1) 屏的基板必须是普通的钠钙玻璃,这就是说要求制造阴极发射体的工艺过程的温度必须小于500 ℃;

(2) 阴极发射阵列的制造过程要避免采用庞大、昂贵的设备,最好是价廉的印刷工艺;

(3) 驱动电压要足够低,因为高压驱动集成电路的价格是很高的,如PDP-TV中,高压驱动电路的成本占整机的2/3以上;

(4) 阴栅极的极间电容不能过大,否则响应速度上不去;

(5) 屏幕亮度的不均匀性要足够小,在采取亮度校正矩阵后能符合白场状态下相邻像素亮度的差异小于3%;

(6) 发射电子束的发散角较小,以避免使用工艺成本高而又影响亮度均匀性的聚焦极;

(7) 阴极场致发射体耐高温、耐离子回轰,对真空气氛要求不过分严格;

(8) 如为非微尖型,则发射比(即逸入真空的电子流与阴栅间传导电流之比)应超过10%,否则过大的驱动电流是目前驱动器水平所难以承受的。

由此可见,要全面满足上述条件是很困难的。20世纪90年代以来出现过的多种新型FED,如弹导式表面发射显示(BSD)、金属-绝缘体-金属(MIM)FED、金属-绝缘体-半导体-金属(MISD)FED、金刚石薄膜FED、碳纳米管(CNT)FED等均因未能全部满足上述条件,至今未能获得显示器市场份额。

只有表面传导发射显示(SED)在解决一系列工艺难点和大大提高了发射比以后,才得以跻身于大屏幕平板电视机领域。但是LCD-TV的画质已可与CRT-TV相媲美,而且价格也在大幅度逐年下降,导致最有希望进入大尺寸TV市场的SED-TV也被淘汰出局。

目前，投资者对FED已失去了兴趣。

12.2 场致发射原理

FED中使用的场致发射阵列从工作原理上可分为金属场致发射、半导体场致发射和热助内场致发射三大类。本节重点讨论金属场致发射原理，简单介绍半导体场致发射，而热助内场发射因其相应器件已淘汰出局，所以不作介绍。

12.2.1 金属表面的场致发射方程

金属表面的场致发射方程是由 R. H. Fowler 和 L. W. Nordheim 首先推导出来的，在推导中有四点假说：

(1) 金属内自由电子的能量分布服从费米分布；

(2) 金属平板表面是理想平面，忽略其原子尺寸的不规则性；

(3) 表面势垒由电镜像力产生；

(4) 金属表面逸出功分布均匀。

在上述假定条件下，考虑了电子穿透势垒的隧道效应，推导出 $T=0$ K 情况下金属场致发射的定量方程：

$$J(0)=\frac{A\mathscr{E}^2}{\varphi_m t^2(y)}\exp\left[-B\frac{\varphi_m^{3/2}}{\mathscr{E}}\theta(y)\right] \tag{12.1}$$

其中，$J(0)$为场致发射电流密度（A/cm^2）；$\mathscr{E}$为发射表面电场强度（V/cm）；φ_m为金属的逸出功（eV）；

$$y=3.79\times10^{-4}\frac{\mathscr{E}^{1/2}}{\varphi_m}$$

$t(y)$和$\theta(y)$是 Nordheim 椭圆函数，在大多数情况下可近似为$t^2(y)\approx1.1$，$\theta(y)\approx0.95-y^2$；$A=1.54\times10^{-4}$；$B=6.83\times10^7$。

公式(12.1)就是著名的场致发射 Fowler-Nordheim 公式，简称 F-N 公式。

对 F-N 公式作如下代换，即取

$$J=I/\alpha,\mathscr{E}=\beta U \tag{12.2}$$

其中，I为发射电流；α为发射面积；U为加速电压；β为电场增强因子，与发射体形状和极间距离有关，将式(12.2)代入到式(12.1)中可以得到简洁常用的表达式：

$$I=aU^2\exp(-b/U) \tag{12.3}$$

其中，

$$a=\frac{\alpha A\beta^2}{1.1\varphi_m}\exp\left(\frac{1.44\times10^{-7}B}{\varphi_m^{1/2}}\right),\ b=\frac{0.95B\varphi_m^{3/2}}{\beta}$$

对式(12.3)进行对数处理，可得到，

$$\ln\left(\frac{I}{U^2}\right)=\ln\left(a-\frac{b}{U}\right) \tag{12.4}$$

可见$\ln(I/U^2)$与$1/U$之间呈线性关系。常用式(12.4)来检验是否是场致发射，如果是场致发射,则所有(U,I)测量点经处理成$(\ln(I/U^2),1/U)$后,都应在同一条直线上。由曲线的斜率可求出b,由b可以计算出金属发射面的逸出功φ_m。

12.2.2 半导体的场致发射

半导体的场致发射本质与金属的相同。将N型重掺杂($10^{19}/cm^3$)硅与金属作比较,不同之处有下列几点:

(1) 费米能级处于导带底之上;

(2) 导带中电子的能量分布为麦克斯韦尔分布;

(3) 电子逸出表面时,作用于电子上的镜像力要乘上一个修正系数$(\varepsilon-1)/(\varepsilon+1)$,式中$\varepsilon$是半导体材料的介电常数。对于Si,$\varepsilon=10$,所以这个修正系数很接近于1。

(4) 在推导场致发射公式时,应以半导体材料的亲合势χ代替金属中的逸出功φ_m。

如果不计外场渗入的影响,可推导出N型半导体材料的场致发射公式为:

$$J = 4.25 \times 10^{-23} n\exp\left[-6.78 \times 10^7 \frac{\chi^{3/2}}{\mathscr{E}} \vartheta(y)\right] \tag{12.5}$$

其中,n为材料的自由电子密度;χ为材料的亲合势,对于重掺杂N型硅,约为4 eV。

$$\vartheta(y) = \vartheta\left[3.94 \times 10^{-4} \frac{(\varepsilon-1)^{1/2}}{(\varepsilon+1)^{1/2}} \frac{\sqrt{\mathscr{E}}}{\chi}\right] \tag{12.6}$$

但是外电场的渗入,对于重掺杂N型半导体材料是不能不考虑的,即使重掺杂到$10^{19}/cm^3$,外电场的渗入深度将达到10~17 nm,相当于数个原子层深度。外电场渗入半导体会引起能带向下弯曲ΔE,引起表面电子密度上升,有利于场致发射。

另一方面半导体表面的表面态也影响场致发射。当表面态密度达到$10^{13}/cm^2$时,就能完全屏蔽外电场。

此外,在半导体中还存在着载流子饱和速度v_s,即当Si晶体的体内电场大于10^2 V/cm时,电子漂移速度达到饱和值,$v_s \approx 10^7$ cm/s。这个与外电场再增加值无关的v_s决定了Si晶体的最大发射电流密度。

对于掺杂浓度为$10^{19}/cm^3$的Si晶体,发生隧道效应明显时的外电场在晶体内部产生的电场接近于发生雪崩电流的临界电场。因此,半导体的场致发射经常伴随着雪崩电流的放大作用。

重掺杂Si微尖的电导率比钼微尖要小3个数量级,所以在发生场致发射时会将Si微尖加热。在N型半导体中,自由电子密度与工作温度是指数关系,即微尖被加热会使半导体材料变成高导电性,突破v_s所决定的最大发射电流的限制。

综上所述,半导体微尖的发射电流受众多不确定因素影响,而这些因素在公式(12.5)中都未考虑,所以由该公式算出的场致发射电流密度值比金属微尖的发射公式具有更大的不确定性。

12.2.3 场致发射电流的不稳定性和不均匀性

受众人注目的碳纳米管FED迟迟进入不了产业化,一个重要的原因是阴极发射阵列发射的不稳定性。即使相邻像素的亮度不均匀性达不到小于 3%，但是只要这个不均匀度不是很大(如小于 10%)，则利用高度发展的集成芯片，可采用一个亮度校正矩阵来加以解决。采用亮度校正矩阵的前提是整个阴极场发射不均匀分布是固定的，或至少是慢变的。因为定期修改亮度校正矩阵的数据可以解决慢变化的问题。但是如果亮度不均匀性分布是不稳定的，则就无计可施了，据说碳纳米管 FED 就遇到了这个问题；而 SED 的亮度不均匀性虽然仍不能达到高画质的要求，但是这个不均匀分布是慢变化的，就可以采用亮度校正矩阵加以解决。

在 FED 走向产业化的征途中，有许多技术问题要面对，但是画面的亮度均匀性是一个最需要解决的问题，而这个问题是场致发射的物理过程本身产生的。实验发现，在场致发射微尖阵列中，工作时只有约 10% 微尖在发射电流，并且发射电流的微尖是在不断地变换着的，不断地从一个微尖跳至另一个微尖。即使在发射电流的微尖中，也不是整个微尖各处都在发射电流，而只有微尖上的个别点在发射电流，并且发射电流之点也在微尖上各处跳动。总之，微尖阵列发射电流是一个动态的平均结果。

微尖场致发射大小和发射体与真空界面处势垒高度与形状密切相关，而后者又与外加电场强密切相关。在发射过程中，如因离子回轰或发射过程中的热效应，造成微尖外形稍有变化，就会改变电场增强因子 β，从而引起势垒高度和形状的变化，发射电流也随之变化。此外，微尖表面气体的吸附情况也会严重影响材料逸出功的大小，而发射过程中不同的温升也会造成发射的不均匀。所以从个别微尖来看，发射电流无论在时间上还是空间上都是很不均匀的。由于每个像素中包含有大量微尖单体，对每个像素发射电流做了空间上和时间上的统计平均，才会有较稳定的发射电流。由于这些原因，即使控制制造工艺，将所有微尖外形和分布密度做得完全一致，如果存在微量污染不同，仍然达不到均匀发射。

相比之下，热电子发射就稳定得多。首先，热电子发射与势垒形状无关，只与势垒高度相关，这就减少了一个大的不稳定因素。即使这样，热电子发射如工作在温度限制下，由于发射电流与逸出功 φ_m 和工作温度 T 的指数关系，要保持发射电流稳定也是不容易的。而实际真空电子器件是工作于空间电荷限制下，发射电流与热阴极的 T 和 φ_m 无关，只决定于加速电压(符合 3/2 定律)，而电压是很容易达到高稳定度的，因此热发射的电子流无论在空间上，还是在时间上都容易获得高的稳定性与均匀性。

FED 的诸多优点源于场致发射的优异特性，而场致发射天生的不稳定性和不均匀性又成为 FED 进入主流显示器件领域的最大障碍。FED 显示器件相邻两像素的不均匀性如能降到 3%以下，才能符合民用的娱乐性显示器件对画面均匀性的要求。

12.3　微尖发射阵列的制造工艺和发射均匀性

由式(12.1)F-N 场致发射公式可知，要获得大的场致发射电流，从理论上讲可以采取降低发射材料的逸出功 φ_m 或增加发射体表面电场 $\mathscr{E}$ 来达到。

低逸出功材料的化学性质活泼，又不耐微尖在发射电流时焦耳热引起的高温。所以实际上可实用的发射体材料都是耐熔材料,如 W、Mo、Ta、Zr、Nb、C 等,它们的逸出功为 4～5 eV。降低逸出功虽然很重要,但在实际选材中又不能首先考虑,首选的是那些符合实用稳定性要求的高逸出功的难熔材料。

要获得有实用意义的场致发射电流,对于 Mo 这类材料,表面电场应达到 10^7 V/cm。只有借助于尖端效应才能获得如此高的表面电场。单根 W、Mo 微尖可用在 NaOH 溶液中电解制成,其曲率半径可小到 10 nm 量级,这类单根微尖用于场致发射显微镜中。

但是要制成具有一定发射面积和具有可实用发射电流密度的场致发射阴极必须解决两个工艺问题:

(1) 需要一个均匀分布,且密度足够高的微尖阵列;

(2) 要有近距(≤1 μm)低电压(几十伏)引出场致发射电流的电极(称为栅极或门极)。

微尖型场致发射阵列有两种:钼微尖和硅微尖。

12.3.1 钼微尖阵列的制造工艺

1968 年 Spindt 于美国斯坦福研究院(SRI)发明的钼微尖场致发射阵列的结构单元如图 12.2 所示,从上至下为带微孔的栅极、栅极与底电极之间的绝缘体、发射微尖、串联电阻层、底电极和玻璃衬底。栅极为约 0.4 μm 厚的 Mo 层,微孔直径约为 1 μm,绝缘层为 1～1.5 μm 厚的 SiO_2;发射微尖是圆锥形金属钼;电阻层是多晶硅;底电极是重掺杂硅。由于钼微尖与栅极的距离小于 1 μm,所以在底极与栅极间加上几十伏电压时,在微尖表面便能形成 10^7 V/cm 量级的电场,足以产生显著的场致发射。

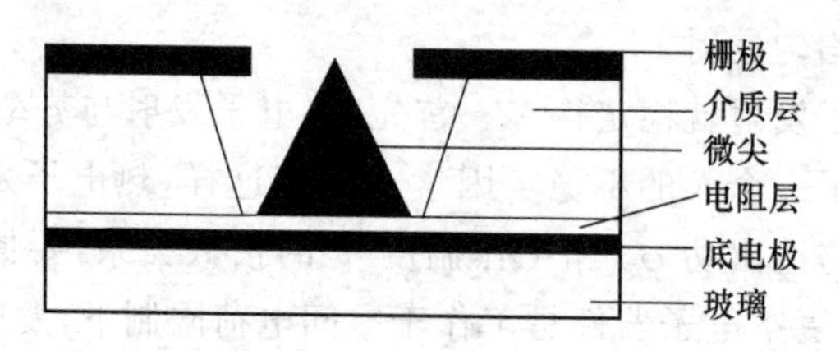

图 12.2　Spindt 钼微尖的结构

Spindt 钼微尖阵列的制作流程如下(图 12.3):

(1) 在玻璃底板上先后蒸上 100 nm 钼层和 200 nm 非晶硅电阻层,并光刻形成行电极〔图 12.3(a)〕。

(2) 沉积 1 μm SiO_2 绝缘层和 100 nm Mo 栅极,并光刻形成列电极〔图 12.3(a)〕。

(3) 涂上光刻胶,并形成栅孔,以此胶作为掩膜,用 SF_6 干刻除去栅孔上的 Mo 层〔图 12.3(b)〕。

(4) 进一步用 CH_3Cl_3 干刻除去栅孔下面的 SiO_2 层,直到电阻层为止〔图 12.3(c)〕。

(5) 除去表面上的光刻胶。

(6) 在垂直方向用电子束蒸发钼,同时在与水平表面成 15°的方向上蒸发铝(为了确保铝蒸发不到底电极上)。蒸发时工作台旋转以确保各处形成的微尖的均匀性〔图 12.3(d)〕。

(7) 蒸发的钼附着在栅孔边缘，使栅孔不断地缩小，使透过栅孔的 Mo 蒸气形成的 Mo 柱体逐渐变细，直至栅孔被封死。钼微尖在底电极上形成〔图 12.3(e)〕。

(8) 将铝牺牲层连同其上的 Mo 层用 NaOH 溶液电解除去，形成一个能行、列选址的钼微尖阵列〔图 12.3(f)〕。

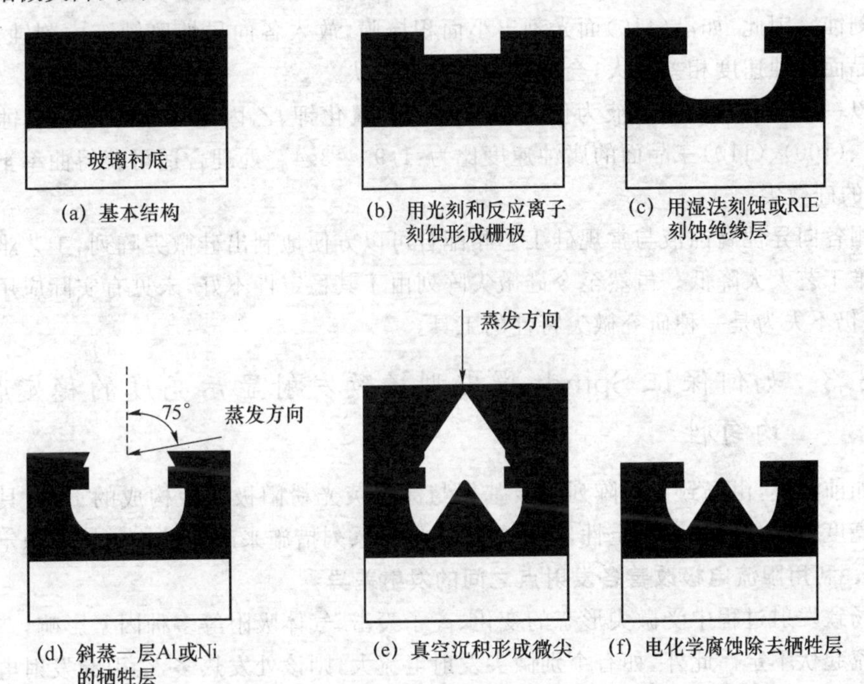

图 12.3　Spindt 钼锥阵列制造工艺流程

发射锥体的高度与所选金属材料对栅孔的附着性有关。如采用铌，它的附着性差，牺牲层上小孔收缩慢，形成的锥体会显著高出栅极平面；如采用锆，它的附着性好，牺牲层上小孔收缩快，形成的锥体会显著缩在栅极平面之下。只有钼的附着性适中，形成的锥体高度也适中，锥尖处于栅极平面附近。

上述工艺过程中有两个工艺难点：

(1) 由于栅孔直径只有 1 μm 或更小，而栅孔的均匀性对发射均匀性影响大，所以光刻工艺中不能采用常规的用模板接触式曝光，而需采用具有亚微米精度的精密光刻工艺，如采用电子束曝光技术。

(2) 在形成钼锥过程中，蒸发源需要与钼锥形成的底电极垂直。当基板尺寸较大时，要求蒸发源离基板的距离足够大，才能保证蒸发源到发射矩阵各点的垂直度。研究指出，当钼蒸发流偏离垂直方向 0.8°，会造成钼锥曲率半径变化 2 nm。摩托罗拉公司为了制作 37×47 cm^2 的发射阵列，专门制造了一个有两层楼高度的蒸发台，其蒸发源与基板之间的距离为 1.7 m。

由此可见，Spindt 钼微尖阵列的工艺成本是很高的，在制作大尺寸发射阵列时更高。所以至今 Spindt 微尖型 FED 只限于小屏幕与军事应用。

12.3.2 硅微尖阵列的制造工艺

单晶硅是一种各向异性体,其(111)晶面是原子密集面,原子间结合力强,该面较难刻蚀;而其他晶面,如(100)晶面上原子之间距离大,原子间结合力相对较弱,该面较易被刻蚀。因此,如沿(110)面光刻出小面积掩膜,放入各向异性腐蚀液中刻蚀,由于沿各晶面腐蚀速度相差很大,会自动形成硅锥形状。

以一种各向异性腐蚀液为例,其配方为:氢氧化钾、乙丙酮和水。这种腐蚀液对(111)、(100)、(110)三晶面的腐蚀速度比为:1∶9.4∶3.4。处理合适可获得曲率半径为 1 nm 的硅微尖。

用各向异性腐蚀液与常规硅工艺相配合可以方便地制出硅微尖阵列,工艺难度比之钼锥工艺大大降低。虽然至今硅微尖阵列由于其稳定性不好,未见有实际应用的报道,但仍不失为是一种研究微尖特性的工具。

12.3.3 如何保证 Spindt 微尖型场致发射显示亮度的稳定性和均匀性

如前所述,由场致发射阵列阴极基板与涂有荧光粉阳极基板构成的 FED 具有天生的亮度不均匀性和不稳定性,为此需要采取一系列措施来改善其均匀性和稳定性。

1. 利用限流电极改善各发射点之间的发射差异

场致发射过程中受微尖形态的变化、离子轰击、气体吸附等多种因素影响,造成发射电流起伏不定。此外,如有个别微尖发射电流大,则该处发热多,会引起发射电流上升,发热更多,直至烧毁。所以必须有一个自动反馈机制,使发射处于稳定,使个别发射点不至于烧毁。

如果在每个像素点下串联一个合适电阻,就可以实现上述自动反馈机制,它可以起到下列两个作用。

(1) 限流作用:当个别发射体发射过大时,由于电阻上的分压作用,这就可以均衡各发射体的发射能力,也能防止个别发射特别大的点的烧毁。

(2) 防止由于个别点短路造成整个器件不能工作。因为短路点像素下面的电阻将承受电压降,只是个别微尖不工作,其余微尖可以继续正常工作。电阻层的作用原理如图 12.4所示,图中给出了发射电流和阴栅间电压之间的关系曲线,虚线相当于负载线。

由图 12.4 可知,有了限流电阻可以缩小各发射点发射上的差异(无限流电阻时,发射差异如空心点所示;有限流电阻时,发射差异如实心黑点所示)。

2. 增加每个像素中发射点的数量

限流电阻只能缩小各发射点发射的差异,由于场致发射的特点决定了各发射点的发射强度在时间与空间上都具有大的起伏,要使整个图像各处相邻两个像素的发光不均匀性都小于人眼的敏感度(不均匀性为 2%～3%),只有在每个像素是由足够多的微尖组成时才可能达到。

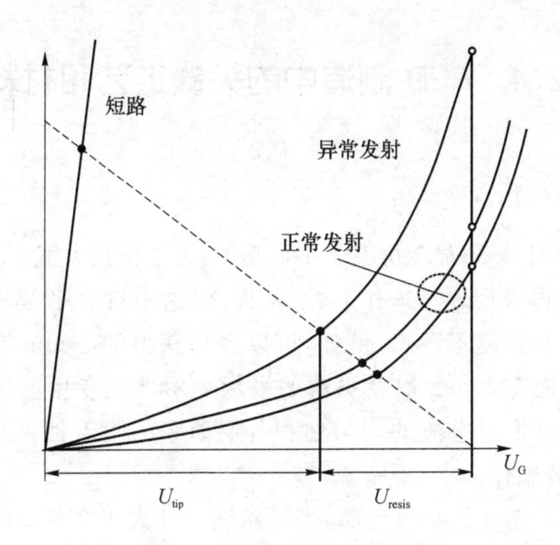

图 12.4　电阻的限流原理

人们利用场致发射显微镜和 FED 面板研究了场致发射的短程均匀性(Short Range Uniformity,SRU)。SRU 的定义如下：

$$\mathrm{SRU}(\%) = \frac{\delta_{sp}}{\overline{x}_{sp}} \times 100\ \% \tag{12.7}$$

其中,δ_{sp}为每个像素亮度的标准偏差；$\overline{x}_{sp}$ 为像素的平均亮度。从统计理论可知,SRU 与每个像素中有发射的微尖数 n 的关系应是

$$\mathrm{SRU} \propto \frac{1}{\sqrt{n}} \tag{12.8}$$

如图 12.5 中虚线所示,而实线是实验结果。

为了获得满意的亮度均匀性,改善微尖发射稳定性固然重要,但增加每个像素中有发射的微尖数更为重要。由图 12.5 可知,为了达到产品水平,SRU 应小于 3%,这要求 FED 面板上每个像素即使处于暗场时,也要保证有 1 000 个以上的能发射电子的微尖。

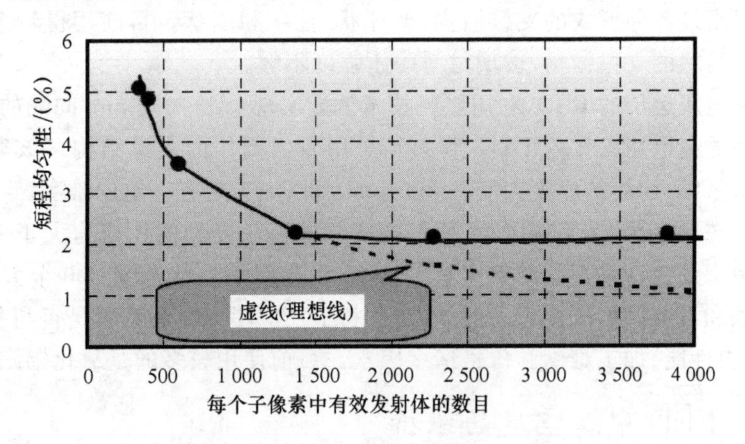

图 12.5　SRU 与发射微尖数 n 的关系

12.4 FED制造中的关键工艺和材料

12.4.1 支撑技术

FED工作于真空环境下,显示屏又是平面型的,为了抵抗大气压力(约为1 kg/cm^2),可以像全平CRT那样采用厚玻璃作上、下基板,但这不符合平板显示器轻薄的要求。另一方面,厚玻璃的平整度不理想,例如,可以容易获得的3 mm厚度玻璃,其表面不平整度约为10 μm,而1.1 mm以及更薄的平板显示器件专用玻璃,其表面不平整度小于1 μm。为了保证发射电流的均匀性和各层薄膜的附着性,FED须采用1.1 mm厚度及以下的平板玻璃作为上、下基板。

实践发现,对于2 mm的基板玻璃,当对角线尺寸大于3英寸时,抽真空后的FED玻璃盒就容易炸裂。另一方面对于低压型FED,由于阴阳极间距小,为了保证95%以上的发射均匀性,要求阳极基板最大变形不超过10 μm;对于高压型FED则阳极基板最大变形要求不超过40 μm。

综上所述,FED上、下基板之间增加支撑结构是必不可少的。但是FED中的支撑结构由于工作的特殊性,受到多方面的限制:

(1) 支撑单元的支撑面积必须足够小,在显示图像时不影响图像质量,即在正常观看距离下,人眼感觉不到支撑单元的存在;

(2) 支撑单元的体电阻和表面电阻要足够大,使阳极与阴极间由于支撑单元造成的漏电流可以忽略不计;

(3) 由于支撑单元是暴露在电子从阴极飞向阳极的途径中,支撑单元如果是理想的绝缘体,当被电子轰击时必然会发生负电荷积累,引起阴极与阳极间的打火,所以又希望支撑单元材料具有合适的电阻率,能把积累在支撑结构上的电荷及时导走;

(4) 具有足够大的支撑强度。

曾经提出过各种形式的支撑结构,如球状、柱状和墙状。目前用得较多的是使用陶瓷材料的墙状的支撑结构,玻璃材料耐压强度不够。

对于低电压运用的FED,利用厚膜技术就能实现0.1~0.2 mm间隔的支撑;而对于大量应用的高电压工作的FED,则必须采用专门制作的支撑结构。该类支撑墙的高度为毫米量级,而墙的厚度为50~200 μm,所以加工是有一定的难度。

由于支撑墙很薄,又不能密布,所以在实际器件中受到的压应力大于100个大气压力。如考虑到允许垂直度的偏离最大为2°,则支撑墙应能承受200个大气压力,这已超过玻璃和石英的抗压能力。此外,在选材上还应考虑膨胀系数是否与基板玻璃匹配、抗热冲击性能、加工难度和价格诸多因素。目前使用较多的是氧化铝陶瓷。

12.4.2 FED中真空度的维持

对于微尖型FED,维持器件内的真空度尤为重要,因为无论是剩余气体电离后形成正离子回轰阴极微尖，还是从器壁或荧光粉释出的气体吸附在微尖上都会严重影响微尖的场致发射特性。

根据真空电子器件制造工艺的一般规律，要使封离后的器件能长期保持高真空，必须做到：排气过程中器件内各部件去气彻底；封离前器件内真空度高；用消气剂以维持封离后器件内的高真空。

FED 本身的结构，使实现上述三条都有困难：

(1) FED 极板间距小，特别对于低电压运用的 FED，间距只有 0.1～0.2 mm，所以排气时流阻很大，即使真空泵口已达到很高真空度，极板间的真空度仍很低，会相差 1～2 个数量级。对于高电压运用的大尺寸 FED，也有同样问题。当然，长时间抽气可以部分解决此问题，但在生产线上，这是行不通的。所以现在有一种建议，器件先不封接，在一个大真空室中除气干净后，在真空容器中将器件封成整体。

(2) FED 中的荧光屏是一个工作中的出气源。荧光粉本身会吸气，在工作中又受电子束轰击，会大量放气。因此，在器件封离前，应该将器件加上工作电压，让电子流轰击荧光屏，使其放气并被抽走，这个过程必须充分。至于玻璃盒本身的去气可采用烘箱加热办法这类真空器件排气中常规办法。

(3) 已封离的真空器件，为了维持器件内的真空度，必须安置吸气机构。有的器件中带有小钛泵，如一些微波真空管；有的安置蒸散型消气剂，如显像管；有的安置非蒸散型消气剂，如大功率发射真空管等。

FED 的结构特点是体积与表面积之比很小，即出气的表面积与可容纳气体体积相比是很大的。这意味着，FED 中只要有一点出气，器件的真空度就会变得很坏。并且器件内可用于置放消气剂空闲体积很少，更增加了安置消气剂的难度。

必须保证 FED 器件封接的漏气率小于 1×10^{-11} Torr/s，排气台应能抽到 1×10^{-8} Torr数量级真空度，再将高牢固度室温消气剂安装在内径为 10 mm 的排气管中，基本上可保证器件存放寿命在 2 000 天(即 5～6 年)以上。

在 FED 中，由于结构限制不可能使用吸气能力强的钡、锶、钙、镁类型蒸散型消气剂，只能使用锆、钛类型非蒸散型消气剂。

12.4.3　FED 中的荧光粉

FED 的发光机理与 CRT 的相同，都是借电子束轰击荧光粉而发光，两者不同之处在于：在 CRT 中荧光粉工作于高电压(几万伏)、小电流，而在 FED 中荧光粉工作于中、低电压(几百伏至几千伏)以及大电流。由此造成 FED 中荧光粉工作时的发光效力处于不利状态。

(1) 低电压使用造成发光效力大幅度降低，即使是高压使用，FED 中荧光粉的发光效力也只有 CRT 中的 1/10 以下，如工作于几百伏，则只有 CRT 中的 0.1%。

(2) 低电压工作时，为了获得足够的亮度，必须大大增加电流密度，许多荧光粉在大电流密度下有饱和现象，这进一步降低了荧光粉的发光效力。

(3) 由于低电压工作，无法采用阳极基板的蒸铝技术，使荧光粉失去了铝层保护。

阴离子轰击会破坏荧光粉发光结构,并放出有害气体污染发射体。

(4) 荧光粉有一个电荷剂量寿命,按 Pfahnl 定律,荧光粉的寿命决定于沉积在单位面积荧光粉上的总电荷剂量 Q。以无铝层绿色 ZnCdS:Cu,Al 荧光粉为例:对于工作于 400 V 下的电流密度与工作于 5 kV 下且亮度相同的电流密度相比要大 410 倍,这意味着 FED 中的荧光粉更容易受 Q 寿命的限制,即 Q 寿命要小 410 倍。

由上述可知,只有工作于尽可能高的阳极电压下,荧光粉才有大的发光效力和高的寿命。即低电压工作对于 FED 是不可取的。

当 FED 工作于小于 500 V 时,只能使用低电压荧光粉,常用的低电压 FED 的荧光粉包括:蓝绿粉 ZnO:Zn、红粉 ZnCdS:Ag、绿粉 ZnS:Cu 和蓝粉 ZnS:Ag,其中有些是在 CRT 中常用的,只是现在工作于低压状态下。低电压使用下,只有蓝绿粉 ZnO:Zn 效率较高,达到 7 lm/W 以上,其余的效率都很低。硫化物荧光粉的电流饱和值不高,当电流密度超过 10 $\mu A/cm^2$ 时,便迅速达到饱和,并且硫化物荧光粉受离子轰击易分解出硫,会严重污染微尖。

当工作于 10 kV 的高电压下,就可以采用 CRT 中的红粉 Y_2O_2S:Tb 或 Y_2O_2:Eu,其电光转换效率分别达到 18%和 11%,并且高电流密度下不饱和。由于高电压 FED 中阳极电压小于 10 kV,铝膜厚度应控制在 0.1 μm 以下。

FED 的场致发射阴极阵列,除了已述的微尖型以外,还有很多类型,但是 FED 的基本结构是一样的,即上述三大工艺和材料的难点对于任何类型 FED 都是普遍存在的。

12.5 Spindt 型 FED 举例

Spindt 型 FED 问世以后,曾引起人们极大的关注,这是由于其优异的特性:约 2 mm厚的薄型平面屏、自发光、无图像畸变、约 170°的视角、不用有源元器件并且可用模拟或数字信号控制的快速响应特性、无地磁影响、不受邻近磁场的干扰、快速启动特性、较少的图像死空间以及有如真空电子管那样抗恶劣环境的能力等。虽然 FED 有这么多的优异特性,但 FED 是一个真空器件,还具有上节中提到过的许多工艺难点,再加上 Spindt 尖制造工艺难度大,很难发展。

1. Spindt 型 FED 的结构举例

Spindt 型 FED 屏的阳极玻璃板和阴极玻璃板的厚度各为 1.1 mm,间距0.6 mm,所以屏的总厚度是 2.8 mm。阴极、门极(即引出栅极)和聚焦极的材料是铌,发射微尖的材料是钼,极间支撑材料是光纤。阳极电压为 3 kV。在阴极基板上,由 Spindt 微尖组成的条状阴极与条状门极互相正交,形成可选址矩阵。阴极基板的顶部是聚焦层,用于防止串色。在门极与聚焦极之间有电位差以形成聚焦场,用于控制束斑尺寸。

如图 12.6 所示为 FED 的截面图,门极孔径为 0.9 μm,高度 0.9 μm,微尖之间距离 1.25 μm,聚焦层与门极上表面距离 1.3 μm。

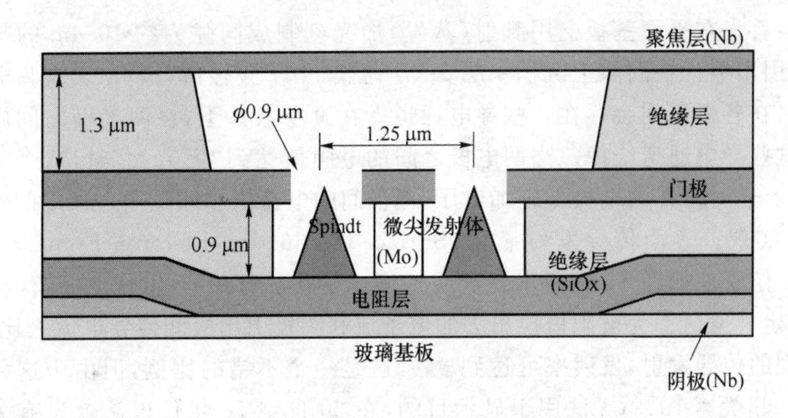

图 12.6　Spindt 型 FED 阴极的横截面

阳极基板由铝阳极、彩色荧光粉和支撑组成，阳极在针对每个像素处开口，用以让电子流通过去轰击荧光粉；阳极背部发黑，起黑矩阵作用，防止串色。因此，这种 FED 中无金属背层，使阳极基本结构简单。还特别发展了一种支撑结构，支撑物为 ϕ50 μm 的玻璃光纤，切成 0.6 mm 长，以保证阴极基板和阳极基板间的距离。

2. Spindt 微尖型 FED 的军事应用举例

法国 Pixtech 公司开发 FED 较早，批量生产的是 5.2 英寸单色 FED 显示器和 7 英寸彩色 FED 显示器，多用于医学和自动化设备上，并于 1999 年为法国国防部研制出 12.1 英寸单色和全色 FED 显示器，用于 Abram 坦克及其他军事装备上。

FEPET 公司获得美国军方合同，为美国空军研制了 5 英寸彩色 FED，用于飞机座舱，在强烈阳光直射下可以阅读，并且经受得起飞行中的振动。

Technologie 公司研制的 FED 显示器有 12.1 万个像素，重量只有 4 g，用于热成像显示和军用头盔显示。

Futaba 公司生产的 FED 显示器有 4.3 英寸、功耗 6 W、重量 340 g；2.9 英寸、功耗 2 W、重量 150 g；1.8 英寸、功耗 2.5 W、重量 70 g，多为军用。

所以 Spindt 微锥阵列的 FED 显示器大多为小屏幕、军事应用。

12.6　新型的 FED 显示器

Spindt 微尖型 FED 由于制造工艺设备昂贵，成本太高，产品只限于小尺寸，使用范围也只限制在军事领域。

对于任何 FED，其阳极结构、支撑结构、真空获得与维持的工艺难度都是相同的，要降低 FED 制造的总成本，就要从降低阴极基板的制造成本着手，因为它占了总成本的主要部分。许多新型 FED 开发的目的就是要避开制作工艺中的亚微米量级的精密光刻和庞大的镀膜设备。

12.6.1　表面传导发射显示

表面传导发射属于薄膜场致发射，其特点是阴极与引出极在一个平面内。其制造工艺如下:首先在平面基板上用溅射(蒸发)加光刻制成间隙为约 10 μm 的平行结构的阴极和引出极。在间隙上沉积一层 SnO_2 薄膜,由于膜很薄,SnO_2 表现为非连续的导电孤岛,在各弧岛间会存在一些导电通道。在真空条件下,在两电极之间施加电压脉冲,将这些导电通道烧掉。当两电极之间的电阻值达到"无穷大"时,这个处理过程就完成了。这时再在两电极上施加电压,电极间的电流依靠间隙中各孤岛间的场致发射过程来实现。表面传导发射显示(Surface-Conduction Electron-Emitter Display, SED)的工作原理如图 12.7 所示。这些工作前苏联学者在 20 世纪 60 年代初期就开始了。若定义发射率为被阳极拉出去的电子流和阴极引出极间传导电流之比,则利用 SnO_2 实现的传导发射,发射率可达到 5%,这是一个不错的比例,但由于这种传导电流不稳定,起伏达 10%,无法用于显示目的,在 20 世纪 70 年代以后就没有关于这方面的报导了。

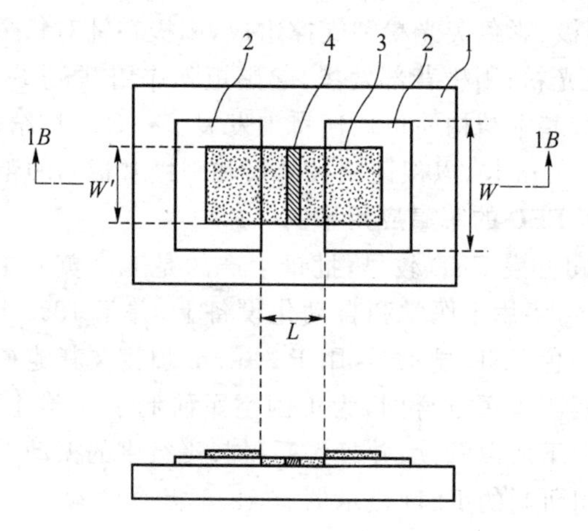

图 12.7 SED 工作原理图

日本佳能公司和松下公司合作继续了上述研发工作,投资 10 亿美元,历时 10 年,于 1997 年国际显示会议(SID)上推出了 10 英寸 240×240 个像素的全彩色显示器,当时引起很大轰动。佳能与松下公司在以后的七年中没有发表任何新的消息,正当人们以为 SED 遇到了不可克服的困难时,佳能和松下公司于 2004 年宣布 SED 的性能价格比已达到可投产的水平,并于 2005 年推出 36 英寸 SED-TV 样机,其亮度、对比度和响应时间已达到可与 CRT-TV 相媲美的程度。

1. SED 的基本结构和工作原理

SED 由阳极板和阴极板组成,如图 12.8 所示。阳极板由玻璃屏、黑矩阵、滤色膜、CRT 用条形 P22 荧光粉和金属铝层组成,与常规的彩色显像管屏的构成相似。阴极板由玻璃屏与 PdO 膜构成,经过特殊工艺处理后能形纳米量级间隙,施加一定电压(10~20 V)后,产生沿表面的场致发射,在间隙间飞行的传导电流中的一小部分(1%~3%)在真空环境下会在 10 kV 阳极电压作用下被拉向阳极飞行,最终轰击阳极上的荧光粉,使其发光,并形成阳极电流。

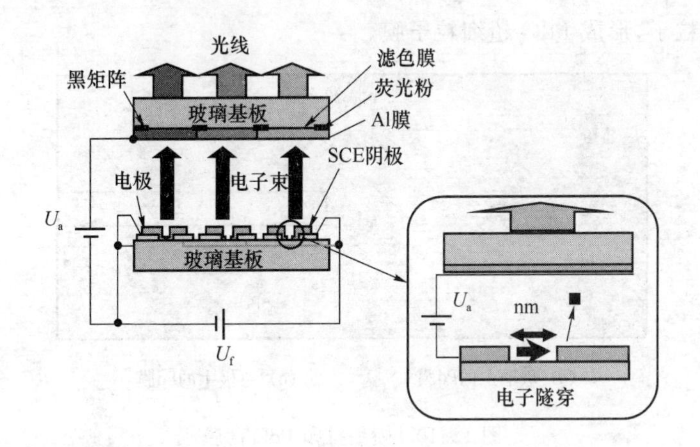

图 12.8　SED 的结构

阴极板和阳极板间距为 1.7 mm，四周用低熔点玻璃和一系列低熔点金属点密封，然后抽真空烘烤去气，抽真空后，每平方厘米的玻璃屏上承受着 1 kg 的压力。对于 36 英寸屏，总压力可达到约 4 000 kg，而阴极板玻璃与阳极板玻璃厚度各只有 2.8 mm。为了抵抗这个巨大的大气压力，必须用陶瓷薄片作支撑，为了不影响电子轨迹，应将支撑放置在丝网印刷引线上，如图 12.9 所示。

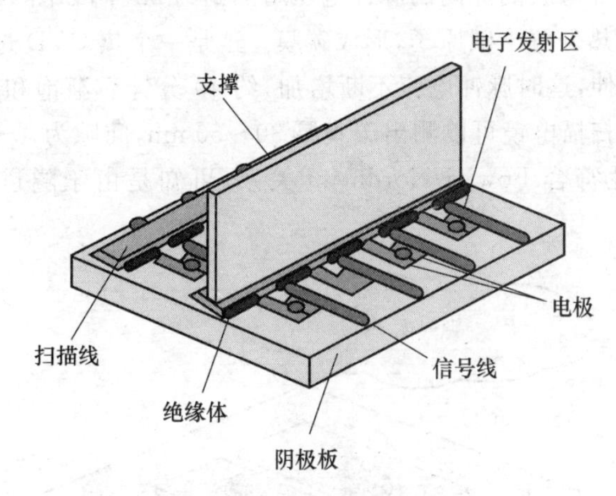

图 12.9　SED 阴极板结构

2. 表面传导发射阴极阵列的制造工艺

SED 的技术核心在于阴极板的结构与处理工艺：

(1) 先将阴极屏蒸镀或溅射上一层金属铂，光刻出许多等间距的平行电极对，两条平行电极对的间距为 2 μm，每对的铂条构成一个子像素阴极，同一行中所有子像素的一根铂条是电连接在一起，构成行电极(即信号电极)。丝网印刷上一层绝缘图案，然后再丝网印刷上列电极，将同一列中所有子像素的另一根铂条电连接在一起，行与列相交处被绝缘图案隔开。这样便形成了一个可行、列选址的阴极子像素矩阵。

(2) 将含有 Pd 化合物的溶液用喷墨打印技术“打印”在每个子像素上，即将该液滴喷在铂条对的间隙上，如图 12.10 所示。经过焙烧除去有机质，含 Pd 化合物转化成 PdO 超细粒子,形成 PdO 超细粒子膜。

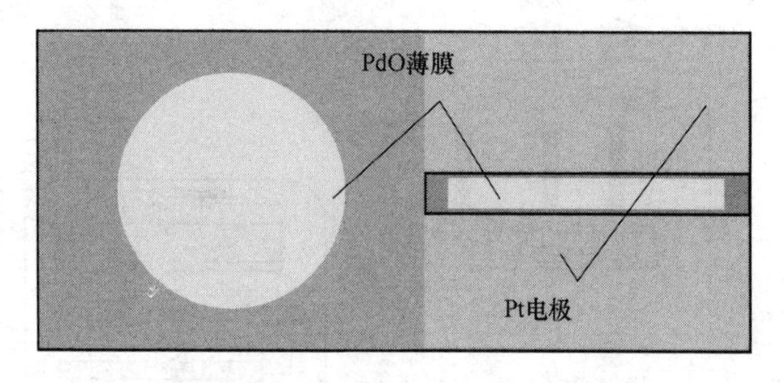

(a) 玻璃上的Pd膜 (b) 电极上的Pd膜

图 12.10 喷墨打印 PdO 薄膜

(3) 形成钯膜间隙。于真空中,在铂电极间施加约 10V 的脉冲电压,脉冲电流流过 PdO 薄膜产生焦耳热,PdO 被还原成 Pd,并在 Pd 膜内边沿直径方向破裂,形成亚微米间隙。脉冲电压一直加到 Pd 膜完全分成互相电绝缘的两半,即脉冲电流降到零。

(4)激活过程。在 Pd 膜间隙形成以后,通入含碳原子的有机物气源,并将加在 Pd 电极间的电压,即 Pd 薄膜间隙间的脉冲电压增加到约 22 V,如图 12.11 所示,有机物分子落在 Pd 膜上,热分解出碳原子,形成碳膜。这是一个热 CVD 过程,碳膜在 Pd 膜上不断地向间隙延伸,这时脉冲电流不断增加,约 40 分钟后渐饱和,意味着纳米碳膜间隙最终形成。用扫描电镜可以测出碳膜厚 30～50 nm,间隙为 4～6 nm。测量碳纳米间隙的伏安特性符合 Fowler-Nordheim 关系,可知是由于隧道效应的场致发射过程。

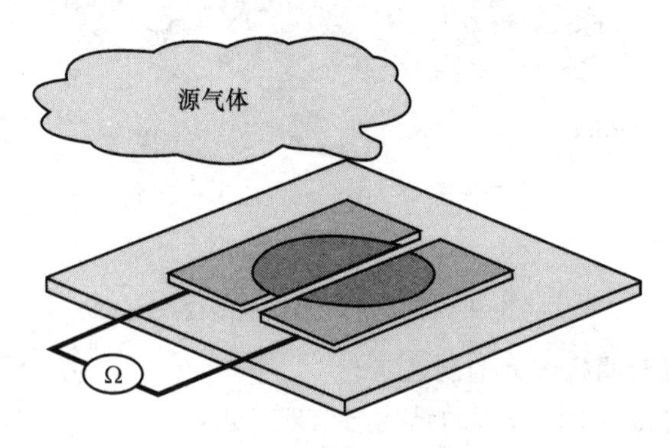

图 12.11 “形成”与“激活”处理

碳膜纳米间隙的形成过程,实质上是碳原子的沉积与碳原子被强电场蒸发之间形成动平衡的过程。可见,纳米间隙的宽度可用调节有机物气压和改变脉冲电压波形来控制。

3. SED-TV 的性能

据称,用 36 英寸 SED 电视机收看高亮度普通电视节目时,其耗电量是同尺寸等离子电视机的 1/3,同尺寸液晶电视机的 2/3;在播放低亮度画面较多的电影节目时,耗电量为同尺寸等离子电视机或液晶电视机的 1/2。

36 英寸 SED 面板的暗室对比度高达 8 600∶1,而目前 PDP 面板的暗室对比度在 3 000∶1左右,液晶面板的暗室对比度的最大值只有 1 000∶1。

12.6.2　碳纳米管(CNT)场致发射显示器

1985 年 Smalley 等人制出了^{60}C,这是一种零结构,而已存在的石墨和金刚石则是碳的二维和三维结构。人们自然会想到,应该存在着碳的一维结构,这就是碳纳米管(CNT)。1991 年 Iijima 在石墨电弧产物中发现了双壁 CNT;于 1993 年又制出了单壁碳纳米管(SWNT)。由于 CNT 优异的场致发射特性,于是涌起了 CNT-FED 研究热潮。

1. CNT 的制造方法

单壁碳纳米管(SWNT)的价格远远地比黄金贵,多用于 CNT 特性的科研,作为显示目的可以使用多壁碳纳米管(MWNT)。获得大量、管径均匀而纯度高的 MWNT 是应用的基础,目前制备 MWNT 的主要方法有三种:石墨电弧法、激光蒸发法和化学气相沉积法(又称催化裂解法)

(1) 石墨电弧法

石墨电弧法是最早的制备 CNT 的工艺方法,每次可生产克量级的 CNT。

在真空反应室中充入惰性气体(如氦气)或氢气用作“冷却介质”,采用较粗大的石墨棒为阴极,细的石墨棒为阳极。两电极间总是保持 1 mm 的间隙,在电弧反应中阳极石墨电极不断消耗,蒸发出的含 CNT 的碳烟灰沉积在阴极上。

将阳极石墨棒打孔并填入 Ni/Fe、Co、Ti-Y 或 La 等金属催化剂,可使生产率大大提高。

该工艺的优点是设备简单;缺点是产品纯度低,不易连续生产。

(2) 激光蒸发法

激光蒸发法是一种简单有效的制备 CNT 的新方法。激光蒸发法用激光产生高温,利用激光器将激光束聚焦成直径为 6～7 mm 的光束,照射至含有金属催化剂的石墨靶上,将碳原子或原子集团均匀地从靶的表面激发出来,蒸发的烟灰被氩气从 1 200 ℃的电炉中带走,在载体气体中这些原子或原子集团互相碰撞而形成 CNT,然后沉积在炉外的水冷铜收集器表面。CNT 就存在于惰性气体夹带的石墨蒸发产物中。

激光蒸发石墨棒法制备得到的 CNT 纯度高达 70%～90%,基本不需要纯化,主要产物是 MWNT,通过改变反应温度可以控制 CNT 的直径,易于连续生产,但是设备复杂、能耗大、投资成本高,估计不是商业的好办法。

(3) 化学气相沉积(CVD)法

用 Fe、Ni、Co 颗粒状薄膜作为生长核置在基板上,高温(873～973 K)加热,通入碳源气体(CH_4、C_2H_2、C_2H_4 等),气源在加热区分解,碳原子或原子集团沉积在基板上,在生长核的作用下,生成密度和直径与生长核相当的 CNT。

在成膜过程中,还需通入 NH_3、N_2 等气体,它们有助于将金属膜腐蚀成均匀分布的小颗粒,即生长核心。

上述方法也称为基种催化法或催化裂解法,具有设备投资少、成本低、CNT 产量高以及易于实现大批量生产制备等优点,该法的基本原理是用碳氢化合物(如丙烯)为碳源,氢气为还原性气体,在 Fe、Co 和 Ni 基催化剂作用下,在管式电阻炉中裂解原料气形成自由碳原子,并沉积在催化剂上,最终生长成为碳纳米管。

CVD 法要求基板温度高,一般在 900~1 000 ℃,远高于显示器玻璃基板的软化点,所以原则上不能利用该工艺直接在大屏幕 FED 显示器基板上生长 CNT。

2. CNT 的微观结构

(1) 具有多壁、中空与螺族特征

CNT 具有典型的层状中空结构特征,层片间的距离为 0.34 nm,层片之间存在一定的夹角,即显示出螺族特性。CNT 内部无其他相结构存在,与 ^{60}C 的笼形结构相似。

(2) 六边形碳环结构和多边形管状结构

电子束投影测试证实,碳纳米管的管身部分是准圆管结构,大多数由五边形截面所组成,但是管身也有由六边形碳环微结构单元组成的。在生长过程中如含有七边形碳环微结构,则产生负曲率。

(3) 端帽部分

在大多数 CNA 的分子结构模型中,其端帽部分均被认为是圆滑的或半球形的。但是更多观点认为是五边形碳环(构成正曲率端帽)或七边形碳环(构成负曲率端帽)在构成端帽时起了作用。

无论是 SWNT 还是 MWNT 都具有很高的长径比,一般为 100~1 000。作为显示用场致发射体,既采用 SWNT,也采用小直径,且层数较少的 MWNT。MWNT 的典型直径为 2~30 nm,长度为 0.1~50 μm。

3. 碳纳米管场致发射阵列(CNT-FEA)的制备

碳纳米管场致发射阵列(CNT-FEA)的制备分为两大类:直接生长法和印刷法。不管是哪一种方法,要适用于大屏幕显示屏必须满足:成本低、发射均匀和 CNT 与基板接合牢固三大要求。

(1) 印刷型 CNT-FEA

将已经提纯和球磨过后的 CNT 粉体和有机或无机粘接剂均匀混合,用丝网印刷的方法在玻璃基板上形成需要的图形,然后进行烧结。但是这种 CNT 厚膜是没有发射能力的,必须加以下列激活工序:

① 将表面略微打磨或腐蚀,使 CNT 露出来,但发射能力不大;

② 进一步进行离子刻蚀后,可以大大提高 CNT 的发射能力。

上述方法中形成的 CNT 膜中的 CNT 是杂乱地置放的,均匀性较差。为使 CNT 形成竖立排列,可将 CNT 与异丙醇、$Mg(NO_3)_2$ 制成溶液,加电场将 CNT 电泳插入到阴极基板预制的小孔中,形成竖直排列。

经激活处理后，印刷得到的 CNT 发射表面上 CNT 伸出表面以外 1 μm 左右。CNT 密度以每平方微米 4～6 根为佳。密度太小，则最大发射电流密度偏小；密度过大，由于各微尖上电场的相互屏蔽效应，使发射阈值电压大大提高。控制印刷浆料中的 CNT 的比例，可以得到所需的微尖密度。研究表明碳纳管的间距为其高度的两倍时，发射总体效果最好。

为了保证 CNT 薄膜的导电性，需要在印刷浆料中加入银粉，这就要求严格控制烧结的工艺，特别是烧结的温度，所以要在电子发射能力、导电性和 CNT 的损耗率之间寻找一个最佳选择。

(2) 直接生长法

首先在基板上用光刻胶做出所需的图形，再用蒸发、溅射或溶液沉积等方法形成一层催化剂薄膜，然后剥离光刻胶，形成所需的催化剂薄膜图案。用 CVD 等方法在基板上有催化剂的地方生长 CNT 图形。

用直接生长法制备显示器件用的 FEA 要解决两个问题，即低温生长和均匀生长。因为用于显示的基板玻璃一般处理温度不能超过 550 ℃，因此生长温度需要控制在该值以下，而一般情况下，生长温度需要 700 ℃。早期低温下生长效果相对较差，例如，降到 400 ℃，则多壁碳纳米管结构消失，变成了无定形碳。至于均匀生长，这是一个至今没有根本解决的问题。

4. 碳纳米管的发射特性

CNT 具有优良的场致发射特性源于其结构特点和力学、电学性能：

(1) CNT 是良电导体，又耐高温，能承受较大的场致发射电流密度。CNT 如作为发射阴极，可工作在 4 A/cm^2 电流密度下。单根 CNT 的发射电流甚至可达 100 μA。

(2)场增强系数大，可达 2 000 倍。场增强系数定义为由 F-N 曲线计算得出的电场强度与由等效平行板算出的平均电场强度之比。单壁 CNT 的直径可以小到 1 nm 左右，在其半球形端部会产生极大的局部电场。所以虽然 CNT 的逸出功为 5 eV 左右，但是 CNT 的纳米量级尺寸，决定了其阈值电场(即发射电流密度达到 10 mA/cm^2 时的平均电场值)很低，只有 Spindt 微尖的 1/10。

(3) 化学稳定性好。在真空环境下，加热到 2 000 ℃也不会烧毁。耐气体影响比钼微尖好。曾进行过这样一个对比实验：将本底真空抽到 5×10^{-8} Pa，通入氧气使真空度变为 5×10^{-5} Pa，维持 20 分钟后，对于 CNT，发射只下降了 24%；而对于钼微尖，则下降了 82%。

(4) 高的长径比使 CNT 不怕离子轰击，寿命长。CNT 薄膜的场致发射行为可以这样来理解：从宏观讲，薄膜中所有 CNT 尖端在外电场作用下都能参与场致发射。但是从微观上讲，总是那些处于优势位置的最尖细突出的 CNT 端部优先进行场致发射，并具有下列特点：

① 即使正在发射电子的 CNT，其发射面积也不是固定的，而是在围绕尖端的各块小面积(由 5～6 个碳原子组成)之间跳跃。

② 电子发射在各 CNT 之间不断地转移着。

③ 在场致发射过程中,CNT 的发射端会产生一系列不可逆转的变化,如端帽被打开,逸出功从 5 eV 降到 1 eV,形成新的发射点;管端变细,使场增强系数变大,更容易产生场致发射;对于印刷型 CNT-FEA,有机物的烧毁会露出更多的 CNT 尖端。这些过程并不削弱 CNT 的发射能力,相反会促进发射能力,使 CNT 薄膜工作寿命长。

④ 由于各微尖之间的发射是相互影响的,使得 CNT 薄膜发射的不均匀性会随工作过程不断地在改变,造成将来电路补偿上的困难。

5. 对 CNT-FED 的几点看法

CNT-FED 的关键工艺是 CNT-FEA 的制备,从价格考虑,大面积 FED 的 FEA 只有采用印刷法才行,经过多年的努力,现在印刷法生产的 CNT-FEA 的发射质量已与直接生长法制造的相接近。

CNT-FEA 研究努力的目标是:

① 改善 CNT 的平整度,使其粗糙度从通常的 10 μm 左右降到亚微米量级。

② 控制单位面积上的微尖密度,将电场的屏蔽效应降至最低。

③ 采用合适的激活技术,使印刷制备的 CNT 层中有尽可能多的 CNT 暴露出来。

④ 寻找生成最小阈值电场的处理工艺。

⑤ 寻求在低于 500 ℃下用 CVD 法生长 CNT 的工艺。

⑥ 改进工艺使催化剂斑点在形成过程中光滑平整。

虽然,2004 年三星电子公司已制出 40 英寸的 CNT-EFD 显示器,但由于亮度均匀性和稳定性问题,至今未有进一步发展。

场致发射显示器一直难以实现大生产。在其发展过程中,发现并解决了一些限制难点,这导致制造出一些高质量的 FED 演示显示器。然而,已经被证明制造这些器件是十分困难的,并且在经济上是不可行的。许多场致发射方法都经历了一个相同的历史过程,在基于前面章节中已讲过的技术来实现真空微电子学都面临一个共同的挑战,包括新的纳米技术方法。碳纳米管技术的出现让 FED 的活动呈现显著的增加,但 FED 的共同问题再一次限制了它的成功。其他的纳米技术方法,如纳米表面发射器件,弹道发射、印刷和激光加工纳米复合材料都有成功的希望,但是到目前为止,还没有一家制造商已经找到了一种通向大众市场的方法。这可能只是一个时间问题,因为已经取得了伟大的进步,仍需要继续寻找低成本的发射技术。

本章参考文献

[1] 应根裕,等. 平板显示技术. 北京:人民邮电出版社,2002.

[2] 王保平,等. 真空微电子学及其应用. 南京:东南大学出版社,2002.

[3] 季旭东. FED 的新材料——碳微管薄膜. 光电子技术,2003,23(1):65-67.

[4] KYKTA M. Phosphor Requirement for FEDs and CRT. SID, 1999: 24-27.

[5] OGUCHI T etc. A 36-inch Surface-conduction Electron-emitter Display (SED). SID 05 DIGEST. 2005:1929-35.

第13章 无机电致发光

13.1 引　言

在电场或电流作用下引起固体的发光现象统称为电致发光(Electro Luminescence,EL),是将电能直接转换成光能的电光转换现象。电致发光按形态分类有三种形态:粉末、薄膜(厚膜)和晶体管结型器件;结型器件都是低压电致发光,例如发光二极管和固体激光器,典型的工作电压只有几伏,通过PN结的电流注入产生发光,也称为电流型器件,通常用直流电压驱动。粉末和薄膜(厚膜)都是高场器件,形成发光的电场高达10^6 V/cm,这类器件也称作电压型器件,通常用交流电压驱动(当然也可以用直流电压驱动)。电致发光按材料分类可分为有机和无机两大类,本章只讨论无机固体薄膜和厚膜电致发光。

13.1.1 无机电致发光基础

无机电致发光是固体发光的一个重要分支,为了便于理解无机电致发光的原理,下面简单介绍一下固体发光的一些基础。所谓发光(luminescence),指的是除去热辐射以外的光发射。包括可见光(400～700 nm)、红外(700～10 000 nm)和紫外(100～400 nm)辐射。发光体对于它发射的光波段必须是透明的。例如,可见区的发光材料本身对可见光必须是透明的,可见区发光材料一般都是半导体和绝缘体,不可能是金属材料。

一般情况下固体处于稳定的平衡态,固体以某种方式吸收能量(被激发)后,处于基态(束缚态)的电子被激发到更高的激发态,电子从激发态返回基态时,多余的能量可以多种形式释放,如果以光的形式释放就是发光。固体内部存在多种能量转换的竞争机制,固体发光研究的就是如何让固体吸收的能量以光的形式释放出来。

将原子或分子轨道上的电子分离,使原子或分子形成带电的粒子的过程称作离化(ionization)。加热、光辐照、施加电磁场、带电离子轰击等都可以使原子或分子离化。发光中心的离化一般理解为处于束缚态的电子(空穴)被激发到导带(价带)脱离发光中心的束缚成为自由载流子。

能量传递是固体内部能量交换的机制。固体中被激发的中心可以将激发能以多种方式全部或部分转交给另一中心。借助于载流子、激子等的运动,把能量从晶体的一部分带到另一部分的能量转移(energy transfer)称为能量输运(migration)。

在激发过程中,电子从一个离子转移到另一个离子上,即从周围阴离子被激发到发光中心的阳离子上,中心离子此时所处的能态称为电荷迁移态(charge transfer state)。电荷迁移态不能直接产生光发射,只有当电子从电荷迁移态返回周围阴离子时将激发能交给发光中心,发光中心被激发,这时才能产生发光跃迁。

激发光谱(excitation spectrum),发光材料某一发射谱线或谱带的发射强度率随激发光波长的变化称作激发光谱。发射光谱(emission spectrum)是发光强度按波长或频率的分布。吸收光谱(absorption spectrum)是物质的吸收系数(单位为 l/cm)随入射光波长的变化。图 13.1 是发光材料的激发光谱和发射光谱示意图。

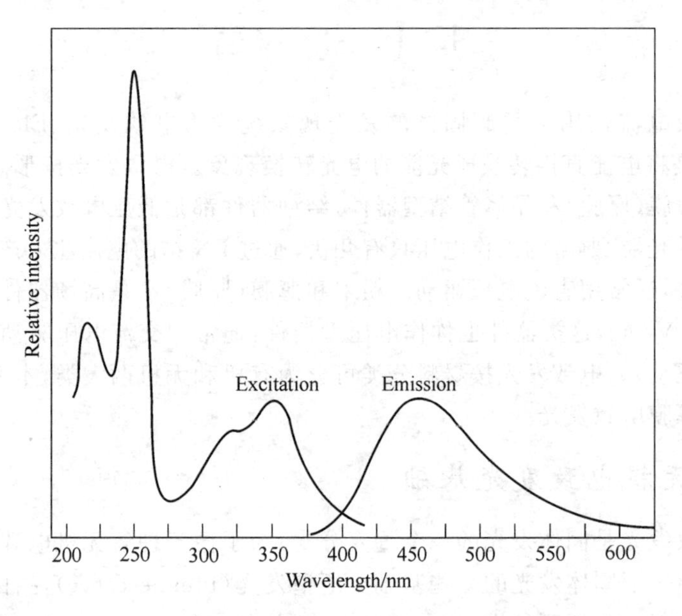

图 13.1 发光材料的激发光谱和发射光谱

发光材料的相对能量输出与激发时间的关系,称为发光的增长(build-up of luminescence)。它表明了在稳定激发下发光材料的能量输出从激发开始到稳定状态的增长情况。处在辐射跃迁能级上的电子,经过一段时间就会向低能级跃迁而发光,这段时间是随机的,它的平均值称为荧光寿命(fluorescence life time)。它表现为激发停止后,发光衰减到起始发光强度的 1/e 所经历的时间。激发停止后,发光强度随时间而降低的现象称作发光的衰减(decay)。最基本的是指数式衰减

$$I = I_0 e^{-f/\tau}$$

和双曲线衰减

$$I=I_0/(J-bt)^2$$

其中,I_0 为激发停止时的发光强度(cd);f 为从激发停止时算起的时间(s);J 为 t 时刻的发光强度(cd);τ 为荧光寿命(s);b 为常数。

激发停止后的发光称为余辉(persistence)。对阴极射线致发光材料来说,常把衰

减到初始亮度 10%的时间称为余辉时间。余辉时间小于 1 μs 的称为超短余辉，1～10 μs 间的称为短余辉，10 μs～1 ms 间的称为中短余辉，1～100 ms 间的称为中余辉，100 ms～1 s 间的称为长余辉，大于 1 s 的称为极长余辉。

描述发光离子和它周围的晶格离子所形成的系统的能量（包括电子能量，离子势能以及电子和离子间的相互作用能）和周围晶格离子位置之间的关系的图形称作位形坐标图（configuration coordinate），如图 13.2 所示。纵坐标代表系统的能量，横坐标代表周围离子的"位置"，称为位形。这是个笼统的位置概念，因为离子不止一个，一般不能用一个坐标来描述。曲线 A 代表系统基态能量，B 代表系统激发态的能量，曲线上的水平横线表示晶格振动能级。

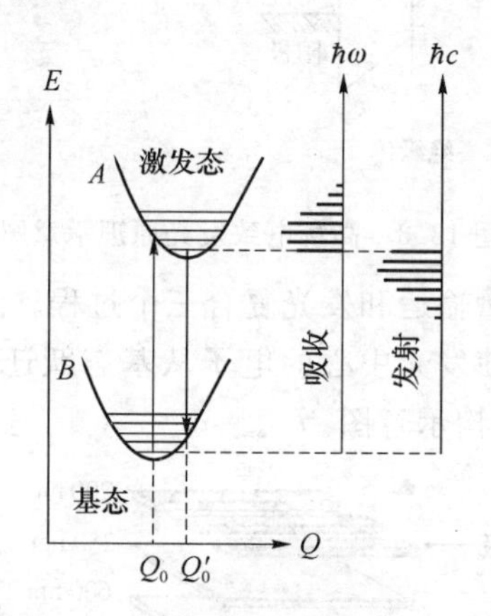

图 13.2　位形坐标图

有关固体发光的内容可参考 *Luminescence of Molecules and Crystals*（M. D. Galanin，1996，Cambridge International Science Publishing）和 *Solid State Luminescence*（A. H. Kitai 1993，Chapman and Hall，London）等。

13.1.2　电致发光原理简介

无机固体薄膜电致发光器件基本上是 MISIM（金属-绝缘层-半导体-绝缘层-金属）结构。一般认为它的发光机理是高场碰撞离化导致的注入-复合发光。有些类似于气体放电灯的发光过程，阴极发射的电子被外电场加速，获得高速动能，荷能电子碰撞激发或离化气体原子产生高效率的发光。但是在固体中类似的过程产生的发光效率要低很多，因为固体中被加速的电子很容易与晶格发生碰撞，在这种碰撞过程中荷能电子与晶格交换能量，激发晶格振动，使电子携带的能量以大量的声子的形式释放，所以从外电场得到的能量不能像气体放电那样高效率地转化成发光的能量。图 13.3 是高场电致发光原理的简单模型。

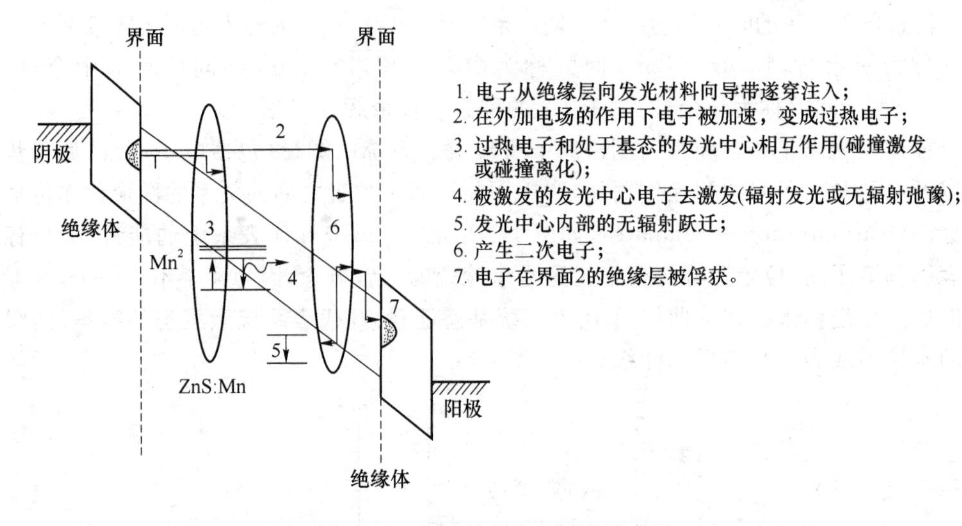

图 13.3　高场电致发光原理示意图

电致发光包括激发、能量输运和发光复合三个过程。激发过程就是把电子或空穴分别送到导带或价带,或者使发光中心的电子从基态跃迁到激发态。如图 13.4 所示为单色高场电致发光器件结构示意图。

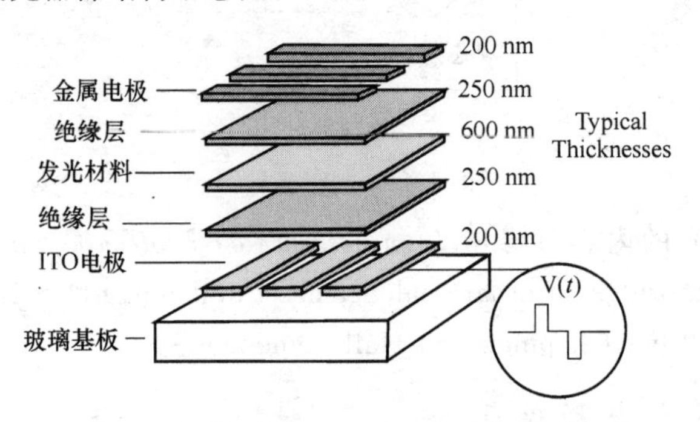

图 13.4　单色高场电致发光器件结构示意图

(1) 在外加电场的作用下,绝缘层和发光层之间界面初电子通过隧穿注入发光层,隧穿的阈值电场是 10^5 V/cm 量级,另一部分初电子来自界面态的深能级。我们通过界面态密度控制隧穿和热竞争,界面态密度是断键的函数。

(2) 在导带,注入的电子在高场作用下,从电场获得能量加速运动,当半导体中的电场超过 10^5 V/cm 时,电子获得足够的能量,成为过热电子,过热电子的行为不再遵守欧姆定律,产生所谓的高场效应。过热电子的能量分布用 Baraff 分布函数表示:

$$f(\varepsilon)=\varepsilon^{-a+0.5}\exp(-b\varepsilon)$$

$$a=\frac{E_0-eE\lambda}{2E_0+eE\lambda},b^{-1}=\frac{2}{3}eE\lambda+\frac{1}{3}\frac{(eE\lambda)^2}{E_0}$$

其中,E_0 为光学声子能量;λ 为电子的平均自由程;E 为外加电场。

在 TFEL 器件中,电子在高场下的加速过程是十分复杂的,目前尚无与实验结果完全一致的理论。电子从高场中获得能量后沿电场方向加速运动,同时又通过辐射声子把一部分能量传递给晶格。德国科学家 Mach 等人认为，当高场达到 10^6 V/cm 时，一部分电子的运动可能是无损耗过程，即电子在电场作用下增加的能量比辐射声子损失的能量多，形成过热电子。也有人提出了高场时电子在 ZnS 基质中传输的 Monte-Carlo 模型，模拟结果表明，电场超过 10^6 V/cm 时，获得能量的电子对发光中心产生有效的碰撞激发。

(3) 过热电子通过碰撞，离化晶格，形成电子-空穴对。碰撞离化，激发杂质中心或发光中心，被激发的发光中心电子去激发(辐射发光或无辐射弛豫)。电子以很高的速度在固体中从阴极向阳极运动，形成高频震荡，产生碰撞离化发光。实际上固体内部碰撞离化的激发过程非常复杂。当掺有稀土离子的发光材料受到激发后，外界的激发能可能直接激发发光中心，然后产生光辐射；也可能由基质吸收，然后通过能量传输把激发能转移到三价稀土离子，将它们激发到较高能级，当激发态电子回到基态时产生光辐射；或者稀土离子和基质材料同时被激发。究竟哪种激发方式更为有效，取决于发光中心本身的性质、基质材料的性质和发光中心与基质晶格耦合作用的强弱。

如图 13.5 所示为电致发光模块单个像素的等效电路，类似于三个串联的电容和一个齐纳管的并联，加上电压以后，类似一个电容，齐纳管的击穿点(U_{th})就是阈值电压，达到阈值电压，电流流过荧光粉，荧光粉产生光发射，通过调制加载到阈值电压 U_{th} 上的调制电压(U_{mod}) 控制发光强度。

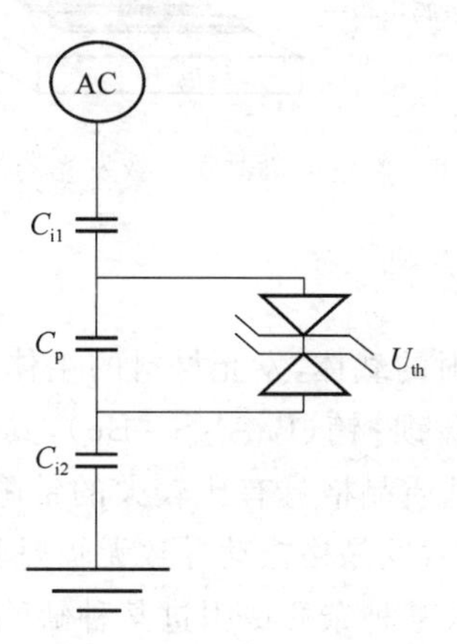

图 13.5　薄膜电致发光模块像素的等效电路图

13.2　无机固体薄膜电致发光

无机固体薄膜电致发光(inorganic solid state thin film electroluminescence)也称作场致发光，是主动发光式器件，功耗低，又轻又薄。无机薄膜电致发光的响应速度是亚微秒的，可以得到质量非常高的视频图像。无机薄膜电致发光技术在工艺上兼容性比较大，特别是无源薄膜电致发光既可以在刚性衬底制作，也适合于在塑料衬底上制作，结构非常简单，可以采用印刷工艺，制造的原材料价格低廉。ZnS：Mn 无机固体薄膜电致发光的亮度可以达到 10 000 nit，寿命可以超过 10 万 h，性能稳定，可靠性高,在军工、航天等特殊领域得到广泛应用。发光的过程是高场碰撞离化导致的注入-复合发光。

从 20 世纪 80 年代开始,物理学领域新的实验技术、极端条件实验技术和实验方法的发展带动了半导体技术的迅猛发展,新型发光材料的物理研究,合成方法的研究以及应用研究异常活跃,促进了平板显示技术的发展。80 年代出现了大量无机电致发光的专利,但是由于彩色和亮度方面的困难,进入 90 年代无机电致发光的研究工作基本停了下来,只有日本夏普公司一直在坚持做无机薄膜电致发光的产品,但是技术上一直没有突破,生产规模很小,主要制作一些单色中小尺寸的显示器出口到美国,用于军事和一些特殊场合。如图 13.6 所示为采用白色发光材料+彩膜制作的彩色薄膜电致发光显示器的一个方案结构图。这种方案最终还是没有被市场接受。薄膜电致发光(TFEL)的发展进入冰河期。

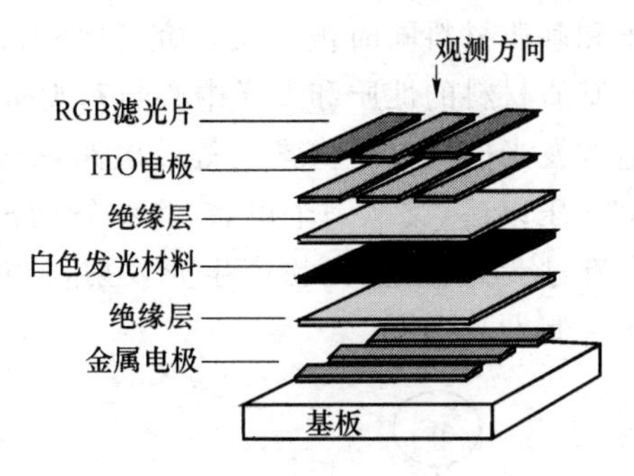

图 13.6 彩色无机薄膜电致发光器件结构

13.2.1 TFEL 基质材料

基质材料 (host)是光辐射的载体,发光材料的主体成分,如薄膜电致发光的 ZnS 和厚膜电致发光材料硫代铝酸钡∶铕($BaAl_2S_4$∶Eu),其中 ZnS 和硫代铝酸钡就是基质,铕是激活剂。一般来讲,基质晶格具有比较大的带隙,因此不会吸收发射的辐射,同时应该是刚性的,否则容易激发晶格振动导致无辐射驰豫,降低激发效率。

在发光材料的基质中加入某种杂质或引进某种缺陷,使原来不发光或发光很弱的材料产生所需要的发光,这种作用称为激活。加入的杂质一般是金属离子,称作激活剂。与激活剂共同加入基质中可与激活剂协同起到增强发光作用的杂质称为共激活剂。例如,硫化锌∶(银,氯)中的银是激活剂,氯是共激活剂。某些杂质中心能有效地吸收外界的激发能并传递给发光中心从而提高发光效率的过程称为敏化。在发光材料中加入的这种杂质称为敏化剂。如卤磷酸钙∶(锰,锑)中的锑就是敏化剂。通常基质晶格就是敏化剂。基质、接活剂和共接活剂构成发光材料的主体。图 13.7 是发光材料结构模型。

基质晶体自身的结构缺陷(空位或填隙)形成的发光中心称为自激活发光中心,这种激活作用称为自激活。

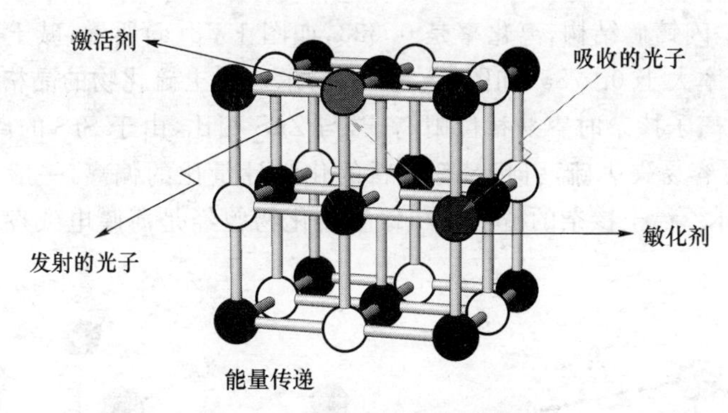

图 13.7　发光材料及其结构

由于某些原因使发光材料发生非辐射跃迁，从而降低了发光效率的现象称作猝灭。猝灭的原因可以各不相同，常见的有温度猝灭、浓度猝灭和杂质猝灭等。温度猝灭是由温度升高引起的发光效率下降的现象，这主要是由于温度升高使发光中心的激发能量以更多的晶格振动的形式消耗了，从而造成了发光效率的下降。浓度猝灭是由于激活剂浓度过大造成的发光效率下降的现象。这主要是由于激活剂浓度达到一定值以后，它们之间的相互作用增强了，增大了无辐射跃迁几率，从而使发光效率下降。杂质猝灭是由于某些杂质离子的作用使发光效率下降的现象。这些杂质离子称作猝灭剂或毒化剂。铁、钴、镍是硫化锌型荧光粉的强猝灭剂。这种猝灭作用一般认为是由于猝灭剂的能级间距比较小，很容易将激发能转化为声子。在固体发光材料的研究中克服发光猝灭是永恒的主题。

电致发光基质材料要具备两个基本的功能，第一作为发光中心的载体，必须能够容易接纳掺入的发光中心杂质；第二要求能够比较容易产生发光，因为碰撞离化的发光过程是在发光层产生的，这就意味着过热电子要能够比较容易地进入发光层，并把能量有效地交给发光中心。

对于全彩色 TFEL 器件要求掺入基质材料的发光中心在整个可见光谱区产生辐射，要求基质在整个可见光谱区必须是透明的，材料的禁带宽度要大于 3.1 eV(400 nm)。长期以来 TFEL 的基质材料基本上都是碱土硫化物和 ZnS 系材料。表 13.1 列出了 TFEL 常用的基质材料 ZnS 和碱土硫化物的一些基本参数。

表 13.1　碱土硫化物和 ZnS 的一些物理性质

	ZnS	MgS	CaS	SrS	BaS
晶体结构	闪锌矿	岩盐	岩盐	岩盐	岩盐
晶格常数/Å	5.409		5.697	6.019	6.384
阳离子半径/Å	0.74	0.86	0.99	1.13	1.35
离化率	0.623		≥0.785	≥0.785	≥0.785
禁带宽度/eV	3.83	5.4	4.8	4.4	3.8
跃迁类型	直接	间接	间接	间接	间接
介电常数	8.3	11	9.3	9.4	11.3

ZnS 晶体是闪锌矿结构，离化率是 0.623，如图 13.8(a)所示；碱土硫化物晶体是岩盐结构，离化率大于 0. 785，如图 13.8 (b)所示。碱土硫化物的晶格常数和阳离子半径较大，稀土离子掺杂时容易替位阳离子，与 ZnS 相比，由于 SrS 的离化率较大，在 SrS 薄膜制备时容易失去硫，引起 SrS 材料的化学计量比的偏离，一般采用共蒸硫或后退火方法弥补。稀土掺杂的硫化物和碱土硫化物曾经是薄膜电致发光研究的主要基质材料。

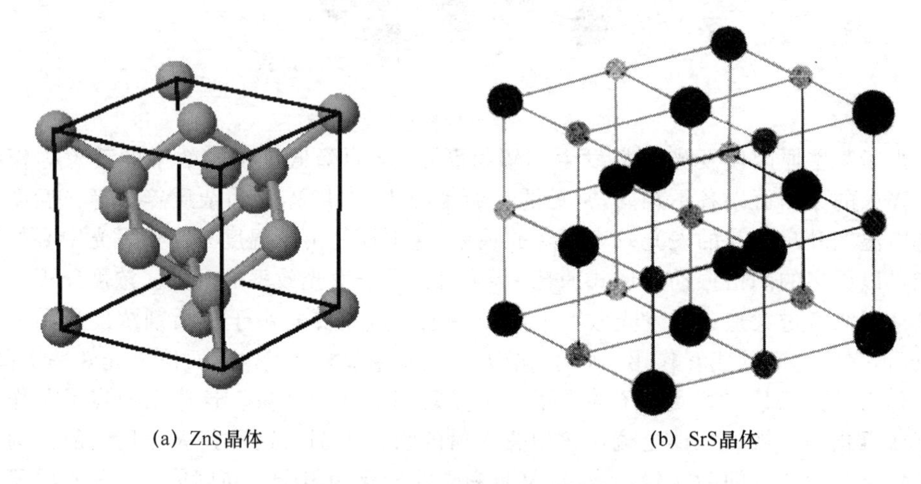
(a) ZnS晶体　(b) SrS晶体

图 13.8　ZnS 和 SrS 晶体结构简图

近年来以 Ge_2O_3 和 Ga_2O_3 基为代表的氧化物基质材料方面的研究工作也非常活跃。采用磁控溅射等新的材料合成技术，优化材料组分，取得了重要进展。例如，$Zn_2Si_{0.6}Ge_{0.4}O_4$：Mn 在60 Hz 和 1 000 Hz 驱动下薄膜绿色发光亮度分别达到了 1 536 cd/m^{2}和 10 370 cd/m^2。在厚膜 $BaTiO_3$ 上制作的[$(Ca_2O_3)_{0.67}-(SnO_2)_{0.33}$]：Eu 红色电致发光材料在60 Hz 和 1 000 Hz 驱动下发光亮度分别达到了 112 cd/m^2 和 2 325 cd/m^2。特别是 1999 年日本 Meiji 大学报导的 $BaAl_2S_4$：Eu 蓝色薄膜电致发光材料为全彩色电致发光器件的发展奠定了重要的基础。

表 13.2　薄膜电致发光和厚膜电致发光三基色发光材料性能比较

材　料	结构	亮度/(cd·m^{-2})	效率/(lm·W^{-1})	CIE X	CIE Y
ZnS：Mn	薄膜	300	2～4	0.50	0.50
ZnS：Mn	厚膜	15 000	-	0.50	0.50
绿色 实用要求	-	310	2.0～3.0	0.30	0.60
ZnS：(Tb,F)	薄膜	125	0.6～1.3	0.30	0.60
ZnS：(TbOF)	薄膜	144	-	-	-
SrS：Ce	薄膜	180	1.0	0.28	0.50
ZnS：Tb	厚膜	2 554	-	0.29	0.626
$Mg_xCa_{1-x}Al_2S_4$：Eu	厚膜	1 100	-	0.189	0.643
红色实用要求	-	155	1.0～1.5	0.65	0.35

续表

材　　料	结构	亮度/(cd · m^{-2})	效率/(lm · W^{-1})	CIE X	CIE Y
SrS : Eu,Cu	薄膜	91	0.5	0.60	0.39
$[(Ca_2O_3)_{0.67}-(SnO_2)_{0.33}]$: Eu	厚膜	2 325	-	0.647	0.351
$MgGa_2O_4$: Eu	厚膜	120	0.92	0.652	0.348
蓝色 实用要求		52	0.3～0.5	0.15	0.10
SrS : Ce	薄膜	155	1.0	0.2	0.38
SrS : Cu	薄膜	52	0.28	0.13	0.16
$BaAl_2S_4$: Eu	厚膜	2 100	2	0.12	0.08
$Mg_xBa_{1-x}Al_2S_4$: Eu	厚膜	238	-	0.134	0.080
$CaAl_2S_4$: Eu,Gd	厚膜	1 700	>2	0.19	0.64

表 13.2 给出了薄膜电致发光和厚膜电致发光三基色发光材料性能的比较。加拿大 iFire 公司在薄膜电致发光基础上发展起来的厚膜电致发光技术，成功地实现了电致发光结构的转型。

13.2.2　发光中心特性

在适当的激发条件下，固体中产生发光的原子或原子团称为发光中心(luminescent center)。按发光中心的性质可以将发光中心分为分立中心(discrete luminescent center)和复合中心(recombination 1uminescent center)。

分立发光中心是指从吸收到发射光子的整个发光过程完全局限在一个中心内部，发光中心之间没有相互作用（不排除它们相互间的共振能量传递)的发光中心。分立中心在晶格中比较独立，基质晶体场对发光中心只能产生一个微扰作用，三价稀土离子形成的发光中心是典型的分立发光中心。分立中心发光不会产生光电导。

复合发光中心包括激活剂及其周围的晶格，发光中心在激发时被离化，电子或空穴和被离化了的中心重新复合时产生发光，激发和发射过程都有基质晶格参与，发光光谱受晶格的能带结构影响很大。复合发光产生光电导。

TFEL 材料的发光中心一般是分立发光中心，目前研究的最成熟的、效率最高、寿命最长的材料是过渡金属族元素 Mn^{2+}，三价稀土离子 Re^{3+} 和二价稀土离子 Re^{2+}。

关于 Mn^{2+} 的橙黄色发光，已有详细论述，这里不再介绍。

表 13.3 给出了常用的交流薄膜电致发光(ACTFEL)中心激活剂材料的基本性质。

表 13.3　常用的交流薄膜电致发光中心激活剂材料的基本性质

离子	离子半径/nm	发射	颜色	跃迁
Mn^{2+}	0.08	带谱	绿-红	$3d^5$-$3d^5$
Eu^{2+}	0.109	线谱/带谱	蓝-橙-红	$4f^65d^1$-$4f^7$
Ce^{3+}	0.103	带谱	蓝-绿	$5d^1$-$4f^1$

续表

离子	离子半径/nm	发射	颜色	跃迁
Tb^{3+}	0.106	线谱	绿	$4f^8$-$4f^8$
Eu^{3+}	0.095	线谱	黄-橙-红	$4f^6$-$4f^6$
Tm^{3+}	0.087	线谱	蓝-红	$4f^{12}$-$4f^{12}$
Dy^{3+}	0.091	线谱	乳白	$4f^9$-$4f^9$
Ho^{3+}	0.089	线谱	绿白	$4f^{10}$-$4f^{10}$
Er^{3+}	0.088	线谱	绿	$4f^{11}$-$4f^{11}$

稀土离子具有丰富的能级,目前薄膜电致发光彩色显示用发光材料多以稀土离子作发光中心,稀土离子的电子组态为 $4f^n5s^25p^6$(n=1～14),未满的4f壳层被 $5s^25p^6$ 屏蔽,因此稀土离子的4f电子受晶体场影响较小,在不同基质中,大多数稀土离子的特征辐射基本相似。

对于自由稀土离子,$4f^n$ 组态内电偶极跃迁是宇称禁戒的,当稀土离子掺入某些晶体中时,由于晶体场的奇对称成分使 $4f^n$ 组态和具有相反宇称的态混杂,宇称禁戒被解除或部分解除,从而产生 $4f^n$ 组态内的电偶极子跃迁。

有些稀土离子的 $4f^{n-1}5d$ 组态离 $4f^n$ 组态很近,甚至互相重叠。$4f^{n-1}5d$ 激发态到 $4f^n$ 基态的跃迁在可见光谱区出现,$4f^{n-1}$ 接近半满或零的稀土离子 $4f^{n-1}5d$ 态能量较低,如 Ce^{3+}。由于有5d电子参与,这种跃迁受晶场影响较大,其发射光谱为宽带发射。

其中 Tb^{3+}、Ce^{3+} 和 Eu^{2+} 是最重要的ACTFEL发光中心。特别是ZnS:(Tb,F)和ZnS:(Tb,F)是目前绿色饱和度最高的ACTFEL材料。绿色发射谱线来自 $^5D_4$-^7F_j(j=3,4,5,6)的跃迁,最强的谱线是550 nm。

Ce^{3+} 和其他的三价稀土离子不同,它带有一个 $5d^1$ 电子,发光来自5d-4f的跃迁。这是一个允许跃迁,因此 Ce^{3+} 的发射寿命特别短,只有 10^{-8} s的数量级。另外由于5d电子与晶格有较强的相互作用,根据不同的晶格环境,发射可以从蓝变到绿。Ce^{3+} 的发射通常由两个发射峰组成,分别来自5d到4f的 $^2F_{5/2}$ 和 $^2F_{7/2}$。SrS:Ce是非常重要的蓝色ACTFEL材料。

Eu^{2+} 的发光来自5d-4f的跃迁,发射呈现宽带。在CaS:Eu ACTFEL系统中得到了色饱和度很高的红色发射。在 $CaAl_2S_4$:Eu ACTFEL系统中得到了明亮的绿色发射,在 $BaAl_2S_4$:Eu和 $Mg_xBa_{1-x}Al_2S_4$:Eu材料中得到了高亮度的蓝色电致发光。

13.2.3 电介质材料

电介质(dielectric medium)是以非传导的极化方式来传递电的作用和影响的物质。一般都是高电阻的绝缘体,如陶瓷、树脂等。介电常数(dielectric constant)是综合反映介质电极化行为的参数,用非空气介质和空气介质的平板电容器的电容比值表示。在交变电场作用下,介质内部电荷极化运动消耗的能量用介质损耗(dielectric loss)表征。

在电致发光中电介质材料具有特殊的作用。一方面电介质材料为发光材料提供适当的电压，并保护发光材料不至于电流过载而烧毁。另一方面为发光材料提供一个防潮防氧化的物理保护层。

绝缘层首先必须要有足够的耐压能力，保证 ACFTEL 器件能够正常工作。一般采用 MIM 结构对绝缘层加高压监测流经绝缘层的电流来判断它的绝缘性能。在足够高的电压下，金属电极发射的电子进入电介质，这些电子被电介质层的陷阱俘获，或者穿过电介质进入另一端电极。随着电场的提高，漏电流以指数形式增加。最后绝缘层的电场达到足够高，可以为电子提供足够的能量产生晶格的碰撞离化时，由于电子的雪崩使电介质击穿。

电介质电容最大化。这样可以降低器件的阈值电压，提高发光亮度，优化 L-V 特性使更多的电压加在发光材料而不是电介质材料上。要求绝缘层材料的介电常数尽可能的高，并具有良好的成膜特性，例如，没有针孔和其他缺陷等。

电介层应该具有尽可能高的绝缘性。绝缘层泄漏电荷增加器件的功率消耗，降低 ACTFEL 器件的效率，因为发光有时是和电荷的数量有关的，因而在绝缘层的电荷损失要最小化。

表 13.4 列出了薄膜电致发光常用电介质的一些参数。Eg 是禁带宽度；F_{BD} 是击穿场强；

表 13.4　薄膜电致发光常用电介质的一些参数

介质	E_g/eV	折射率	ε_r	F_{BD}/(MV · cm^{-1})	$\varepsilon_0\varepsilon_r F_{BD}$/(μC · cm^{-2})
SiO_2	11	1.46	4	6	2
SiO_xN_y	-	1.76	6	7	4
Si_3N_4	5	2.0	8	6～8	4～6
Al_2O_3	9.5～9.9	1.63	8	5	4
SiAlON	-	-	8	8～9	5～6
ATO	-	-	10	5～6	5
Y_2O_3	5.6	1.8	12	3～5	3～5
$BaTiO_3$	3.75	2.5	14	3.3	4
Sm_2O_3	1.17	-	15	2～4	3～6
HfO_2	5.8	2.0	16	0.17～4	-
$BaTa_2O_6$	-	1.86	20	3.5	7
Ta_2O_5	4.4	2.2	23～25	1.5～3	4～6
$PbNb_2O_6$	-	-	41	1.5	6
TiO_2	3.3	2.4	60	0.2	1
$Sr(Zr,Ti)O_3$	-	-	100	3	27
$SrTiO_3$	3.4	2.5	140	1.5～2	19～25
$PbTiO_3$	3.4	2.5	150	0.5	7

13.2.4　EL 发光特性

无机电致发光强度与电压的关系为:

$$L=L_0\exp(-U_0/U)$$

其中,L 为发光强度;U 为电压;L_0 和 U_0 为初始条件,是与发光单元结构以及发光材料有关的常数。发光亮度与电压的关系如图 13.9 所示。

发光强度在低频范围内与施加电压的频率成正比,随着频率增加,发光强度呈现出饱和状态。一般情况下,选择扫描刷新频率为 60 Hz。当需要增加发光强度时,仅仅改变基本时钟频率就能达到目的。

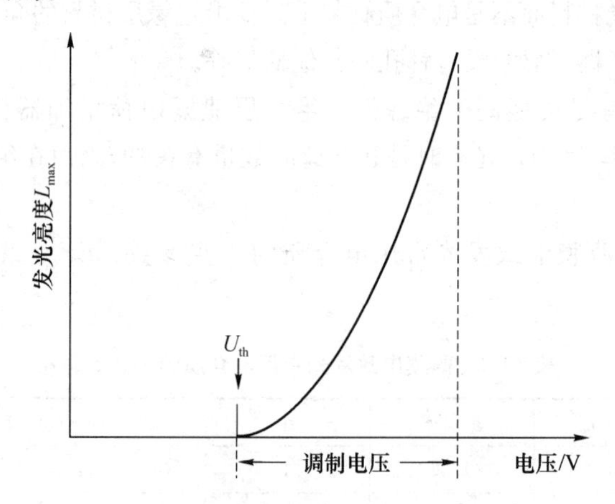

图 13.9　发光亮度与电压的关系

电压波形的极性对 EL 的发光效率和寿命有十分重要的影响。因为无机电致发光材料是通过导带过热电子被高电场加速后碰撞激发发光中心而产生发光的。采用单极性脉冲电压作为驱动电压,如图 13.10(a)所示,不利于碰撞后的恢复,影响使用寿命,而采用正负极性脉冲电压作为驱动电压,如图 13.11(b)所示,更有利于碰撞后的恢复,从而增加使用寿命。

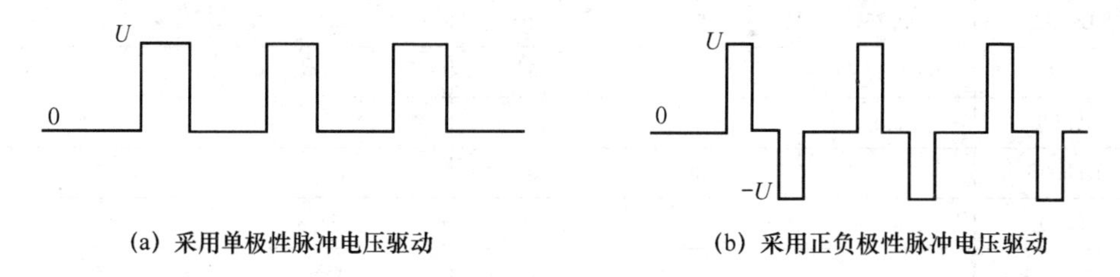

(a) 采用单极性脉冲电压驱动　　(b) 采用正负极性脉冲电压驱动

图 13.10　电压波形的极性

考虑到 EL 必须在驱动电压幅值高于发光阈值电压 U_y 后才能发光,设计 TFEL 的行电极驱动电压脉冲为由扫描脉冲 U_s 和恢复脉冲 $-U_r$ 组成的正负极性脉冲电压,且 U_s 和 U_r 的幅值略低于发光阈值电压 U_y 的幅值。此外,不同行的扫描脉冲 U_s 可以根据各行的不同选通条件是不同步的,但恢复脉冲 $-U_r$ 各行都是同步的。设计 TFEL 的列电极驱动电压脉冲为由 U_p 脉冲组成的极性与行扫描脉冲极性相反的单极性脉冲电压,且 U_s+U_p 的幅值高于发光阈值电压 U_y 的幅值,U_p 的幅值根据发光强度要求可调,各列的脉冲时序根据各列选通条件不同而有所不同。此外,由于驱动电压采用的是 U_s+U_p 的方法,在行扫描速度不变的情况下,只要单独提高列扫描的频率,同样能体现出扫描频率增加的效果来。因此,通过增加列逻辑控制信号移位寄存器的移位速度,就可以提高发光强度。

TFEL 显示屏是容性负载,其容抗随显示屏面积增加。对于大面积的显示屏,需要在行驱动回路中增加偶合回路,以消除系统中容抗效应产生的冲击电流。

13.3 厚膜电致发光

厚膜电致发光(Thich Dielectric Electro Luminescence,TDEL)是薄膜电致发光的变种。继承了 TFEL 的全部优点,在器件结构的设计,工艺技术和材料技术上进行了大胆的创新和改进,取得了介质材料、发光材料、器件结构和驱动电路等关键技术的突破,解决了亮度、颜色、对比度、寿命、制造工艺等问题,使无机固体电致发光进入了数字化平板电视的主战场,成为最具竞争力的,可能后来居上的平板电视技术。

厚膜电致发光器件和薄膜器件一样,是在前电极和背电极之间包含 1 层或多层发光材料和介质材料的三明治结构。不同的是将薄膜电介质改成了厚膜介质,将三基色荧光材料改成蓝色电致发光材料和荧光转换材料的组合。

1. TDEL 的结构

TDEL 是全固体的平板结构,如图 13.11 所示。主要由玻璃基板、金属电极、厚膜介质、蓝色荧光层、透明电极、彩色转换膜和外框构成。面积大小非常自由,可以根据不同的应用要求制作不同大小的面积。作为数字化平板电视产品 30 英寸以上的尺寸是它的优势。37 英寸的电视厚度在 2 cm 左右。

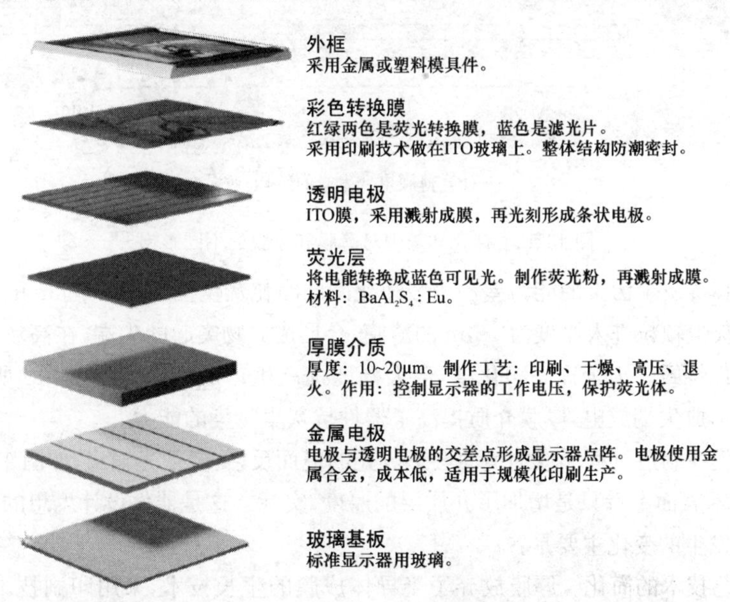

图 13.11 TDEL 彩色平板电视结构原理

2. 厚膜技术

薄膜到厚膜是电致发光技术的一个重大突破。电致发光中介质层的性质非常重要。传统的设计思想都是采用 1~2 μm 的介质厚度,利用 CVD 等技术生长成膜,膜厚均匀,表面成镜面。薄膜主要的问题是:

(1) 由于膜的厚度太薄,膜的致密性难以保证,容易形成针孔,在高场作用下针孔容易被击穿。如图 13.12 所示,从薄膜到厚膜虽然看上去只是一个微不足道的变化,但是由于介质膜厚度的增加,提高了产品的抗灰尘污染的能力,提高了产品的稳定性和可靠性。

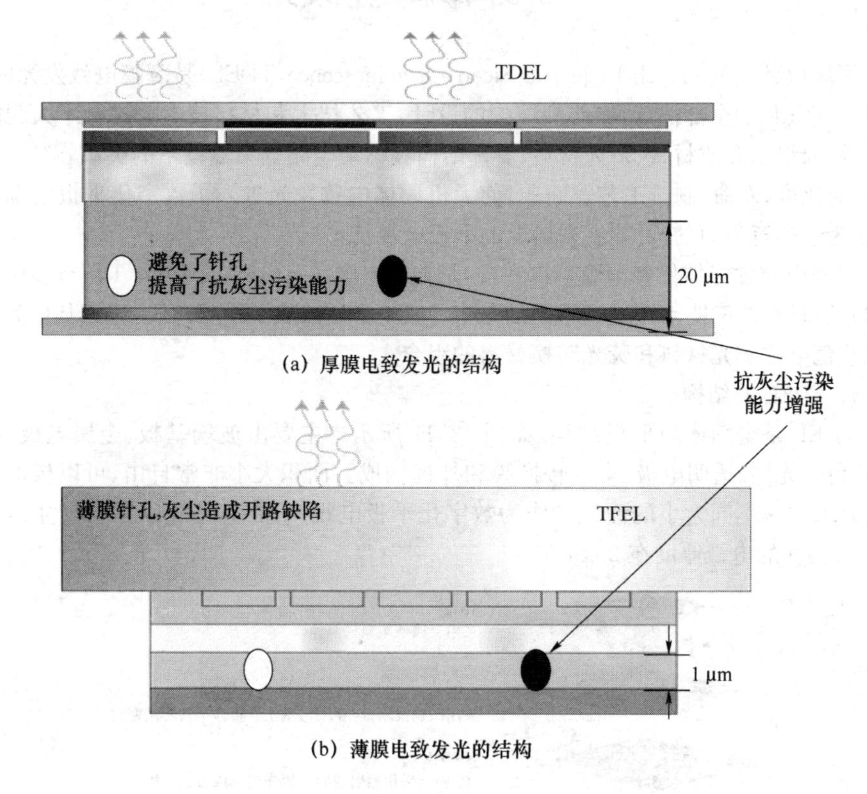

图 13.12 针孔和灰尘对薄膜和厚膜的不同影响

(2) 薄膜抗灰尘污染的能力差。一般净化间的净化灰尘控制是以 3 μm 的颗粒为基准的,3 μm 的灰尘颗粒进入厚度为 1 μm 的薄膜,会形成异物突起的尖端,在高场作用下尖端放电会将器件烧毁。为了提高净化度,会大幅度提高生产成本。如图 13.13 所示,灰尘颗粒在薄膜中形成尖端放电,厚膜介质提高了器件抗灰尘污染的能力。

(3) 薄膜在制造过程形成的镜面会形成光的镜面反射,降低光输出,如图 13.14 所示。

厚膜技术表面上看只是增加了介质层的厚度,实际上这是器件设计思想的改变。采用过厚膜介质发生的变化主要是:

(1) 工艺技术的简化。厚膜放弃了半导体成膜的生长技术,采用印刷技术,实现了低成本的大屏幕显示器规模化生产。

(2) 厚膜印刷及其加工技术有效地解决了针孔和异物突起对器件安全性的威胁。

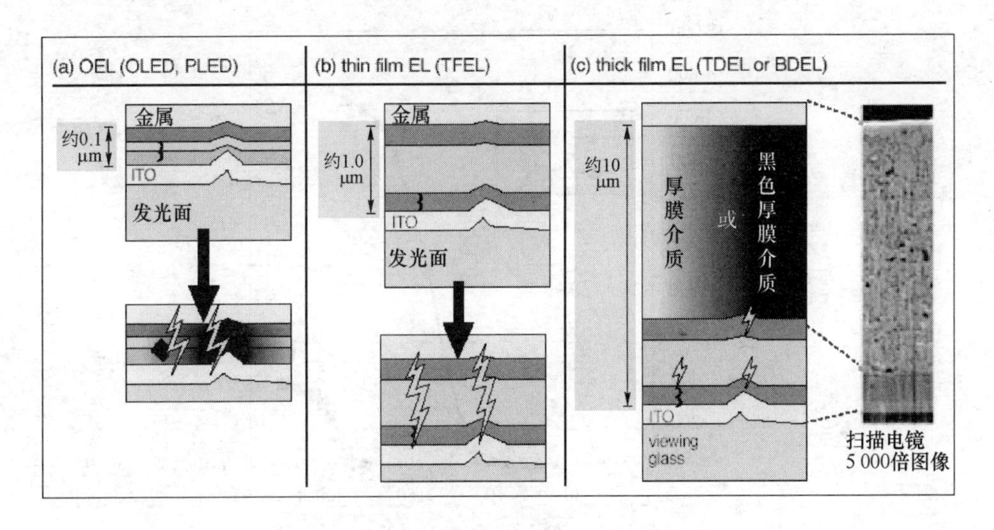

图 13.13　灰尘颗粒在薄膜中形成尖端放电

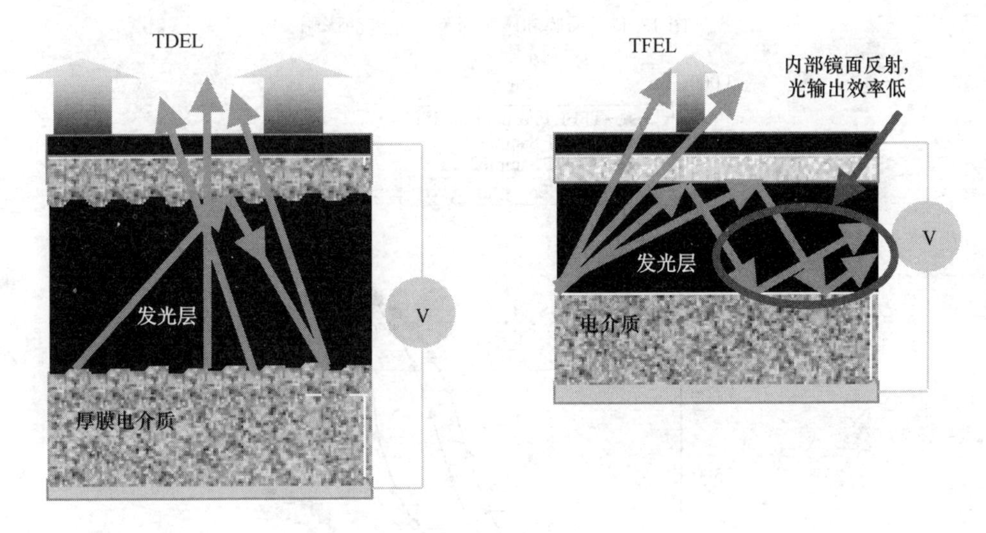

图 13.14　厚膜和薄膜光学性质的比较

(3) 得到了适当的阈值电压曲线,如图 13.5 所示,实现了 256 个灰度等级。

(4) TDEL 高介电常数,有效的电子注入,以及印刷工艺制作的厚膜介质表面不会产生镜面全反射,使光输出提高了 3 倍,如图 13.6 所示。

(5) 实验结果表明,介质膜厚度的增加,对发光材料的光谱特性没有显著影响,如图 13.7所示。

3. 蓝源彩色技术(color-by-blue,CBB)

传统发光显示器件都采用红、绿、蓝三基色发光材料。因为三基色材料不同,在性能的匹配上一直是电致发光领域的难题。

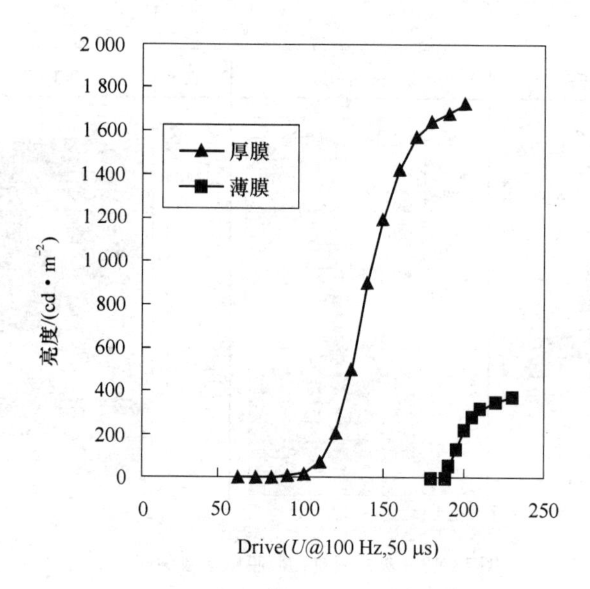

图 13.15　薄膜和厚膜对发光亮度的影响

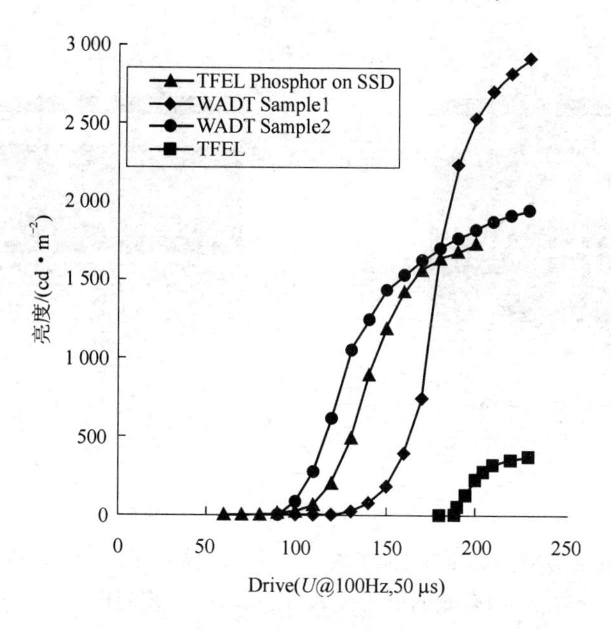

图 13.16　相同发光材料在厚膜介质和薄膜介质中电压特性的比较

(1) 发光亮度和颜色匹配困难。长期以来红材料以二价铕激活的碱土硫化物为主,是宽带红色发射,光谱色纯度较低,亮度也较低。也有采用 ZnS:Mn 加滤光片。电致发光三基色荧光粉中最成熟的是绿色。主要是三价铽为激活剂的硫化锌。图 13.18 是几种常见的绿色电致发光材料的光谱。蓝色采用 SrS:Ce,但是 SrS:Ce 的光谱主要成分在浅蓝色部分,加了滤光片深蓝色的部分剩下无几,亮度不能满足要求。色度和亮度之间的矛盾几乎无法调和。三种基色材料的电压-亮度曲线不同,虽然可以通过亮度校正修正,但是,材料老化特性不同,显示器质量的稳定性无法保证。

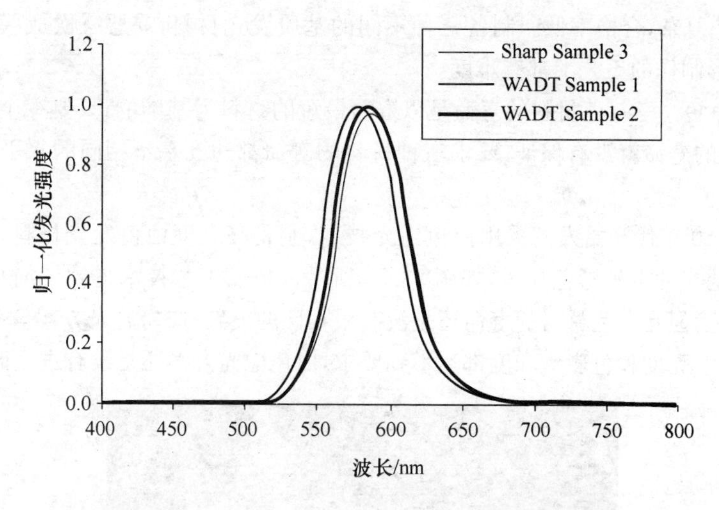

图 13.17　相同发光材料在厚膜介质和薄膜介质中光谱特性的比较

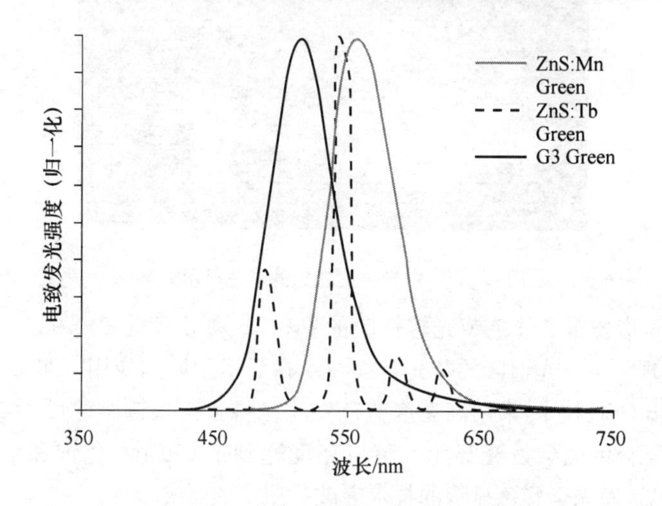

图 13.18　几种常见的绿色电致发光材料的光谱

图 13.19 是传统三基色电致发光原理模型示意。

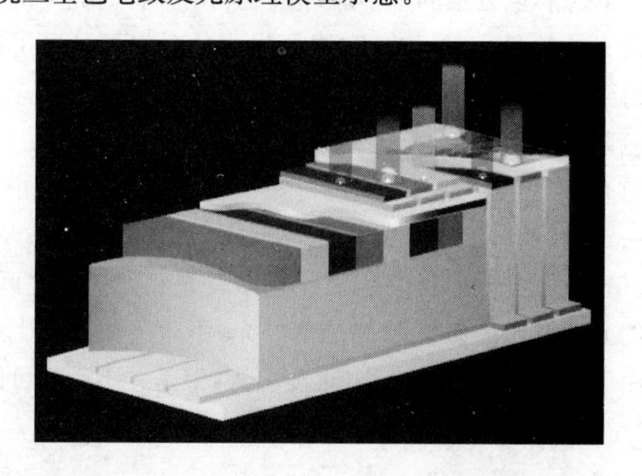

图 13.19　传统三基色电致发光原理模型

(2) 工艺复杂,合格率低。制备三种不同的基质发光材料,需要三次成膜,三次光刻,在成膜和图形制作的工艺上都有难度。

(3) 寿命短。三基色材料的寿命是以寿命最短的材料为基准的,只要一个材料寿命不行,整个器件的寿命就没有保证,要求三种材料的寿命都达到基本相同的水平不是一件简单的工作。

20 世纪 80 年代开始人们采用白色虑光技术,制备高亮度白色发光材料,然后通过红蓝绿三基色滤光片得到彩色显示,如图 13.20 所示。虽然工艺技术得到了简化,驱动电路也得到了简化,但是白色材料的寿命还是没有根本性的突破,加之滤光方案效率低,滤光片光谱曲线较宽,亮度和色彩饱和度都达不到要求,白色虑光方案还是没有进入商业化轨道。

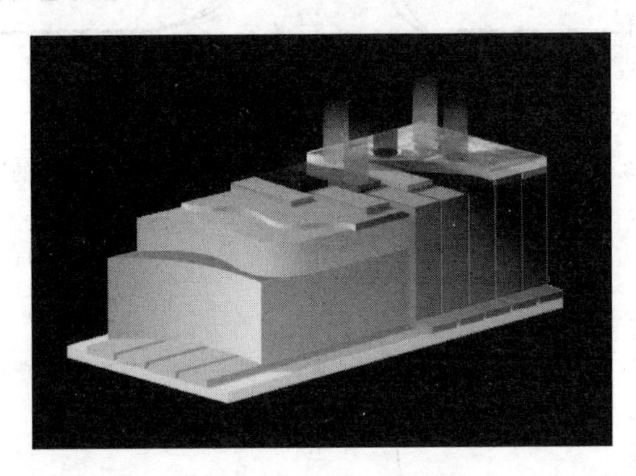

图 13.20　白光+滤光片的彩色显示方案

1987 年谷至华公布了红色荧光转换膜的专利,专利号 CN:1040598A。解决了蓝光到红光的转换,实现了可见光谱区的荧光转换技术在显示领域的应用。2003 年 4 月,加拿大 iFire 公司开发出 CBB 技术,采用高亮度蓝色发光材料和荧光转换材料,实现了高亮度、高彩色饱和度的全彩色电致发光显示。整机亮度达到了 600 nit,色饱和度达到 NTSC 的 90%。实现了电致发光全彩色显示的技术突破。

蓝源彩色原理:蓝源彩色方案继承了白光+滤光片方案的全部优点,同时克服了白光方案效率低的缺陷。蓝源彩色方案的基本原理就是利用一种高亮度的蓝色发光作为基础,这个蓝光既是蓝色发光的基色,也是红色和绿色发光的激发源。采用蓝光红光转换材料,蓝光绿光转换材料得到彩色显示必需的红蓝绿三基色。图 13.21 是蓝源彩色技术原理以及与传统三基色彩色系统的比较。

用蓝基色作为红色和绿色发光的激发源,在原理上是可行的,是正常的斯托克斯发光。但是在技术上存在一定的难度,因为在发光学原理中,发光一般会涉及到发光中心与基质晶格的相互作用,会造成一定的能量损失,因此在激发光和发射光之间存在一个斯托克斯位移。通常可见区的光致发光的激发源都是紫外光,用蓝色激发产生红光效率比较低,用蓝光激发产生绿光由于斯托克斯位移太小,难度更大,但是并不是不可能。

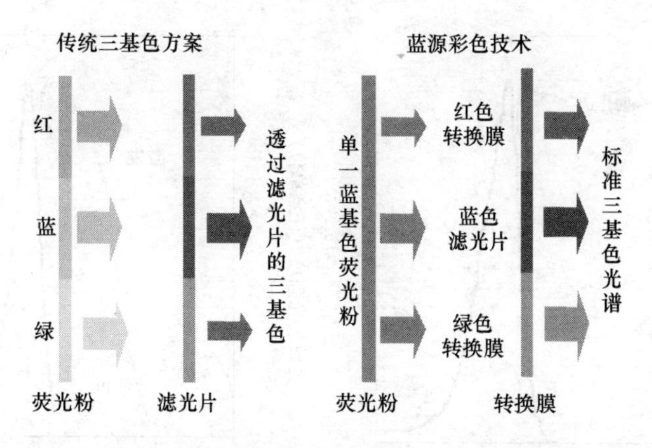

13.21　蓝源彩色技术原理以及与传统三基色彩色系统的比较

为了实现蓝源彩色关键是寻找小斯托克斯发光位移的绿色和红色光致发光材料。实际上在染料激光器中已经大量使用高效率的小斯托克斯发光位移的材料，如罗丹明染料系列等，无机材料最近也开发出了一些高效率的小斯托克斯发光位移材料。小斯托克斯位移光致发光的物理模型如图 13.22 所示。

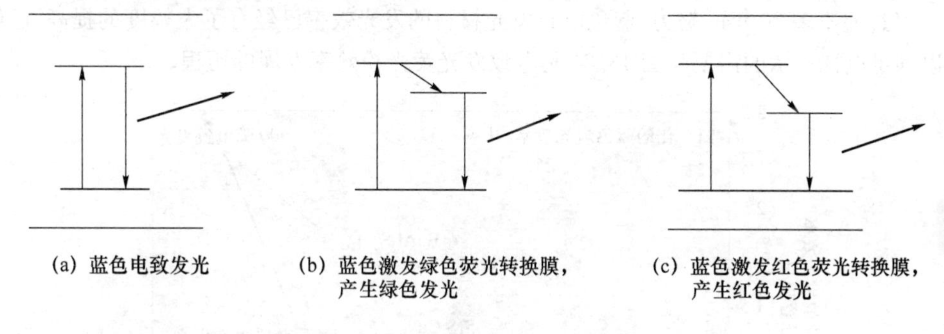

图 13.22　蓝源彩色技术的物理模型

采用蓝源彩色技术的优点：

(1) 简化了电致发光材料制造工艺；

(2) 简化了驱动电路；

(3) 提高了整机亮度；

(4) 提高了彩色饱和度。

为了得到高效率的蓝光向红光和绿光的转换，人们研究了大量的无机和有机荧光材料，包括染料、颜料和光致发光荧光粉。实现高效率转换的基本条件是蓝色电致发光光谱与转换材料吸收光谱的高度耦合，也就是要有足够高的量子效率。图 13.23 是典型的红色和绿色荧光材料的吸收光谱与蓝色电致发光发射光谱的比较。

好的转换材料发射光谱的色饱和度必须要考虑，不能再加滤光片。红色转换膜的发射峰值应该在 640 nm 左右，绿色转换膜的发射峰值应该在 550 nm 左右。普线宽度要尽可能的小。激发光谱对蓝色电致发光的吸收要彻底。

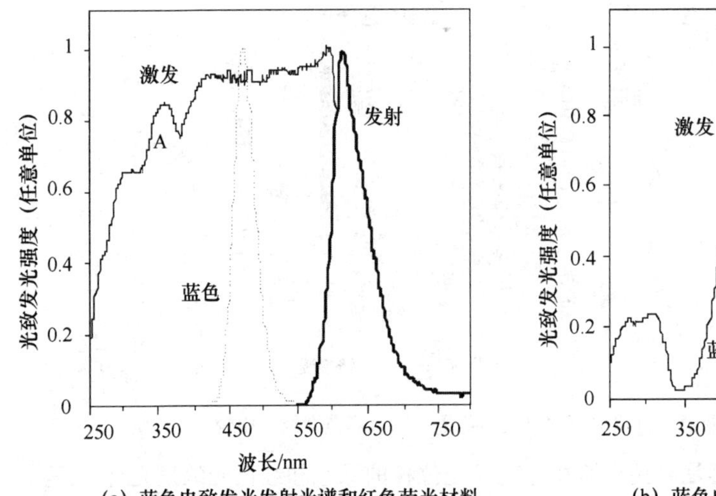

(a) 蓝色电致发光发射光谱和红色荧光材料

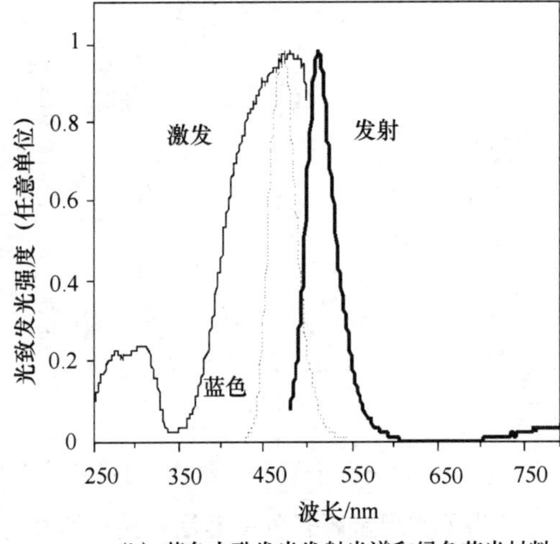

(b) 蓝色电致发光发射光谱和绿色荧光材料

图 13.23 典型的红色和绿色荧光材料的吸收光谱与蓝色电致发光发射光谱的比较

4. 蓝色荧光粉

经过差不多 20 年的努力,蓝色电致发光材料的发光效率已经有了大幅度的提高,已经可以满足电视显示的需要。图 13.24 是电致发光荧光粉效率发展的历程。

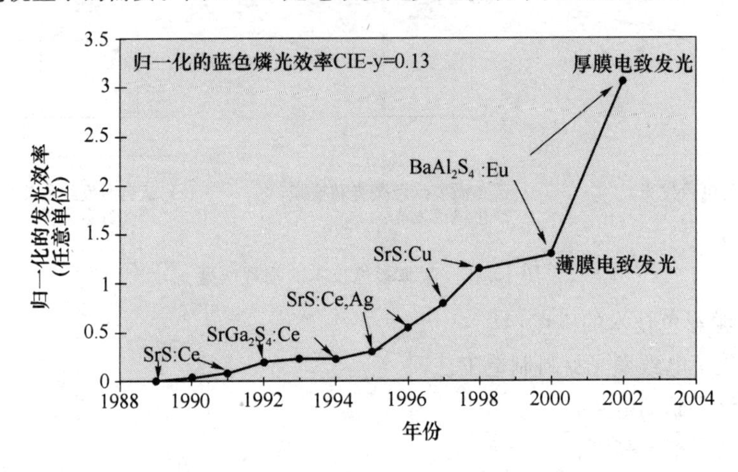

图 13.24 电致发光荧光粉效率发展的历程

20 世纪 80 年代人们开始注意到稀土激活的碱土硫化物优良的电致发光性能。90 年代蓝色材料主要集中在 SrS∶Ce 及其衍生物。由于它高效率的蓝绿色发光曾经和 ZnS∶Mn 组合,形成白色+滤光片的白源彩色方案,但是经过滤光片以后蓝色发光亮度太低,不能胜任电视蓝基色材料的角色。进入 20 世纪 90 年代末期,$CaGa_2S_4$∶Ce 和 $SrGa_2S_4$∶Ce 虽然色饱和度可以满足要求,但是亮度和效率还是不能满足彩色电视应用的实际需要。随后发展起来的 SrS∶Cu 和 SrS∶Cu,Ag 在亮度和效率上又有了改进,但是还是不能满足彩色电视显示需要。

进入 21 世纪,加拿大 iFire 公司对电致发光蓝材料 $BaAl_2S_4$∶Eu 进行了成功的改进,在亮度和工艺特性上取得新的进展,图 13.25 是 TDEL 蓝源发光材料 $BaAl_2S_4$∶Eu 的光谱的改进。

早期光谱峰值在 470 nm,经加拿大 iFire 公司改进后,发射光谱移到 440 nm,采用 TDEL 结构,$BaAl_2S_4$:Eu 材料在120 Hz 驱动下,单元像素的亮度超过了 1 000 cd/cm^2,CIE 色坐标由 $x=0.135$,$y=0.100$ 移到 $x=0.12$,$y=0.08$,发光效率超过 2 lm/W,寿命超过2 万 h,基本上满足了彩色电视蓝色材料的要求,为电致发光彩色电视奠定了重要的材料基础。

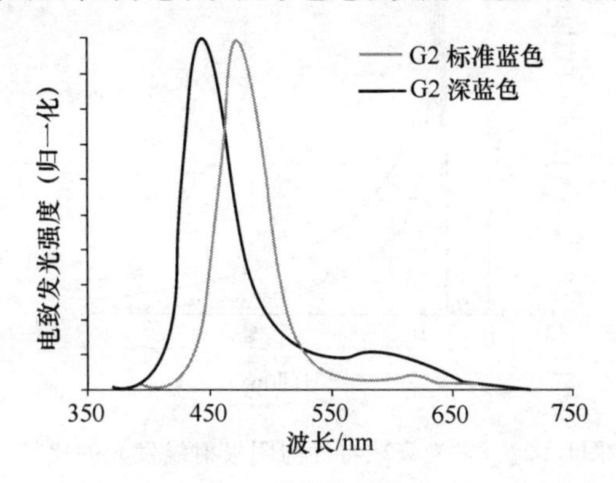

图 13.25 TDEL 蓝源发光材料的光谱的改进

在 $BaAl_2S_4$:Eu 材料中影响效率和寿命的关键因素是控制硫组分,保证材料中硫的组分基本达到符合化学比的程度,防止氧进入材料占据硫的空位。采用溅射法取代蒸镀法形成的荧光体薄膜与采用蒸镀法的相比更为均匀,可实现更高的发光效率,改进制作工艺以后,发光效率达到 3～4 lm/W 应该是很有希望的。改进后的蓝色作为发光基色颜色已经是深蓝色,同时作为绿色和红色的激发光源,激发效率进一步提高。

新型蓝源材料的 I-V 特性类似于传统的硫化锌材料。在线性电压的驱动下,表现出不同的电流电压特性。其亮度电压特性如图 13.26 所示。发光在阈值电压以上迅速上升,对电压变化非常敏感,保证了高灰度等级的实现。

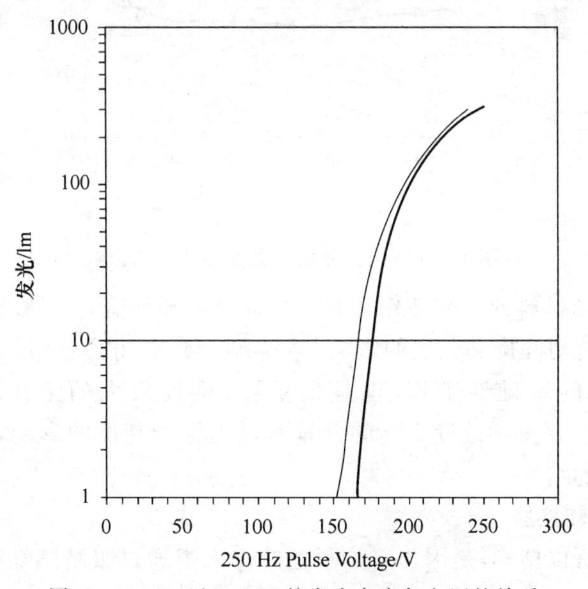

图 13.26 $BaAl_2S_4$:Eu 的发光亮度与电压的关系

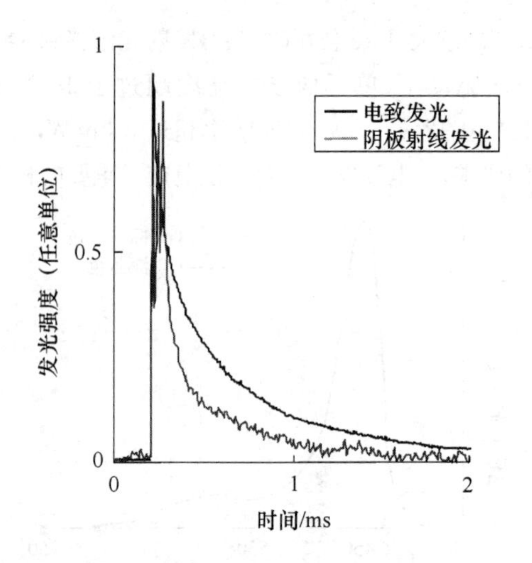

图13.27　发光衰减特性与阴极射线发光的比较

发光衰减特性类似于阴极射线显像管,如图13.27所示。激发停止以后发光迅速衰减,可以实现200帧的刷新能力,不会产生图像拖尾、图像闪烁等,保证高质量的视频显示。

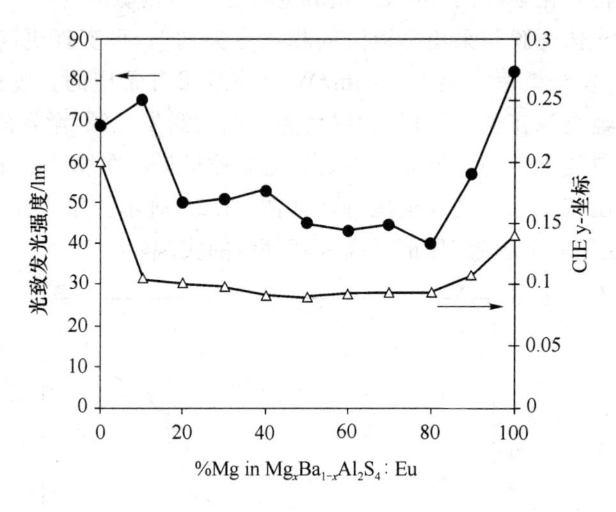

图13.28　组分变化对亮度和色度的影响

蓝色电致发光材料的研究工作还有很多课题需要研究,图13.28是$BaAl_2S_4$:Eu材料基质组分变化对亮度和色度的影响。寻找高亮度、长寿命、色彩饱和的蓝色材料是提高TDEL品质的基础性工作,也是最重要、难度最大的工作。在目前开发的$Mg_xBa_{1-x}Al_2S$:Eu系列中改变Mg的含量对色坐标和亮度的影响,提示人们相应的研发工作会有新的结果。

5. 高效率的转换膜

大千世界之所以精彩,是因为它是彩色的。人类通过眼睛感知亮度和色彩,眼睛对亮度和色彩的感知都是定性的、相对的。为了分析、研究、描述和应用光与人类视觉的关系，定量地表达光和色彩的概念，在大量的实验数据的基础上建立了一套光度学和色度学的理论。不同波长辐射能量相同的辐射在人眼看来亮度是不同的。辐射能量相同的黄绿光比红光或蓝光看起来要明亮得多。光度学与辐射度学的纽带是与波长相关的视见函数 $V(\lambda)$。如图 13.29 所示为国际电工委员会(CIE)推荐的是正常观察者的明视觉 $V(\lambda)$光谱灵敏度曲线。

由图 13.29 可以清楚地看到，人类的眼睛最敏感的光谱是 555 nm 的绿色发光。利用蓝色发光作为激发源进行绿色转换，可以很方便地得到高亮度的绿色发光和红色发光。

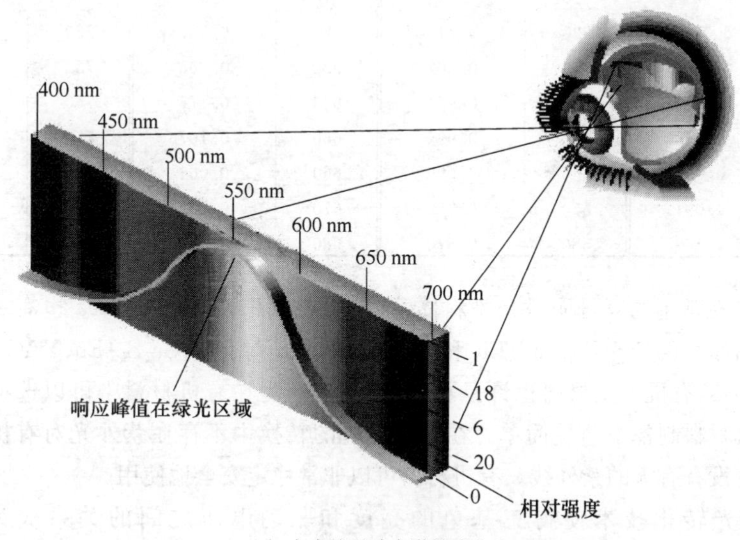

(a) 人类的眼睛光谱敏感曲线

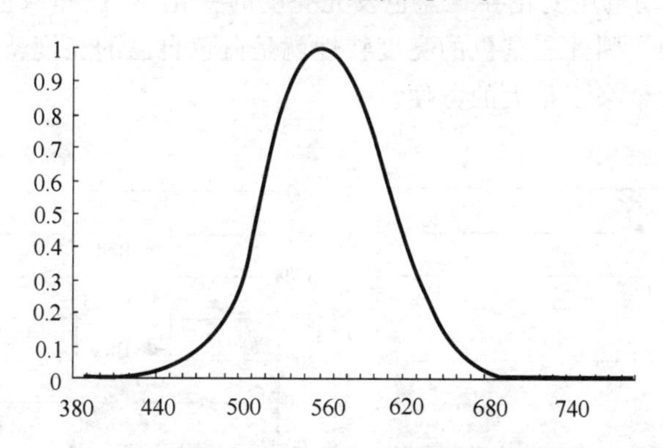

(b) CIE推荐的正常观察者的白昼视觉光谱灵敏度

图 13.29　人类眼睛的光谱特性

表 13.5 是国际电工委员会 1931 年推荐的正常观察者的明视觉 $V(\lambda)$光谱灵敏度的数值，是定量地研究蓝源彩色技术的科学依据。可以看到，440 nm 的蓝色发光的光谱灵敏度是 0.023，而 550 nm 绿色光谱灵敏度是 0.95，是蓝色的 41 倍，650 nm 红光

的光谱灵敏度是 0.107,是蓝色的 4.65 倍。在量子效率 100%的情况下,将蓝光转换成绿光或红光,流明效率可以几倍,甚至几十倍的提高。在蓝源彩色系统中,蓝色发光的亮度的微小提高都会使发光屏的整体亮度得到大幅度提升,这是荧光转换技术巨大的成本优势。关键是寻找量子效率高、寿命长、性能稳定的荧光转换材料。

表 13.5　1931 年 CIE 推荐的正常观察者的白昼视觉 V(λ)光谱灵敏度的数值

λ/nm	白昼视觉 V(λ)	λ/nm	白昼视觉 V(λ)	λ/nm	白昼视觉 V(λ)	λ/nm	白昼视觉 V(λ)
390	0.000 1	490	0.208	590	0.757	690	0.008 2
400	0.000 4	500	0.323	600	0.631	700	0.004 1
410	0.001 2	510	0.503	610	0.503	710	0.002 1
420	0.004 0	520	0.710	620	0.381	720	0.001 0
430	0.011 6	530	0.862	630	0.265	730	0.000 5
440	0.023	540	0.954	640	0.175	740	0.000 2
450	0.038	550	0.995	650	0.107	750	0.000 1
460	0.060	560	0.995	660	0.061	760	0.000 1
470	0.091	570	0.952	670	0.032	770	0.000 0
480	0.139	580	0.870	680	0.017	780	0.000 0

例如,现在常用的罗丹明激光染料体系,量子效率几乎都是 100%。也有一些无机材料可以选择,如红色 SrS:Eu、CaS:Eu 和 SrxCa1-xS:Eu,绿色 $SrGa_2S_4$:Eu、YAG:Ce 以及绿色颜料等。当然,有机荧光材料也许是更好的选择,因为在有机材料中可以选择的范围更大,而且有机材料制备工艺更简单。在电致发光的转换中不存在紫外光对有机材料的破坏,激发源中没有有害的紫外线。有机材料可以非常稳定安全地使用。

采用荧光转化技术使得三基色的亮度和驱动电压之间的关系成为线性,如图 13.30所示。驱动电压变化导致蓝色发光亮度的变化,红色和绿色亮度的变化都是由蓝色亮度决定的。因此三基色的亮度特性就是蓝色自己的亮度特性,这为电视机亮度控制电路的设计带来了很大的方便。

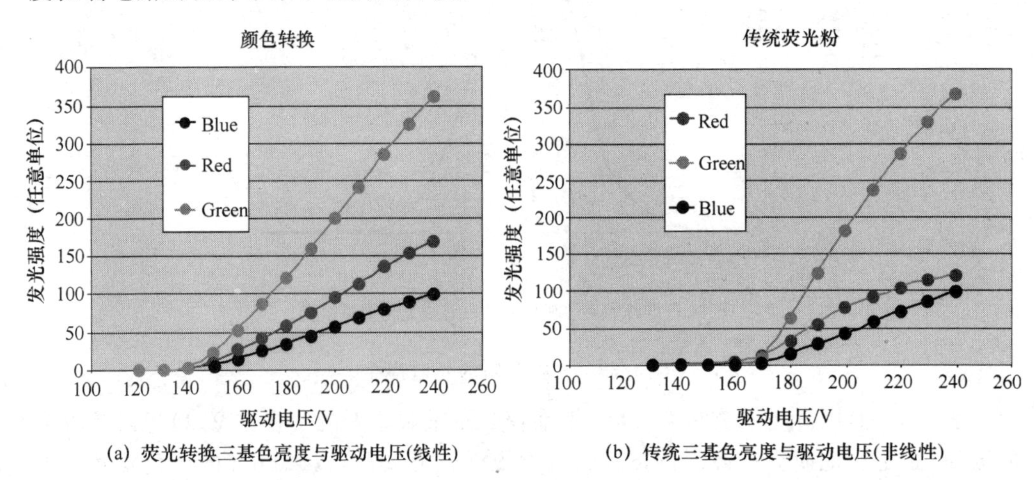

(a) 荧光转换三基色亮度与驱动电压(线性)　(b) 传统三基色亮度与驱动电压(非线性)

图 13.30　电致发光荧光转换技术和传统三基色亮度与驱动电压关系的比较

而传统的三基色材料，它们的亮度与驱动电压之间的关系都是个性化的，三者之间的关系是非线性的：

① 荧光转换三基色亮度与驱动电压是线性的；

② 传统三基色亮度与驱动电压是非线性的。

蓝源彩色技术是平板显示器技术新的亮点。TDEL 的蓝源彩色技术对 TFT-LCD、无机薄膜电致发光、有机薄膜电致发光和等离子体的发光都会产生巨大的推动作用。

将蓝源彩色转换技术用于 TFT-LCD 的彩膜和背光源系统，把 TFT-LCD 背光源由现在的白光改成单一的蓝光，将彩色虑光片改成彩色转换膜，将大幅度提升 TFT-LCD 的亮度和彩色能力，降低功耗，进一步提升 TFT-LCD 的竞争能力。

将该技术用于无机薄膜电致发光和有机电致发光可以从根本上改变它们因三基色荧光粉而遭遇的困境。用于 PDP 可以简化工艺，提高大规模生产的能力。

在平板显示技术领域，蓝源彩色技术不仅是技术上的突破，更是设计思想上的重大突破，其影响是深远的。

本章参考文献

［1］ 12th International Workshop on INORGANIC AND Organic Electroluminescence &2004 International Conference on the Science and Technology of Emissive Displays and Lighting//Electroluminescence conference proceedings. Toronto, Canada:2004.

［2］ GALANIN M D. Luminescence of molecules and crystals. Moscow:1995.

［3］ BLASSE G, GRABMAIER B C. Luminescent Materials. New York: Springer-Verlag Berlin Heidelberg,1994.

［4］ WU X W. Inorganic Electroluminescence: Recent Development and Future outlook//Electroluminescence conference proceedings. 2004.

［5］ 谷至华. TDEL 技术及产业化. 上海大屏幕显示技术与设备国际会议报告,2004.

［6］ HITT J C, BENDER J P, WAGER J F. Thin-Film Electroluminescent Device Physics Modeling. Critical Reviews in Solid State and Material Sciences,2000,25(1):29-85.

［7］ WAGER J F, KEIR P D. Electrical characterization of thin-film electroluminescent devices. Amu Rev. Mater. Sci. ,1997,27:223-48.

［8］ WAGER J F. Alternating-Current Thin-Film Electroluminescent Device Fabrication and Characterization J. Appl. Phys. ,2001,90:2711.

第14章 液晶显示器用原材料

液晶显示器的主要材料包括液晶材料、基片玻璃、彩色滤色片、偏振片、背光源等,所用辅助材料有取向剂、封接胶和衬垫材料等。当然对于TFT-LCD来说,需要在一个玻璃基片上制作TFT阵列,它所需要的材料,则与半导体工业相近,已在TFT-LCD一章作了详细介绍,本章不再重复。如图14.1所示为液晶盒结构及其相关材料的相互关系。

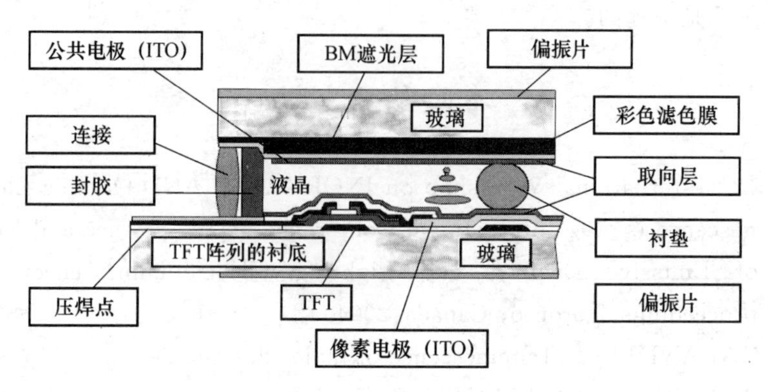

图14.1 液晶盒结构及其相关材料

不同的液晶显示器,其材料的成本构成是不一样的。如图14.2所示为TFT-LCD两种屏材料的成本构成。

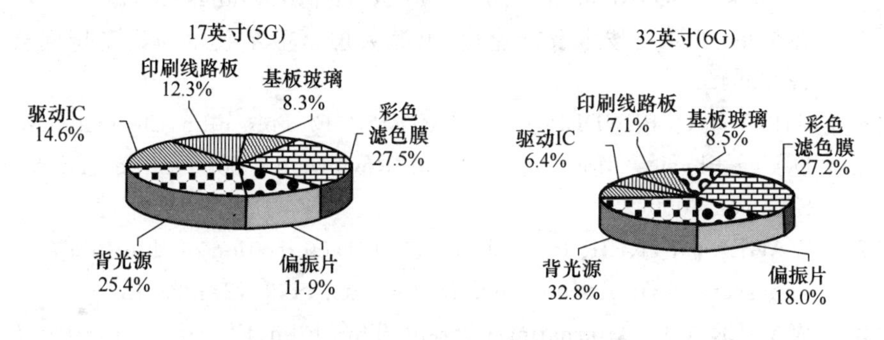

图14.2 TFT-LCD屏材料成本构成

近年来,平板显示器的竞争态势与过去大不相同。以投资规模和玻璃基板大型化为主的时代即将结束,以产品产出过剩为标志的液晶周期频率加快,企业赢利能力很大程度上将取决于对终端产品市场的反应能力。接下来的就是包括原材料及零部件策略在内的总体能力把握着这场竞争胜负的关键。

原材料的成本占面板总成本的比例明显增加，对于大型液晶面板而言，其零部件成本已达到 75%，预计今后将会增加。显然，零部件材料的削减直接关系到面板成本的降低。

因此，能够大幅度削减材料成本的"材料革命"成了关键。

14.1 基片玻璃

14.1.1 基片玻璃的化学成分与物理特性

除了有源矩阵液晶显示器外，其他液晶显示器都采用钠碱玻璃以降低生产成本。在 AM-LCD 中不能使用钠碱玻璃，其原因主要如下：①在薄膜晶体管制造过程中要经过相对高的温度处理；②由于钠碱玻璃中有较多的碱金属离子，它们会破坏 TFT 的性能。因此，在 AM-LCD 中，一般使用硼硅玻璃。表 14.1 为日本旭硝子玻璃化学组成与物理特性。

表 14.1　日本旭硝子玻璃化学组成与物理特性

玻璃的种类		硷玻璃(AS)	中性硼硅玻璃(AX)	无硷玻璃		
				AN	其他	熔融石英
化学组分(%质量)	SiO_2	72.5	72	56	49	>99.9
	Al_2O_3	2	5	15	11	30×10^{-6}
	B_2O_3	-	9	2	15	-
	RO	12	7	27	25	-
	R_2O	13.5	7	-	-	2×10^{-6}
热膨胀率/K^{-1}(50～200℃)		8×10^{-6}	5×10^{-6}	4×10^{-6}	5×10^{-6}	0.5×10^{-6}
畸变点/C°		510	530	660	550	1.070
密度/($g\cdot cm^{-3}$)		2.49	2.41	2.78	2.76	2.20
杨式模量/(10^4Pa)		7 300	7 100	8 900	6 900	734×10^3
泊松比 μ		0.21	0.18	0.23	0.28	0.17
弯曲强度/kPa		670	550	690	650	700
折射率		1.52	1.50	1.56	1.53	1.45
耐热冲击/ΔC°		85	130	140	150	1 000
水的接触角/(°)		6.7	14.4	29.5	31	-

美国康宁(Corning)最早(1989 年)推出 7059 玻璃，1994 年推出 1737 玻璃，它比 7059 具有更优良的热膨胀系数和更低的密度。现在更多使用的是 $Eagle^{2000}$，它是 2000 年引入的。最近康宁又推出不含任何重金属的环保型 Eagle XG 玻璃。康

宁玻璃多采用溢流下拉法,其化学组成大致见表 14.2。表 14.3 为康宁 1737 和 Eagle2000 玻璃的物理特性。

表 14.2 用溢流下拉法的无碱玻璃化学组成(%质量)

SiO_2	60～65	RO(MgO+CaO+SrO+Ba)	15～25
B_2O_3	3～15	PbO+ZnO	0～6
Al_2O_3	5～20	$La_2O_3+ZrO_2+TiO_2+Fe_2O_3$	0～2
		$As_2O_3+SbO_2+SO_2+F+R_2O$	0～2

表 14.3 康宁 1737 和 Eagle2000 玻璃物理特性

-	1737	Eagle2000
密度(20 ℃时)/(g·cm^{-3})	2.54	2.37
杨氏模量/GPa	70.9	70.9
泊松比	0.23	0.23
剪切模量/GPa	28.9	28.9
热膨胀率/K^{-1}	37.6×10^{-7}	31.8×10^{-7}

为了保证玻璃的质量,要仔细地检查玻璃表面的平整度(flatness)和缺陷(defect),因为它们将影响到液晶盒的盒厚(cell gap)。对普通 TN 型液晶显示来说,一般盒厚在 6～8 μm 之间,如果要求盒厚精度为 0.2 μm,则玻璃的粗糙度(Ra)应小于 0.2 μm,波纹度可以低一些,因为它可以由玻璃的弹性得到某些补偿。在 STN 型液晶显示中,由于要求严格控制盒厚(一般为±0.05～±0.1 μm),对波纹度的要求更为严格,一般的普通玻璃就不能满足要求了,必须使用表面抛光的玻璃,以改进表面的波纹度。

各种显示器对玻璃表面形态的要求如下。

厚度:1.1～0.4 mm。

表面缺陷(伤痕、气泡和异物):TN,STN<50 μm;TFT<5 μm。

表面允许凹凸见表 14.4。

表 14.4 表面允许凹凸

-	TFT	TN	STN
表面粗糙度 Ra/nm	10～15	20～30	20～30
波纹度/μm	<0.3	<0.3	<0.05
翘曲度/μm	<100	<500	<500

14.1.2 基片玻璃的生产方法

目前,获取液晶显示器用平板玻璃的方法主要有 3 种:浮法技术、流孔下引技术、熔融溢流技术。这 3 种方法的工艺技术的比较见表 14.5。

表 14.5　基片玻璃的 3 种主要工艺技术的比较

-	浮法技术 (float technology)	流孔下引技术 (slot bushing down draw)	熔融溢流技术 (overflow fusion prowss)
成分	钠钙硅玻璃	钠钙硅玻璃/硼硅低硷玻璃/硅酸盐无硷玻璃	硼硅低硷玻璃/铝硅酸盐无硷玻璃
质量/(吨·日$^{-1}$)	400～700	5～20	5～20
熔解温度	高	高	高
熔炉建造所需空间	占地面积大	占地面积小,但要挑高	占地面积较小,但要挑高
投资金额	大	中间	大
建造时间/月	18～24	15～18	15～18
熔解方式	天然气/重油/电力辅助	电力/天然气/燃油	电力/天然气/燃油
有无气体控制	有(N_2/H_2)	无	无
拉出方向	水平	垂直向下	垂直向下
成型介质	液态锡	铂铑合金流孔漏板 (Pt/Rh slot bushing)	可供溢流的熔融泵浦 (fusion pipe)
所用的物理原理	利用液态锡与玻璃膏间不同密度	重力	重力
厚度的范围成型的瓶颈	0.5～25 mm 如何从槽中熔制均质器稳定地引出均质的玻璃膏	0.03～1.1 mm 如何保持铂合金的流孔不变形	0.5～2.5 mm 如何维持熔融泵浦的水平度,维持玻璃膏稳定流量
面积的大小	大面积	中小面积	中大面积
退火方式	水平线上退火	垂直线上退火	垂直线上退火
平坦度	合格	合格	合格
原始玻璃表面数	单面	无	双面
后续加工性能	居中	最高	最低
代表厂家	Asahi	NEG	康宁、NHT

浮法工艺是目前最通用的平板玻璃制造技术。熔融玻璃液经锡槽成形,再经退火、切裁等制成。浮法技术在生产厚度小于 2 mm,且平整度高的超薄平板玻璃,工艺条件难于控制,一般平板玻璃制造企业无法掌握。

另外,一些厂商是采用槽口下引工艺生产超薄平板玻璃。高温低黏度的玻璃液经铂铑合金漏板的狭缝口,利用重力下引。温度和漏板尺寸决定玻璃产量,漏板狭缝口大小和下引速度则控制玻璃厚度。槽口下引工艺最大生产能力 20 吨/日,生产超薄玻璃厚度范围 0.03～1.1 mm。铂铑合金漏板的狭缝口长期承受高温与外力会产生变形,影响厚度均匀性及表面平整度,这个问题能否解决是技术关键。另外,槽口下引工艺的垂直流程和铂金及铂老合金大量使用,增加了工程难度和建造成本。

溢流下拉工艺是美国康宁公司的专利技术。黏度适当的熔融玻璃液,从溢流槽顺着两侧壁溢流向下,交汇融合一体形成平板后再向下拉。该成形工艺生产的超薄平板玻璃,其厚度与玻璃表面的质量取决于玻璃液供应量、水平稳定度、溢流槽表面质量及玻璃拉引量等。其技术关键是:溢流槽在长期承受高温与机械应力的不变形、维持溢流槽水平、熔融高质量玻璃液的稳定供应及玻璃厚度的控制等。溢流下拉工艺的突出优点是玻璃两个表面的高质量、高光洁度,可免除研磨或抛光等后续的加工工艺。目前溢流下拉工艺已成为超薄平板玻璃成形的主流技术。

14.1.3　基片玻璃的市场

受近年来全球平板显示产业快速扩张的影响,基板玻璃的需求量也出现了稳步上升,即使在金融危机影响下,2008 年的基板玻璃需求量较 2007 年仍上涨了 14%,2009 年 1 季度后面板市场逐步回暖,基板玻璃市场需求量也大幅上升,2012 年 TFT-LCD 玻璃基板需求量增长 16%。按照 DisplaySearch 的最新统计数据,2008—2014 年,全球玻璃基板的需求量情况如图 14.3 所示。

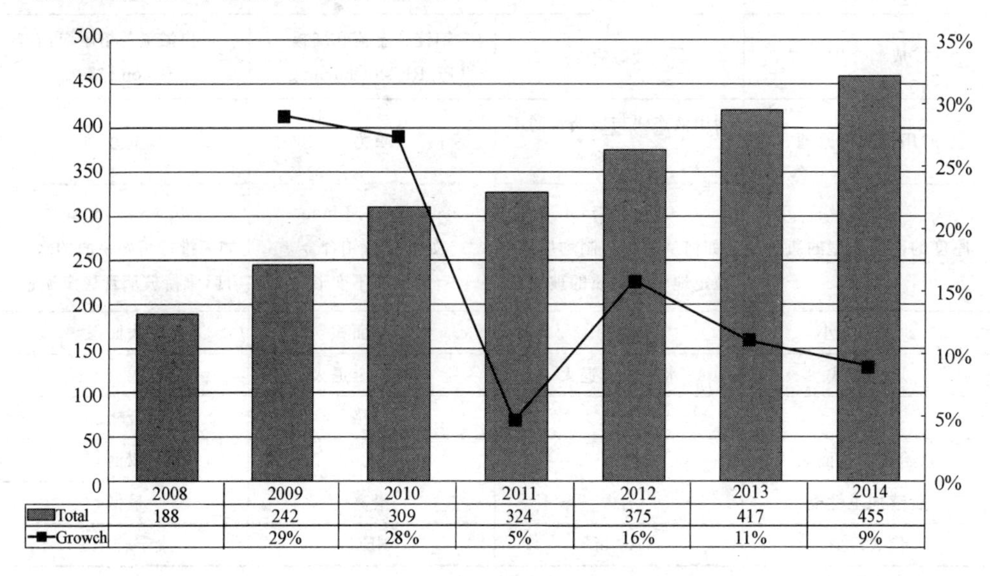

图 14.3　全球 TFT-LCD 玻璃基板需求量

2009—2014 年,全球 TFT-LCD 玻璃基板的需求量将保持 10%左右的年均增长率。近几年,全球玻璃基板供求基本平衡,但与下游总需求相比短期来看仍存在一定的缺口。

目前全球玻璃基板的生产仍然控制在美国康宁(Corning)、日本旭硝子(AGC)、日本电气硝子(NEG)和 AvanStrate(原日本板硝子 NHT)四家企业手中,其中康宁仍占据 50%左右的市场份额。四家企业的出货量及比例情况,分别如图 14.4 和图 14.5 所示。

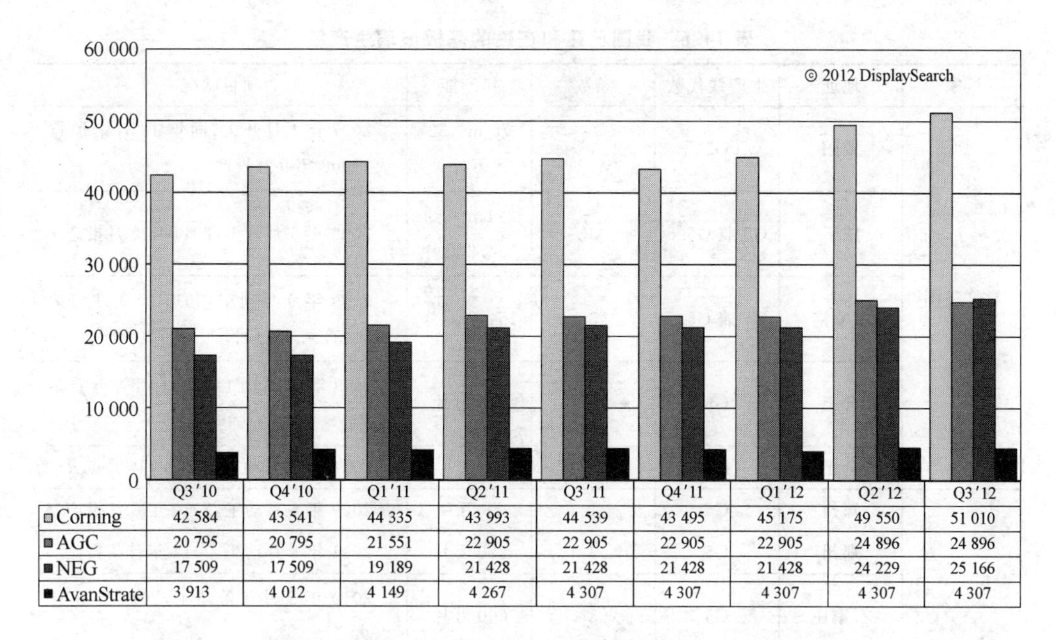

	Q3'10	Q4'10	Q1'11	Q2'11	Q3'11	Q4'11	Q1'12	Q2'12	Q3'12
Corning	42 584	43 541	44 335	43 993	44 539	43 495	45 175	49 550	51 010
AGC	20 795	20 795	21 551	22 905	22 905	22 905	22 905	24 896	24 896
NEG	17 509	17 509	19 189	21 428	21 428	21 428	21 428	24 229	25 166
AvanStrate	3 913	4 012	4 149	4 267	4 307	4 307	4 307	4 307	4 307

图 14.4　全球玻璃基板主要生产企业的出货量(资料来源：Display Search)

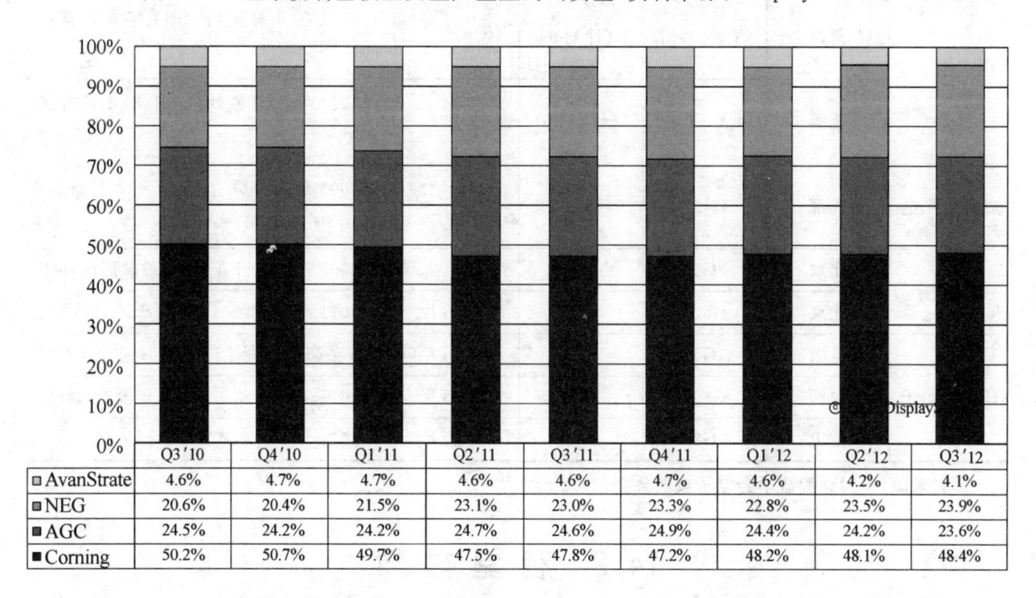

	Q3'10	Q4'10	Q1'11	Q2'11	Q3'11	Q4'11	Q1'12	Q2'12	Q3'12
AvanStrate	4.6%	4.7%	4.7%	4.6%	4.6%	4.7%	4.6%	4.2%	4.1%
NEG	20.6%	20.4%	21.5%	23.1%	23.0%	23.3%	22.8%	23.5%	23.9%
AGC	24.5%	24.2%	24.2%	24.7%	24.6%	24.9%	24.4%	24.2%	23.6%
Corning	50.2%	50.7%	49.7%	47.5%	47.8%	47.2%	48.2%	48.1%	48.4%

图 14.5　全球玻璃基板主要生产企业出货量的相对比例(资料来源：Display Search)

我国基板玻璃的生产是从 2007 年 12 月 28 日，彩虹集团 TFT-LCD 基板玻璃一期工程点火之后开始的。尽管至今尚处于还处于起步阶段。但发展的速度却是令人耳目一新，表 14.6 给出我国近年已建或在建生产线分布情况。此外，应当指出的是河南洛玻集团，在实现我国液晶产业 TN\STN 基片玻璃国产化进程中，起了重要作用。

这两年，随着触摸屏的快速普及，催生了高强铝硅酸盐薄板玻璃产业的发展。

表 14.6　我国已建和在建的基板玻璃生产线

厂家	地址	生产线代数	条数	年产能	项目状况
彩虹集团	咸阳	G5	1	75 m^2,52万片	2007年1月开工,同年12月窑炉点火,2008年9月投产
	咸阳	G5兼G5.5	3	221 m^2,约154.2万片	2009年5月开工,2011年5月投产
	张家港	G5兼G5.5	3	154.2万片	2009年9月动工,2010年9月窑炉点火,首条2011年5月投产
	合肥	G5	2	238万片	2009年12月动工,2011年下半年首条投产
	合肥	G6	4		2009年12月动工,2010年10月点火
东旭集团	郑州	G5	1	78万片	2009年6月动工,2010年8月投产
	郑州	G5	3	220万片	2011年8月动工,2012年首条投产
	石家庄	G5	3	600万片	2010年9月首条动工,2011年8月点火
	营口	G5—G6	1(计划9)		2011年4月签约,2011年6月首条动工
	芜湖	G4.5—G8.5	1(计划50)		2011年7月签约,2011年8月首条动工
成都中光电	成都	G4.5	1(计划3)	300万片	2009年8月奠基,2010年8月点火,2010年12月量产
美国康宁	北京	G5	1		2008年3月开业,基板玻璃后段加工
	北京	G8.5	1	240万片	2011年开工,2013试生产
日本旭硝子	昆山	G5	5	480万片	6条研磨切割生产线,4座玻璃熔炉
	深圳	G8.5		144万片	2011年6月动工,2012年投产
	昆山	G8		600万片	2011年6月生产

资料来源:中国硅酸盐学会电子玻璃分会,2012。

14.2　液晶材料

液晶是既具液体的流动性,又有晶体的各向异性的一类有机化合物。正是有了液晶才有液晶显示器。因此尽管液晶材料只占液晶面板总成本的大约3%,它也是关键的、不可替代的。

在显示器中使用的液晶材料通常都是混合物,一般由十几种,乃至几十种单体组成。液晶单体的生产过程往往需要几十步合成步骤,生产工艺要求很高。由于显示器件对液晶材料的物理化学性能有极为严格的要求。液晶材料厂商要能生产出稳定的、性能优良的液晶产品难度比较大,尤其是提纯要求更高、难度更大,存在比较高的技术壁垒。

目前，国际上主要有三家液晶材料公司，它们分别是德国默克(Merck)、日本智索(Chisso)、大日本油墨(DIC)。TFT 液晶市场则由他们所垄断，市场份额分别为 50%、40%和 6%。

中国液晶材料的生产由清华大学化学系与河北石家庄郊区政府共同投资的液晶材料厂早在 1987 年 4 月就开始了。其间历时 20 多年，大小十几家材料企业共同努力，取得明显成效。可以说，在黑白显示器时期，液晶材料是所有原材料中国产化做得最好的，解决了大问题。但是到了 TFT-LCD 时期则是步履维艰，困难重重。这两年在国家出台一系列推动材料国产化政策的指引下，TFT 液晶材料国产化开始出现某种转机，也许从此有了好开端。

我国现有不下十多家液晶材料公司，按最终产品，大体上分成两类：混合液晶和单体液晶。单体和中间体除满足国内需求外，大量出口。

国内主要 10 家公司的情况，见表 14.7。

表 14.7　国内主要 10 家液晶材料公司的情况

公司名称	成立日期	投资额	2012 年销售额	产品
诚志永华(石家庄)	1987	4 亿元	2 亿元	混合液晶(TFT、STN、TN 等)
江苏和成	2005	1 亿元	1.2 亿元	混合液晶(TFT、STN、TN 等)
烟台显华	2003	1.6 亿元	1.2 亿元	混合液晶(STN、TN)、单体出口
北京八亿时空	2004	1 亿元	6 100 万元	混合液晶(STN、TN 等)
西安瑞联	2001	4 亿元	5 亿元	大量液晶及 OLED 单体出口
烟台万润	1992	1.5 亿元	7.7 亿元	大量单体出口
上海康鹏	1996	2.5 亿元	10 亿元	生产含氟中间体(含医药中间体)
浙江永太	1999	2.4 亿元	1.77 亿	多氟苯类
石家庄迈尔斯通	2006	5 000 万元	3 000 万元	混合液晶(STN、TN)
石家庄科润	2001	2 500 万元	1 000 万元	混合液晶(STN、TN)

资料来源：《平板显示文摘》，2013.8。

我国液晶材料产业总体的生产规模和技术实力与器件产业的发展不相称，更与国际先进水平有不小距离。目前的问题是生产混合液晶的企业生产规模本来就不大，又力量过于分散，形不成有效竞争力；在长期处于过分竞争的环境中，生存压力过大，企业缺少积累；科研投资不足，人才缺乏。

14.3　彩色滤色膜

对于全彩色显示的电视以及多色或彩色显示的计算机终端等彩色液晶显示器来说，彩色滤色膜是很重要的材料。彩色滤色膜有红(R)、绿(G)、蓝(B)3 种颜色，以适当的方式排列后，在白色背光源下产生各种所需的颜色。为了避免视差问题(parallax problem)，这种彩色滤色膜往往做在液晶盒内，同时彩色滤色膜对装配过程、盒结构以及显示质量必须有足够的适应性。彩色滤色膜的性能应满足下列基本要求：

(1) 彩色再现性好；

(2) 对光、化学和温度的耐久性；

(3) 平整度好，不影响盒厚；

(4) 图形的尺寸要精确；

(5) 成本不能太高。

14.3.1 彩色滤色膜的结构与制作方法

彩色滤色膜的结构如图 14.6 所示。每个像素除了红绿蓝 3 色外，为防止三基色互相干扰(串色)，它们之间用黑矩阵隔开。在制作彩色滤色膜时，首先在玻璃基板上作好黑矩阵，然后在黑矩阵的网格内，依次做成红、绿、蓝三基色的膜。最后再在滤色膜表面涂上保护层(Overcoat)，它将液晶与彩色滤色层分开，使彩色滤色膜表面平滑以便在上面制造电极。

红绿蓝的排列有多种方式，图 14.7 列出 4 种，其中马赛克方式主要用于显示 AV 动态画面，直线式常用于显示文字画面(Note Book)等。

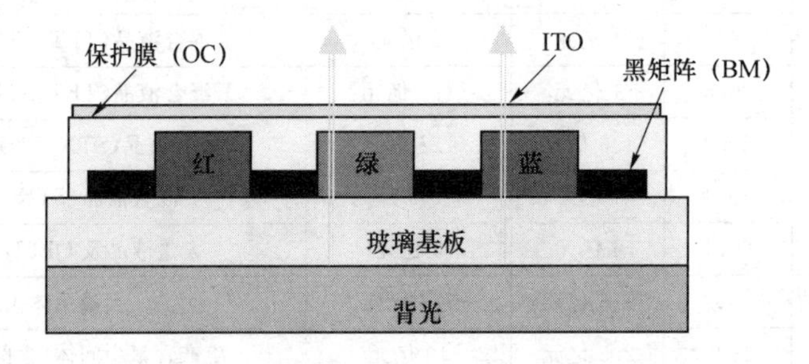

图 14.6 彩色滤色膜结构图

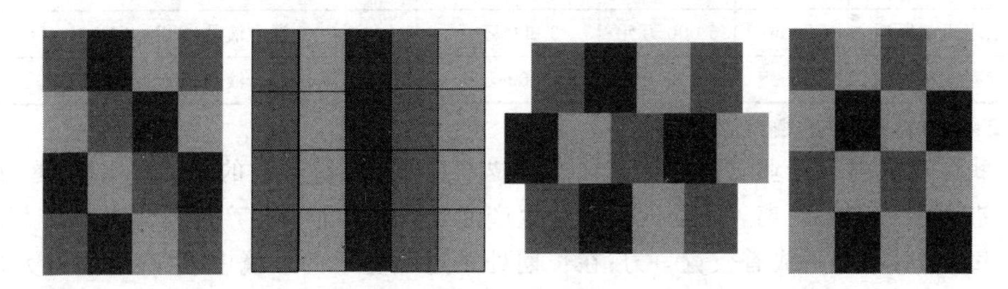

图 14.7 彩色滤色膜三基色排列方式

彩色滤色膜的制作方法主要有 5 种，即颜料分散法、染色法、印刷法、电沉积法及喷墨法。表 14.8 是这 5 种彩色滤色膜生产方法的比较。其最常用的是颜料分散法。喷墨法是近年刚刚出现的新方法，还不成熟，但备受关注，前景看好。

表 14.8　5 种彩色滤色膜生产方法的比较

比较项目	颜料分散法	染色法	印刷法	电沉积法	喷墨法
着色材料	颜料	染料	颜料	颜料	染料、颜料
树脂	合成树脂	明胶	热固化树脂	合成树脂	合成树脂
膜厚/μm	1.0～2.5	1.0～2.5	2.0～3.5	1.0～1.5	1.0～2.5
解像性	○	○	×	○	△
分光特性	◎	◎	○	○	◎
表面平坦性	○	○	×	◎	△
耐热性	250 ℃	180 ℃	250 ℃	250 ℃	180 ℃
耐光性	○	×	○	○	×～○
工艺难易	○	△	◎	×	◎
成本	高	高	低	高	低
优点	耐热、耐光	精细	耐热、耐光	平整、耐热	光学特性好，工艺简单
缺点	成本高	耐性差	精度差	规模生产难	还不成熟
产业化时间	1985	1980	1984	1982	2001(?)

注：◎—非常好；○—较好；△—一般；×—差。

从表 14.7 中可以看到，这几种方法所用的着色剂，分为染料和颜料两种。染料是可溶性的，溶于水或有机溶剂，配成溶液使用非常方便，染料的品种齐全，色泽鲜艳，但是它的致命弱点是稳定性差，易褪色。颜料刚好与其相反，耐热及耐光性好，不易褪色，但是它在任何溶剂中都不溶解。要配成色胶只能采用特殊的研磨和分散技术，将颜料磨细（粒径为数十纳米）并分散在光刻胶中，形成稳定的分散体系。

表中所谓的合成树脂就是用作光刻胶的。目前光刻胶主要有两大类：一类是光交联型的聚乙烯醇-芪唑（PVA-SbQ）类感光性树脂；另一类是光引发自由基聚合型的丙烯酸酯类树脂。

14.3.2　颜料分散法制作工艺

颜料分散法制作彩色滤色膜的过程，实际上就是一个光刻工艺过程。主要有涂胶、前烘、曝光、显影、后烘 5 道工序。颜料分散法制作彩色滤色膜的工艺如图 14.8 所示。

1. 涂胶

涂胶就是在基片表面覆盖一层色胶，这是色胶的成膜过程。涂胶时胶膜必须均匀，而且无灰尘、杂质沾污。胶膜表面的均匀性和一致性直接影响图案的分辨率和精度。涂胶的方法很多，最常用的是旋转涂胶法（Spin）。旋涂法的优点是膜厚均匀，且容易控制，缺点是材料的利用率太低。当玻璃基板的尺寸很大时（超过 1 m），旋涂法就不再适用了，一般采用 Slit 办法。

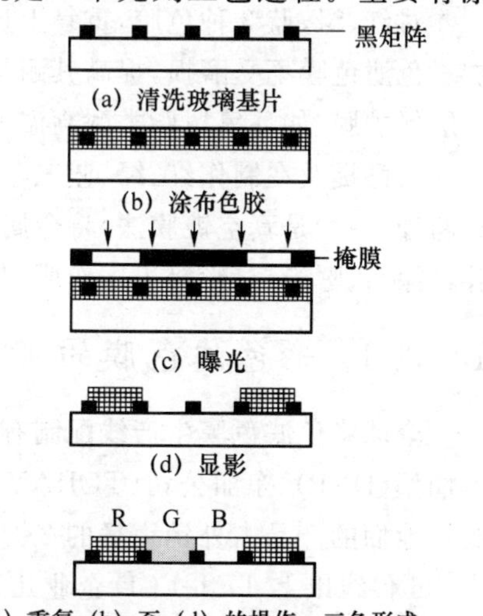

图 14.8　颜料分散法制作 CF 的工艺流程

2. 前烘

前烘的主要目的是除掉胶膜中的溶剂。前烘可采用热板或热风循环对流式烘箱，要求各烘焙点的温度偏差要小。前烘温度的设定，通常与溶剂的沸点、光刻胶的种类以及胶膜的厚度有关，当溶剂的沸点在 130～180 ℃之间时，前烘温度为 100～110 ℃比较好。

3. 曝光

曝光通常是用高压汞灯产生的紫外光透过掩膜，使受照射部分的光刻胶发生光化学反应，经显影后获得与掩膜相同的光刻图形。曝光方式主要有接触式曝光和接近式曝光。接触式曝光方式可获得分辨率较高的光刻图形，但是由于掩膜与加工基片的表面接触，容易造成胶膜的损伤和沾污，因此这种曝光方式不宜采用。接近式曝光是用得较多的曝光方式，这种方式可避免掩膜与加工基片表面的接触，但是要保持很近的距离(微米量级)。该法解决了由于掩膜与胶面紧贴而造成的损伤和沾污问题，减少胶膜的缺陷。缺点是光刻图形的分辨率和精度比接触式曝光方式有所降低。

4. 显影

显影就是把经过曝光的涂有胶膜的基片置于特定的显影液中显现图形，对负性光刻胶而言，就是将未曝光的部分(对应掩膜的黑色部分)溶解；曝光的部分(对应掩膜的透明部分)因光刻胶发生交联反应，不能被显影液溶解，从而形成了与掩膜一样的图形。显影后要进行漂洗，其目的是去除残留在胶膜表面的显影液或某些颗粒杂质。显影和显影后的漂洗方法一般采用喷淋法效果较好。

5. 后烘

后烘又称为坚膜，就是将显影及漂洗后的基片在较高的温度下(250 ℃)进行固化处理。后烘可去除所有残存的溶剂，使胶膜更致密坚硬，进一步提高胶膜与基片的附着力。

对红、绿、蓝 3 种色胶，重复上述工艺过程，即可得到完整的彩色滤色膜。为了保护彩色滤色膜不受磨损，提高其耐热性，并使表面平坦化，需要在彩色滤色膜的表面涂一层保护膜，如环氧树脂类耐高温的树脂。

前已提及在制作红、绿、蓝三色滤色膜前必须先作好黑矩阵。黑矩阵的制作方法有两种：一种是真空镀膜法，将金属铬镀在玻璃基板上；另一种是光刻法，用黑色光刻胶经涂布、曝光、显影等工序作成，与上述红、绿、蓝三基色制作方法相同。

14.3.3 彩色滤色膜的市场

全球彩色滤色膜生产线配制有内置型和外销型两种方式。日本的凸版印刷、大日本油墨(DNP)、东丽公司(TORAY)是全球大尺寸 TFT 液晶彩色滤色膜制造的三巨头。他们的产品占外销市场的 2/3。韩国、我国台湾地区也有很好的彩色滤色膜制造商。6 代线以上 TFT-LCD 企业几乎都采用内置方式配制彩色滤色膜生产线。

中国大陆的彩色滤色膜是从 2003 年深圳莱宝从日本 MICRO 引进一条 2.5 代旧线开始的。当初几条线几乎都是为 CSTN 配套而建的。现在随着 CSTN 产业的衰弱而先后退出或改作它用。表 14.9 列出了国内彩色滤色膜各生产线的生产能力。其中,TFT-LCD 用彩色滤色膜部分只列入 2008 年产线。目前正在建设的生产线列于表 14.10,基本上都属于内置型。国内所有 TFT-LCD 用彩色滤色膜生产技术都从国外引进。

目前,国内所有 TFT-LCD 用彩色滤色膜供求关系基本保持平衡,所生产的彩色滤色膜尽管企业间也有少量调济,但很少进入市场,所以,基本上不存在价格过分竞争等问题。但是,生产彩色滤色膜的主要原材料,例如,光刻胶仍然依靠国外进口。光刻胶的国产化进展不大。

表 14.9　国内彩色滤色膜片生产能力

厂商名称	基板尺寸	代数	年产能	量产时间	技术来源	应用范围	备注
深圳莱宝	400 mm×500 mm	2.5 代	100 万片	2003Q1	日本 MICRO	CSTN-LCD	外售
深圳南玻	400 mm×500 mm	2.5 代	84 万片	2005Q4	日本 ANDES		外售
深圳比亚迪	370 mm×470 mm	2 代	24 万片	2006Q1	日本 ABLE		全部自用
湖南金果	400 mm×500 mm	2.5 代	36 万片	2007Q4 小批量生产,尚未量产	日本 ABLE		转产做 TP
深圳莱宝	400 mm×500 mm	2.5 代	36 万片	2008Q3	深圳莱宝	TFT-LCD	自用为主
上海剑腾	1 100 mm×1 300 mm	5 代	24 万片	2008Q1	台湾达虹		转产做 TP
上广电富士	1 100 mm×1 300 mm	5 代	36 万片	2008Q4	日本富士		供应中航光电等
深超光电	1 100 mm×1 300 mm	5 代	36 万片	2008Q4	台湾群创		全部自用

资料来源:莱宝公司资料室。

表 14.10　2013 年已建和在建 C/F 生产线

厂商	工厂	代数	产能/(千片·月$^{-1}$)	投产日期
京东方	BOE 北京 B4 C/F	8	100	2011 年 11 月
	BOE 合肥 B3 C/F	3	100	2013 年 6 月
	BOE 重庆 B8_C/F	8	50	2015 年 4 月
	BOE 合肥 B5_C/F	8	100	2014 年 1 月
	BOE 鄂尔多斯 B6_LTPS_C/F	5.5	44	2014 年 3 月
CEC 熊猫	PND G6_C/F	6	66	2013 年 11 月
	PND 南京 G8-1_C/F	8	50	2015 年 3 月
	PND 南京 G8-2_C/F	8	50	2016 年 7 月
华星	CSOT 深圳 1 C/F	8	66	2011 年 12 月
	CSOT 深圳 2 C/F	8	50	2015 年 4 月
	TCL 深圳 G4 R&D C/F	4	5	2013 年 2 月

续表

厂商	工厂	代数	产能/(千片·月$^{-1}$)	投产日期
LGD	LGD 广州 1	8	77	2014 年 7 月
三星	SD 苏州_C/F	8	33	2015 年 7 月
天马	TNM 天马 武汉 C/F	4.5	90	2010 年 12 月
	TNM 天马 厦门 LTPS C/F	5.5	64	2013 年 4 月

资料来源：DisplaySearch 2013。

14.3.4 彩色滤色膜的技术趋势

目前各生产企业都在改进原材料，提高彩膜光学性能、改进生产工艺，降低成本等方面做了大量工作，其中 COA 技术值得关注。COA(Color Film on Array)的原理是在下玻璃基板上完成 TFT 工艺后，紧跟着进行 C/F 工艺，而上玻璃只单纯做 ITO 涂覆处理。这项技术大幅降低成本，已经开始用于大尺寸 TFT-LCD(如 TV)的批量生产之中。但对于高端智能手机，像素大小从 150 μm 左右减小到 80 μm 甚至 60 μm 以下。PPI 也从 100 极速飙升至 300 甚至 500 以上。这对 LCD 工艺提出了更高的要求，特别是在阵列基板和彩色滤光片的对盒工序中，即使微米级别的偏差也会对 LCD 最终的显示特性造成巨大影响。为解决了这一工艺难题需采用 COA 自对准技术。

另外，在彩膜(CF)制作过程中，加入面板其他元素，增加彩色滤色膜的功能。例如，制作光刻衬垫(Photo Space)。利用光刻法直接在 CF 基板上制备柱状的树脂衬垫，即 PS。它的优点是可以精确控制衬垫的位置和分布，提高显示对比度，降低不良率，还能提高液晶屏的抗压强度，为目前具备触摸功能的智能手机显示屏不可或缺的一种技术。缺点是设备投资较大。还有为垂直排列(VA)预设凸起等，如图 14.9 所示。但近来出现的 PSA 技术，恰恰是取消 VA 模式中预设的凸起(详见第 4 章有关 PSA 技术的描述)。

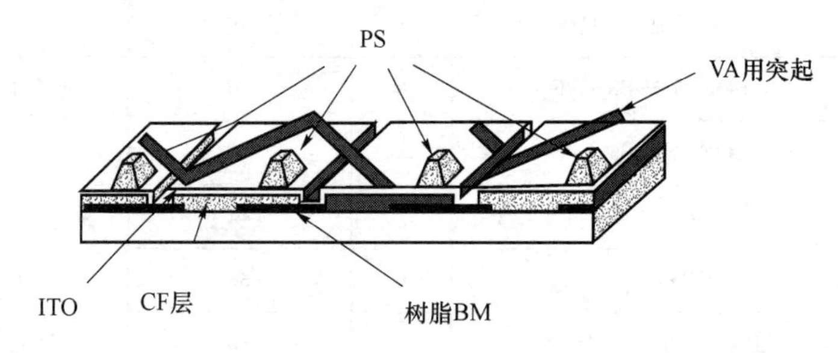

图 14.9 在 CF 中制作 PS、VA 用凸起

彩色滤色膜技术遇到的另一个挑战是不用彩膜(CF)，而是利用场序(Field Sequential Color)技术实现彩色化。这是已研发多年的技术，只在很有限的领域得到应用。不过现在情况有了变化，三星在 2005 年的国际平面显示器展会(FPD International 2005)上首次推出不使用滤光片的 CFL(Color Filter Less)32 英寸 LCD，备受关注。该面板为场序方式(FS)实现彩色，采用 RGB-LED 背光，OCB 面板，响应速度为

5 ms,分辨率为 1 366×768 像素,亮度为 500 cd/m^2,对比度为 1 000：1,开口率达 78%,色彩表现范围为 NTSC 的 110%,耗电量为 82 W,驱动频率没有公布。由于不使用滤光片,该面板能够削减成本,价格下降 20%。对于 LED 的使用数量没有公布具体数据。

14.4 导电玻璃

在玻璃基片清洗完以后,将在玻璃上制备透明导电电极。对于彩色液晶显示来说,应事先制备好彩色滤色层,再沉积透明导电层,然后用光刻法形成电极图形,在选择透明电极材料时,应考虑到电阻率、光透过率以及刻蚀过程。以前人们使用 SnO_2 作为透明电极的材料,由于 SnO_2 电阻率高,需要复杂的刻蚀过程,目前已被 ITO 膜所取代。

通常用电子束蒸发或在氧气气氛中溅射得到 ITO 膜,膜厚在 100～300 nm 之间,由所需的电阻所确定。在溅射时,采用 ITO 合金靶,在 SnO_2-In_2O_3 合金中,SnO_2 的浓度大约为5%～10%时,有利于得到最佳的 ITO 膜性能。在沉积过程中,氧气在氩气气氛中的浓度大约为1%,在这种条件下,退火后得到的比电阻率大约为 2.0×10^{-4} Ω/cm,膜厚在 100 nm 时,方框电阻大约为 200 Ω/□。

电阻率和透光率是由膜厚确定的,膜越厚,方框电阻越低。由于存在着光的干涉,所以透光率与膜厚并不成线性关系,最大透光率可达 90%以上,此时膜厚大约为 150 nm。在75 nm膜厚时,透光率最小,大约为 80%。ITO 膜和电阻以及透光率之间的关系如图 14.10 所示。

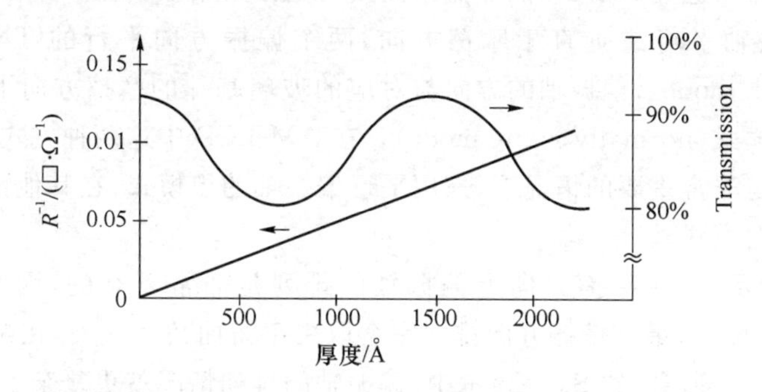

图 14.10　ITO 膜的电阻率、透光率与膜厚之间的关系

由于 ITO 膜具有相对高的电阻率,可用于非 AM-LCD 中,这种膜的制备是相对容易的。普通的 AM-LCD 并不需要电阻率很低的 ITO 膜,因为 ITO 膜只用在像素电极上,不需要金属化处理。然而,在简单矩阵 LCD 中有条状的 X 和 Y 电极,需要低电阻率的 ITO 膜以避免沿电极的信号延迟,这种信号延迟取决于分辨率和像数尺寸。因此,随着线数的增多,ITO 层的电阻率就成为一个十分重要的问题了,例如典型的高路数的简单矩阵STN-LCD中,电阻应小于 20 Ω/□,否则由于信号延迟可以明显地观察到交叉效应。在彩色液晶显示中,电阻率应是黑白 STN-LCD 的 1/3。

刻蚀过程中使用的是盐酸和硝酸混合溶液(也有使用三氯化铁溶液或氢溴酸溶液),如 $HCl : HNO_3 : H_2O = 1 : 0.1 : 1$ 的溶液,在 40 ℃下,其刻蚀速率为 150 nm/min。

在电极制成后,利用电子束蒸发或 PECVD 技术在电极表面镀上一层薄的(150~300 nm厚的 SiO 或 SiN 膜)绝缘层,在驱动电容性的液晶材料时,应没有能破坏液晶材料性能的直流成分存在。同时,这种膜能够防止由于在玻璃的一个或两个表面上沾有的导电粒子而引起的短路。

由于我国仍是 TN、STN-LCD 重要生产基地,ITO 导电玻璃已发展成独立的行业门类。目前中国大陆有 ITO 导电玻璃生产线约 40 条,主要的厂商包括外商独资企业——苏州板硝子等,进口大型生产线企业——深圳南玻、深圳莱宝等,国产生产线企业——安徽蚌埠华益、深圳南亚、安徽芜湖长信、江苏金坛康达克、深圳豪威等。据不完全统计,我国 2005 年实际的产量已超过 1 000 万 m^2。不但已能基本上满足国内需求,出口比例也达到一定水平。与此同时技术水平、产品质量都有很大的提高。

随着智能手机、PDA、电子书等触摸式输入电子产品的悄然兴起,相应的镀膜导电材料也应运而生。由于触摸屏工作原理的特殊性,其所需的 ITO 薄膜大多是在柔性材料上进行,薄膜的沉积温度不能太高(小于 120 ℃),同时要求 ITO 膜层较薄、方块电阻高而且均匀。这就对 ITO 薄膜的设备和工艺都提出了更严格的要求。从而使我国 ITO 玻璃(薄膜)产业更上一层楼。

14.5 偏 振 片

液晶盒制作工艺完成后,在液晶盒两侧按一定方向贴上偏振片。在普通 TN 显示液晶盒中,偏振轴平行或垂直于摩擦方向,两个偏振方向平行的 TN 盒是黑模式(normally black mode);偏振轴的方向与对应的玻璃基片的摩擦方向平行,在正交偏振片下产生白模式(normally white mode)。在 AM-LCD 中这两种方式都采用。在垂直视角的要求是非常重要的情况下,采用平行偏振轴的黑模式,在其他情况下,均采用正交偏振轴的白模式。

在 STN 显示中,在摩擦方向上偏振轴的排列是非常复杂的,因为液晶分子有 180°~270°的扭曲角,最佳偏振方向排列完全取决于扭曲角。此外,在贴有补偿膜(延迟膜)或补偿盒(延迟盒)的 STN 显示中,偏振轴的排列情况就更复杂了。

14.5.1 偏振片的一般特性

普通的线性偏振片把入射光分解成两个相互正交的线性偏振光,其中一个方向的偏振光透过偏振片,另一个方向的偏振光被偏振片吸收或散射。偏振片是利用二色性、双折射、反射、散射等光学现象做成的,现在所用的大部分偏振片是利用了在可见光区的吸收二色性。

偏振片的光学特性用偏光度 P 来表示,积层时的透过率代入式(14.1)可以计算出 P,即

$$P=[(Y_0-Y_{90})/(Y_0+Y_{90})]^{1/2}\times 100\% \qquad (14.1)$$

其中，Y_0 是平行透过率；Y_{90} 是正交透过率。

液晶显示用偏振片是由 PVA 滤光片吸附二色性碘化合物或直接染料、经过拉伸使二色性物质定向排列而成，偏振片两侧层压上纤维素薄层使偏振片具有耐久性及机械强度。实际使用的偏振片还加上防止眩光层、增加硬度层及反射层等，制成用途广泛的各种尺寸及轴角度的产品。

偏振片的重要特性是光学特性（高透过率、高偏光度）和可靠性（耐热性、耐湿热性）。特别是前者是实现液晶显示高亮度、高对比度的重要前提。此外，难以希望大大地改进 PVA/碘膜的性能，只能在一定限度范围内使用。

14.5.2 偏振片的生产

从原理上说，偏光度的限度（单方向透过率）$Y=50\%$，$P=100\%$，实际上的偏振片，即使是高性能的碘化合物的膜也只能达到 $Y=45\%$，$P=95\%$，与极限值之间仍有相当大的距离，碘系物偏振片的光学特性受染色条件、拉伸条件的影响很大。人们期待着以最优化的方法改进其特性。图 14.11 表示了吸附了碘化物的 PVA 偏振片在 30℃、60 ℃的水溶液中湿法拉伸时拉伸倍数与偏光度的关系。在 60 ℃下拉伸要使 P 达到饱和，必须使用高拉伸倍数，在 30 ℃下，P 的变化幅度很大，采用最优化条件在 60 ℃下高温拉伸有可能得到高性能的偏振片。

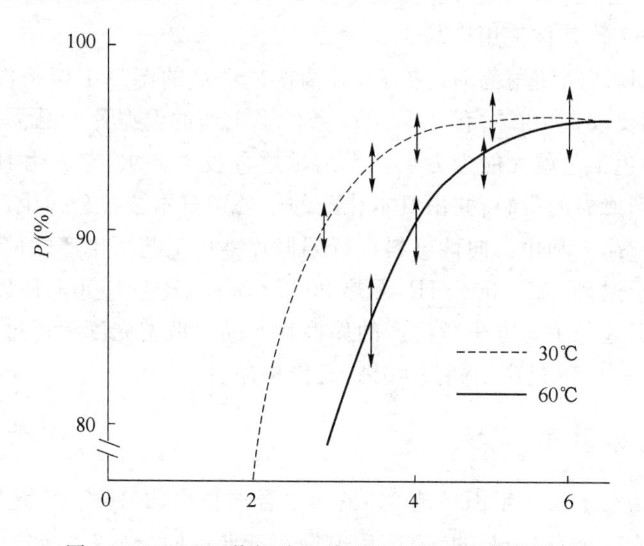

图 14.11 PVA 偏振片的偏光度与拉伸条件的关系

目前偏振片生产技术以 PVA 膜的拉伸工艺划分，有干法和湿法两大类；以 PVA 膜染色方法划分，有染料染色法和碘染色法两大类。

偏振片的干法生产技术是指 PVA 膜是在具有一定温度和湿度条件的蒸汽环境下进行延伸的工艺方法，早期使用这种工艺方法的目的是可以提高工艺的生产效率，使用幅宽较大的 PVA 膜进行生产而不至于经常断膜。但这种工艺的局限性在于

PVA 膜在延伸过程中的均匀性受到限制,因此所形成的偏光片原膜的复合张力、色调的均匀性和耐久性不易稳定。因而在实际生产工艺中应用较少,目前只有日本住友化学公司和我国的深纺乐凯电子材料两家公司采用。

偏振片的湿法生产技术是指 PVA 膜是在一定配比的液体中进行染色、拉伸的工艺方法。这种工艺方法早期的局限性在于 PVA 膜在液体中延伸的稳定控制难度较大,因此使用这种工艺加工时 PVA 膜容易断膜,且 PVA 膜的幅宽受到限制。但随着工业控制技术的改进,这些湿法加工工艺的局限性已经得到极大的改进,从 20 世纪 90 年代末起,日本偏振片企业已经普遍采用幅宽 1 330 mm 的 TAC 膜用湿法工艺进行偏振片的生产。特别是由于大尺寸 TFT-LCD 产品的大规模普及,为提高偏振片产品的利用率,由原来的以 1 330 mm 为基本宽度的偏振片生产已经增宽为 1 490 mm,甚至 2 300 mm。

偏振片生产工艺中的染色方法有碘染色法和染料染色法两种工艺。

碘染色法是指在偏振片染色、拉伸过程中,使用碘和碘化钾作为二向性介质使 PVA 膜产生极性化偏振特性。这种染色方法的优点是比较容易获得 99.9%以上的高偏振度和 42%以上高透过率的偏光特性。所以在早期的偏光材料产品或需要高偏光、高透过特性的偏光材料产品中大多都采用碘染色工艺进行加工。但这种工艺的不足之处就是由于碘的分子结构在高温高湿的条件下易于破坏,因此使用碘染色工艺生产的偏光片耐久性较差,一般只能满足干温 80 ℃×500 HR,湿热 60 ℃×90% RH×500 HR 以下的工作条件使用产品。

但随着 LCD 产品使用范围的扩大,对偏振片产品的湿热工作条件的要求越来越苛刻,已经出现要求在 100 ℃和 90% RH 条件下工作的偏振片产品需求,对这种工作条件要求,碘染色工艺就无能为力了。为满足这种技术要求,首先由日本化药公司发明了偏振片生产所需的染料,并由日本化药的子公司日本波拉公司生产了染料系的高耐久性偏振片产品。利用二向性染料进行偏振片染色工艺所生产的偏振片产品,目前最高可以满足干温105 ℃×500 HR,湿热 90 ℃×95% RH×500 HR 以下的工作条件的使用要求。但这种工艺方法所生产的偏振片产品一般偏光度和透过率较低,其偏光度一般不超过 90%、透过率不超过 40%,且价格昂贵。

14.5.3 偏振片的市场

偏振片市场在未来几年仍呈现 6%的年复合增长率,2016 年市场规模有望增长至 140 亿美元。据 Displaybank 的“偏振片市场及产业动向分析”最新报告显示,2012 年整体偏振片市场较去年增加 9%,达 112 亿美元的规模,其中 TV、MNT、笔记本式计算机等大型 LCD 用偏振片市场规模为 86 亿美元,占总体市场的 77%,年复合增长率为 4%,在 2016 年有望达到 99 亿美元的市场规模。但随着智能手机等移动设备的尺寸及出货量的增加,使得大型 LCD 用偏振片在整体市场的比重将减到 71%(图 14.12)。从偏振片生产企业的市场占有率看,日东电子占第一位,LG 化学包含 FPR 市场在内占据第二,住友化学占第三。根据 DisplaySearch 数据显示,2010 年全球 TFT-LCD 用偏振片总产能为 4.74 亿 m^2。按企业分，日东电子 1.29 亿 m^2，排第一位；LG 化学 1.1 亿 m^2，排第二位；住友化学以 0.9 亿 m^2，排第三位。

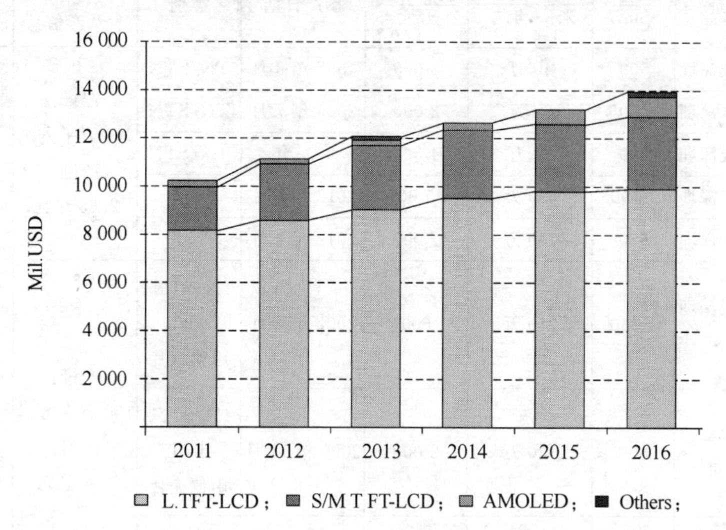

图 14.12　2011—2016 年全球偏振片市场规模预测

偏振片市场主要受供求关系和原材料价格影响。偏振片的关键就是三层膜，分别是 TAC(三醋酸纤维素酯)膜、PVA(聚乙烯醇)膜、光学补偿膜，其技术与市场至今仍然掌握在日本人手里。在生产偏振片所需的各膜层中，TAC 和 PVA 是最主要的膜层，占偏振片原材料成本的 50%以上。富士占据 TAC 膜 80%以上市场，可乐丽占 PVA 膜 65%的市场。这种关键原材料的垄断特点使得采购成本居高不下。

为了打破富士等少数企业对 TAC 的垄断，解决 TAC 膜耐热问题(对 LED 光源)，近来一些公司提出用 PMMA 膜、Zeonor 膜和 ARTON 膜(后二者均为环烯烃聚合物)替代 TAC 的设想。现在 PMMA 的市场份额已超过 3%，还大有增加的趋势。其优点是力学性能好、光学性能不差，成膜不用溶剂，耐热。但亲水性差，与 PVA 膜黏合是个问题。

我国偏振片产业的起步是很艰难的。成立于 1995 年的盛波光电，从美国引进全套生产设备，但几经折腾硬是生产不出合格的产品。最终依靠自己的力量闯关成功，使盛波光电成为国内首家偏振片专业制造商。后来又相继出现纬达光电、温州侨业、三利谱等企业，见表 14.11。所有这些企业大都只能批量供应中低端 TN-LCD 用偏振片和部分 STN-LCD 用偏振片，主要应用于中小尺寸的显示器。2012 年前后，盛波光电和三利谱两家企业分别建成了幅宽 1 490 mm，用于 TFT-LCD 的偏振片生产线。从此结束了我国不能生产高档偏振片的历史，但要真正实现偏振片国产化生产，还有很长的路要走。

表 14.11　国内偏振片企业情况

企业名称	地址	尺寸/mm	产能/米^2·年$^{-1}$	投资总额/万元	投产日期	类别	2012 年产量及产值	备注
盛波光电	1 号线深圳	500	40 万	3 000	1998 年 3 月	TN/STN	产量：200 万平方米 产值：2.63 亿元	
	2 号线深圳	500	70 万	2 000	2006 年 7 月	TN/STN		
	3 号线深圳	500	80 万	4 000	2009 年	TN/STN		
	4 号线深圳	1 490	600 万	85 000	2012 年 4 月	TFT		
	5 号线深圳	650	150 万	7 000	2012 年 4 月	TFT		
三利谱	1 号线深圳松岗	1 330	240 万	600	2007 年 4 月	TN/STN/TFT 用偏振片	产量：180 万平方米 产值：2.4 亿元	中、后工序
	2 号线福建莆田	500	130 万	2 000	2009 年 11 月	TN/STN/TFT 用偏振片		2 号线，全制程
	3 号线深圳光明新区	1 490	600 万	28 000	2011 年 8 月	TFT 用偏振片		全制程
佛山纬达	1 号线佛山三水	500	120 万	6 000	2005	TN/STN	产量：130 万平方米 产值：1.5 亿元	
	2 号线佛山三水	650	150 万	4 000	2011	TN/STN		
温州侨业	温州	600	150 万	4 000	2002.3	TN/STN	产量：80 万平方米 产值：1 亿元	
日东电工	深圳光明新区	14 90	4 200 万片/年	6 亿元	2008 年 6 月	TFT		后工序，总投资约 20 亿元人民币，分三期建设

资料来源：《平板显示文摘》，2013.8。

14.6　触　摸　屏

触摸屏现在几乎是所有小尺寸显示器的标配，这几年呈爆发式增长。2013 年全球触摸屏产业市场规模达 18 亿部，较前一年成长 34%，其中电容式触摸屏在 2012 年超过 10 亿部之后，2013 年接近 16 亿部的规模，年成长率高达 49%，而且占据整体市场 90%以上的分额。除了外挂式的投射式电容触摸屏外，内嵌式的 On-Cell 触摸屏得益于三星在其 Galaxy 系列手机的导入；而 In-Cell 触摸屏很明显是来自 Apple iPhone 5

的缘故。2012 年开始，正在经历两个重要变化，一是传感器结构的演进，二是传感器线路的新一代 ITO 取代材料。

2008—2012 年，中国触摸屏出货量表现为快速增长态势，四年间年均增长率超过 40%。到 2012 年，中国触摸屏出货量为 4.26 亿片，同比增长 71.53%。同期，出货金额年均增长率超过 30%。2012 年，中国触摸屏出货金额约为 140.88 亿元，同比增长 31.00%。

现在国内生产触摸屏大大小小几十家，与之配套的企业更多。表 14.11 给出了目前国内主要触摸屏企业状况。其中主要企业有莱宝高科、欧菲光、汕头超声等。华芯富创专注 10 英寸以上大中尺寸触摸屏，全球首个碳纳米管触摸屏 2012 年在天津富纳源创公司产业化。他们产量都不大，但是有自己的特色。台资胜华、宸鸿是排在全球前一二名的触摸屏大企业。

触摸屏新技术层出不穷、市场变化快。触摸屏企业要么具有足够大的规模，要么具有自己鲜明的特色，否则难有立足之地。

表 14.12 目前国内主要触摸屏企业状况

厂商	厂址	产能	投资额	投产时间	类别	备注
中触实业	深圳、广州	600 万/月		1999 年	触摸屏	电阻屏、电容屏
华睿川	南京	700 万/月	1 800 万美元	2002 年	触摸屏	电阻屏、电容屏
欧菲光	深圳			2001 年	触摸屏	电阻屏、电容屏
航泰光电	深圳	300 万片/月	5 000 多万元		触摸屏	电阻屏、电容屏，3 个厂
深越光电	深圳			2006 年	触摸屏	电阻式、声波式和电容触摸屏
业际光电	深圳	35 000 万米^2/年	1.25 亿元	2008 年	触摸屏	电阻屏、电容屏
力合光电	深圳		超 3 亿元		触摸屏	ITO Sensor、ITO 导电玻璃、触摸屏
裕成光电	常州			2009 年	触摸屏	电阻屏、电容屏
莱宝高科	深圳			2007 年	触摸屏	ITO 导电玻璃、彩色滤光片、触摸屏
汕头超声	汕头			2010 年	触摸屏	电容屏
昊信光电	上海	25 万片/年	3.87 亿元	2013 年	触摸屏	电容屏
金指科技	浙江长兴	3 千万片/年			触摸屏	电容屏
合力泰科技	江西泰和、深圳			2009 年	触摸屏	电容屏
中显微电子	深圳			2010 年	触摸屏	电容屏
鑫锐光学	常熟			2010 年	触摸屏	电容屏
华芯富创	济南	100 万片/年	5.5 亿元	2013	大尺寸触摸屏	OGS
富纳源创	天津	150 万片/月		2012	触摸屏	碳纳米管触摸屏

资料来源：《平板显示文摘》，2013.8。

14.7 取向材料

在玻璃基片上制成透明电极以后,需要在上面涂敷一层薄的取向材料,经过定向摩擦后,可以使液晶分子按一定的方式排列,在普通的 TN、STN-LCD 中,需要对上、下玻璃表面都进行排列处理。

液晶分子相对于玻璃基片的排列方式有三种,即平行、垂直和倾斜排列,如图 14.13所示。普通 TN-LCD 需要倾斜的排列方式,它是由液晶分子的扭曲角决定的,如果 TN 液晶盒没有一定的预倾角的话,将会提高工作电压,而且电压提高的程度是不确定的,在液晶显示盒中会引起可以见到的畴(viewable domain),因此在 TN 盒中,需要一定的预倾角使液晶分子按事先规定的方向排列。

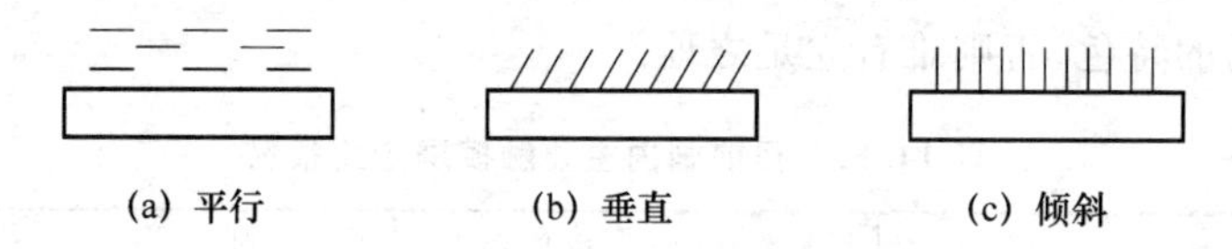

图 14.13　液晶分子的排列方式

14.7.1　取向材料

用薄膜取向层排列液晶分子时,如果这个取向层对液晶分子有强烈的取向作用,则向列相液晶分子也按同样的方向取向,虽然在二个玻璃基片上液晶分子的取向方向可以不同(如 TN 显示),由于受到向列相液晶分子的相互作用而产生的锚定(anchoring effect)作用影响,它们能够连续束缚液晶分子,因而具有强的取向作用。常用的取向材料可分为无机和有机二种,作为液晶显示器件用的取向材料应具有如下的特性。

(1) 成膜性:膜厚均匀,能在低温下固化;

(2) 机械特性:无擦伤纹,不发生取向膜的剥离;

(3) 取向特性:较好地控制预倾角,摩擦范围大,热处理时取向稳定性好;

(4) 电气特性:不发生残象,频率特性良好,不发生静电损坏。

二胺和四羧酸二酸酐在 N-甲基吡咯烷酮(NMP)中定量反应生成聚酰胺酸,在加热过程中,聚酰胺酸脱水聚合生成聚酰亚胺,反应过程如图 14.14 所示。

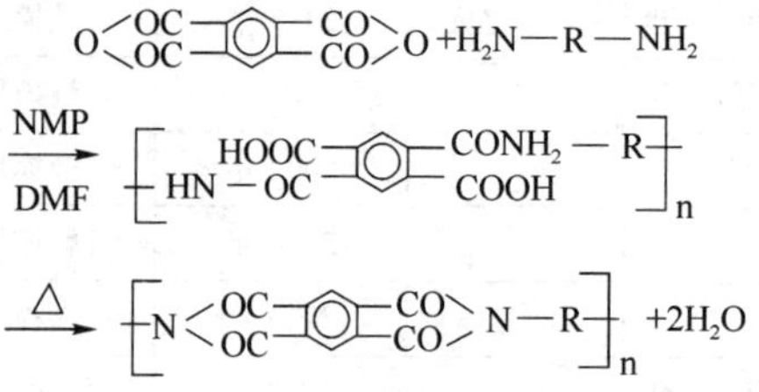

$$O{<}^{OC}_{OC}{>}C_6H_2{<}^{CO}_{CO}{>}O + H_2N-R-NH_2$$

$$\xrightarrow[DMF]{NMP} \left[{}^{HOOC}_{HN-OC}{>}C_6H_2{<}^{CONH_2-R}_{COOH} \right]_n$$

$$\xrightarrow{\triangle} \left[N{<}^{OC}_{OC}{>}C_6H_2{<}^{CO}_{CO}{>}N-R \right]_n + 2H_2O$$

图 14.14　反应过程

由于可以采用的二胺和二酐的种类很多,所以聚酰亚胺的种类也很多,聚酰亚胺的分子量一般在 3 万～10 万之间，分子量太低或太高都不利于形成良好的取向层，这就要求控制二胺和二酐的比例。聚酰胺酸的固含量一般为 10wt%～15wt%，固含量太低将会引起聚酰胺酸的降解。在使用时，根据不同的要求再进行稀释。

为了便于控制预倾角一般可以采用如下方法：

(1) 在分子中引入氟、烷基、环烷基以及酰胺基等基团以利于控制表面张力；

(2) 使用长烷基链上带有亲水基团的表面活性剂作取向膜表面处理；

(3) 在二胺和二酐的聚合反应中引入长烷基链，使聚酰亚胺结构中含有长烷基链；

(4) 用硅偶合剂作表面处理；

(5) 添加碱性铬的络合物。

在合成反应中加入长烷基链作为添加剂时，可使预倾角适当地增大，但添加量不宜太多，否则将引起分子量的下降并引起膜的机械性能下降。添加剂一般为长链单胺，二胺和二酐以及长烷基链单胺的含量应满足下式：

$$b > a \geqslant b/2 \tag{14.2}$$

$$2(b-a) \geqslant c > 0 \tag{14.3}$$

其中，a 为二胺的摩尔数；b 为二酐的摩尔数；c 为单胺的摩尔数。常用的各种二胺、二酐以及单胺如图 14.15 所示。

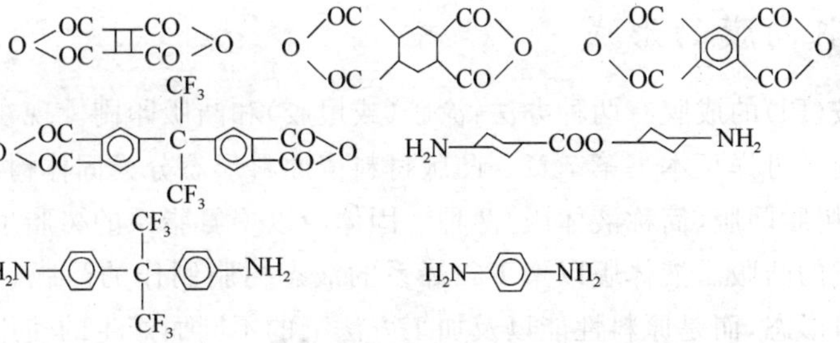

图 14.15　常用的各种二胺、二酐以及单胺

预倾角的大小除与聚酰亚胺的分子结构有关外，还与二胺、二酐的结构、添加剂的种类与含量、聚酰胺酸的固含量、摩擦条件、摩擦材料以及基片玻璃的种类等因素有关。

此外，还要求取向膜低带电化，因为在实际应用中取向膜表面带静电，带电量多将会破坏膜的绝缘性，在背光源照射下会引起画面缺陷。对 TFT-LCD 来说，在摩擦时产生的静电增多会击穿 TFT 阵列，同时要求使用低温取向剂，否则太高的烘烤温度也将引起 TFT 电学性能的变化，因此合成低温取向剂是一个很重要的研究课题，用饱和五元环二酸酐合成的聚酰胺酸在约 200 ℃下固化，从而保证了 TFT 阵列在烘烤过程中性能不变。

目前典型的聚酰亚胺(PI)性能见表 14.13 和表 14.14。

表 14.13　典型的 PI 性能(溶液)

-	SE-150	SE-4110	SE-610
固含量/(%)	8	8	8
黏度/cp	330	30	350
溶剂	NMP/丁基溶纤素	NMP/丁基溶纤素	NMP/丁基溶纤素
杂质含量/ppm (Na)	<0.5	<0.5	<0.5

表 14.14　典型的 PI 性能(成膜)

	SE-150	SE-4110	SE-610
分解温度	440 ℃	420 ℃	450 ℃
折射率	1.63	1.64	1.61
透光率(可见)/(%)	94	94	-
电阻率/(Ω·cm)	6×10^{16}	2×10^{16}	3×10^{16}
介电常数	2.9	3.0	2.9
硬度	H	H	H
预倾角/(°)	4～5	5～6	6～7

14.7.2　取向膜的形成

聚酰亚胺(PI)的成膜有两种办法:涂胶(或甩胶)和凸版印刷。现在常用后者。关于凸版印刷读者可详见本书第 7 章。凸版材料依原料形态分为固体树脂凸版(简称固体版)和液体树脂凸版(简称液体版)两种。固体版以聚氨脂系的树脂生产的规格化厚度的版材制成的凸版。液体版以聚丁二烯系的液态树脂制作的凸版。其深层次的区别不在于原料形态,而是原料性能以及加工方法上的不同而产生的使用特性的差异。

液体版耐溶剂性能较好,在 NMP(N-甲基吡咯烷酮)中浸泡,液体版材料只吸收约 2%,而固体版材料则吸收约 15%。正因为这点,固体版在显影清洗过程中,版材的厚度、图形尺寸及网纹深度会发生变化,而液体版基本不存在这类问题。同样,在用 NMP、丙酮或酒精作溶剂的擦拭试验中,可明显发现,液体版的耐擦性能远远好于固体版。

形成排列层的最普通的方法是用织物或布来摩擦玻璃表面,由于聚酰亚胺(PI)有高的稳定性,因而用来作为表面排列取向层。用凸版印刷将 PI 均匀地涂在玻璃表面上,在约 250 ℃下烘烤,其厚度在 50 nm(500 Å),然后用适当的织物以同一方向摩擦,摩擦力为 5～25 kg/cm^2,应避免重复摩擦,用旋转摩擦轮可产生较稳定的排列,与该层接触的液晶分子自动地按摩擦方向排列。液晶分子在摩擦后的聚酰亚胺表面的排列取向机理非常复杂,其中一种理论认为是由摩擦形成的微细沟槽或线栅(grating)沿摩擦方向产生不平衡的电荷,这样的电荷吸引向列相液晶分子。用作排列取向的聚酰亚胺材料种类很多,可以选用最适合的聚酰亚胺材料来得到一定的预倾角和稳定性。

TN-LCD 用的 1°～2°小预倾角是很容易实现的，然而 STN-LCD 显示需要较大的预倾角，通过摩擦 PI 膜一般不易得到大于 10°的预倾角。如图14.16所示为 STN 显示中扭曲角与预倾角的关系。

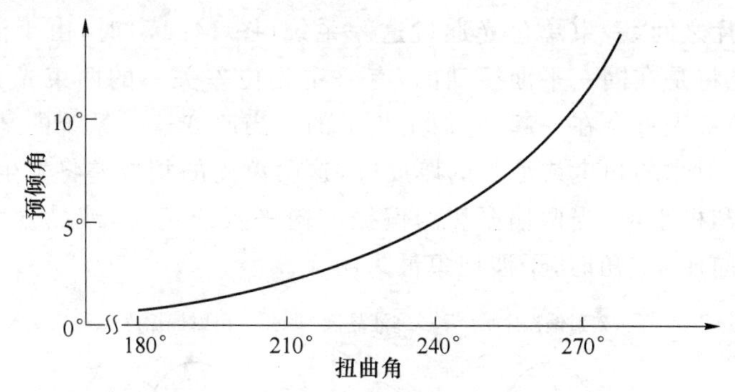

图 14.16　STN 显示中扭曲角与预倾角的关系

14.7.3　取向材料的最新进展

近年来，对光固化取向剂的研究已经取得了一定的进展，如光固化的聚酰亚胺已经在 LCD 器件制造工艺中得到应用。目前，用线性偏振光聚合光敏材料来得到 LCD 用取向层的方法(LPP)引起了人们的兴趣，所用原料为对位氟代肉桂酸等，在线性偏振光的照射下，使肉桂酸沿一定的方向发生侧链的[2+2]光环化反应，引起交联，其实质是利用光线的各向异性，通过光环化反应使肉桂酸分子在空间的分布具有一定的规律，从而引起分子密度的波动，其与液晶分子之间的 Van der Waals 作用或极性相互作用各向异性地传递给液晶分子，使液晶分子在空间有规律的排列，从而达到取向的目的。用这种方法获得的取向膜不需要摩擦，从而简化了 LCD 器件的制造工艺。

提高液晶显示器件的视角是液晶显示技术研究的重要课题之一，近年来人们提出的提高 LCD 视角的方法之一是将 LCD 的像素再分成 2 个或 4 个子像素，使子像素处于不同的排列状态(或有不同的预倾角)。对于处于工作状态的像素而言，其所包含的子像素从某些角度看处于亮态，而另外一些子像素可能处于超出了通常的 LCD 视角的范围。而从更大的视角范围看，这些子像素却处于正常的工作状态，而原先的那些子像素又不能正常工作。由于自补偿作用，人眼将无法分辨出这些子像素，这样从很宽的视角范围来看，有关选定的像素中总有一个子像素处于正常的工作状态，这样就达到了提高视角的目的。将像素分成 4 个子像数提高视角的效果更好，这就是所谓的 SMD(Super-multidomain)-TN-LCD 的方法，目前人们已得到了分辨率优于 4 μm 的用 LPP 法制成的 LCD 器件样品。

14.7.4　预倾角的测量

在 LCD 显示中，不同的扭曲角要求具有不同的预倾角，预倾角的测量是实现 LCD 显示的关键技术之一，预倾角的测量方法主要有晶体旋转法(crystal rotation method)、电容法(capacitive method)以及磁零法(magnetic null method)等。限于篇幅,这里只介绍晶体旋转法,这也是应用最为普遍的一种方法。

晶体旋转法测定液晶分子预倾角的原理是根据液晶的双折射效应。当一液晶盒置于两偏振片之间,一束单色光通过这一系统(图 14.17)时,由于液晶的双折射效应,其出射光将是在同一平面振动的,有一定相位差关系的两束光。由于液晶层很薄,因此这两束光重合在一起,它们是相干的。当改变这一系统的某些条件,如单色光的波长、入射光的角度或液晶的厚度等,这两束光的相位差将发生变化,从而产生干涉极大值和极小值;当两偏振片的偏振方向平行或正交,液晶盒取向层的摩擦方向与偏振方向成 45°角时,干涉现象最为明显。

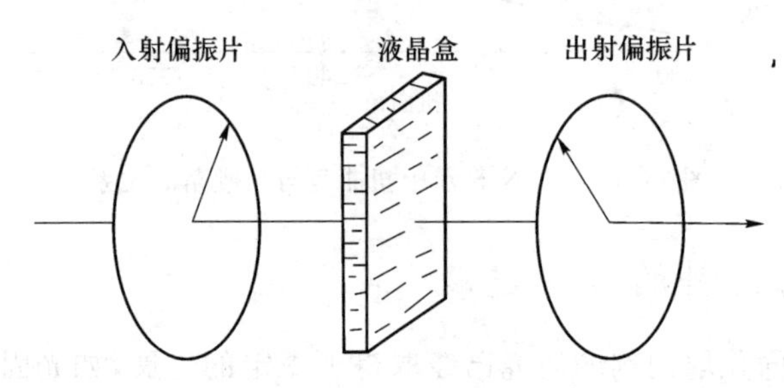

图 14.17 偏振光干涉系统图

下面讨论改变单色光的入射角时其光强的变化。首先考虑这样一种情形,在一液晶层表面 AA′上有一单色点光源 S,在液晶中,由于寻常光(o 光)和非寻常光(e 光)的传播速度不同,并且 o 光的传播速度与方向无关,而 e 光的传播速度与方向有关。因此,在某一时刻,液晶中 o 光和 e 光的波振面如图 14.18 所示(假设它是负单轴晶体),o 光的波振面为一球面,e 光的波振面为一椭圆旋转面。图中 SB 方向为分子长轴方向,α 为液晶分子预倾角,椭圆短轴方向 SO 与 SB 垂直。很明显,在 SO 两边与 SO 夹角相同的 SC 和 SD 方向上,o 光和 e 光的速度差是相同的,或者说在 SC 和 SD 方向上液晶的 Δn 是相同的。如果不是点光源,而是图 14.17 所示系统时,旋转晶体分别使光线沿 SC 和 SD 方向传播,其出射光的干涉强度应该是对应的。由此可进一步推论:在如图 14.17 所示系统中,当通过旋转晶体来改变单色光的入射角时,其出射光的强度随入射角的变化将是关于 SO 对称的图形(严格说应是近似对称的图形),并且由图 14.18可以看出,在 SO 方向,o 光和 e 光的相位差有最大值。在上述情况下,o 光和 e 光的相位差的表达式为

$$\delta(\theta)=\frac{2\pi d}{\lambda}\left[\frac{1}{c^2}(a^2-b^2)\sin\alpha\cos\alpha\sin\theta+\frac{1}{c}\left(1-\frac{a^2b^2}{c^2}\sin^2\theta\right)^{\frac{1}{2}}-\frac{1}{b}(1-b^2\sin^2\theta)^{\frac{1}{2}}\right] \tag{14.4}$$

其中,$a=1/n_o$,$1/n_e$,$c^2=a^2\cos^2\alpha+b^2\sin^2\alpha$,$\theta$ 为入射角,α 为预倾角,λ 为波长,d 为液晶盒盒厚。由于 SO 方向是 o 光和 e 光的相位差最大的方向。因此,这一方向满足

$$\left.\frac{\mathrm{d}\delta(\theta)}{\mathrm{d}\theta}\right|_{4\max_m}=0 \tag{14.5}$$

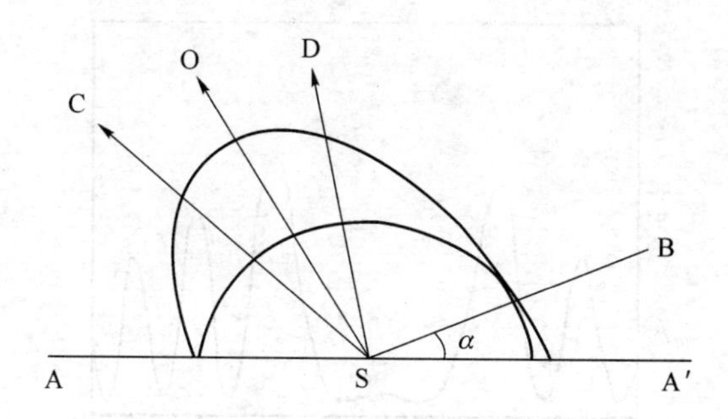

图 14.18 点光源情况下，液晶中 o 光和 e 光的波振面

其中，θ_m 是 SO 方向所对应的入射角。由此得出

$$\frac{1}{c^2(a^2-b^2)}\sin\alpha\cos\alpha-\frac{a^2b^2}{c^2}\left(1-\frac{a^2b^2}{c^2}\sin^2\theta_m\right)^{-\frac{1}{2}}\sin\theta_m+b(1-b^2\sin^2\theta_m)^{-\frac{1}{2}}\sin\theta_m=0 \tag{14.6}$$

方程中 θ_m 是通过测试得到的。由计算机解方程(14.6)可得到预倾角 α。在预倾角 α 较大、光线可沿 AB 方向传播时，还可以得到以 AB 方向为中心的对称图形。由于光线沿 AB 方向传播无双折射效应。所以在这种情况下预倾角 α 的计算公式为

$$\alpha=\arccos^{-1}(\sin\theta_m/n_0) \tag{14.7}$$

晶体旋转法测试预倾角的基本装置如图 14.19 所示。图中入射偏振片和出射偏振片的偏振方向互相垂直，液晶盒的摩擦方向与偏振片的偏振方向成 45°角，液晶盒可以绕与摩擦方向垂直而且通过液晶层中心的轴旋转。如果液晶盒厚较薄，要在光路中加补偿器。由步进电机带动液晶盒转动。单色光经过液晶盒后产生双折射，干涉光强度信号由光电倍增管接收，经信号放大，A/D 变换后由计算机进行数据处理。图 14.20为干涉光强度随入射角度变化的曲线。从中可找出对称图形的对称点及其对应的入射角 θ_m。

影响晶体旋转法测量精度的因素，除了设备(如转台)精度外，液晶盒厚度和均匀度是重要因素。当液晶盒厚较薄时，干涉产生的对称点难以确定，造成测量结果误差。所以有必要加补偿器，对晶体旋转法加以改进。

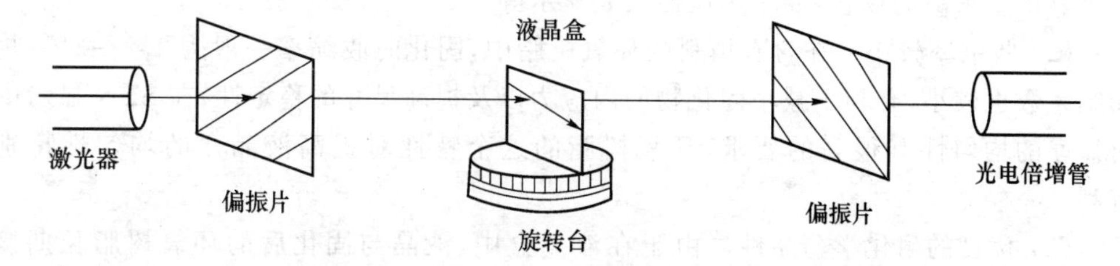

图 14.19 晶体旋转法测量预倾角实验装置示意图

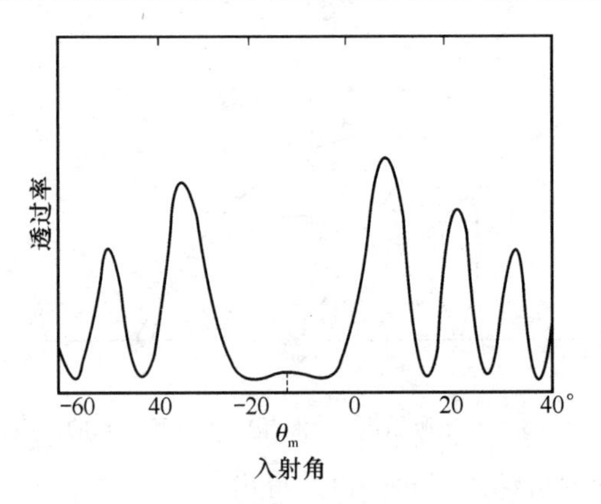

图 14.20　透过率随入射角的变化曲线

14.8 封接材料

在 LCD 器件制造过程中,丝印工序是在玻璃基片的封接区域内丝印上封接材料,在这个过程中,最重要的是如何得到均匀和精确的盒厚。为了达到这个要求,必须在封接区域和显示区域中使用衬垫(Spacer)。在这个工艺过程中使用的材料有丝印胶、衬垫、堵口胶及导电胶等。

14.8.1 丝印胶

在已经涂有取向层的二片玻璃中的一片上用丝网印刷技术印上一层黏接材料(丝印胶),其中留有一个或几个开口以便于灌注液晶。黏接材料(丝印胶)绝不能与液晶材料发生化学作用,同时应有效地将外部的水蒸气和污染物隔开。典型的黏接材料(丝印胶)是环氧树脂,一般选择热固化的环氧树脂(单组分环氧树脂黏接材料组成如表 14.15 所示),这是由于环氧树脂具有如下特性。

(1) 黏接强度高。环氧树脂与玻璃等非金属材料黏接的强度往往超过材料本身的内聚强度,因而有利于防止液晶盒的泄漏、提高显示器件的可靠性,使显示器件能用于可靠性要求高的场合,如军用仪器仪表显示等。

(2) 收缩率较小。在含有填料的环氧树脂中,固化时收缩率一般为 1%～2%,热膨胀系数也较小,有利于减小固化物的内应力以及提高尺寸的稳定性,在 STN 显示中对盒厚的均匀性有很高的要求,环氧树脂的这个特性对提高液晶盒的均匀性特别有利。

(3) 优良的耐化学药品性。由于在液晶盒中,液晶与固化后的环氧树脂长期接触,显示器件在长期使用过程中,其功耗电流不会有较大的变化。

(4) 电气特性优良。环氧树脂固化后,其电阻率(体电阻)一般在 $10^{14}\sim10^{15}\,\Omega\cdot\text{cm}$ 之间,如使用酸酐类固化剂,一般能得到玻璃化温度(T_g)高的固化物,有利于提高绝缘性能。

(5) 加工和操作方便。环氧树脂可与多种固化剂、改性剂简单混合,配制方便,可以室温固化或加热固化。为便于丝网印刷,可以加入气相 SiO_2 一类的触变剂,因而当胶黏剂静置时,具有较大的黏度,在搅拌或丝网印刷过程中黏度变小,便于印刷,叠合后又有较高的黏度,减少流胶,便于操作。

表 14.15　单组分环氧树脂黏接材料组成

成　分	功　能
环氧树脂(主要有双酚 A 环氧、环氧化酚醛、丁二醇双缩水甘油醚环氧等几种)	主成分,确定黏结强度
环氧改性剂(主要有端羧基丁腈橡胶、有机硅橡胶等几种)	应力释放,增强黏结强度
潜伏型固化剂(双氰双胺)	固化,提高硬度和 T_g
填料(气相二氧化硅、氧化铝等)	调节膨胀系数,定型
偶联剂(γ-氨基丙基三乙氧基硅烷等有机硅)	增强黏结强度和耐湿性
溶剂	调节黏度改变印刷性能

14.8.2　衬垫

为了控制液晶盒的厚度,在封接材料中应含有衬垫,通常使用切碎的玻璃纤维,它有非常精确的直径,它们的直径比所需要的盒厚稍小一点,其直径分布必须比盒厚的误差小得多。

印刷完封接材料后,经过预烘烤,在有效显示面积区域内同样使用衬垫,普通 TN 显示液晶盒盒厚大约为 6～10 μm,控制精度在 0.3 μm 内,STN 显示需要精确地控制盒厚,精度在±0.05～0.1 μm 范围内,需要使用性能好的塑性衬垫。常用的衬垫的类型及其性能列于表 14.16 中。

表 14.16　衬垫的种类和性能

-	玻璃纤维	塑料	SiO_2
形状	圆柱状	球状	球状
粒度分布	○	Δ	©
强度	○	Δ	○
对基片的损伤	×	○	Δ
散布数	少	多	少
遮光性类型	×	Δ	○

注:©—优良;○—良好;Δ—一般;×—较差。

玻璃纤维一般混在丝印胶中使用,塑料微细弹性球由于具有弹性,能够非常精确地控制盒厚,所以在 STN 显示中得到广泛的应用。如何均匀地喷洒衬垫与衬垫的类型的选择具有同样重要的地位。目前采用的喷洒方法有湿喷和干喷两种。前者将衬垫均匀地分布在溶剂中,衬垫的浓度一般为 1～2 g/L,以前使用氟利昂作为溶剂,也使用 5%～20%的乙醇和氟利昂的混合溶剂,由于环境保护的要求,目前使用氟利昂的替代物,将衬垫和溶剂搅拌均匀,在超声波下分散 30 min,玻璃基片放在喷粉机的下方,使溶剂均匀喷出,有些喷粉机内为高温,在衬垫落在基板之前溶剂已经挥发完,在玻璃基片上得到均匀分布的衬垫。喷粉机的种类和高度、喷洒时间及衬垫沉降时间等均为要研究的内容。在某些情况下,也可以使用水作为溶剂,此时应使用超纯水作为溶剂,低质量的水将会使玻璃基片上沾有污点。干式分布用气体来分散支撑料,喷粉机的型式有多种多样,但主导式样是采用静电排斥的方法,加电场使衬垫带同符号的电荷,由于衬垫的同性相斥使其分散开来,由于不使用溶剂,所以保持了基片表面的清洁度。

由于衬垫的质量直接影响显示器件的质量,所以衬垫新技术的发展方向主要要解决以下几个问题。

(1) 黏接性衬垫。衬垫喷洒在玻璃基片上以后容易移动,它一方面破坏了均匀性,甚至引起盒厚均匀性的变化;另一方面容易损伤取向膜,目前采用热塑性树脂的衬垫,喷洒后的热处理使衬垫固定在基片上。

(2) 遮光性衬垫。衬垫是用透明材料组成的,允许光线透过。如果画面是黑的,在衬垫部分将有光通过,对比度下降,要提高对比度考虑使用不透光的黑色衬垫。如果画面是白色的,使用黑色衬垫将使显示器件质量下降,但是与画面是黑色时使用白色衬垫相比,对显示器件质量影响的程度要小得多。

(3) 防止衬垫表面对液晶分子取向的扰乱。与其他部分液晶分子的取向相比,衬垫周围液晶分子的取向要发生变化,引起衬垫周围色调的变化,这就是对比度不好的原因,其影响范围达到衬垫直径的 1.5 倍。人们采用使衬垫表面能降低以及使衬垫表面凹凸不平等方法来降低衬垫表面对周围液晶分子取向的扰乱,但效果很小。

今后研究的重点仍为防止衬垫表面对周围液晶分子取向的扰乱、降低衬垫的不良影响以及减少衬垫的用量。

14.8.3　堵口胶

在一片玻璃基片上喷上衬垫以后,与另一片印有丝印胶的基片进行贴盒,精确地排列两个玻璃片上的电极图形以便形成显示像素,在一定温度下烘烤形成空液晶盒,经过切割后,在真空条件下灌注液晶,用堵口胶将灌注口堵上。这种堵口胶同样要求具有高的化学稳定性及防止污染。

常用的堵口材料有室温固化的环氧树脂和紫外光固化的树脂,对于大规模工业化生产来说,室温固化周期较长,而紫外固化树脂只需几秒钟的光照时间。实际使用的紫外固化胶是由多种成分组成的,其主要成分是在紫外光照下反应的不饱和聚合物(由它提供了材料的大多数所要求的特性,如硬度、化学稳定性以及柔韧性等)、反应性稀释剂和光引发剂(photoinitiator)等。

紫外固化聚合物一般为环氧树脂、聚氨酯、聚己酸内酯、聚醚等的衍生物,典型产品如图 14.21 所示。

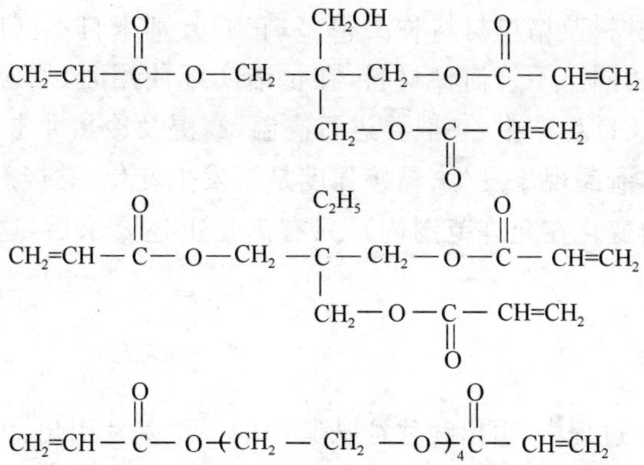

$CH_2{=}CH{-}C(O){-}O{-}CH_2{-}C(CH_2OH)(CH_2{-}O{-}C(O){-}CH{=}CH_2){-}CH_2{-}O{-}C(O){-}CH{=}CH_2$　(PETA-HF)

$CH_2{=}CH{-}C(O){-}O{-}CH_2{-}C(C_2H_5)(CH_2{-}O{-}C(O){-}CH{=}CH_2){-}CH_2{-}O{-}C(O){-}CH{=}CH_2$　(TMPTA)

$CH_2{=}CH{-}C(O){-}O{-}(CH_2{-}CH_2{-}O)_4{-}C(O){-}CH{=}CH_2$　(TTEGDH)

图 14.21　典型产品

为了调整含反应性预聚物和聚合物配合料的浓度,使之有效地交联,可适当添加多官能团的单体作为反应性稀释剂,它们对固化物的黏结强度、固化速度有很大的影响。

光引发剂是紫外固化胶中一个基本成分,在紫外光辐射的影响下引发聚合反应时,它提供了高能量的自由基,反应机理如下。

(1) 光化学激化引发光引发剂,使其均裂成自由基,如图 14.22 所示。

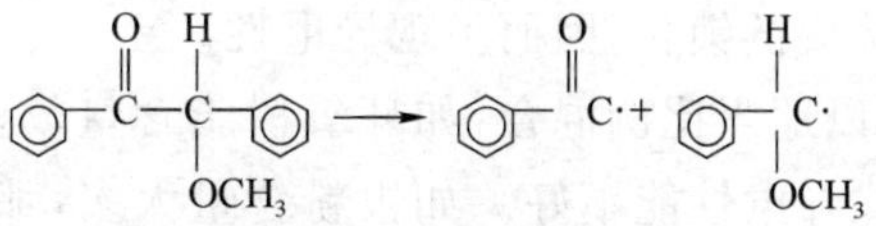

$C_6H_5{-}C(O){-}CH(OCH_3){-}C_6H_5 \longrightarrow C_6H_5{-}\dot{C}(O) + C_6H_5{-}\dot{C}H(OCH_3)$

图 14.22　光化学激发

(2) 把光引发剂从基态的单线态激发到激发态的三线态,电子转移到氢原子给予体上,从而产生自由基,如图 14.23 所示。

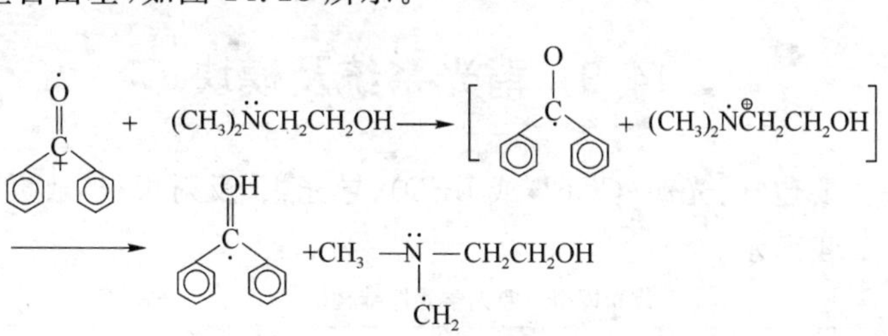

$(C_6H_5)_2C{=}\dot{O}$ + $(CH_3)_2\ddot{N}CH_2CH_2OH \longrightarrow [(C_6H_5)_2\dot{C}{-}O^{-} + (CH_3)_2\dot{N}^{\oplus}CH_2CH_2OH]$

$\longrightarrow (C_6H_5)_2\dot{C}{-}OH + CH_3{-}\ddot{N}(\dot{C}H_2){-}CH_2CH_2OH$

图 14.23　单线态激发态的三线态

产生的自由基是非常活泼的,它促使光固化胶聚合。

研究结果表明,使用紫外固化的胶黏剂时,不但固化时间大为缩短,而且也可以获得良好的剥离强度,对热、水的耐久性也好。

由于紫外固化时,紫外光对液晶材料有影响,尤其是 Δn 较大的液晶材料,较长时间的照射要损坏液晶材料,对高质量的液晶显示器件不利,解决的方法是尽量缩短光照时间或采用室温固化堵口胶。

生产中使用的封接材料及堵口材料种类很多,它们分别来自不同的生产厂家,因而使用的工艺条件也不相同。不管何种材料,在付诸实际使用时,均应对其各种功能的保持性开展研究,在LCD生产中,一般要进行高温、高湿及冷热冲击试验,经过长期的试验,检查是否有液晶泄漏现象发生、黏接强度是否发生变化、黏接剂的光热稳定性是否变化等(功耗电流的变化在允许范围内),只有满足上述要求后,这种材料才能付诸实际使用。

14.8.4 导电胶

在TN显示器件生产过程中,引出线往往从其中的一个基片引出,因而需要有导电胶(银点胶)将另一片上的电极引至该片上。导电胶是由导电填料、黏接材料及添加剂等组成的,它们的种类很多。在LCD器件生产中使用的导电胶的黏接材料一般为环氧树脂,它使导电性填料与基材密着,同时又使导电粒子以链锁状连接,从而产生导电性。所加的导电填料为银粉,这是因为银粉的化学性能稳定,而且导电性高。用不同方法制备的银粉对导电性能影响很大,一般使用物理方法制成的扁平状或球状银粉,也可使用化学方法制备的树枝状或鳞片状银粉。

固化前,导电胶中的黏接材料和溶剂中的导电性填料是分别独立存在的,相互间不呈现为连续接触,处于绝缘状态。在固化以后,由于溶剂蒸发和黏接材料固化的结果,导电填料相互间连接成链锁状,因而呈现导电性。

银粉与环氧树脂应以适当比例混合,如环氧树脂含量较多,在固化以后银粉不能连接成链锁状,不导电或导电性能不好。如银粉含量太多,那么由环氧树脂决定的涂膜的物理、化学稳定性就会丧失,银粉之间的连接也不牢固,因而导电性能也不稳定。银粉的含量一般为70 wt%~90 wt%。银粉的形状不同影响到导电性,鳞片状或树枝状银粉可以形成面接触,因而导电性较球状银粉为好。

14.9 背光系统及模块

背光模块主要包括:光源(CCFL或LED)、导光板、反射板、扩散板、棱镜、框架等。其结构如图14.24所示。

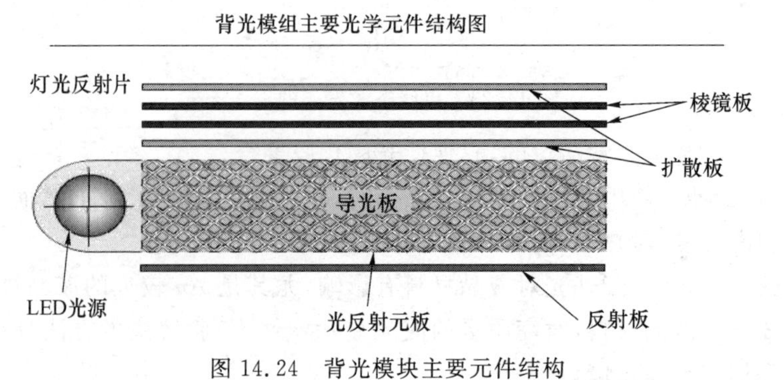

图14.24　背光模块主要元件结构

14.9.1　背光源

目前在 LCD 上用的最多的是背光源是 LED(发光二极管)。CCFL(冷阴荧光灯)已逐步淡出市场。

LED 因采用单点发光、耗电量低,再加上寿命长、短小轻薄、具环保等优势,使得目前 LED 已逐渐取代 CCFL 大量应用于各类 LCD 背光源。LED 的色彩饱和度可达到接近 100%,远优 CCFL 一般 70%～85%的表现水准。这里还要特别提出的是由于 LED 驱动较 CCFL 快得多,CCFL 的驱动需时 1～2 s,而 LED 只需要 50 ns,所以前面提到的不使用彩色滤光片,利用场序(Field Sequential Color)技术彩色化,采用 LED 做背光源就可以实现。

14.9.2　背光模块

背光模块除背光源外,其他主要元部件的功能如下。

(1) 导光板

常用聚甲基丙烯甲酯制作导光板。其作用是将点(线)光源转换为面光源,并使光能导出、对于光强均匀分配起着十分重要的作用。但是光强的最大方向基本是背离光源,并不是垂直于导光板的上表面出射,所以需要其他辅助的光学器件。

目前手机背光源导光板还是以注塑为主,作为导光板网点加工的撞点加工方式极有可能成为未来市场主流。虽然现阶段的撞点技术还存在加工不稳定,效率低等问题,但随着加工工艺与加工设备的日趋进步,将取代激光加工技术。薄型化对于背光源来讲,则是模具设计及注塑水平的提升,窄边框则是随着边框粘贴面积的缩小而亟待提升的胶带黏结特性。平板电脑,笔记本式计算机,显示器等产品的背光源领域,导光板或许会占有较大的市场份额。电视机背光源的发展趋势是节能、高亮、薄型化。在直下式 TV 领域,扩散印刷技术与透镜技术的发展将有助于厚度进一步降低。

(2) 扩散板

塑料材质(PET 或者 PC)中加入有机或者无机颗粒构成散射板。它将光束引向垂直于 LCD 面板的方向,并把光能均匀化。

(3) 棱镜片(膜)

要弥补散射造成光强更为弥散的任务,就只有落到了棱镜片(BEF)的身上。棱镜片(膜)能缩小立体角,从而提高亮度的作用,并可以进一步将光束纠正到垂直方向。有关棱镜片(膜)增亮的相关问题,将在下一节专门介绍。

液晶电视背光按照光源的位置来分的话可以分为直下式和侧入式两种。两种方式的背光模块差别很大。每种方式下不同的背光设计又有一些差异,以 32 英寸为例:

① 直下式 LED 背光的成本大概是 CCFL 背光成本的 1.4 倍。

② 侧入式 LED 背光成本大概是 CCFL 背光成本的 1.7 倍以上。

背光模块的成本构成见表 14.17。

表 14.17　背光模块的成本构成(单位%)

尺寸	18.5 英寸	21.5 英寸	24 英寸	27 英寸	32 英寸	32 英寸	40 英寸	40 英寸	47 英寸	47 英寸
	Edge lit	Edge lit	Edge lit	Edge lit	Direct Lit	Edge lit	Direct Lit	Edge lit	Direct Lit	Edge lit
LED 灯条	37	27	31	22	43	40	35	33	34	30
导光板	20	19	17	13	0	10	0	15	0	16
扩散板	0	0	0	0	7	0	8	0	10	0
扩散片	3	7	5	2	7	5	9	6	13	7
反射片	2	3	3	3	4	3	6	3	6	4
BEF	6	7	5	5	6	3	5	3	7	4
DBEF	0	0	0	15	0	13	0	15	0	15
白色胶框	5	7	6	5	4	3	5	3	6	4
铁框	12	11	16	11	11	8	13	9	14	9
组装 包装等	9	13	10	18	8	5	8	5	0	4
逆变器	6	6	7	6	10	10	11	8	10	7
合计	100	100	100	100	100	100	100	100	100	100
LED BL BOM/ CCFL BL BOM	-	-	-	-	1.4X	1.7X	1.3X	1.6X	1.3X	1.6X

LED 价格含 PCB 的价格。如果是直下式的背光还包含 LED 导热片的价格。

14.10　背光增亮技术

液晶显示器背光模组是一个高度集成的面光源系统,主要是由光源、反射片、导光板、扩散片、增亮膜及外框等组件组装而成,其中光学增亮膜与导光板是背光主要的技术和成本所在。液晶显示器背光的增亮技术直接帮助到显示器的整体功耗降低,是液晶显示器节能的主要技术手段。

我们以 32 英寸侧入式电视为例来解释背光增亮的重要性:32 英寸液晶电视的侧入式背光光源一般采用 34 颗 LED,单颗 LED 驱动电压为 3.3 V,电流 120 mA,功耗是 0.396 W。TV 用 LED 的发光效率一般是 90 lm/W,整个背光源的光通量为 121 lm。光线在反射片、导光板和扩散片这套光路中大致会损失 20%,一般的 VA 型液晶面板的透过率是 5%～10%,这里取 8%。那么灯管出射的 1 211 lm 的光通在通过整个光路后出射的光通量为

$$1\ 211 \times 80\% \times 8\% = 77.5\ \text{lm}$$

将此光通量除以屏幕的面积,再除以 π(假设屏幕出射光线在各个角度上强度相同),得到这个屏幕轴向(在正视角度上,视角为零)亮度为 87 nit。这个亮度是普通家

用液晶电视的亮度 1/3 到 1/4。不适合用户使用。在不增加背光光源功耗的情况下，要提高液晶屏幕轴向亮度有两种途径：①改善光线的角分布，将光线集中到正视角度上；②减少损耗，提高总的出光光通量。这些就涉及到增亮技术。

14.10.1　棱镜膜

棱镜膜是当今使用最广泛的增亮产品。它适用于小到手机显示屏大到液晶电视，各个尺寸的液晶显示模块。几乎所有的液晶背光源里面都使用了棱镜膜。棱镜膜是一层透明的塑料薄膜，厚度在 50～300 μm 之间，在薄膜的上表面均匀而整齐地覆盖着一层棱镜结构，如图 14.25 所示。棱镜膜放置在背光源的扩散片和液晶面板之间，如图 14.26所示，它的作用是改善光的角分布，它可以将从扩散片射出的均匀地向各个角度发散的光汇聚到轴向角度上，也就是正视角度上，在不增加出射总光通量的情况下提高轴向亮度。

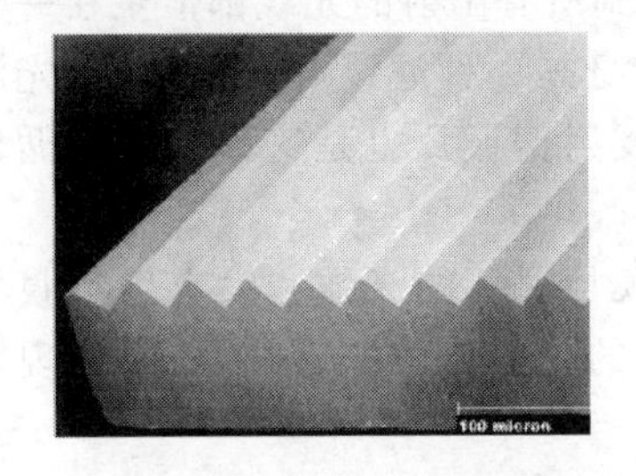

图 14.25　棱镜膜在电子显微镜下的照片

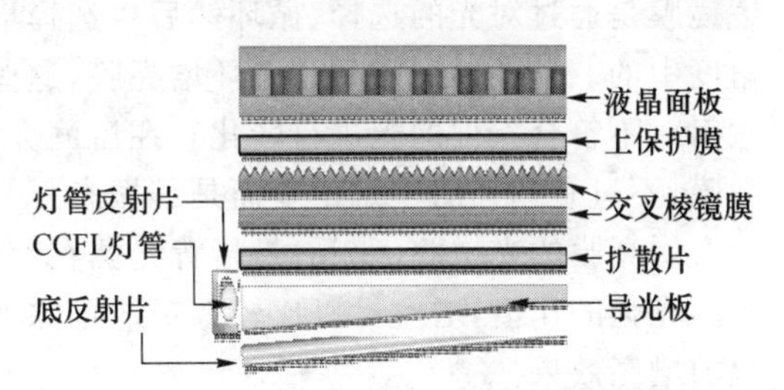

图 14.26　棱镜膜在模组中的位置

也许有人认为棱镜膜就是某种汇聚透镜，但棱镜膜真正的工作机理和汇聚透镜是有很大区别的。汇聚透镜是将通过的光线一次性的利用界面折射汇聚到一起。而棱镜膜则是对入射的光线进行选择，让符合汇聚光角度的光线通过，而不符合条件的光线则被反射回背光源，重新在背光源中散射后再回到棱镜膜，直到符合条件出射为止。如图 14.27 所示为棱镜膜对光的选择过程。

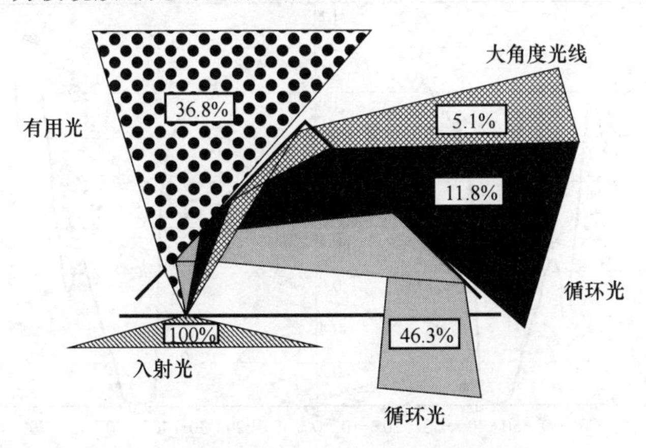

图 14.27　棱镜膜对不同角度光线的选择

进入棱镜膜的光线被棱镜膜分为三类。

(1) 直接出射。这些光线被棱镜底面折射之后,入射到棱镜面上,如入射角比全反射角小,它们就会从棱镜表面直接出射。因为棱镜侧面的倾斜角度和入射角要小于全反射角的限制,出射的光会分布在一个70°左右的范围之内。

(2) 反射回背光源。这样的光线在入射到棱镜表面上的入射角符合全反射条件,在被反射到对面的棱镜表面上时,若入射角依然符合全反射条件,光线就被反射回了背光源。这些被反射回背光源的光线会重新经过扩散片,进入导光板再被底反射片反射,然后再回到导光板,再通过扩散片,这时光线被完全打散,再一次进入棱镜膜后,又被分成三类光进行选择。

(3) 被棱镜表面全反射一次之后,到达对面棱镜表面时不符合全反射条件的光线。这些光线大部分会进入邻近的棱镜然后在那里被全反射,返回背光源。另外一小部分角度比较高的光线不能进入邻近的棱镜,这些光线最终会被损失掉。可以看出,棱镜膜是通过对光的选择、循环然后再选择最终达到所有出射的光线都汇聚在一个小角度中的。这类增亮膜称为循环增亮膜,这些膜本身是一种滤镜,同时利用背光源的散射对不符合条件的光进行转化。在后面介绍的反射偏振片也是这种类型的循环增亮膜,不过它选择的不是角度而是偏振态。

增亮膜的光增益(Gain)是指背光源在有增亮膜情况下的光强和没有增亮膜情况下的光强的比值,增益可以比较客观地排除背光源的光强分布的影响,而只体现增亮膜的增亮效果。

$$\text{G Gain} = I_{\text{out}} / I_{\text{in}}$$

棱镜膜在垂直棱镜的平面中将光线汇聚,一张棱镜角度为90°的棱镜膜在此平面中对光的增益如图14.28所示。可以看出轴向增益约为1.5,而随视角增加,增益变化不大,视角大于20°之后增益缓慢下降,在40°之后增益突然下降到0,在50°处逐步升高到大角度的1.5左右。在40°～50°之间增益会突然下降是因为光线在从棱镜面出射之后,如果出射角度接近0,也就是垂直棱镜表面,或者向背光源方向有一定角度倾斜出射的话,光线就会进入到邻近的棱镜中。

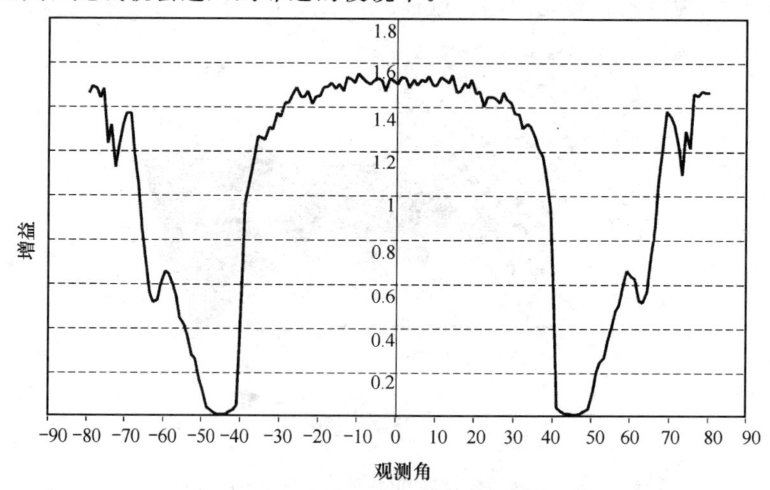

图 14.28　顶角为直角的棱镜膜的增益分布

制作棱镜膜的材料多种多样，较多使用的有 PET 和 PMMA，PC 也可以用来制作棱镜膜，但是成本较高。一般棱镜膜材料的折射率在 1.5～1.6 之间。折射率越大则棱镜对光线的汇聚能力越强，Gain 值越高。棱镜材料还影响到膜片的抗刮伤及抗压能力，一般选择抗压及高折射率材料来帮助提高产品的信赖性及轴向亮度。棱镜膜轴向增益、增益的分布，还与棱镜的顶角角度相关，如图 14.29 所示。随着棱镜角度的增加截止角不断增加。而轴向增益在 90°处是极大值，随角度增加或者减小轴向增益都减小，所以棱镜膜的顶角多采用 90°的设计。

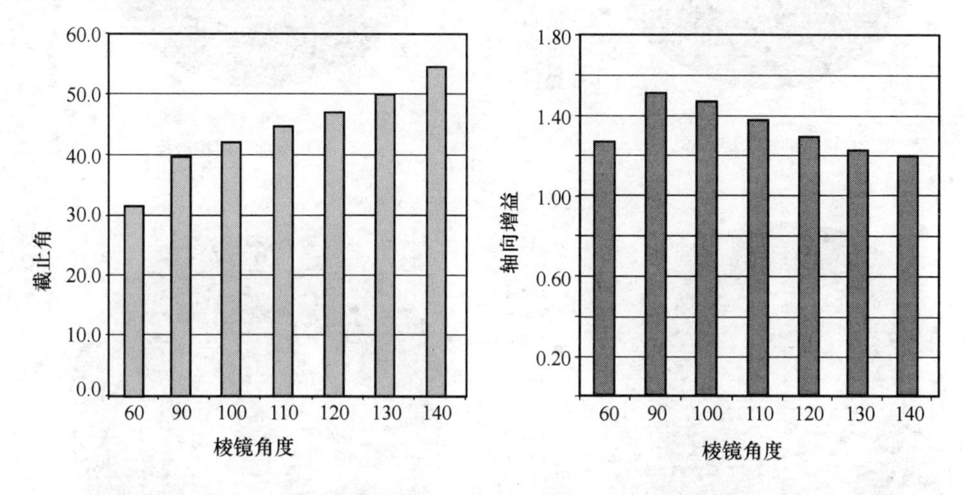

图 14.29　棱镜膜材料折射率 1.5 的情况下不同棱镜角度的效果

在背光源上使用一张棱镜膜可以使得光线在一个方向上汇聚，如果在这张棱镜膜上面再叠加一层棱镜方向与其垂直的棱镜膜，如图 14.26 所示，光线就可在两个方向上都得到汇聚。两张棱镜膜能够达到的轴向增益大约为 2。也就是说，在没使用棱镜膜的情况下背光源的轴向亮度为 I 的话，两张相交叉的棱镜膜可以将光汇聚到轴向附近，达到 $2I$ 的轴向亮度。在手持设备和笔记本屏幕中多使用这样的交叉棱镜膜的配置，因为这样的小屏一般为单人使用，不用照顾水平视角；而对于显示器或者电视这样的大屏，需要拥有比较宽的水平视角，通常只使用一张棱镜方向为水平的棱镜膜。目前主流的液晶显示屏的导光板多为单侧进光的楔型导光板，这样的导光板在向上出光的时候，光线会偏向远离灯管的一边，使用交叉棱镜膜除了可以聚光，还可以帮助调整背光源出光方向，如图 14.30 所示。图中使用的是表示光强随视角分布的级坐标图，坐标中心点是轴向视角，r 代表观测角度与屏幕轴向的夹角，φ 标注了轴向夹角固定，上下左右转动观测点时的位置。在图 14.30(a)中，没有扩散片的情况下，楔型导光板基本集中在很大的角度上，这个角度还会在后面进一步讨论。图14.30(b)为放置了扩散片之后，光因为在扩散片中的散射，向轴向靠拢了一些，但是极强位置仍然与轴向有着 45°的夹角；图 14.30(c)为在扩散片上又放置了一片棱镜沿竖直方向的棱镜膜后，光强分布在水平方向上向中间汇聚，而且因为棱镜膜的光循环作用，一部分光进一步地被扩散片散射，光分布极强靠拢到了离轴向 30°的位置；图 14.30(d)为在最上面在加放一张水平方向的棱镜膜，光线被完全汇聚到了轴向上。

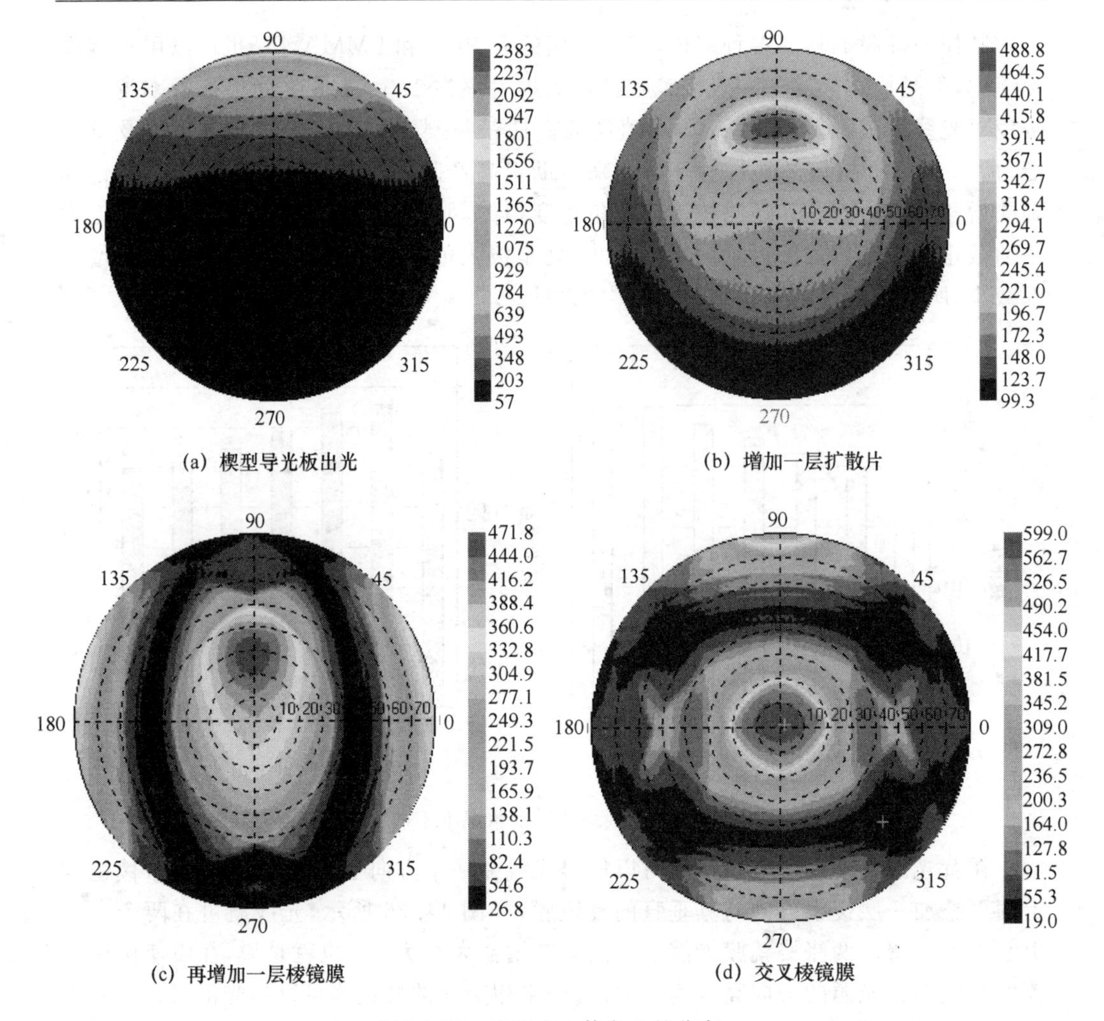

(a) 楔型导光板出光　(b) 增加一层扩散片

(c) 再增加一层棱镜膜　(d) 交叉棱镜膜

图 14.30　光强在立体角上的分布

使用交叉棱镜膜不一定需要两张棱镜膜互相完全垂直。如果两张棱镜膜的夹角不是90°而是80°的话,总的增益下降不到2%。这样的特性可以给设计者通过转动棱镜膜来避免摩尔效应以节约更多的空间。摩尔效应是两个相重叠的具有相近空间频率或者相近的整数倍空间频率的图案,因为角度或者频率不能精确吻合而产生的相干图案。比如两组平行线在错开一定角度后会产生相干的平行线图案,如图 14.31 所示。在液晶屏中常见的摩尔现象有两种:像素摩尔现象和反射摩尔现象。

像素摩尔现象是指棱镜膜的平行线结构和液晶面板上面像素的空间图案相互作用产生的摩尔现象。为了消除这种摩尔现象,有的液晶生产厂家将上棱镜膜转动一个角度,比如不是完全水平,而是转动一个小角度(小于 10°)。这样既可以避免摩尔现象也不会损失增益。另一种方法是使用具有随机空间结构的棱镜膜,这种棱镜膜在棱镜的长度、高度和宽度上都随机排列,可以在一定程度上避免摩尔现象的产生。第三种方法是可以在上棱镜膜上方增加一片有一定雾度的保护膜,同样也可以避免像素摩尔现象。

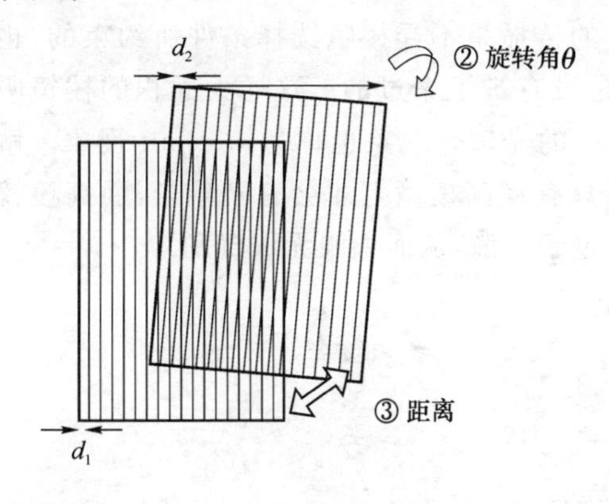

图 14.31　两组平行线产生的摩尔现象

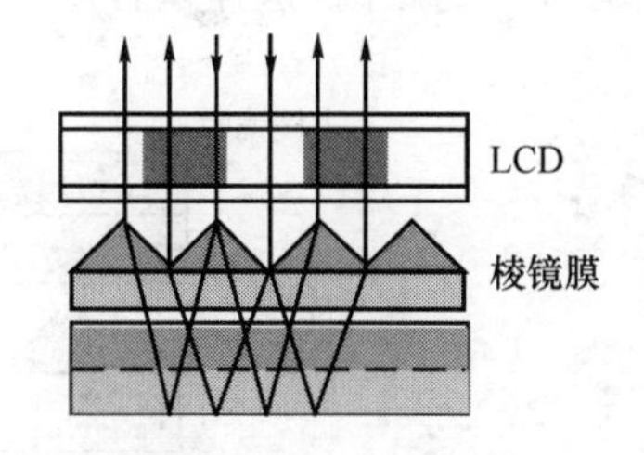

图 14.32　反射摩尔现象

反射摩尔现象相对复杂,其产生于交叉棱镜膜结构中,如图 14.32 所示。上层棱镜膜的棱镜在下层棱镜膜的底面成像,因为棱镜膜会有一定的弯曲,从而像和物不能保持完全的位置上的重合,这样便产生了摩尔现象。上棱镜膜使用底面有一定雾度的棱镜膜可以消除反射摩尔现象,因为上棱镜膜底面的雾度可以阻止棱镜在下棱镜膜底面成像。一般来讲,在使用交叉棱镜膜的背光源中,上棱镜膜都使用的是这样的有底面雾度的棱镜膜。棱镜膜底面有雾度也有不利的地方,就是会损失轴向增益。如图 14.33所示,在光线入射棱镜膜时,底面的雾度会使得光线出射角度范围变大,比较图 14.28 可知,大角度入射棱镜的光不符合三类选择的任何一类条件,从而不会被有效地汇聚到轴向上,所以轴向增益会降低。

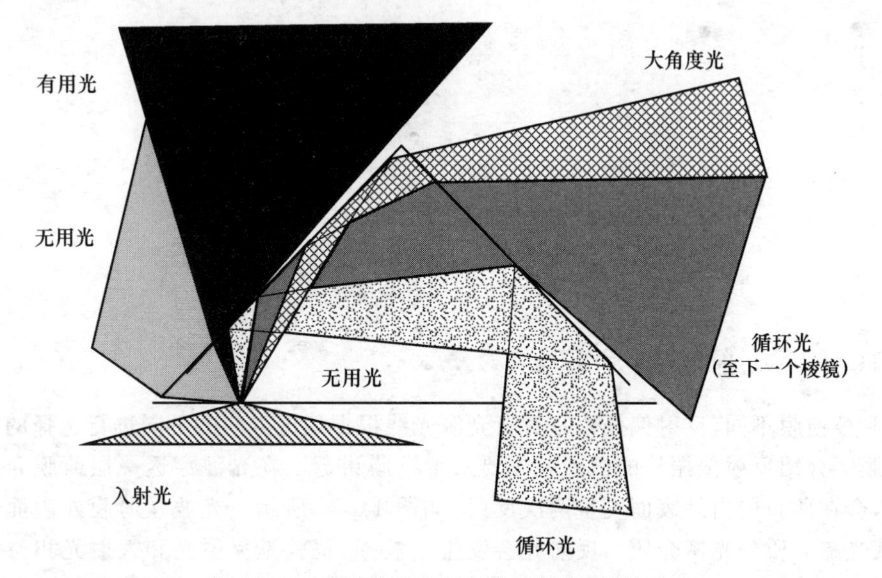

图 14.33　有雾度底面对棱镜膜光利用的影响

在棱镜膜的使用中还会有一种现象会影响显示质量,就是棱镜光耦合,如

图 14.34所示。棱镜顶端接触到上一层棱镜或者光滑的保护膜时,棱镜尖端会变形而贴附于其上。这样在这个尖端的范围内,光的传播是不受棱镜选择条件所约束的,也就是说在贴附的尖端范围内出射光的分布是没有被汇聚过的。这样大面积的棱镜吸附会带来轴向上水波纹一样的阴影,所以这样的光耦合现象也称为 wet-out 现象。解决光耦合的方法就是使用高低不平的棱镜,只有在高棱镜上才会有光耦合,而高棱镜之间会有一定的距离,这样耦合产生的阴影过于分散,从而人眼无法辨别。

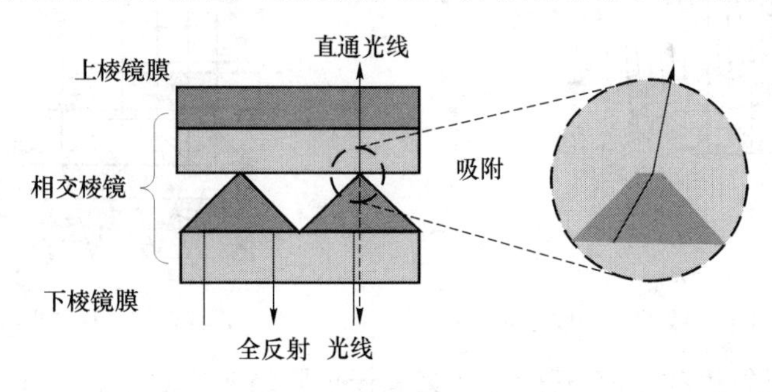

图 14.34　棱镜光耦合

如上所述,两张棱镜片交叉使用会有摩尔条纹、wet-out,翘曲等问题发生,为了更好地解决这些问题,提高交叉棱镜在背光模组中的光学效果并降低背光模组的厚度,棱镜生产厂商将两张棱镜膜交叉贴合在一起,上下棱镜之间的夹角是 90°,下棱镜膜较高的棱镜顶端会有一个突起物,这个突起物和上棱镜膜的底面用胶粘在一起(如图 14.35 所示)。这样两张棱镜之间就会紧密粘合在一起,不会发生摩擦和翘曲,也可以有效地降低棱镜的摩尔条纹。这样贴合在一起的两张棱镜片也能够为背光组装厂的生产效率和组装良率提高带来帮助。

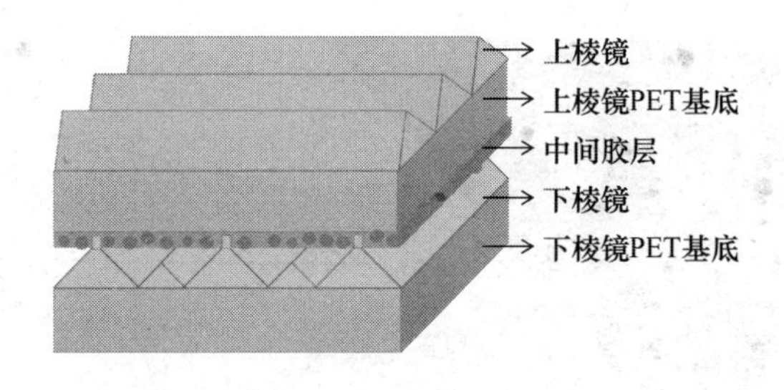

图 14.35　复合棱镜膜

14.10.2　反射偏振片

和棱镜膜不同,反射偏振片是对背光源光线根据偏振方向的不同进行选择的循环增亮膜。介绍反射偏振片的机理就先要从增反膜讲起。在光波穿透一层薄膜介质的时候,会在薄膜的内外表面发生两次反射,如图 14.36 所示。光波在薄膜外表面反射时(从光疏介质到光密介质),反射光会发生半波损,也就是反射光和入射光相位相差 180°。另一束反射光,在薄膜内表面上反射回的光,没有半波损;若在薄膜厚度恰好是入射光波波长的 1/4 厚时,两束反射光的相位差就是 360°。两束反射光发生干涉,反射光被增强。如果将很多层针对同一波长的增反膜叠加在一起,就可以得到对此波长有很高反射率的薄膜组,如图 14.37 所示。如果再将针对不同波长反射的薄膜组叠加在一起,就可以很好地反射各个波长的光。

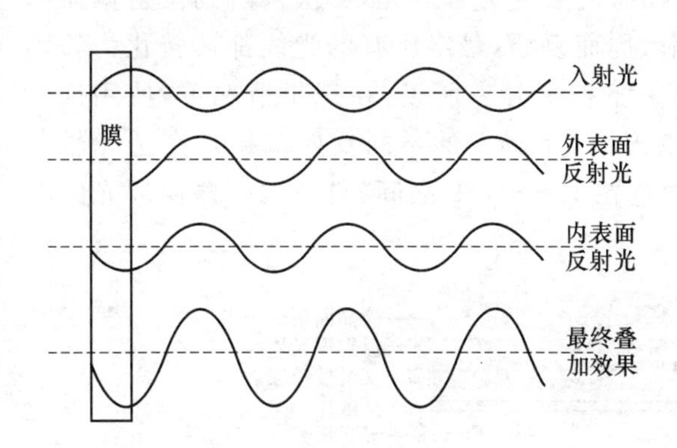

图 14.36　增反膜原理

图 14.37　多层膜的结构图

在巧妙的组合每一层薄膜的厚度并且选择合适的薄膜材料后,理论上可以完全地人为定制一张薄膜的透射和反射光谱分布。甚至在选择波长的基础上再对光的偏振态进行选择。美国 3M 公司运用这种机制和自己的专利技术,制作了具有特殊偏振属性的薄膜。这种薄膜可以精确地将平行其光轴方向的偏振光 100%的反射,而另外一个正交方向上的偏振光可以正常穿透薄膜,如图 14.38 所示。相对于普通吸收型偏振片将一种偏振态的光完全吸收,这种特殊薄膜被叫做反射型偏振片。

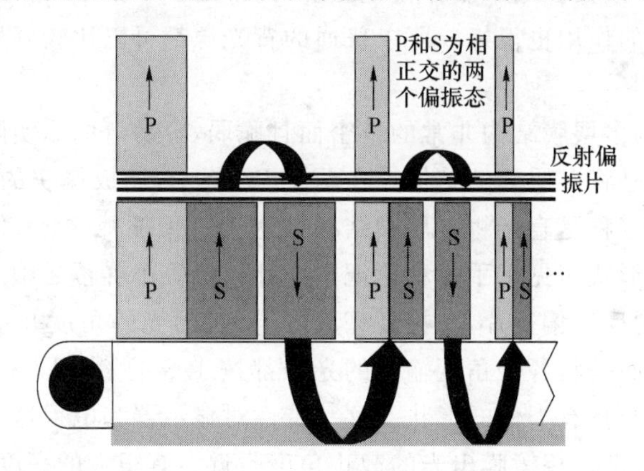

图 14.38　反射偏振片对不同偏振态光线的过滤

现在常用的液晶显示面板,不论是 TN、STN、IPS 或者 VA,在 ITO 玻璃下面都有一层吸收型偏振片(下偏振片)。它提供给液晶面板所需要偏振态的入射光。从背光源出射的光都是自然光,入射到偏振片上会有一半光能变成热损失掉。如果在背光源中使用了反射偏振片就可以避免这一半光能的损失。如图 14.39 所示,在背光源中,反射偏振片被放置在离液晶面板最近的位置,或者说反射偏振片和液晶面板的下偏振片之间是不存在任何其他薄膜。反射偏振片的透光轴也就是

图 14.38 中的 P 光光轴与下偏振片的透光轴平行放置。背光源中出射的光,有 50%符合透射条件,可以通过反射偏振片,与此同时,满足下偏振片的透过要求,从而没有损失地通过下偏振片。另外 50%的光,具有和透射光正交的偏振方向,会被反射回背光源,在背光源散射并且消偏振之后变为自然光,再次入射到反射偏振片上,继而又有一半光透射,一半被反射;周而复始,最终所有的光线都被转化为符合透射条件的偏振光,而没有损失地透过下偏振片。所以,在理想情况下,使用反射偏振片可以得到 2 的增益。在实际情况下,市场上的不同反射偏振片在透光轴上的透过率为 80%~95%,也就是光增益在 1.6~1.9 之间,再考虑一些循环光路中的光吸收,实际的增益还要略小一些。

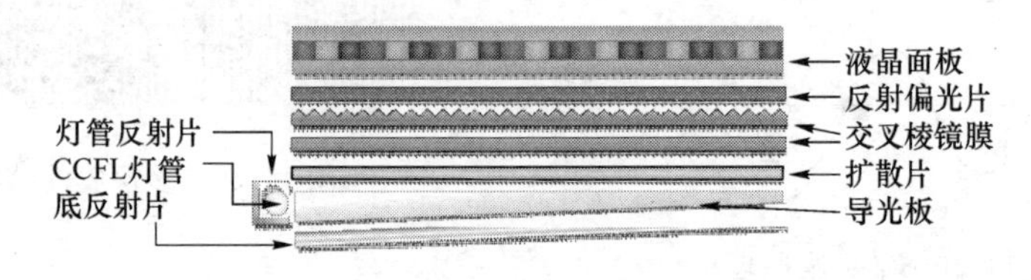

图 14.39 反射偏振片在模组中的位置

之前已提及消偏振这一概念。这是一个和反射偏振片密切相关的物理过程,它是指具有偏振状态的光在通过双折射介质后,或者被散射后偏振度降低的过程。光线在被反射偏振片循环回背光源之后需要很好的消偏振才可以保证再次入射到反射偏振片上时可以有一半光通过,如果没有很好地将偏振态消除,循环次数就会增加,这就增加了光在光路中的损失。用来制作棱镜膜和导光板的 PET 和 PMMA 都具有很强的双折射,其消偏振的作用也很好。所以普通的背光源都可以比较好地将反射回的偏振光消偏振。

反射偏振片的多层膜结构非常的精密而且脆弱,容易弯曲。实际情况中常见两种形式的产品:一种是将多层膜的结构夹在两层 PC 板中,制成厚实的独立光学膜,多使用于大屏幕中;另一种是直接将多层膜结构贴附于下偏振片之上,利用偏振片得到一定的强度,这样的形式多见于手机和笔记本式计算机等小屏幕之中。

若模块中使用反射偏振片,在提高亮度的同时,出光的角度并不会像使用棱镜膜那样汇聚到一起,而是将各个角度输出的光强都按 1.8 的增益同比例放大,使用前和使用后,光的角分布具有类似的形状。这一特性对显示器和电视这样对视角要求比较大的液晶屏很有帮助。棱镜膜出光的截止角度附近会有很大的亮度变化,在大角度观测时,因为从观测点到屏幕上每一个点的视角不同,截止角带来的变化就使得屏幕亮度均匀度变得很差。使用反射偏振片的显示器就不会遇到这样的大视角均匀度问题。

除了在视角上有优势之外,反射偏振片还可以提高整个液晶模块的能效。如上文所述,对于一个 32 英寸侧入式电视而言,如果在背光源中使用了反射偏振片,从屏幕出射的光通量提高 80%(设增益为 1.8)。换算成屏幕亮度的话,轴向亮度提高了约 25%。反射偏振片在不改变输入功率的情况下提高输出光通量,也就是提高了液晶模块的能效。图 14.40 是依据国家标准 GB24850《平板电视能效限定值及能效等级》定义的电视机能效指数对市场上流行的 30 台液晶电视进行能效测试和计算的结果，可以看出，反射偏振片对液晶电视的能效有明显的提高。

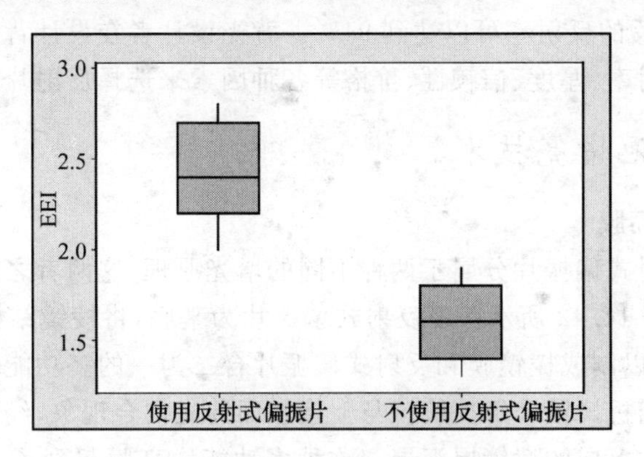

图 14.40　液晶显示器能效实测统计

14.10.3　反射片

如图 14.41 所示，背光系统中光源发出的光会在光学增亮膜的作用下在反射片和液晶屏之间多次循环，背光反射片对光的吸收作用会在多次循环中被放大。如一款普通反射片的反射率是 96%，另一款反射片的反射率是 98%。这两张反射片分别组装到背光系统之后，由于反射片在多次光循环过程中的吸收作用，两个背光系统的轴向亮度差异能达到 10% 以上。可见选择一款高反射率的反射片对背光增亮是多么的重要。

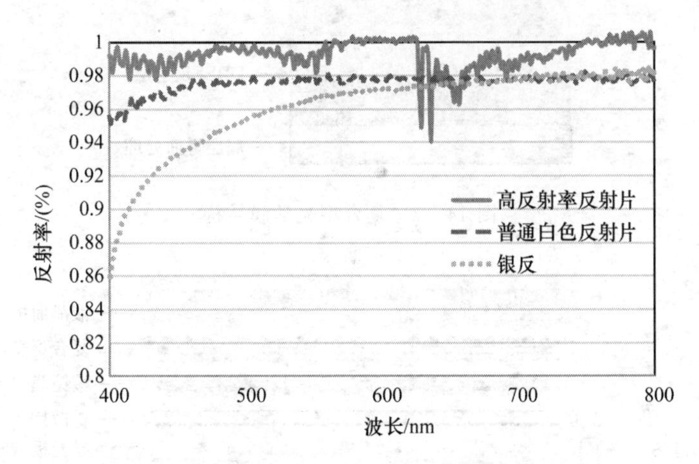

图 14.41　反射片的反射率频谱

目前市场上主流的反射片的厚度从六十几微米到两百微米厚度不等，六十微米左右的反射片主要用在手机背光系统里面，考虑到背光反射片的翘曲变形等因素，屏幕的尺寸越大，适用的反射片的厚度也相应的变厚。电视等大尺寸显示器背光里面主要使用两百微米左右的白色反射片。

反射片的反射率与制造材料及反射原理关系很大,采用多层膜技术制造的多层膜反射片的反射率可以高达 99%,采用普通的白色 PET 制造的反射片的反射率可以达到 97%。普通银反的反射率可以达到 94%。背光设计者在设计背光的时候需要综合考虑反射片的反射率、厚度、信赖性、价格等各种因素来选择反射片。

14.10.4 其他增亮技术

1. 多功能增亮膜

棱镜膜和反射式偏振片分属于两种不同的增光原理,这两者之间结合在一起会是什么效果呢?如图 14.42 所示。以反射式偏振片为基底,将棱镜结构压合在反射式偏振片的上方,就可以制成棱镜膜和反射式偏振片合二为一的多功能增亮膜。棱镜结构采用高低不等的随机棱镜来解决棱镜与上接触面的光耦合现象,经过反射式偏振片产生的偏振光将会被上层的棱镜层汇聚。这种多功能增亮膜起到了一张棱镜片和一张反射式偏振片的作用,并且由于两张膜片集成在一起,可以大大减小背光模组的厚度,提高背光组装效率及良率。

多功能增亮膜可以取代一张反射式偏振片和一张上棱镜片,在背光中位于下棱镜和 Panel 的下偏光片之间,使用复合型光学膜可以降低液晶模块的厚度,但是由于棱镜结构是在反射式偏振片的上方,这种架构的液晶模组视角要比使用一张反射式偏振片和两张交叉棱镜的的模组视角小。复合型光学膜在背光中的位置,如图 14.43 所示。

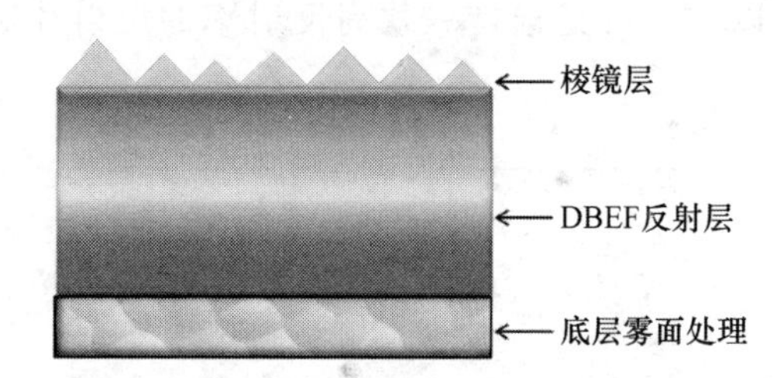

图 14.42 复合型光学膜结构

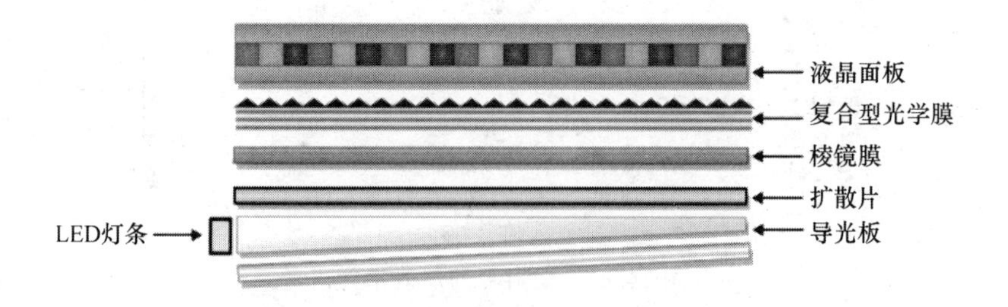

图 14.43 复合型光学膜在背光中的位置

2. 倒棱镜膜

倒棱镜膜从薄膜结构上看和普通棱镜膜相似,不同的是棱镜向下,故称为倒棱镜膜。它需要配合楔型导光板使用,如图 14.44 所示。和普通棱镜膜不同,倒棱镜膜不是循环增亮膜。光线在进入导光板之后,在上下表面之间全反射,每次反射入射角减小 α(楔型导光板的顶角角度),当入射角小于全反射临界角的时候从导光板出射。这些光的出射角很大,一般在 65°～85°之间。光线由棱镜的一个面进入倒棱镜膜,在对面的棱镜表面发生全反射,接着从上表面出射。倒棱镜膜的棱镜角度多为 66°左右,在这个角度下,光线经过一次折射和一次全反射之后,可以沿着几乎轴向出射。倒棱镜膜和导光板巧妙的配合,将光线一次性地汇聚在轴向很小的立体角内出射,得到极高的轴向亮度,但同时也严重损失了视角。倒棱镜膜背光源的均匀度也很不好。所以,倒棱镜膜设计多出现在笔记本式计算机屏幕这样不注意均匀度和视角的应用中。

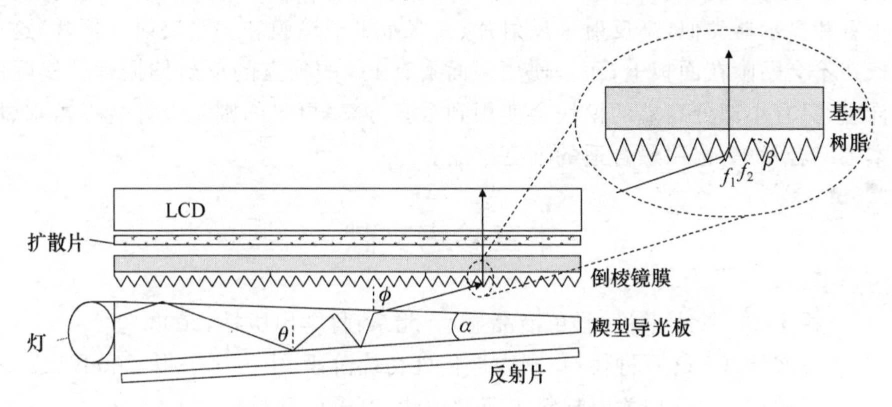

图 14.44　倒棱镜膜背光结构及光路

14.10.5　增亮综合解决方案

背光增亮膜有很多种产品，各种增亮膜之间的搭配要考虑很多因素，背光增亮的综合解决方案需要考虑显示器的种类及不同应用。

智能手机和平板电脑需要在各种环境光及不同视角下的使用,屏幕需要高亮度、大视角。背光膜片可以使用高反射率的反射片,使用两张交叉的棱镜膜汇聚光线提高正视角度的亮度,使用反射式偏振片,增加光的利用率,在全视角范围内提高屏幕的亮度及视角。这样可以起到节能及提高手机或平板电脑待机时间的效果。

以目前主流的一款 5 英寸智能手机为例,屏幕显示方式为 IPS,解析度为 1 080×720,背光采用侧入式 LED, LED 的驱动电流为 20 mA, 驱动电压为 3 V, LED 的发光效率是 110 lm/W。总共采用 10 颗 LED。有些背光厂从成本的角度来考虑,背光系统使用高反射率的反射片,一张导光板,一张下扩散片和两张交叉棱镜片。这时屏幕的轴向亮度为 400 nit。如果在液晶面板的下偏光片下面贴附一张反射式增亮膜,屏幕的轴向亮度可以提高到 520 nit 以上,屏幕的轴向亮度提高了 30%,而且屏幕在各个角度上的视角都会提高。换个角度来看:如果想将手机屏幕亮度设计为 400 nit,在使用反射式增亮膜的情况下,可以将 LED 功耗减小 30%。而一个 5 英寸手机的背光 LED 功耗约为整机功耗的 35%,因此一张反射式增亮膜将会为手机节省约 10.5%的电池容量,这意味着手机的待机时间可以延长 10.5%, 以目前主流智能手机待机时间 8 小时，一张反射式增亮片可以提高 0.8 个小时的待机时间。

笔记本式计算机一般只供个人使用和观看，对视角的要求不高，显示器的尺寸在 10.1～17 英寸之间。背光膜片一般使用白色 PET 基底的反射片，一张导光板、一张下扩散片以及两张交叉棱镜提高正视角度的亮度。若使用反射偏振片，则多是将反射偏振片贴在下偏振片之。大于 17 寸小于 27 寸的模块多用于液晶显示器，考虑到会有不止一个人观看屏幕，显示器模块中和前面配置不同的是只用一张棱镜方向水平的棱镜膜，来扩大水平视角。

大于 27 寸的模块，多用于电视，而且背光源既有导光板式的，也有直下型照明，使用的配置和显示器类似，高反射率反射片、一张水平棱镜膜和一张反射偏振片，这里反射偏振片不会贴附在面板上，而是使用两面附有 PC 的独立的反射偏振片。实际的背光设计中，只有小部分高端的模块会使用到全套方案，更多的则是设计者在需求、性能和成本上综合考虑，选用最合适的增亮产品。

本章参考文献

[1] 掘 浩雄，铃木幸治. 彩色液晶显示. 北京：科学出版社，2003.

[2] 高鸿锦. CLD 原材料：我国内地仍处初级阶段. 中国电子报，2006(12)：21.

[3] 高鸿锦. LCD 相关原材料工业的现状. 电子信息材料，2006(2).

[4] 高鸿锦. 我国液晶显示器及其相关材料产业现状. 新材料产业，2007(7)：19-21.

[5] 高鸿锦. 2005 年中国液晶行业发展状况. 中国光电行业与市场，2006-2007：90-94.

[6] 赵凯华，钟锡华. 光学. 北京：北京大学出版社，1998.

[7] 王宗凯，黄锡珉，等. 液晶分子预倾角的测试原理与方法. 液晶通讯，1993(1).

[8] 范志新. 液晶器件工艺基础. 北京：北京邮电大学出版社，2000.

[9] 高鸿锦. 液晶化学. 北京：清华大学出版社，2011.

[10] 高鸿锦. 中国液晶配套产业发展的现状及建议. 精细与专用化学品，2013，21(11)：6-12.

第15章　立体显示

通过显示装置使观看者产生身临其境的逼真感觉，还原真实世界，是显示行业的终极目标。为了达成这个目标，显示器经历了从黑白到彩色，从小到大，从标清到高清再到超高清的过程，但二维显示始终难以真实地彻底表现世界中物体远近等深度信息，所以要实现“还原真实世界”的目标，显示正在经历 从“平面”到“立体”的进程。

广义上讲，“立体显示技术”是指可以表达物体远近等深度信息的技术。根据深度表现方法，“立体显示技术”可以分为三大类：第一类是利用诸如阴影、遮挡、线性透视等心理暗示来感知物体的前后关系，显然一般的2D显示也可归为此类；第二类是利用双眼视差原理，使观看者的左眼和右眼分别看到立体图像对中的左眼图和右眼图，产生立体感觉，我们称之为“视差型立体显示”，目前主流的立体显示都属于这一分类，而现在狭义的“立体显示”大多是指视差型立体显示技术；第三类是真立体显示，全息、集成成像和体三维都可以归为此类，这些技术可以在三维空间中形成实像，拥有可裸眼观看、不眩晕、完全符合人体视觉机能等优点，将是未来显示技术的发展方向。

本章首先简单说明产生立体视觉的心理线索和生理线索；然后向读者介绍整个立体显示行业全貌；从器件的角度着重探讨目前的主流立体显示技术——视差型立体显示，包括其分类、各种技术实现原理、2D/3D切换技术和效果改善技术；最后再探索视差型立体显示技术所面临的困难及其未来趋势。真立体显示不在本章讨论范围。

15.1　立体显示视觉基础

人们通过深度线索来获取事物的深度感和层次感，深度线索又可以分为心理深度线索和生理深度线索两大类。前者通过大脑对画面信息进行分析得到，后者通过观看者的眼球动作得到。它们在不知不觉中帮助人们感知这个立体的世界，构筑人们的立体视觉。

15.1.1　立体视觉心理线索

在日常生活中，人们经常有这样的体验：观看一幅2D画面时，也能够分辨出物体的前后关系，从中感受其立体感觉。这就是立体视觉的心理深度线索在发挥作用，它主要包括：视网膜的大小、线性透视、重叠、光影、大气透视、颜色差异等。

视网膜的大小(retinal image size)：对于已知尺寸的物体，在视网膜上成像较大时,大脑会判断物体距离观看者较近;当成像较小时,大脑就会作出物体距离观看者较远的判断。即常说的“近大远小”。

线性透视(linear perspective):相同尺寸的物体会随着与观看者距离的变化,在视网膜上产生不同尺寸的像。例如,等宽的道路距离观看越近显得越宽,越远则显得越窄。

重叠(overlapping):位于前面的物体会遮挡住后面的物体。所以人们可以根据物体的遮挡和被遮挡情况来判断其前后关系。

光影(light and shadow):物体反射出来的光线和产生的阴影也是人们判别前后关系的重要线索。如图 15.1(a)所示为一个凸出的脚印,但是如果将它旋转 180°变为图 15.1(b),就会发现它变成了一个凹进入的脚印。其原因就是人们习惯于认为光线是从上向下照射的,所以对于图 15.1(a),发亮的脚跟上部在暗示大脑,它是凸起来的;而对于图 15.1(b),脚趾上部的阴影则说明这里是凹下去的。如果强制认为光线是从下面照射的,图 15.1(b)也可以被看成是凸出的。

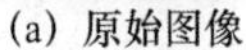

(a) 原始图像

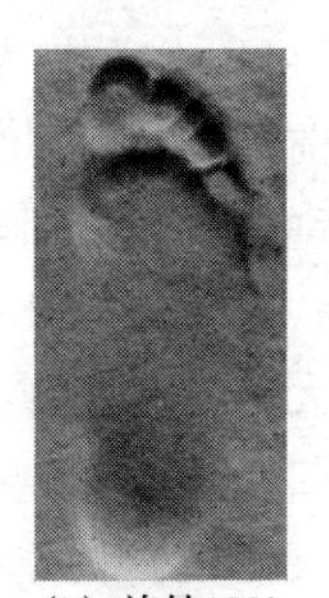

(b) 旋转180°

图 15.1 光影图像

大气透视(aerial perspective):光线在经过长距离传播后,由于空气中的尘埃、水汽、气体分子等微粒的作用,会发生散射导致图像模糊、色彩饱和度降低、色调蓝移等现象,因此,观看者会根据这些现象估计观看物体的距离。

颜色差异(color difference):对于人眼,波长越长的颜色看起来越近,波长越短的颜色看起来越远。

15.1.2 立体视觉生理线索

立体视觉心理线索能让人们在观看画面时获得一定的深度感和立体感,但是观看一般的 2D 图片与观看真实世界的体验还是存在很大区别,即使是 3D 电影与在真实世界的体验也存在很大差距。这是因为人体的立体视觉还受着生理线索的影响,它们包括:调节、辐辏、运动视场和双眼视差等。

调节(Accommodation):人眼通过睫状肌的收缩和松弛来调节晶状体的厚度,从而调节晶状体焦距,使得物体在视网膜上成清晰的像。所以睫状肌的收缩松弛的程度就可以使大脑获取观看物体距离观看者的距离信息。如图 15.2 所示为观看不同距离物体时,晶状体的不同状态,说明了人眼的调节与观看物远近的关系。

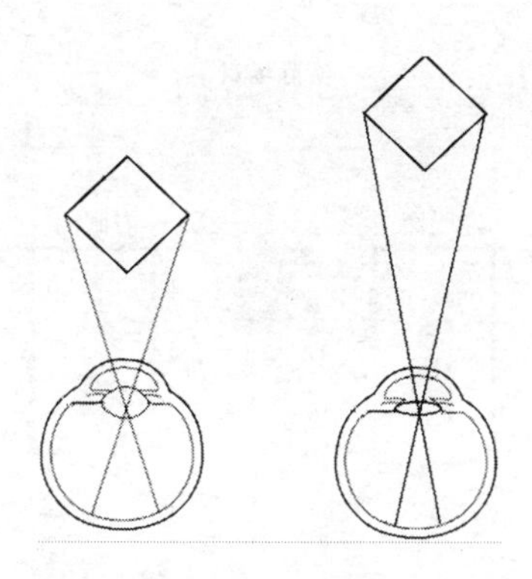

图 15.2　调节

辐辏(Radiatus):当被观看物体向观看者靠近时,为了维持双眼单视,使物体能够投射在双眼的中央凹处,两眼球会向内部转动以对准物体。两眼视轴所形成的夹角被称为辐辏角。显然,当所观看物体较远时,辐辏角较小;观看物体较近时,辐辏角较大,如图 15.3 所示。基于以上原理,人类大脑可以根据辐辏角的大小来判断物体与观看者的距离。

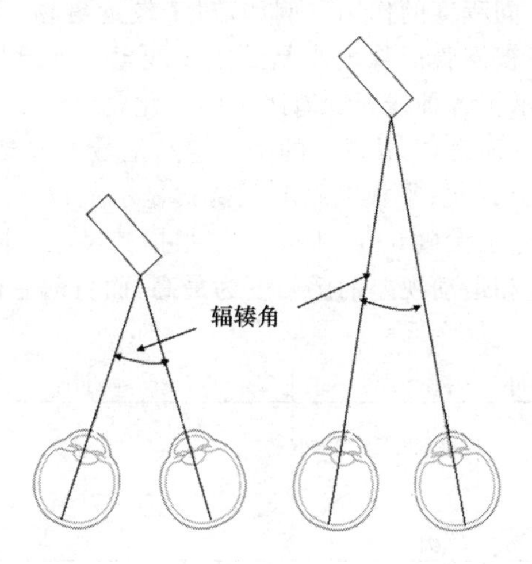

图 15.3　辐辏

运动视差(Motion Parallax):当观看者移动时,其视觉空间内物体的相对位置会随之发生有规则的变化。观看者可以根据这种变化判别物体的前后关系。

双眼视差(Binocular Parallax):人类有两只眼睛,瞳孔间距约 65 mm。所以在观看空间场景时,左右眼所看到的内容是稍有差异的。同一场景在左右眼视网膜上的成像即"左眼图"和"右眼图"被称为"立体图相对";场景内某一物点在左、右眼图像中所成的像称作"同源像点",同源像点的位置差异称为双眼视差。如图 15.4 所示,观看者的左眼会看到更多的保龄球左边的信息,而右眼会看到更多的保龄球右边的信息,大脑从左右眼接收到"立体图相对"后,就能将其融合出立体效果。

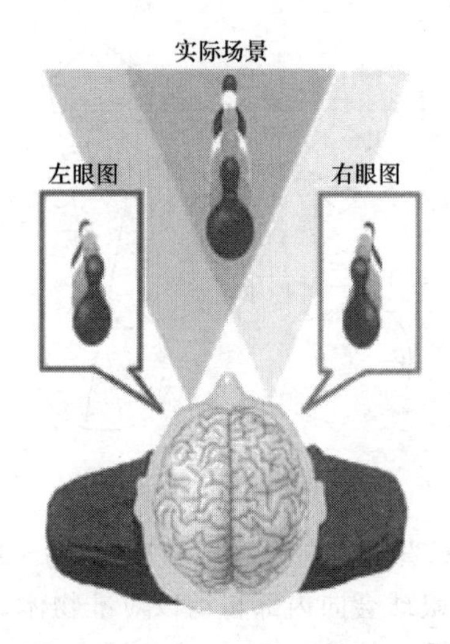

图 15.4　双眼视差

以上所述立体视觉心理线索和生理线索共同构建了人体的立体视觉,并且各个线索在不同场合发挥着不同程度的作用。例如,对于较远事物,空气透视对立体视觉影响最大;在行动空间中,视网膜成像大小是最主要线索;而调节和辐辏只对近处观看物有效。图 15.5 就表示了各种线索随着距离的变化,立体感知度的变化。从图 15.5 可以发现,对于显示器件而言,2 m 以内的个人空间是最为重要的,因为一般显示器的观看距离就在 2 m 左右(手机、平板电脑等手持式显示大概 0.3～0.8 m,笔记本式计算机、监视器等桌面式显示大概 0.5～1 m,电视根据其尺寸不同一般在 1.5～3 m),在这个范围内以双眼视差和运动视差的感知度为最高,而目前主流立体显示的基本原理恰恰就是双眼视差。

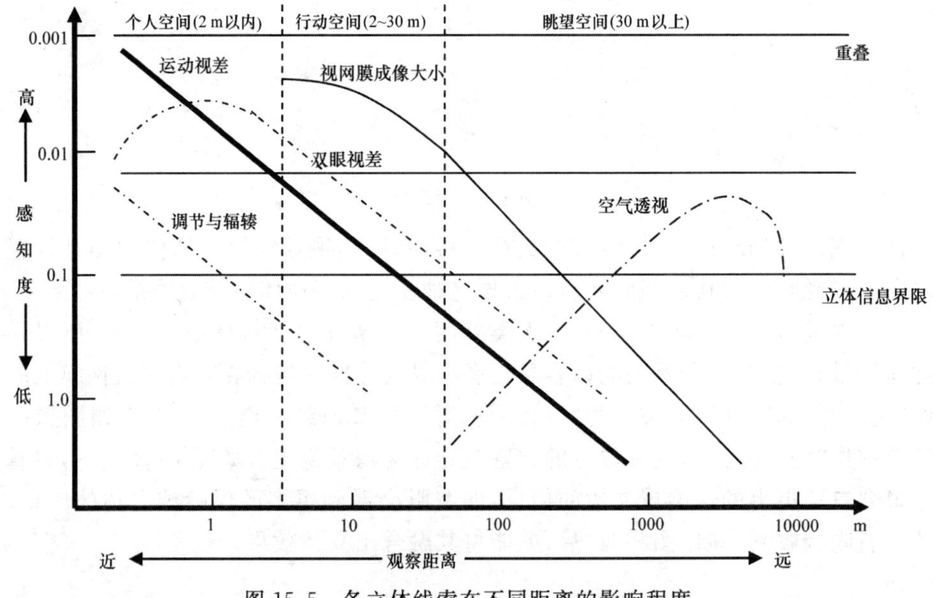

图 15.5　各立体线索在不同距离的影响程度

15.1.3　视差产生立体显示原理

目前的立体显示装置并非制造真实场景，也不是利用光线制造场景的实像，而是模拟人的双眼视差产生立体感的机能，给观看者左右眼输入立体图像对，从而使大脑融合出立体感觉。其具体做法是先获得立体图像对，然后将立体图像对显示在显示装置上，利用 3D 器件使观看者的左眼只看到立体图像对的左眼图，右眼只看到立体图相对的右眼图，从而使观看者产生立体感觉。这是一种巧妙的“欺骗”大脑的方法，其巧妙之处就在于以目前的技术水平，根本无法存储、处理、表达出真实场景所需的海量数据，而通过“视差型立体显示”技术，只需用两幅图画就还原出了立体效果。同时，这种技术也易于控制立体显示中的立体程度，即可以通过控制双眼视差的大小，来决定出屏和入屏的程度。如图 15.6 所示，对于某物点 A，在观看者左右眼的视图上所成的同源像点为 A_L 和 A_R，那么就可以拍摄到左眼图 A_L 和右眼图 A_R。将左眼图和右眼图呈现在显示装置的平面上，然后使观看者左眼只看到 A_L，右眼只看到 A_R，那么当 A_L 位于 A_R 左边时，观看者就会感知到物点 A' 浮于显示平面前面，我们称之为“出屏效果”；当 A_L 位于 A_R 右边时，观看者就会感知到物点 A' 浮于显示平面后面，我们称之为“入屏效果”。

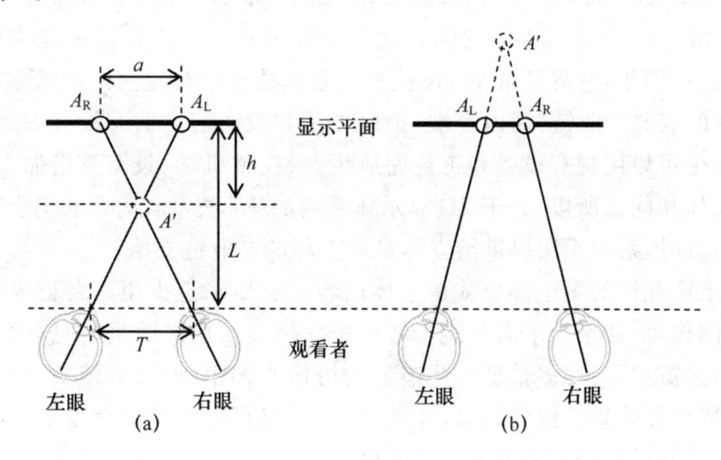

图 15.6　视差产生立体显示原理

设同源像点在显示装置上的距离(即双眼视差)为 a，观看者到屏幕的距离为 L，观看者双眼瞳孔间距离为 T，T 一般为 65 mm 左右。那么根据相似三角形原理，很容易通过双眼视差计算出显示的出屏或入屏距离 h。

$$\text{出屏状态：} h = \frac{aL}{T+a}\text{；入屏状态：} h = \frac{aL}{T-a}$$

仅通过视差型立体显示的根本原理就可以发现，立体显示很可能出现如下问题：

(1) A_L 和 A_R 必须是同源像点，且一组立体图像对上，有无数对同源像点，如果它们之中有错误信息，例如，对于同一物点，在左眼图和右眼图上高度不一样，或者大小不一样，都将影响大脑最终融合的立体效果。这也是目前许多 3D 电影粗制滥造，使观众感觉模糊、眩晕的重要原因之一。

(2) 在显示出屏效果时,A_L 和 A_R 的距离不能太大,否则会使观看者眼球严重向内侧旋转而造成不适。在显示入屏效果时,A_L 和 A_R 的距离也不能太大,更不能大于观看者瞳距,否则就会造成观看者眼球向外侧旋转而产生严重不适。这是因为,就人体自身而言,眼球是不会出现向外侧旋转的现象的。但是,这样的问题在一些立体感特别突出的电影中曾经出现过。

(3) 必须使观看者左眼只看到 A_L,右眼只看到 A_R。这是因为如果左眼也看到 A_R,右眼也看到 A_L,就会产生串扰,当串扰大到一定程度,大脑就难以将立体图像对进行融合,而使观看者看到重影,甚至感到眩晕。

当然,视差型立体显示还有许多其他问题,不过仅从其"视差产生立体"的基本原理来看,这三点将会是较难克服的原理性问题。至于其他的问题,本章将会在后面小节中陆续予以说明。

15.2　立体显示产业链全貌

相比已经发展了 100 多年的、成熟的 2D 显示,立体显示应该被视作一个新产业,而非 2D 显示的一个分支。因为它需要建立立体显示自有产业链才能实现真正意义上的商品化。近两年,业界经常拿 4K 技术与立体技术做对比,4K 技术基本可以使用 2D 显示现有的成熟产业链:在内容端,拍摄方法和设备与之前并没有太大的变化;在面板端,则完全可以用现有设备和工艺完成生产;在整机端,只需要增加 Up-scalar 功能,其他则大体相同。所以,处于 2D 显示体系内的 4K 技术较为容易走上商品化的快车道。然而,2D 体系却无法提供给立体显示全部的产业链支撑。

立体显示产业链的第一部分就是立体内容。它要求至少用两台摄像机拍摄同一场景的立体图像对,甚至为了满足观看者对于立体显示出屏效果(即感觉有物体伸出到屏幕前面)的需求,需要多拍摄一些诸如向摄像头伸手、射箭的镜头,以使后期处理时将其制作成出屏效果。也就是说,在内容端,不仅目前的拍摄设备不能满足立体显示,连拍摄手法和后期处理都需要随之变更。

第二部分是立体面板。它由普通 2D 显示面板和 3D 器件组成。普通 2D 显示面板可能是目前 2D 产业链对立体显示行业最大的贡献。其实,为了获得最优秀的 3D 效果,普通 2D 显示面板需要在像素设计上做一定的变更,以匹配立体显示。在 3D 器件部分,第一步要进行立体显示的光学设计;第二步要进行 3D 器件的设计与制造,这一步骤与 2D 显示面板的制造大体相同;第三步要完成 3D 器件和 2D 显示面板的整合,需要新设备、新材料、新工艺的开发。而这第一和第三步骤,都只能从 2D 显示体系中寻求参考,无法直接使用其资源。

第三部分是整机系统。尽管从外观看,整机端没有太大变化,但实际上增加了对 3D 器件的控制,对立体内容的编解码,甚至需要将 2D 内容转换成 3D 内容等工作。相关算法的开发和芯片的制造都需要在立体显示体系中发展。

第四部分是立体显示标准。对于2D显示已经有一套完整的评价体系，但对于立体显示而言，几乎是空白。甚至立体显示的许多参数与2D显示大不相同。例如，串扰就是一个重大分歧，从2D显示的眼光看，串扰理应越小越好，但是在某些立体显示技术（裸眼立体显示）看来，串扰可以改善立体显示质量，应该维持在一定水平上。像摩尔条纹、死区、视点数、立体分辨率等都是2D显示体系中从未有过的指标，需要研究建立相关标准。另外，观看者能够适应多大程度的立体感，观看立体显示的建议时间长度，立体显示时画面的运动速度等人因问题也需要进行深入研究，才能最终建立起健康、科学的立体显示体系。

表15.1说明了2D显示体系和立体显示体系在各个部分的需求，只有建设完成立体显示体系的各个环节，才能真正让立体显示走进千家万户。本章的内容只涉及到其中3D光学和3D器件。

表15.1 3D显示体系

	内容端	面板端			整机端	标准端
2D显示体系	2D内容	2D面板			2D整机	2D标准
3D显示体系	3D内容	3D光学	3D器件	整合工艺	2D/3D转换系统	3D标准

15.3 立体显示技术

本节所述“立体显示”特指“视差型立体显示”，即采用“视差产生立体”的原理而产生立体效果的立体显示技术。所以立体显示实现的关键在于如何使左眼只看到左眼图，使右眼只看到右眼图。

严格讲，立体显示技术，可以分为如下四个层次：

(1) 立体显示实现技术。即如何使观看者左眼只可看到左眼图，右眼只看到右眼图的技术。在立体显示产业刚刚起跑的阶段，“立体显示实现技术”往往被称作“立体显示技术”。

(2) 2D/3D切换技术。在实现立体显示后，就需要考虑如何实现想看2D的时候看2D，想看3D的时候看3D。所以，在现阶段，2D/3D转换技术因此而成为被更多关注的技术。

(3) 立体显示改善技术。在实现立体显示，且可进行2D/3D切换后，改善摩尔条纹、降低串扰、提高亮度、减弱死区、提高分辨率等技术将显得尤为重要。

(4) 立体显示量产技术。因为立体显示产品的结构与普通2D显示有较大区别，立体显示器件也与一般的显示器件有很大差异，所以诸如高精度的对位贴合工艺、高盒厚(cell gap)工艺等技术就成为量产立体显示产品的必要技术。

在实际产品开发中，虽然四个层次的技术没有明显的分层，但是在逻辑上有很清晰的界线。本章主要讲述立体实现技术及2D/3D转换技术，并对三个最重要的立体显示改善技术做简要说明。

15.3.1　立体显示技术分类

立体显示技术种类繁多,分类的维度也各有不同,例如,按照立体显示的内容格式来分类,就可以分为串行式和并行式,如图 15.7 所示。如果左眼图和右眼图是一帧一帧先后显示,则为串行式,如果同一帧画面上既有左眼图信息又有右眼图信息,则为并行式。显然,对于串行式立体显示而言,需要较高的扫描频率,但可以实现分辨率的不降低;而对于并行式立体显示,虽然不要求较高扫描频率,但分辨率会降低至少一半。

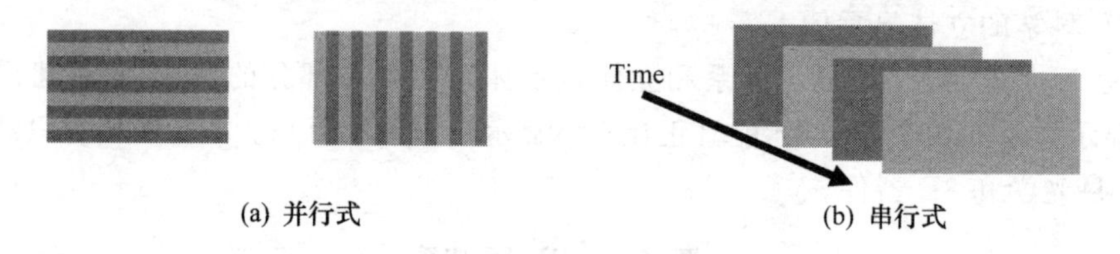

(a) 并行式　　(b) 串行式

图 15.7　显示的内容格式

第二种分类方法是按照分光的方法来分类,可以分为时分法(时间分割法)、光分法、空分法(空间分割法)和空分+时分法,见表 15.2。主动快门式就是第一时刻给左眼输入左眼图,第二时刻给右眼输入右眼图,属于时分法;偏光眼镜式和红蓝眼镜式就是利用眼镜上的不同镜片将不同偏振方向或不同波长的光线分离,属于光分法;视差挡板和柱透镜等裸眼立体显示技术就是利用光学器件使观看者在不同空间中看到显示面板上的不同亚像素,属于空分法;而指向式背光技术则同时采用了空分和时分的方法,第一时刻左眼所在位置显示为黑色,右眼所在位置显示可以看到右眼图片,第二时刻,右眼所在位置显示为黑色,左眼所在位置显示可以看到左眼图片,从而实现立体显示。

表 15.2　立体显示按照分光方法分类

立体显示				
分类	眼镜式		裸眼式	
	时分法	光分法	空分法	空分+时分法
图示				
应用技术	快门眼镜式	偏光眼镜式 红蓝眼镜式	视差挡板 柱透镜光栅	指向式背光

最常见的分类方式是从立体显示技术维度分类,见表 15.3。

表 15.3　按照显示技术分类

<table>
<tr><td rowspan="17">立体显示</td><td rowspan="14">视差型</td><td rowspan="7">眼镜式</td><td rowspan="2">主动式</td><td colspan="2">快门眼镜式</td></tr>
<tr><td colspan="2">头盔式</td></tr>
<tr><td rowspan="5">被动式</td><td colspan="2">红蓝眼镜式</td></tr>
<tr><td colspan="2">光谱分离式</td></tr>
<tr><td colspan="2">相位差板(pattern retarder)</td></tr>
<tr><td colspan="2">iZ3D</td></tr>
<tr><td colspan="2">双屏驱动</td></tr>
<tr><td rowspan="7">裸眼式</td><td rowspan="2">挡板式</td><td rowspan="2">视差挡板/线光源</td><td>固定式光栅</td></tr>
<tr><td>活动式视差挡板</td></tr>
<tr><td rowspan="4">柱透镜式</td><td colspan="2">固定式柱透镜</td></tr>
<tr><td rowspan="3">活动式柱透镜</td><td>偏振式液晶透镜</td></tr>
<tr><td>电驱动液晶透镜</td></tr>
<tr><td>活动式液晶透镜</td></tr>
<tr><td colspan="3">指向式背光</td></tr>
<tr><td rowspan="3">真立体显示</td><td colspan="4">体三维</td></tr>
<tr><td colspan="4">集成成像</td></tr>
<tr><td colspan="4">全息显示</td></tr>
</table>

在后面章节中，将对目前较为流行的立体显示技术作详细说明，包括快门眼镜式、偏光眼镜式、裸眼立体显示中的视差挡板、柱透镜光栅和液晶透镜，这些技术基本涵盖了目前已经上市的立体显示产品，相信也将是未来几年内最为重要的立体显示技术。

15.3.2　快门眼镜式立体显示技术

快门眼镜式立体显示技术的基本原理是：第一时刻，显示屏幕输出左眼画面，此时观看者所佩戴的快门眼镜上左眼镜片显示为打开状态(透光状态)，右眼镜片显示为关闭状态(遮光状态)，使观看者只有左眼看到了该时刻显示的左眼画面，如图 15.8(a)所示；第二时刻，显示屏幕上输出右眼画面，此时观看者所佩戴的快门眼镜上左眼镜片显示为关闭状态(遮光状态)，右眼镜片显示为打开状态(透光状态)，使观看者只有右眼看到了该时刻显示的右眼画面，如图 15.8(b)所示；显示器上交替显示左右眼画面，快门眼镜上左右眼镜片交替打开。相邻两个时刻间隔时间很短，约 1/120 s，由于人眼的视觉滞留效应，观看者会将左右眼分别看到的左右眼画面融合出立体效果，产生立体感。

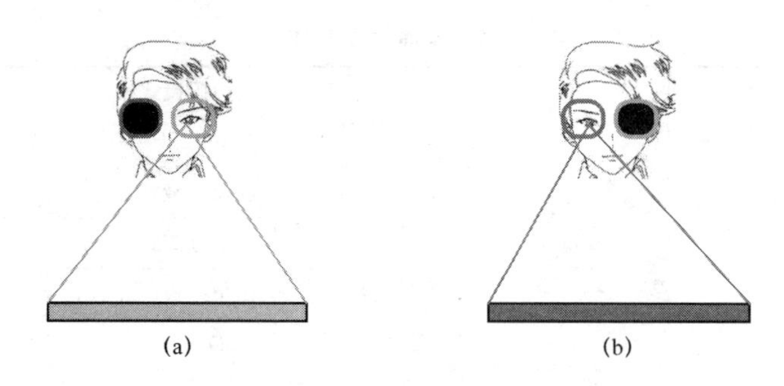

(a)　　(b)

图 15.8　快门眼镜式立体显示技术的基本原理

快门眼镜式立体显示装置包括可以在遮光和透光状态切换的快门眼镜和扫描频率大于或等于 120 Hz 的显示器，以及使二者通信的连接装置。快门眼镜镜片多采用 STN 模式，它包括上下基板、位于上下基板外侧的偏光片、位于上下基板内侧的透明电极以及取向层和设置在中间的液晶层。通过给上下透明电极加电，控制液晶分子的旋转，实现镜片的透光和遮光状态的切换，其响应时间可以达到 1.5～2 ms。为保证不会有闪烁感，一般显示器的扫描频率至少为 60 Hz，但是对于快门眼镜式立体显示，需要在原本扫描一帧画面的时间里扫描左眼图和右眼图两帧画面，所以其扫描频率就至少需要提高到 120 Hz。因此，对于该技术，高扫描频率的显示器是关键所在。

快门眼镜式立体显示的最大优点在于无须在显示端为立体显示做太多工作，只需要提高扫描频率即可，所以它率先取得了产品化的成功。但是它的缺点也很明显，首先是快门眼镜由镜片、控制电路板、电池、眼镜外壳等组成，必然造成眼镜重、不方便携带等问题；其次是目前的显示装置都采用逐行扫描方式，即在一帧画面扫描完成之前，屏幕上左眼图和右眼图是并存的，为了解决这个问题，第一种解决方法就是降低快门眼镜的打开时间，只在 V_{blank} 阶段打开，如图 15.9 所示。第二种解决方法是使用扫描背光（针对 LCD 产品），将串扰区域对应的背光关闭。但是这两种方法都会引起亮度的大幅降低。目前 400 nit 亮度的电视产品，透过眼镜的亮度实测值为 50～60 nit。第三个缺点是闪烁，即使显示器扫描频率达到 120 Hz，也有较一般显示器更明显的闪烁。第四个缺点是当观看者佩戴眼镜侧卧观看时，因为快门眼镜镜片上偏光片的检偏方向相对电视机的出射光偏振方向不再平行，那么一部分光线将无法通过快门眼镜，造成亮度降低，甚至无法观看，如图 15.10 所示。

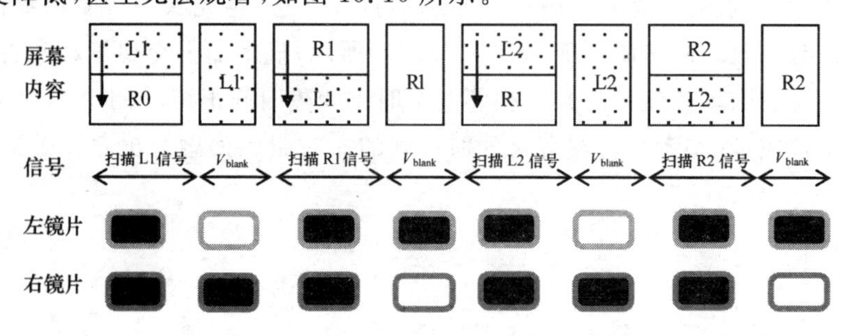

图 15.9　快门眼镜式立体显示驱动方法

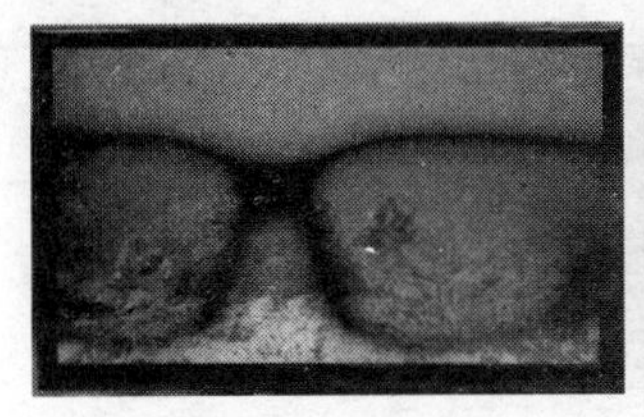  

图 15.10 快门眼镜旋转角度后亮度大幅降低

第五个缺点最不容易被发现，却是快门眼镜式立体显示技术最致命的缺点。如图 15.11所示，观看者在第一时刻，左右眼分别看到左 1 和右 1 画面，且左 1 和右 1 是立体图相对，大脑能够将其融合，但是在下一时刻，左眼看到左 2，而此时右眼视网膜上仍滞留右 1。对于视频而言，左 2 与左 1 肯定是有差距的，换句话说，左 2 和右 1 不是立体图相对，但大脑仍需对它们进行处理，此时往往就会产生眩晕、模糊等感觉。所以对于快门式立体显示，有一半的时间，大脑都在处理非立体图像对的融合，是对立体显示体验的极大伤害。

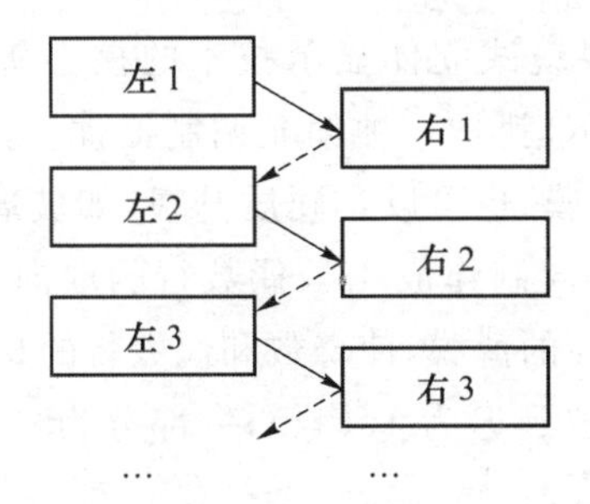

图 15.11 快门式立体显示左右眼内容信息

对于眼镜沉重的问题，可以采用新颖的设计，例如，将电池、电路板等设置在眼镜腿的后端，降低对鼻梁的压迫；采用新材料，降低眼镜的重量，可以达到一定程度的缓解。对于亮度问题，可以提高背光源亮度来弥补由于立体显示而产生的亮度损失，或者提高扫描频率，以增加快门眼镜的打开时间。闪烁问题可以通过提高扫描频率来解决。对于无法侧躺着观看的问题，可采用在眼镜上增加 1/4 波片，将线偏振转化为圆偏振来解决。但是，对于第五个问题，却是快门眼镜式立体显示难以解决的原理性伴生难题。

15.3.3 偏光眼镜式立体显示技术

偏光眼镜式立体显示的原理是：观看者佩戴两镜片偏振方向正交或者相反的偏光眼镜，显示装置上增加偏光调制器件，使一部分像素发出的光以第一偏振方向出射，可以通过左眼的偏振镜片，但会被右眼的偏振镜片阻挡；另一部分像素的光以第二偏振方向出射，可以被左眼的偏振镜片阻挡，但会通过右眼的偏振镜片，从而使观看者左眼看到左眼图，右眼看到右眼图，获得立体感觉，如图 15.12 所示。

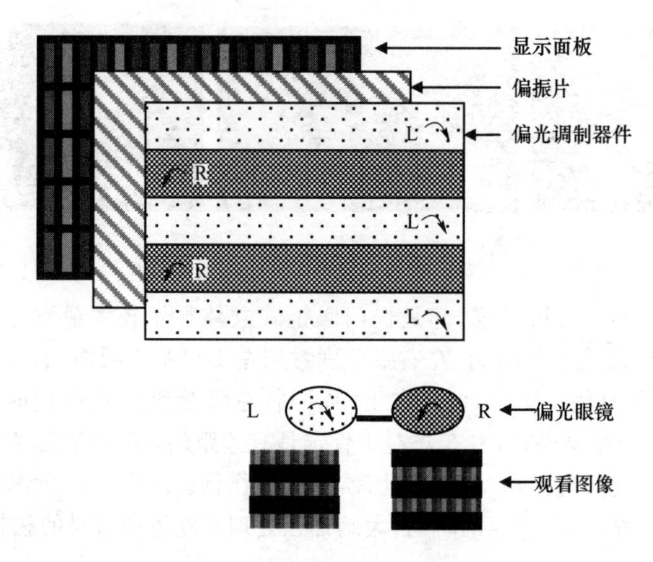

图 15.12 偏光眼镜式立体显示原理

偏光调制器件是偏光眼镜式立体显示技术的核心所在。目前常见的相位差板(Film Pattern Retarder,FPR)就是一种偏光调制器件。其制作工艺之一如图 15.13 所示:先在基板上(可以是薄膜,也可以是硬质基板,如玻璃)制作一层取向层,采用光取向的方法将奇数行取向方向制作成 45°,偶数行的取向方向制作成 135°,然后涂覆有一定厚度、具有双折射特性的薄膜,使奇数和偶数行的相位延迟不同,获得方向正交的线偏振光,或者一部分相位延迟为 1/(4λ),一部分为 −1/(4λ),获得方向相反的圆偏振光。如图 15.13 所示。

图 15.13 相位差板的制作流程

另一种偏光调制器件被称为"Active Retarder",它包括上下基板,在上下基板内侧设置的透明电极,在透明电极上设置的取向层,以及夹在上下取向层之间的液晶层。如图 15.14 所示为 TN 型 Active Retarder,下面以 Active Retarder 为例进行说明,当然也可以使用其他液晶模式。

在不加电状态下,液晶分子都呈现扭曲状态,0°偏振方向的光线经过 Active Retarder后,偏振方向旋转 90°,变为 90° 偏振方向的偏振光;当给一部分电极施加工作电压后,相应的液晶分子发生偏转,相位延迟变为 0,所以其相应部分的光线透过该 Active Retarder 后仍以 0°的偏振方向出射。这种偏光调制器件最大的优势在于对某个像素的出射光偏振方向可以进行切换:第一时刻以 0°方向出射,第二时刻以 90°方向出射,从而可以通过增加扫描速度来弥补在偏光眼镜式立体显示中分辨率的损失。

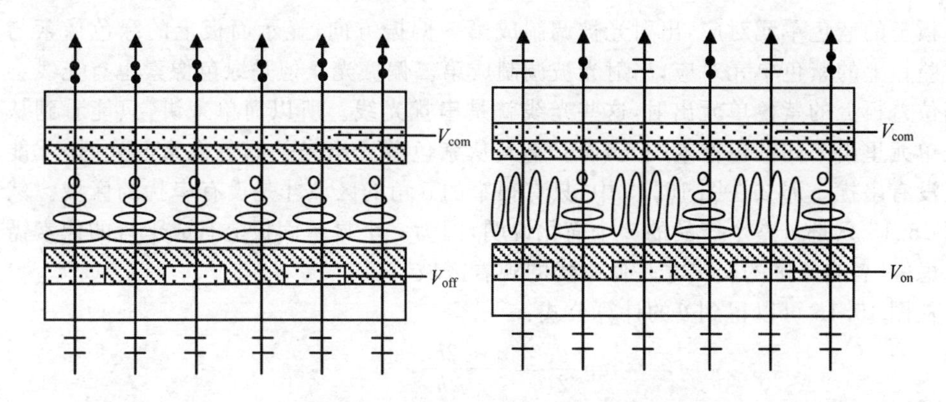

图 15.14 Active Retarder 结构及原理

相比快门眼镜式立体显示，偏光眼镜式的优势很明显：偏光眼镜轻便、廉价、通用性高；但是其缺点亦很明显：需要在显示端贴附偏光调制器件。采用不同的偏光调制器件，会拥有不同的优劣点，下面仅以目前最为流行的 FPR 立体显示为例说明。

(1) 分辨率降低一半。只有一半的像素发出的光可以进入观看者的左眼或者右眼。同时，对于左眼或者右眼，观看者看到的画面是一行内容、一行黑色，在像素尺寸较大的情况下，较宽的黑色部分容易被人眼识别，从而画面有条纹感，影响观看体验。

(2) 竖直方向观看角度窄。对于一般 FPR 电视产品，观看角度大约为 20°左右。这也就意味着正对屏幕中心是串扰最小的地方，如果向上或者下偏移 10°左右，就会看到较明显的串扰，表现为屏幕上看到重影。其原因说明可以简化为图 15.15。

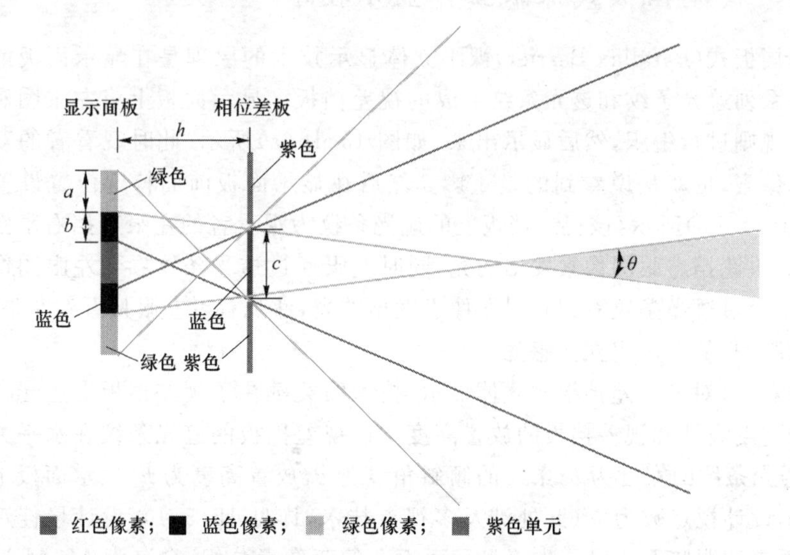

图 15.15 偏光眼镜式立体显示在竖直方向上视角较窄的原因解释

其中显示面板上，a 为竖直方向上一个像素发光区的高度，b 为该方向上黑矩阵的宽度，h 是相位差板到显示面板发光区的距离。c 是相位差板上一个单元的长度，一个单元至少对应显示面板上一行像素，在图 15.15 中，显示面板上中间的红色像素与相位差板上的蓝色单元对应,出射光被调制成第一偏振方向;显示面板上的绿色像素与相位差板上的紫色单元对应,出射光被调制成第二偏振光。但是绿色像素也有光线会从相位差板上的紫色单元出射,这些光线就是串扰光线。所以简单来讲,只能看到从紫色单元里出来的红色像素的光,而看不到从紫色单元出来的绿色像素的光时,才能保证没有串扰。那么在图 15.15 中,只有很窄的 θ 角的区域才是没有串扰的区域。然而图 15.15 只是对整个产品的一个简化说明,因为一个显示面板上有成千行的像素需要考虑,其各自 θ 区的交集才是低串扰的观看区域。

从图 15.15 可以得到 θ 的计算公式:

$$\tan\frac{\theta}{2}=\frac{a+2b-c}{2h}$$

需要说明的是,该公式并不能精确地计算出偏光式立体显示的无串扰观看角度,只是一个简化模型,可以表征各参数的变化对观看角度的影响。从上式可以看出,增大像素间黑矩阵的宽度,降低相位差板到显示面板发光点的距离,减少相位差板上 c 的长度都可以增大观看角度。而这些设计也正是在实际产品中所采用的提高观看角度的方法。

(3) 亮度降低。一般对于 2D 亮度为 450 nit 的电视产品,其 FPR 产品实测单眼亮度约 200 nit。其原因是每只眼睛都只看到了一半的像素发出的光,再考虑到 FPR 和偏光眼镜本身对光线有一定损失,所以不到 50%。另外,为了获得较宽的观看视角,FPR3D 显示的显示面板上会增大在竖直方向上的黑矩阵宽度,这样无疑降低像素开口率,在功耗一定的前提下会造成亮度的降低。

15.3.4 视差挡板式裸眼立体显示技术

视差挡板式(Parallax Barrier)裸眼立体显示技术的原理是在显示面板前面设置一层由一系列遮光条纹和透光条纹组成的视差挡板。显示面板上将左眼图和右眼图按照一定规则进行编织,然后显示出来,如图 15.16(a)所示,此时观看者的双眼能够看到全部像素,也就是说看到的是重影。然后在显示面板前面特定位置设置视差挡板,如图 15.16(b)所示,该视差挡板上的遮光条纹为观看者的左眼遮挡右眼图像素发出的光,右眼遮挡左眼图像素发出的光,同时左眼通过透光条纹看到左眼图像素发出的光,右眼通过透光条纹看到右眼图像素发出的光,使观看者左眼只看到左眼图,右眼只看到右眼图,从而产生立体感觉。

可以看出,对于视差挡板式立体显示,技术的关键在于视差挡板上遮光条纹和透光条纹的宽度设计和视差挡板的放置高度。设视差挡板的遮光条纹在水平方向上宽度为 a,透光条纹的宽度为 b,条纹的倾斜角度为 θ,放置高度为 h,显示面板上亚像素宽度为 p,设计视点数为 N(此处涉及多视点技术,详见 15.5.1),设计最佳观看距离为 L,观看者双眼瞳距为 T。先将显示面板上的亚像素分组,命名为 M_x,M 为 1 到 N 的自然数,它表示该亚像素将输入第 M 视点的内容,需要在 M 视区被观看到,x 为自然数,它表示从左边数第几组亚像素。然后在显示面板前设置视差挡板,使 1_x,2_x,3_x,…,N_x 像素分别汇聚到 1,2,3,…,N 视区,如图 15.17 所示。一个视区的宽度大多会设计为人眼瞳距,当然也可以设计为其他数值。

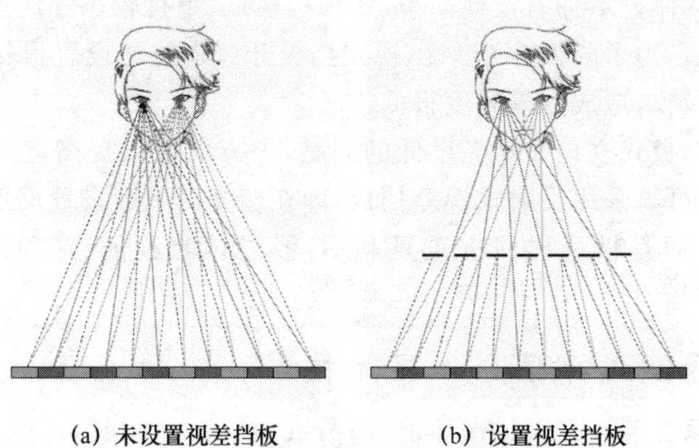

图 15.16 视差挡板式裸眼立体显示原理

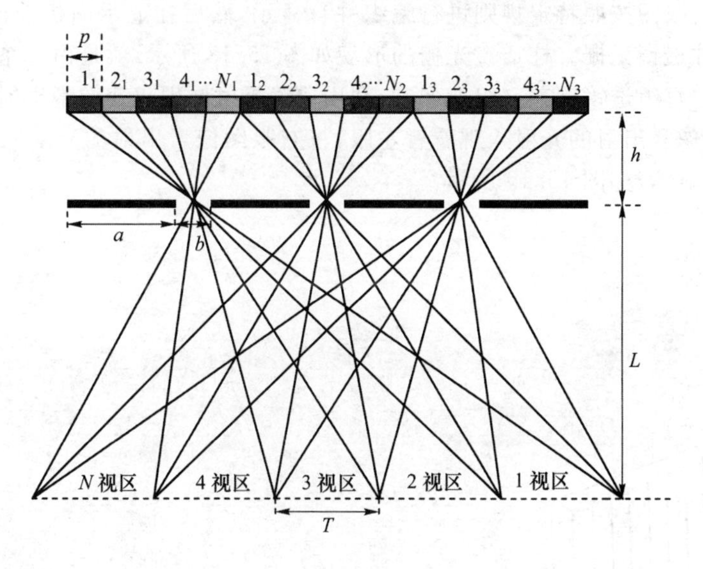

图 15.17 视差挡板的设计方法

根据相似三角形原理，可以得到视差挡板放置高度（h 是在假设显示面板到视差挡板间物质折射率等于空气折射率的前提下计算的，实际应用时需要考虑该物质的折射率，进行换算）：

$$h = \frac{Lp}{T}$$

视差挡板节距：

$$a + b = \frac{NTP}{T + P}$$

而视差挡板的开口宽度 b 会影响立体显示器的亮度和串扰，而且二者是相互冲突的，即如果提高 b，亮度可以增大，但串扰也随之增大；如果减小 b，虽然可以降低串扰，但亮度也会降低。一般会根据实际经验进行取值。

视差挡板式立体显示拥有设计简单、实现门槛低、串扰较小等优点,但却有个严重缺点,就是亮度低。为了降低 3D 串扰,视差挡板开口率往往设置得较低,所以大量的光线会被遮光区吸收,造成屏幕亮度很低。

为解决视差挡板式立体显示亮度低的问题,一方面可以提高背光亮度,弥补亮度损失;另外一方面可以采用反射式视差挡板,即在遮光区下面设置反射层,使光线射到上面后不被吸收,而是被反射回去重复利用,经过试验验证,这种方法可以提高约 30%的亮度。

15.3.5 柱透镜式裸眼立体显示技术

由于视差挡板式立体显示亮度太低,所以另外一种高亮度的裸眼 3D 显示技术颇受青睐,它就是柱透镜式立体显示技术。该技术在显示面板端与视差挡板式类似,即将左眼图和右眼图按照特定规则进行编织并且显示,然后在显示面板前面,特定放置高度上设置柱透镜光栅。柱透镜光栅的形貌如图 15.18 所示,就是由一系列微小的柱状透镜组成。每组透镜覆盖一组亚像素,利用透镜折射原理改变像素出射光的传播方向,将左眼图像素出射的光射入观看者左眼,将右眼图像素出射的光射入观看者的右眼,实现立体显示,如图 15.19 所示。

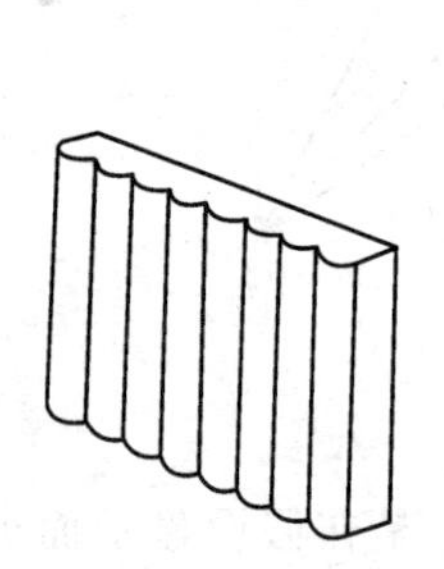

图 15.18 柱透镜光栅

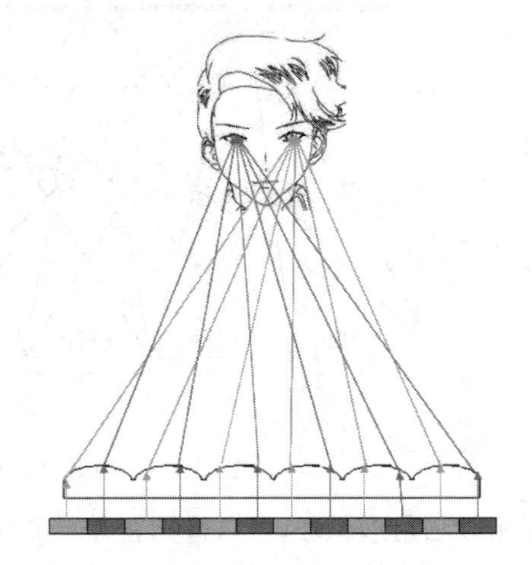

图 15.19 柱透镜光栅立体显示

将柱透镜简化为薄透镜处理,柱透镜光栅的放置高度和节距与视差挡板式立体显示计算方法是相同的,不同的是柱透镜光栅的设计,包括透镜的曲率半径 r、透镜厚度 d 和透镜的折射率 n。

先根据设定的最佳观看距离计算柱透镜光栅的放置高度(h 是在假设显示面板到视差挡板间物质折射率等于空气的前提下计算的,实际应用时需要考虑该物质的折射率,进行换算):

$$h = \frac{Lp}{T}$$

而此高度也就是柱透镜的焦距,即要求显示面板的发光层位于透镜的焦平面上。

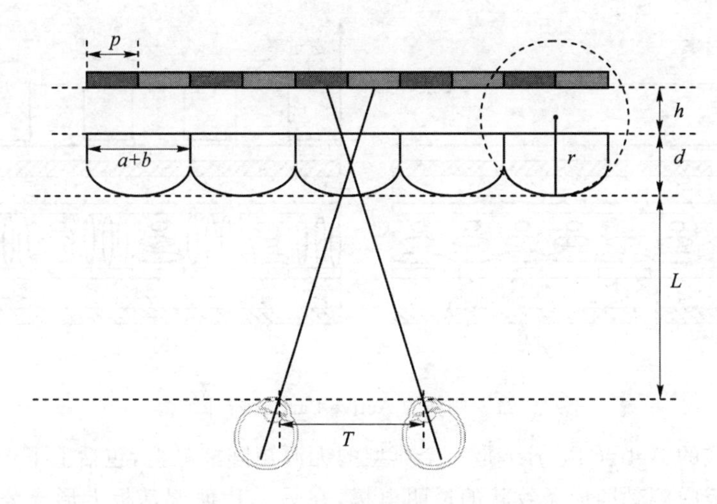

图 15.20 柱透镜式立体显示原理

柱透镜光栅的节距：
$$a+b=\frac{NTP}{T+P}$$

透镜的曲率半径：
$$r=\frac{pL(n-1)}{T}$$

透镜厚度：
$$d=\frac{nr}{n-1}-nh$$

柱透镜光栅立体显示拥有亮度高、成本较低的优势，在无须 2D/3D 切换的商用显示领域享有得天独厚的优势，现在和未来都将是立体显示广告机的主流技术。

15.4 2D/3D 切换技术

大多数时间人们都只需要观看 2D 内容，只有在玩游戏、看电影等部分场合才需要 3D 显示。所以对显示装置而言，能够在 2D 和 3D 状态下切换就显得尤为重要，并且在 2D 状态下，显示质量没有降低。为了区别于“内容的 2D/3D 转换”，即将一般的平面显示内容转换为用于立体显示的立体图像对，或者编织好的立体显示内容的技术。我们将显示装置硬件上的 2D/3D 切换，称为“光学的 2D/3D 切换”。

15.4.1 活动式视差挡板技术

活动式视差挡板(Active Barrier)是到目前为止成熟度最高，应用最为广泛的 2D/3D 切换技术。任天堂公司的 3DS 掌上游戏机、HTC 的 EVO 3D 手机和 LG 公司的 DX2500 监视器等产品均采用这一技术。

只要可以实现透光和遮光状态切换的技术，都可以应用于“Active Barrier”。但是，由于液晶显示技术的成熟度较高，所以几乎所有的 Active Barrier 都采用了液晶驱动模式。典型的 Active Barrier 器件结构如图 15.21 所示。

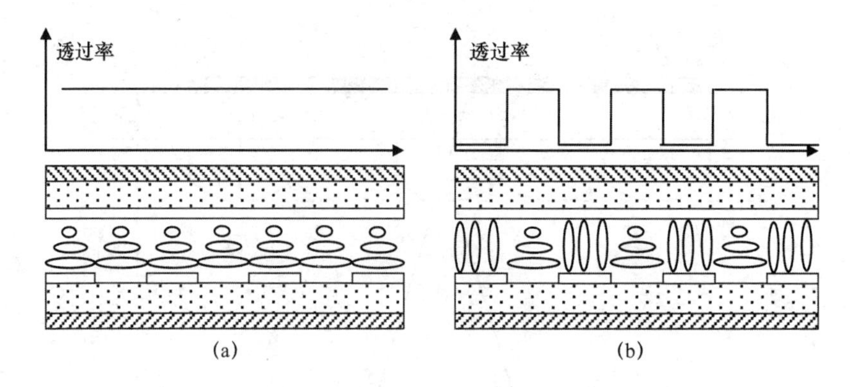

图 15.21 典型的 Active Barrier 器件结构

液晶模式的 Active Barrier 是一个典型的无源矩阵液晶盒,包括上下玻璃基板,在一片玻璃基板内侧刻蚀成条纹状的透明电极,在另一片玻璃基板上形成公共电极,在电极上面设置取向层,然后充入液晶。其中透明电极条纹的节距等于视差挡板的设计节距。在电极电压未到达阈值电压时,液晶分子不偏转,其透过率均匀地保持较高状态。图 15.21(a)对应立体显示中的 2D 状态;当电极电压达到工作电压时,一部分液晶分子就会发生偏转,使这部分显示为黑色,形成透过率高低间隔的视差挡板状态,也就对应着立体显示中的 3D 状态,如图 15.21(b)所示。

从其结构可知,Active Barrier 的制造工艺完全匹配现有 LCD 工厂的设备和工艺,所以成为了目前产品化最成熟的可 2D/3D 切换技术。

15.4.2 液晶透镜技术

既然视差挡板可以制作成为可 2D/3D 切换的器件,那么把亮度较高的柱透镜光栅也制作成可 2D/3D 切换的器件就更加有吸引力。这种技术可称为“Active Lenticular”,即要求在 2D 显示时,它就像一片平板玻璃,当需要实现立体显示时,它就可以表现出柱透镜光栅的效果。最常见的就是液晶透镜技术。而且不同的公司、高等学校在沿着不同的方向进行研究,常见的液晶透镜有如下几种:偏振式液晶透镜(Polarization Activated Micro Lens)、活动式液晶透镜(Active LC Lens)和电驱动液晶透镜(Electric Driven LC Lens)。

1. 偏振式液晶透镜

偏振式液晶透镜结构如图 15.22 所示。它包括在显示面板上设置一片偏光调制器件,用于调制出射光的偏振方向,该偏光调制器件可以是一片 TN Cell,不加电时,液晶层成扭曲状态,将显示面板出射的偏振光旋转 90°后出射;当加电后,扭曲状态被破坏,显示面板出射的偏振光偏振方向不发生变化。在偏光调制器件上面设置有一层双折射光栅。

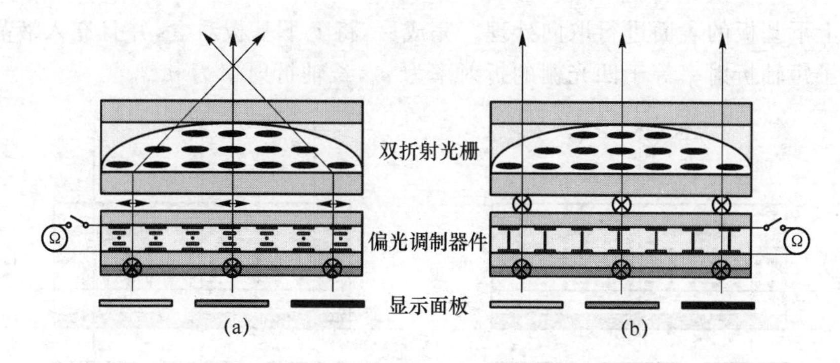

图 15.22 偏振式液晶透镜结构

双折射光栅包括各向同性的、折射率为 n_o 的凹光栅层和形成在凹光栅上，进行了取向的各向异性的(水平方向折射率为 n_o，垂直方向折射率为 n_e)液晶聚合物凸透镜层。其切面图如图 15.23(a)所示，其俯视图如图 15.23(b)所示。其制作方法是将凹光栅和进行了取向处理的基板相对成盒，将液晶分子灌入其中，使液晶分子沿着设定的取向方向取向，取向完成后，将液晶分子固化，然后再剥离掉取向处理的基板即可。

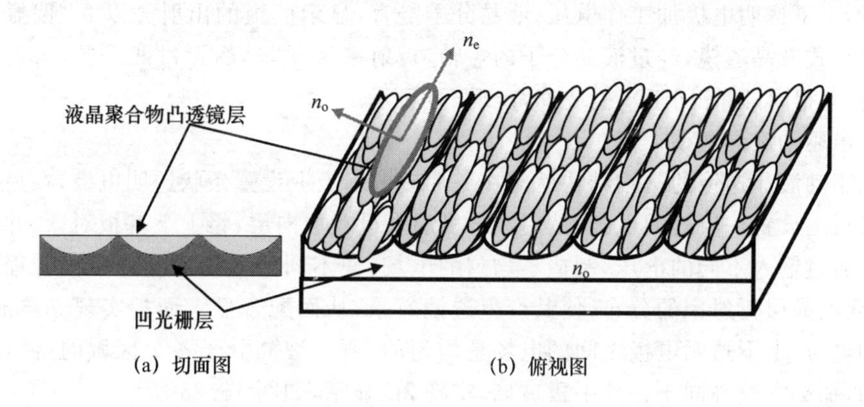

图 15.23 双折射光栅

当需要实现立体显示状态时，使偏光调制器件为断开状态，那么显示面板出射光的偏振方向将由 90°变为 0°，0°方向的偏振光首先经过双折射光栅上液晶分子的长轴，折射率为 n_e，然后再经过双折射光栅上的凹光栅，其折射率为 n_o，所以双折射光栅表现出透镜效果，可以实现立体显示。当需要实现 2D 显示时，给偏光调制器件施加工作电压，那么显示面板出射光的偏振方向不会发生变化，90°方向的偏振光首先经过双折射光栅上液晶分子的短轴，折射率为 n_o，然后再经过双折射光栅上的凹光栅，其折射率同样为 n_o，所以双折射光栅就像平板玻璃一样，实现了 2D 显示。

2. 活动式液晶透镜

如图 15.24 所示，活动式液晶透镜的结构与偏振式液晶透镜中的双折射光栅非常相似，不同的是，双折射光栅中的液晶分子是固化掉的，而活动式液晶透镜中的液晶分子是可以受电压驱动而旋转的。其制作方法是在上玻璃基板上沉积透明电极，然后再在透明电极上设置凹光栅，且凹光栅材料的折射率为 n_o，在下基板上沉积透明电极，然后对上下基板的表面进行取向处理。完成后,将上下基板对盒,并且充入液晶,且该液晶分子短轴折射率等于凹光栅的折射率为 n_o,长轴折射率为 n_e。

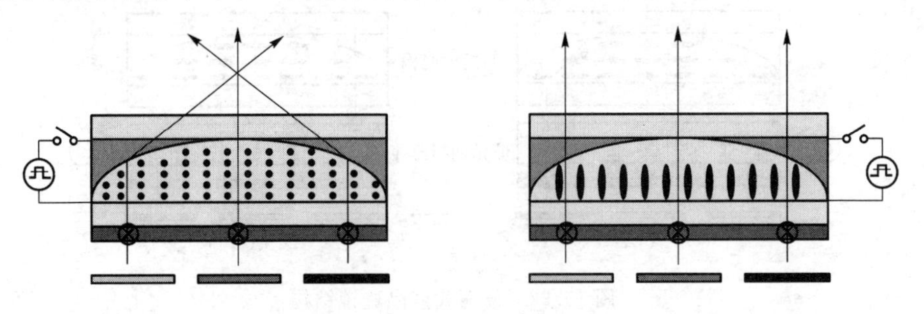

图 15.24　活动式液晶透镜

将显示面板设置在活动式液晶透镜的下方,就形成了活动式液晶透镜立体显示器件。当要进行立体显示时,上下透明电极之间电压小于液晶阈值电压,显示面板的出射光以 90°偏振方向进入活动式液晶透镜,经过液晶分子的长轴,折射率为 n_e,然后经过凹光栅,折射率为 n_o,且 $n_o \neq n_e$,则会表现出透镜效果,实现立体显示。当要进行 2D 显示时,上下透明电极加工作电压,液晶分子竖直,显示面板的出射光以 90°偏振方向进入活动式液晶透镜,经过液晶分子的短轴,折射率为 n_o,然后经过凹光栅,折射率为 n_o,折射率相同,则等同于平板玻璃,实现 2D 显示。

3. 电驱动液晶透镜

电驱动液晶透镜的基本结构就是在一片玻璃基板上设置条状透明电极,在另一片玻璃基板上设置一层透明电极,然后在电极层上设置取向层,将上下基板对盒,并充入液晶。通过输入不同的电压,制造不均匀的电场,使不同区域的液晶分子偏转程度不同,改变液晶层折射率的分布,使其产生透镜效果,从而配合显示面板实现立体显示。当不加电时,上下透明电极之间的电场是均匀的,所以液晶分子各个区域的折射率是一致的,那么它就等同于一片平板玻璃,实现 2D 显示,如图 15.25 所示。

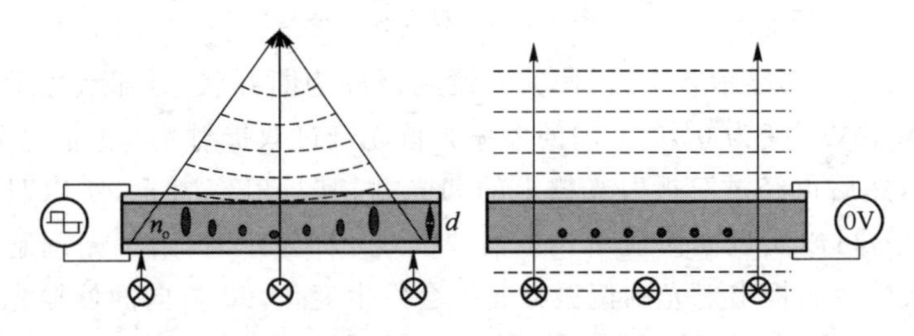

图 15.25　电驱动液晶透镜

对于电驱动液晶透镜,关键在于驱动液晶所形成的液晶相位差的分布曲线与理想曲线尽量吻合。理想曲线公式为:

$$\Delta nd(r) = \Delta nd - \frac{r^2}{2f}$$

其中,r 表示在一个透镜单元中,距离其中点的距离,即透镜的中点 $r=0$,且 $\Delta nd(r)$ 表示在距离透镜中点的距离为 r 位置上液晶的相位差;Δn 为液晶分子的 $n_o - n_e$;d 为电驱动液晶透镜 Cell 的盒厚(Cell Gap)；f 为透镜的焦距。

根据柱透镜立体显示计算透镜节距和放置高度的方法计算电驱动液晶的节距和放置高度，然后再根据所选液晶的 Δn 计算液晶透镜的 Cell Gap，最后再匹配合适的电极设计和控制电压，就可以制作电驱动液晶透镜。图 15.26(a)表示了某电驱动液晶透镜的 Cell 内的电压分布、液晶分子的状态，15.26(b)表示了此时相位差的分布情况。

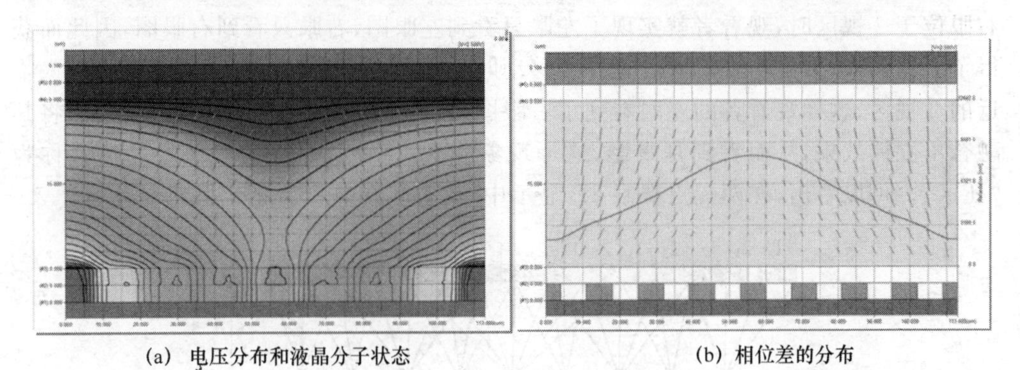

(a) 电压分布和液晶分子状态　　(b) 相位差的分布

图 15.26　电驱动液晶透镜的 Cell 内的电压分布、液晶分子状态、相位差的分布

三种液晶透镜的优劣点见表 15.4。

表 15.4　三种液晶透镜的优劣点

	偏振式液晶透镜	活动式液晶透镜	电驱动液晶透镜
成本	高	中	低
亮度	较高	高	高
与 LCD 工厂匹配度	很低	低	较高

15.4.3　指向式背光技术

指向式背光是指利用光学器件，改变背光源光线的出射方向，第一时刻，显示面板上显示左眼图，背光源的光线向左眼方向射去，而只有较少的光进入右眼区，使观看者左眼看到左眼图，而右眼看到的几乎为黑色；第二时刻，显示面板上显示右眼图，背光源的光线向右眼方向射去，而只有较少的光进入左眼区，使观看者右眼看到右眼图，而左眼看到的几乎为黑色，如此反复，实现立体显示。

目前较好地实现本技术的是 3M 公司的 3D film，它利用特殊 3D 薄膜、导光板和光源系统较好地实现了光线的定向分离，并且已经有产品上市。

15.5　3D 显示改善技术

15.5.1　多视点技术

多视点技术是一种减少裸眼 3D 死区、增大单个观看周期长度的技术，它适用于各种视差挡板和柱透镜系的裸眼3D产品。多视点是针对两视点而言的,两视点的意义是指将左眼图和右眼图(两幅图)按照一定规则编织起来,输入显示面板,然后经过3D器件的分光,在观看区域形成1视区和2视区,在1视区只能看到输入左眼图信息的亚像素,在2视区只能看到输入右眼图信息的亚像素,如图15.27所示。在图中我们可看到在空间中,1视区和2视区是交替出现的。当观看者左眼位于1视区时,且右眼位于2视区时,观看者就实现了左眼只看到左眼图,右眼只看到右眼图,因此而获得了立体效果;但是当观看者位置发生移动时,右眼将进入临近的1视区,左眼进入临近的2视区,这样观看者的左眼看到了右眼图,而右眼看到了左眼图,大脑就无法将其融合出立体效果,从而看到是重影,这一现象称为“逆视”,出现逆势现象的位置称为“死区”。可以看出,在两视点裸眼3D显示中,观看区域中50%的空间都是死区。

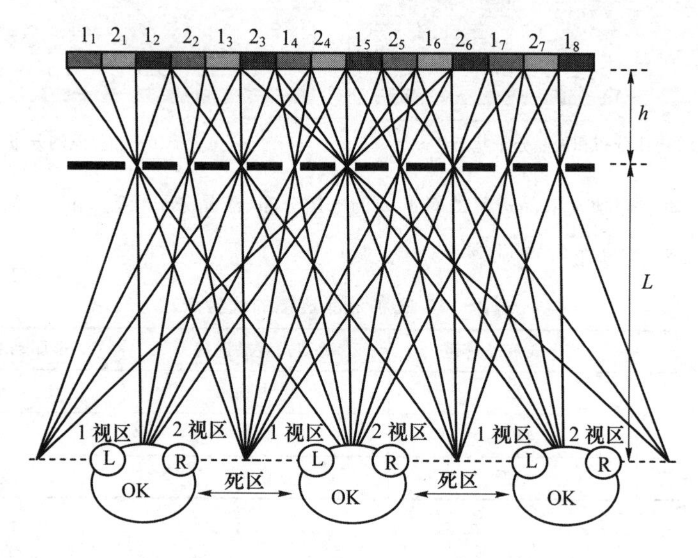

图15.27　两视点裸眼立体显示

多视点技术首先需要对所描述场景不仅仅获得一张左眼图和一张右眼图,同时还需要围绕该场景获取N张视差图,相邻两张图的视差是一样的,如图15.28所示。在获得N张视差图后,将它们按照裸眼立体显示的规则进行编织,输入显示面板。经过3D器件后在空间中形成1,2,3,…,N视区,在M视区就能看到M的视图。这样,当观看者左眼在2视区,右眼在1视区时,能得到立体效果,相当于观看者在摄像头2和1之间看到的场景;当观看者移动一定距离,左眼在3视区,右眼在2视区时,仍然能够得到立体效果,相当于观看者在摄像头3和2之间看到的场景。依此类推,直到观看者左眼移动到相邻视区组的1视区,而右眼位于N视区时,逆视便产生了。在N视点立体显示中,逆视的发生比率降低为$1/N$,且立体显示观看区域增宽为原来的$N-1$倍。

虽然多视点技术对于死区减少有很大作用,但是它会不可避免地造成分辨率的严重下降。而且要获得多视点图,也将不可避免地造成在内容端的成本上升,或者在系统端更高的要求。实际产品设计中,需要平衡视点数和分辨率。

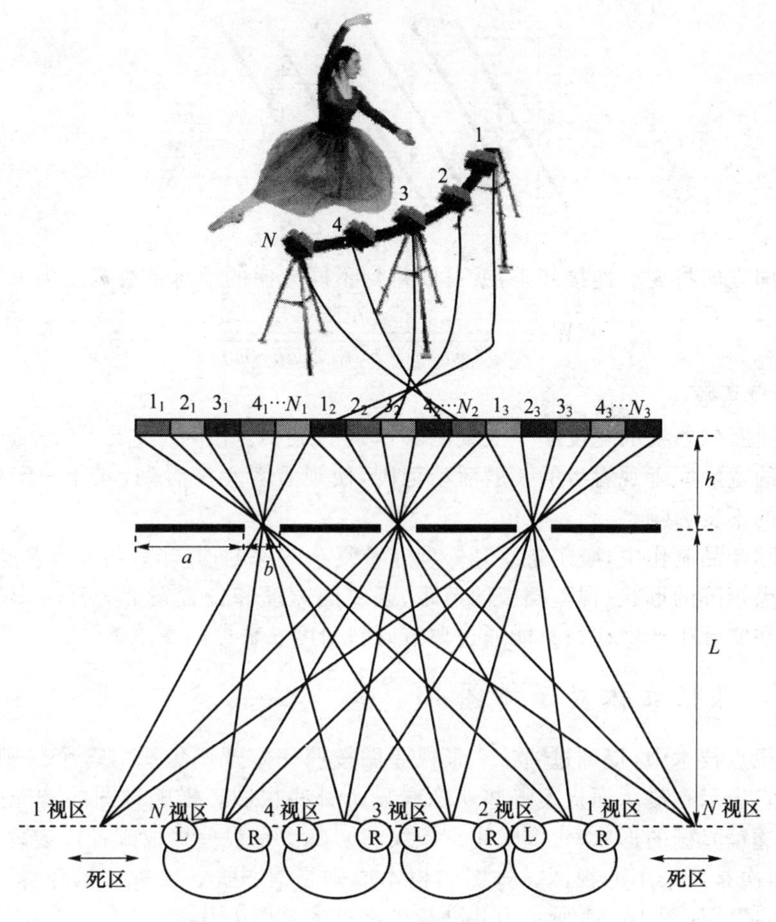

图 15.28　多视点技术

15.5.2　摩尔纹消除技术

摩尔条纹(Moiré Pattern)是18世纪法国研究人员摩尔首先发现的一种光学现象。从技术角度上讲,摩尔条纹是两条线或两个物体之间以恒定的角度和频率发生干涉的视觉结果,当人眼无法分辨这两条线或两个物体时,只能看到干涉的花纹,这种光学现象就是摩尔条纹,如图15.29所示。在裸眼3D显示中,显示面板上的黑矩阵条纹与视差挡板或者柱透镜光栅的条纹重叠,就会产生摩尔条纹,严重影响观看效果。

图 15.29　摩尔条纹

摩尔条纹的形成可以用图15.30说明,包括间距为a的一组条纹和间距为b的一组条纹,以θ为夹角进行重贴,它们将产生一系列的交点,如果这些交点之间距离较短,人眼无法分辨,连接起来就会形成比较明显的摩尔条纹。

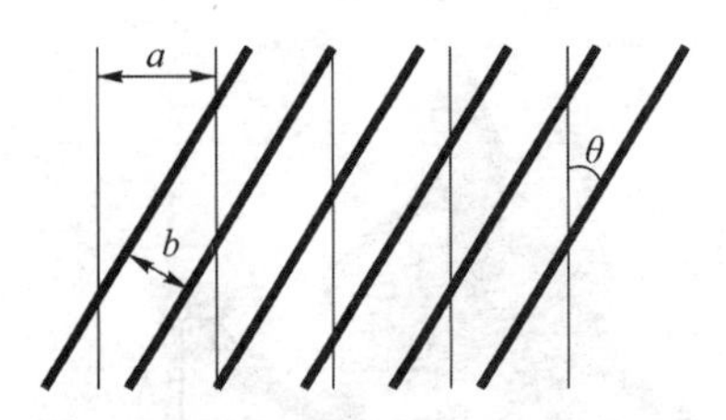

图 15.30　摩尔条纹原理图

沿不同方向将交点连接起来，就可以得到不同方向的摩尔条纹宽度为

$$W=\frac{ab}{\sqrt{(na)^2+b^2+2nab\cos\theta}}$$

其中，n 为自然数。

只有使摩尔条纹的宽度小于人眼能够识别的最小宽度，使人眼无法察觉，或者使摩尔条纹的宽度大于观看者的一般活动范围，使观看者无法看到，才能一定程度减弱摩尔条纹的不良影响。

在实际产品制作中，摩尔条纹是一项非常复杂的课题，并非只与 a、b 和 θ 相关，显示面板上黑矩阵的形状、视差挡板的节距、条纹的宽度和位置精度等都会影响摩尔条纹。但是在实际生产中往往只能通过调节倾斜角度 θ 来控制摩尔条纹。

15.5.3　裸眼立体显示排图

在多视点技术中，提到过“将 N 张视差图按照一定规则编织”，这个规则就是“排图规则”，它表示在显示面板上哪些亚像素显示哪些视图。影响排图的首先是视差挡板或者柱透镜光栅的形状(大多采用直条纹状)，其次是视差挡板或者柱透镜光栅的倾斜角度，再次是所采用的视图。排图的根本原则是“使进入 M 视区的亚像素显示 M 视图的信息”。如图 15.31 所示为几种较为常见的排图方法。

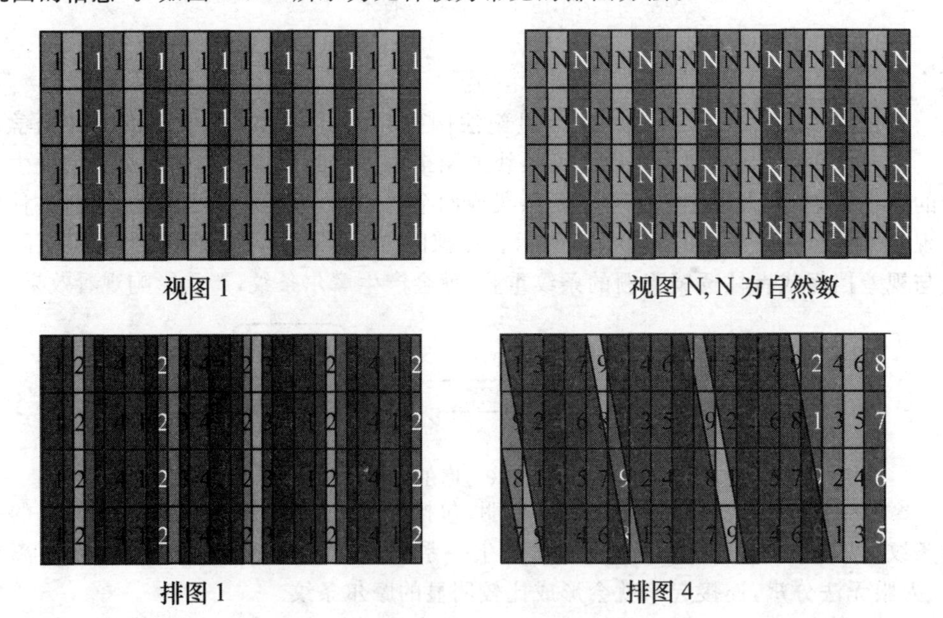

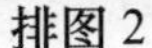

排图 2

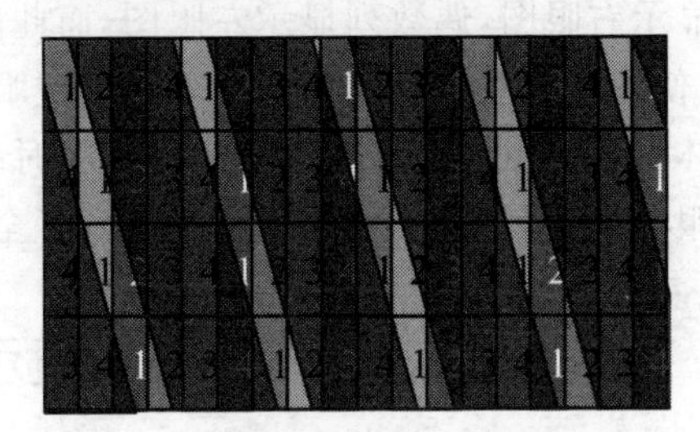

排图 3

图 15.31　常见排图方法

不同排图方法会影响裸眼立体显示的串扰和摩尔条纹，按照国际电工委员会(IEC)的评价 IEC 方法在开口率相同的情况下，各排图的大概串扰值及摩尔条纹的主观评价见表 15.4。

表 15.4　各排图的性能对比

	排图 1	排图 2	排图 3	排图 4
与竖直夹角 θ	0°	～18°	～12°	～9°
串扰	<10%	～10%	～30%	～80%
摩尔条纹	强	强	弱	中

当然，还有许多其他排图方法，能获得不同立体显示性能，在此就不一一列举。

15.5.4　扫描光栅

裸眼立体显示分辨率会降低至少一半，如果采用多视点技术，则会降低更多。除了增加显示面板本身的分辨率以弥补立体显示分辨率的降低外，另一种方法就是采用扫描光栅的方法，用时间换空间，来提高立体显示的分辨率。

第一时刻，裸眼立体显示状态如图 15.32(a)所示，显示面板奇数列像素显示左眼图，偶数列显示右眼图，经过第一时刻的视差挡板，观看者左眼看到左眼图，右眼看到右眼图，实现立体显示。第二时刻，其状态如图 15.32(b)所示，显示面板奇数列像素

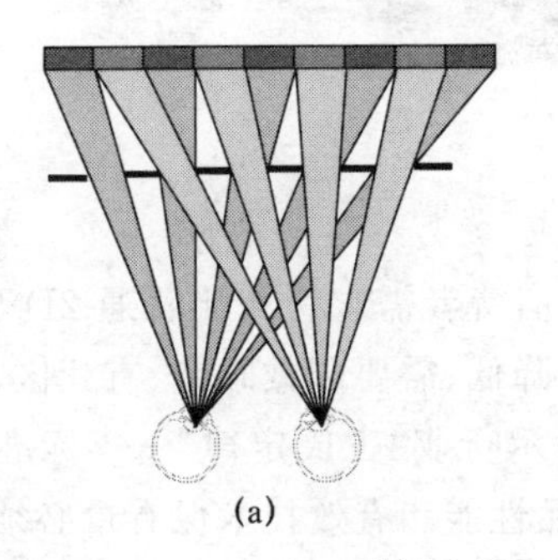

(a)　　(b)

图 15.32　扫描光栅的原理

变为显示右眼图,偶数列显示左眼图,而此时视差挡板上透光区和遮光区的位置发生变化,使观看者左眼看到了偶数列上的左眼图,右眼看到奇数列上的右眼图,获得第二帧立体画面。由于第一和第二时刻间隔时间较短,且显示面板的奇偶列像素都对左眼和右眼产生了刺激,所以观看者观看到了全分辨率的立体画面。

15.6　立体显示的困境和未来

2009年底3D巨制《阿凡达》的上映为立体显示的第三次高潮拉开了序幕,整个电子行业都纷纷涌入立体显示浪潮之中。从显示器件到显示内容,从生产设备到原材料,从行业协会到产品标准,无不散发着对立体显示的狂热。但与此同时,又有不同的声音在质疑,立体显示的前两次浪潮都偃旗息鼓,第三次凭什么能够成功?

在几年后的今天去回顾这次立体显示的第三次浪潮,它远远没有达到初起时业界的期望,在快门眼镜式和偏光眼镜式立体显示陆续兴起后,眼镜式立体显示技术基本成为高端电视产品的标配,而在中低端电视领域则不断收缩战线,在手机、平板电脑等应用上的立体显示产品则绝大多数折戟沉沙。其主要原因可以归纳为以下三点。

(1) 内容的匮乏。其第一层意思是立体显示的片源很少。第二层意思是能够让观看者产生良好立体感觉的立体内容很少。第三层意思是,能够显示出屏效果(显示内容位于屏幕前面的立体效果,如图15.33所示),这种大众最为期待的立体内容很少。第四层意思最难感受到,因为我们目前的影片都是用摄像机摄录其前面的场景,就好像通过一个窗户看外面的世界,除非对画面中某些物体进行特殊处理,否则是不可能获得某个物体强烈出屏的效果的。所以,要制作出屏效果的内容,影片的录制方式和后期处理都必须发生巨大的变化。同时,需要指出的是,强烈出屏的内容会要求观看者双眼的辐辏角很大,对健康的影响有待研究。

图15.33　出屏效果

(2) 立体显示装置的性能暂时不能满足消费者需求。相比普通2D显示,立体显示往往存在亮度降低、分辨率降低、扫描频率降低、需要配戴眼镜、有死区、串扰大等缺点,严重影响立体显示的体验。但是,根据显示行业“王氏定律”——标准显示产品每36个月价格下降约50%,若要生存下去,产品性能和有效技术保有量必须提升一倍以上。这便告诉我们,显示性能的突破只是时间问题。即使在今天,随着4K电视和

300 ppi以上手持设备的普及，立体显示在分辨率上的不足已经不再是个大问题。随着液晶透镜的不断开发，立体显示的亮度也不会大幅降低；随着 OLED 的不断成熟，扫描频率也不再是问题。因此，从长远来看，这些原因都将不会成为制约立体显示技术发展的障碍。

(3) 立体显示采用“视差产生立体”的原理，该原理必然造成观看者调节与辐辏的不匹配，如图 15.34(a)所示，在观看实际事物时，观看者的睫状肌都聚焦在 L1 的物体上，辐辏角为 θ；但是当观看立体显示时，观看者的左眼和右眼分别对准了显示屏幕上的同源像点，所以辐辏角仍然是 θ，但是为了看清楚屏幕上的内容，观看者左右眼的睫状肌将调节晶状体聚焦在显示屏幕表面，即调节距离为 L2，显然 L2≠L1，如图 15.34(b)所示。也就是说，观看者在观看立体显示时的调节和辐辏相比在观看真实场景时的调节和辐辏的状态是不一样的。这是让人观看立体显示时产生晕眩等不适感的主要原因之一。要解决这个问题，就需要研究人眼能够承受多大程度的不匹配，控制立体显示的立体程度，以确保观看者的用眼健康。

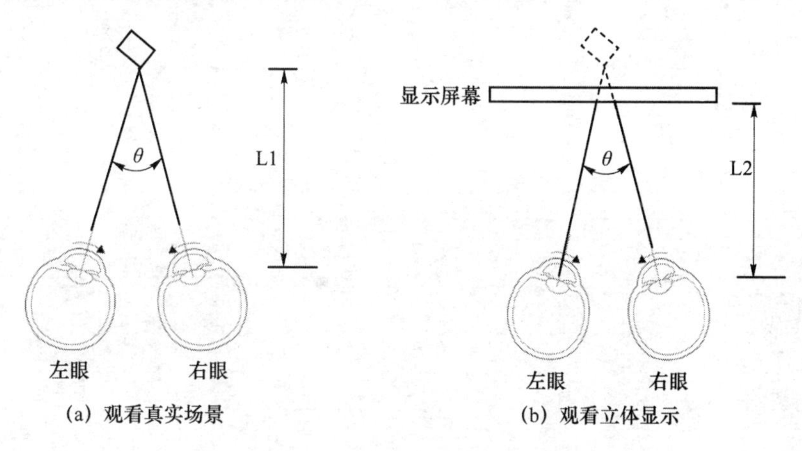

(a) 观看真实场景　(b) 观看立体显示

图 15.34　观看真实场景与立体显示

当然，正如本章开篇所讲，“立体显示”是显示行业“还原真实世界”的必由之路，视差型 3D 已经，并将继续取得软硬件方面的突破，持续推进立体显示的第三次浪潮。这一技术在军事、医疗、设计等对显示性能需求较高的专业领域，以及广告、电影和游戏等娱乐性较强的领域，预计将会率先取得突破。同时，随着显示面板分辨率的不断提升、数据传输和处理能力的大幅提高、工艺能力的持续改进等，集成成像和全息显示等可以真正“还原真实世界”的显示产品将陆续走进人们的日常生活。

本章参考文献

[1]　王琼华. 3D 显示技术与器件. 北京：科学出版社，2013.

[2]　河合隆史，等. 3D 立体映像表现基础. 日本东京：Ohmsha，2010.

[3]　GOLDSTEIN E B. Sensation and Perception，sixth edition. Wadsworth：2002.

[4] OGLE K N. Researches in Binocular Vision. Hafner Publishing Co. Ltd, 1964.

[5] DODGSON N A. Autostereoscopic 3D Displays. UK: IEEE Computer Society,2005.

[6] 王冬翠,王惠南.关于立体视觉与真三维立体显示技术. 现代显示,2009, 104: 16-29.

[7] 蔡履中,刘华光.光学三维显示技术. 现代显示,1996,7:39-54.

[8] 张晓媛.裸眼立体显示技术的研究. 天津理工大学,2006,10060 07-0055.

[9] 房慧聪,沈模卫,等.立体显示系统设计中人的因素.人类工效学,2004,10(2):47-49.

[10] 王元庆.基于 LCD 的自由立体显示技术. Chinese Journal of Liquid Crystals and Displays,2003,18(2):116-120.

第16章　触摸屏技术

近几年，在苹果、三星等公司高端电子产品带动下，触摸屏行业的市场规模越来越大。伴随行业的发展，触摸屏应用领域也从以往的自动柜员机、工控计算机等小众商用市场，迅速扩展到智能手机、平板电脑、笔记本式计算机、智能电视、GPS 等大众消费电子领域。特别是苹果公司的 iPhone 系列手机问世以来，强烈带动了人们对于触控产品的需求，掀开触控产品和技术的新篇章。

本章的主要内容是介绍触控技术发展的历史以及目前市场上几种主流触控技术的原理及其应用，同时对于常见的几种新型触控材料作简单介绍。

16.1　触控市场发展史

触控产品的应用自 2000 年开始，从玩具游戏机到 PAD、手机、GPS、笔记本式计算机、电视等。触摸屏的类型也越来越多，从电阻数字式（Matrix Type）、电阻模拟式（Analog Type）到声波屏、红外屏、电容屏。触摸屏作为一种新的人机交互技术，既是一种透明的输入系统，同时又是绝对的定位系统。使用者只要用手指或触控笔轻轻地触及显示屏上的图符或文字，就能实现操作。这样就摆脱了对键盘和鼠标的依赖，使人机交互更为直截。我们所说的触摸屏在十几年前还非常少见，在业内也没有触控行业的说法。经过十几年的发展，触摸屏的功能已从原先简单的查询导览发展到现在的手写输入及控制功能，应用领域也从最初的邮电、商场到遍布各个行业众多领域。Gartner 公司台湾吕俊宽总监说："未来几年内，触控式界面技术会继续成为关键创新领域之一。"

触摸屏技术的发展同时也方便了人们对智能手机和计算机的操作使用，是一种极有发展前途的交互式输入技术。目前带 Win8 操作系统的超级本就是一个典型应用。

触摸屏在手机、PAD、车载显示屏等电子产品领域，也具有得天独厚的优势，有着极为广泛的应用和广阔的市场前景。以手机市场为例，正以超出预期的速度飞快发展着。2013 年，全球触摸屏出货量超过 15 亿套，其中智能手机类触摸屏模组出货量就超过了 10 亿套；触摸屏的生产商主要集中在日本、韩国、中国台湾和大陆。之前全球触摸屏市场绝对份额是日本厂商；近年来中国台湾和大陆地区一些触摸屏厂商开始在市场上占据一定的份额，在技术上和市场份额上，与日本厂商的差距越来越小。触摸屏经历了从低档向高档发展的历程。从红外屏、四线电阻屏到电容屏，现在又发展到声波触摸屏、五线触摸屏等,性能越来越可靠,技术越来越先进。而且随着各行业应用特点的不同,以前被忽视了的红外屏、电容屏,经过工艺改造,重又获得了新生。同时LCD平板显示技术的发展也使得触摸屏的优势凸显出来,金融、证券,教育等行业用户对此青睐有加。

中国的触控行业尽管在1992年就有红外屏在中国市场上的影子,但由于技术上的先天不足,很快在1993年就夭折了。到1994年国内一些公司开始代理美国MICROTOUCH公司电容式触摸屏触控产品的销售,这才标志着中国触控产业的正式诞生,中国的IT市场从此有了一个新名词:触摸屏。直到1998年,才真正出现有生产能力的企业,像现在实力比较强的深圳辰通公司、北京豪普曼公司和上海康泰克公司等。到目前为止,有生产实力的触控产品制造商已达十家以上。国际先进的触控产品制造商像MICROTOUCH公司、ELO公司、G-TOUCH公司、GENERAL公司等,都对国内触控行业的发展产生了深远影响。国内的公司也通过消化吸收国际大公司的先进技术和产品,创建了自有品牌。

我国触摸屏市场处于迈向成熟发展的阶段,1998年以后,市场规模不断扩大,到1998年年底,仅北京一地就有10余家公司经营触摸屏业务,当时国内电阻式触摸屏主要厂商有南京华睿川、广州华意、广州恒利达、深圳深越、深圳北泰等。触摸屏刚开始的市场容量在1～2个亿,到目前已放量到年销售几百亿的规模。随着中国3G/4G手机市场逐步启动,带触摸屏的智能手机市场需求将会迅速增长。国内市场集中在10.4英寸以下的中小尺寸,主要应用于带有触摸屏的手机、PAD、车载显示屏等消费电子产品。目前中国国内的手机用触摸屏主要来自日本、中国台湾与大陆。依照市场占有率观察,中国大陆触摸屏商是中国大陆手机用触摸屏最大供应商,可以说这是手机主要配件本土化最彻底的一个产品。

触摸屏产品生产主要厂家:广州的华意、恒利达、博旭、洪晋、洪毅、键创、迪创、中触;顺德的德宜、威克微、恒威;佛山的浩光;江门的同益、蓬达;东莞的冠智、路明斯光电;深圳的北泰、深越、中触、精显、泰山、鹏勇、冠兴、金恒信、恒吉、嘉冠华、浩元光电、德普特、未来科技、志沛、洋华、富科尔、飞马电子、华然电子、万象电子、应用科技、合利泰、欧菲光、敏锐科技、莱宝、泰祺威、旭扬、航泰、德立唯;珠海的金石、汕头的信利。

其他厂家还有江苏瑞阳、键邦、银茂、浙江京航、贝力生;南京华睿川、点面、湖北数位资讯、江西南昌良英、联创;北京金菱、夏门辰宏科技;成都吉锐、理义电子、青岛拓达触控等。由于竞争激烈,触摸屏价格在逐年下降,特别是智能手机屏2～3年内价格下降了40%～50%。若原材料能实现国产化,价格还将大幅下降。一般来看台湾地区品牌的价格比大陆产高15%～30%,日本品牌比台湾地区的高15%～30%。特别是2013年智能手机触摸屏跌价非常厉害。主要原因是高端智能手机的成长变缓,市场增长率由2012年的50%下降到2013年的38%,同时多家新触摸屏厂家的介入造成的激烈市场竞争。

16.2　触摸屏种类与原理、结构

从技术原理角度来讲，触摸屏是一套透明的绝对定位系统，它是绝对坐标，不需要第二个动作，不像鼠标，是相对定位的一套系统。我们可以注意到，触摸屏软件都不需要光标，因为光标是给相对定位的设备用的，相对定位的设备要移动到一个地方首先要知道现在何处，往哪个方向去，每时每刻还需要不停地给用户反馈当前的位置才不至于出现偏差。这些对采取绝对坐标定位的触摸屏来说都不需要；另外，能检测手指触控动作并且判断手指位置，各类触摸屏技术就是围绕如何处理“检测手指触控信号”的。

16.2.1　触摸屏的第一个特性——透明

透明直接影响到触摸屏的视觉效果。红外线技术触摸屏和表面声波触摸屏只间隔一层纯玻璃，透明可算佼佼者，很多触摸屏是多层的复合薄膜，仅用透明来概括它的视觉效果是不够的，至少包括四个特性：透明度、色彩失真度、反光性和清晰度。

1. 透明度和色彩失真度

我们看到的彩色世界包含了可见光波段中的各种波长色，在没有完全解决透明材料技术，或者说还没有低成本地很好解决透明材料技术之前，多层复合薄膜的触摸屏在各波长下的透光性还不能达到理想的一致状态，如图 16.1 所示为多层复合薄膜透光性与波长曲线图。

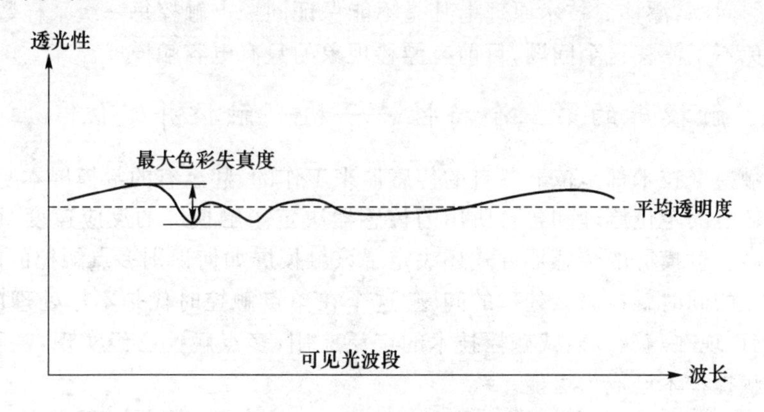

图 16.1　多层复合薄膜透光性与波长曲线图

由于透光性与波长曲线图的存在，通过触摸屏看到的图像不可避免地与原图像产生了色彩失真，并且，静态的图像感觉还只是色彩的失真，动态的多媒体图像就会舒适度较差。平常所说的色彩失真度，也就是图中的最大色彩失真度越小越好，而透明度(图中的平均透明度)越高越好。

2. 反光性

反光性主要是指由于镜面反射造成图像上重叠身后的光影,如人影、窗户、灯光等。反光是触摸屏带来的负面效果,反光性是越小越好,它影响用户的浏览速度,严重时甚至无法辨认图像与字符,反光性强的触摸屏使用环境受到限制,现场的灯光布置也被迫需要调整。大多数存在反光问题的触摸屏都提供另外一种经过表面处理的型号:磨砂面触摸屏,也称防眩型,价格略高一些。防眩型反光性明显下降,适用于采光非常充足的大厅或展览场所。不过,防眩型的透光性和清晰度也随之有较大幅度的下降。

3. 清晰度

有些触摸屏加装之后,字迹模糊,图像细节模糊,整个屏幕显得模模糊糊,看不太清楚,这就是清晰度太差。清晰度的问题主要是多层薄膜结构的触摸屏,由于薄膜层之间光反复反射折射而造成的,此外防眩型触摸屏由于表面磨砂也造成清晰度下降。清晰度不好,眼睛容易疲劳,对眼睛也有一定伤害。

16.2.2 触摸屏的第二个特性——绝对坐标系统

触摸屏是绝对坐标系统,要选哪就直接点那,与鼠标这类相对定位系统的本质区别是一次到位的直观性。绝对坐标系的特点是每一次定位坐标与上一次定位坐标没有关系,触摸屏在物理上是一套独立的坐标定位系统,每次触控的数据通过校准数据转为屏幕上的坐标,这样,就要求触摸屏这套坐标不管在什么情况下,同一点的输出数据是稳定的,如果不稳定,那么这触摸屏就不能保证绝对坐标定位。点不准,这就是触摸屏最怕的问题:漂移。技术原理上凡是不能保证同一点触控每一次采样数据相同的触摸屏都免不了漂移这个问题,目前有漂移现象的只有电容触摸屏。

16.2.3 触摸屏的第三个特性——检测触控并定位

各种触摸屏技术都是依靠各自的传感器来工作的,甚至有的触摸屏本身就是一套传感器。各自的定位原理和各自所用的传感器决定了触摸屏的反应速度、可靠性、稳定性和寿命。触摸屏的传感器方式还决定了该触摸屏如何识别多点触控的问题,也就是超过一点的同时触控怎么处理的问题,这个在单点触控时代是不作处理的,只判断触控的先后,现在随着投射式触控技术的广泛应用,多点触控已经实现,甚至 20 点以上的同时触控技术已成为可能。

16.3 触摸屏种类、原理和结构

常见的触摸屏可以分为红外线式、压力检出式、光学式、电阻式、表面声波式、电容式等。

16.3.1 红外线式触摸屏

红外线式触摸屏如图 16.2 所示。在显示面板(display)周边配置着会发光的二极管(diode)和受光的单体。由于发光二极管所辐射出来的光束是呈矩阵形的。所以假如用手指头等把光束遮断了,是可测出被遮断的光束位置至手指触控的所在位置。为了避免外界光源的干预,本方式采用了比可视光的波长还要长的近红外光之光束。红外线式触摸屏经配装在液晶显示面板上当作输入装置,为了保护使用者的眼力,有些红外线式的触摸屏会再加涂一层滤光膜。

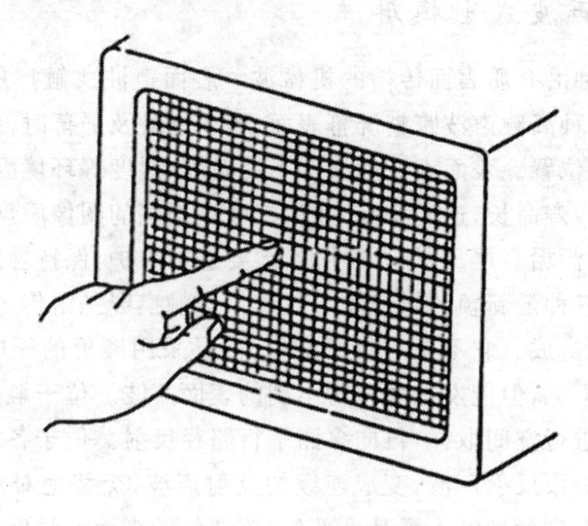

图 16.2　红外线式触摸屏

16.3.2　压力检出式触摸屏

在玻璃面板配置压力感应器,使得加在玻璃面板的外力加点坐标经由配置的压力感应器予以检测及计算。压力检出式触摸屏 就是根据这样的原理制造完成的。原理和构造固然简单,但若要求取得高精度的触摸屏效果的话,必须备有高精度的压力感应器,感应器的温度保证网络,以及因手指触控不够精确和因受振动影响而作出的对策等等都要做得非常慎重。目前 16 英寸画面已能达到±5 mm 的精度。

16.3.3　光学式触摸屏

光学式触摸屏是指在显示器内部的下层阵列基板上利用薄膜晶体管的感光特性制备的一种触摸屏。在显示区域的内部根据显示器的大小以及触摸精度的要求,以一定数量的显示像素为单元制备 3～4 个晶体管来实现感光特性。实际使用中可以使用激光笔或者通过手指触摸实现的遮光造成感光器件得到的光强不一致。这种光强的不一致通过薄膜晶体光电特性,以电流的形式反馈到接收电路中来判断触摸位置实现定位。这种方式可以实现非接触触摸,且不受电流、电压和静电干扰。

16.3.4　电阻式触摸屏

电阻触摸屏的主要部分是一块与显示器表面非常配合的电阻薄膜屏,在强化玻璃表面分别制作两层 ITO 透明氧化金属导电层,利用压力感应进行控制。当手指触摸屏幕时,两层导电层在触控点位置就有了接触,电阻发生变化,在 x 和 y 两个方向上产生信号,然后传送到触摸屏控制器。控制器侦测到这一接触并计算出(x,y)的位置,再根据模拟鼠标的方式运作。电阻式触摸屏不怕尘埃、水及污垢影响,能在恶劣环境下工作。但由于复合薄膜的外层采用塑胶材料,抗爆性较差,使用寿命受到一定影响。

16.3.5 表面声波式触摸屏

表面声波是一种沿介质表面传播的机械波。表面声波式触摸屏的角上装有超声波换能器,能发送一种高频声波跨越屏幕表面,当手指触及屏幕时,触点上的声波即被阻止,由此确定坐标位置。表面声波触摸屏不受温度、湿度等环境因素影响,分辨率极高,有极好的防刮性,寿命长,透光率高,能保持清晰透亮的图像质量,最适合公共场所使用。但尘埃、水及污垢会严重影响其性能,需要经常维护,保持屏面的光洁。表面声波式触摸屏输入是一种最新颖的触控输入技术。该触摸屏是由传送换能器、接收换能器、反射板及控制器组成。它不采用膜层结构,而是采用廉价的压电陶瓷换能器。该换能器在屏面上看不见,但能发送耳朵听不到的表面声波。位于触控输入屏四周的反射阵列对表面声波进行空间取样,再向多路平行路径反射。位于各发送器对面的反射声波检测阵列合成每束反射声波,变成连续的反射声波,交替地对水平和垂直方向进行扫描。手指一触控到触控输入屏某个部位,该部位的表面波强度便能与触控压力成正比地衰减。

16.3.6 电容式触摸屏

电容式触摸屏需要使用ITO材料,它的功耗低,寿命长,但是较高的成本使它之前不太受关注。Apple公司推出的iPhone提供的友好人机界面,流畅操作性能使电容式触摸屏受到了市场的追捧,各种电容式触摸屏产品纷纷面世。而且随着工艺进步和批量化,它的成本不断下降,正在取代电阻式触摸屏。表面电容触摸屏只采用单层的ITO,当手指触摸屏表面时,就会有一定量的电荷转移到人体。为了恢复这些电荷损失,电荷从屏幕的四角补充进来,各方向补充的电荷量和触控点的距离成比例,可以由此推算出触控点的位置。

表面电容ITO涂层通常需要在屏幕的周边加上线性化的金属电极,来减小角落/边缘效应对电场的影响。有时ITO涂层下面还会有一个ITO屏蔽层,用来阻隔噪声。表面电容触摸屏至少需要校正一次才能使用。感应电容触摸屏与表面电容触摸屏相比,可以穿透较厚的覆盖层,而且不需要校正。感应电容式在两层ITO涂层上蚀刻出不同的ITO模块,需要考虑模块的总阻抗,模块之间的连接线的阻抗,两层ITO模块交叉处产生的寄生电容等因素。而且为了检测到手指触控,ITO模块的面积应该比手指面积小,当采用菱形图案时,对角线长通常控制在4~6 mm。

如图16.3所示,绿色和蓝色的ITO模块位于两层ITO涂层上,可以把它们看作是x和y方向的连续变化的滑条,需要对x和y方向上不同的ITO模块分别扫描以获得触控点的位置和触控的轨迹。两层ITO涂层之间是PET或玻璃隔离层,后者透光性更好,可以承受更大的压力,成品率更高,而且通过特殊工艺可以直接镀在 LCD 表面。这层隔离层越薄,透光性越好,但是两层 ITO 之间的寄生电容也越大。感应电容触摸屏检测到的触控位置对应于感应到最大电容变化值的交叉点,对于 x 轴或 y 轴来说,则是对不同 ITO 模块的信号量取加权平均得到位置量,然后在触摸屏下面的 LCD 上显示出触控点或轨迹。当有两个手指触控时,每个轴上会有两个最大值,这时存在两种可能的组合,系统就无法准确定位判断了,这就是通常所称的镜像点(蓝色的两点)。另外,触摸屏的下面是 LCD 显示屏,它的表面也是传导性的,这样就会和靠近的 ITO 涂层的 ITO 模块产生寄生电容,因此,通常还需要在这两层之间保留一定的空气层以降低寄生电容的影响。

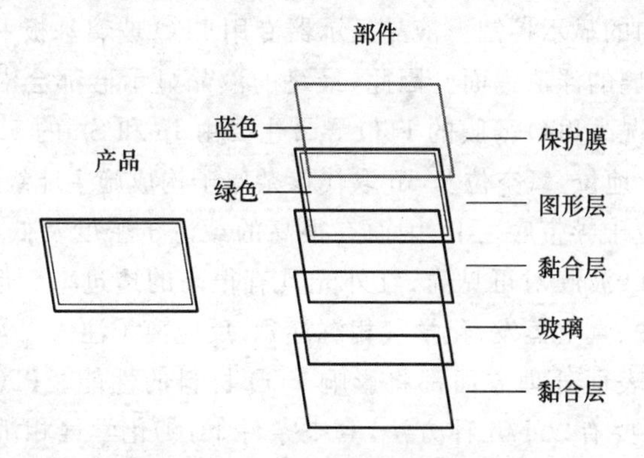

图 16.3　电容式触摸屏结构

在触摸屏产品的设计中,需要对性能和成本进行权衡。电阻触摸屏的成本较低,市场竞争也很激烈,而且在性能和应用场合上有一定局限:

(1) 电容触摸屏只需要触控,而不需要压力来产生信号。

(2) 电容触摸屏在生产后只需要一次或者完全不需要校正,而电阻技术需要常规的校正。

(3) 电容方案的寿命会长些,因为电容触摸屏中的部件不需任何移动。电阻触摸屏中,上层的 ITO 薄膜需要足够薄才能有弹性,以便向下弯曲接触到下面的 ITO 薄膜。

(4) 电容技术在光损失和系统功耗上优于电阻技术。

(5) 电容式技术耐磨损、寿命长,用户使用时维护成本低,因此生产厂家的整体运营费用可以进一步降低。

电容触摸屏已经应用在了 iPhone 及其他手持设备上,定位单点轨迹/模拟鼠标双击是它的基本功能,而对多手指手势操作的识别和应用成为当前市场的热点。在便携式应用中,一般用户一手拿着设备,只能用另一只手操作,因此识别多手指的抓取/平移、伸展/压缩、旋转、翻页等手势操作就显得尤为重要。

16.4　触摸屏制造材料

16.4.1　ITO 材料

ITO 导电玻璃是在钠钙基或硅硼基基片玻璃的基础上，利用磁控溅射的方法镀上一层氧化铟锡(俗称 ITO)膜加工制作成的。液晶显示器专用 ITO 导电玻璃，还会在镀 ITO 层之前，镀上一层二氧化硅阻挡层，以阻止基片玻璃上的钠离子向盒内液晶里扩散。高档液晶显示器专用 ITO 玻璃在溅镀 ITO 层之前基片玻璃还要进行抛光处理，以得到更均匀的显示控制。液晶显示器专用 ITO 玻璃基板一般属超浮法玻璃，所有的镀膜面为玻璃的浮法锡面。因此，最终的液晶显示器都会沿浮法方向，规律地出现波纹不平整情况。ITO 薄膜的 ITO 导带主要由 In 和 Sn 的 5s 轨道组成，价带由氧的 2s 轨道占主导地位，氧空位及 5n 取代掺杂原子构成施主能级影响导带中的载流子浓度，费米能级位于导带底之上，因而有很高的载流子密度及低导电率。ITO 带隙是较宽的，因而 ITO 波膜对可见光、红外光具有很高的透过率。但 ITO 属于非化学计量化合物，喷涂法、真空蒸发、化学气相沉淀积、反应离子注入以及磁控溅射等方法，包括沉积条件以及表面处理方面都将影响 ITO 材料的性能。ITO 透明塑料薄膜和 ITO 玻璃的镀膜主要有以下几种方法，真空条件下：①化学气相沉积，②金属有机化学相沉积，③分子束外延。19 世纪末出现的 In_2O_3 的材料本不是用于触摸屏的制造的，即使到了 20 世纪 80 年代出现的 ITO SnO_2 材料也不是用于触摸屏的制造的，主要应用飞机的除冰窗户玻璃。后来的 In_2O_3 : SnO_2 材料也主要是应用在 LCD、PDP、EL/OLED等产品上。触摸屏产品对 ITO 膜面电阻值要求很高。因此，要做好触摸屏就要了解 ITO 材料，更要做好 ITO 材料。

ITO 的特征如图 16.4 所示。

* Indium Tin Oxide 的缩写（陶瓷）：一氧化锡
* 合成成分比率（按质量）：90%铟，10%锡
* 容量：7 120~7 160 kg/m^2
* 熔点：1 800~2 200 K（1 525~1 925℃）
* 黄绿色
* 高透光率（>90%）
* 单位面积阻抗：0.25~10 000 Ω/□
* （通常阻抗范围为50~1 000Ω/□）

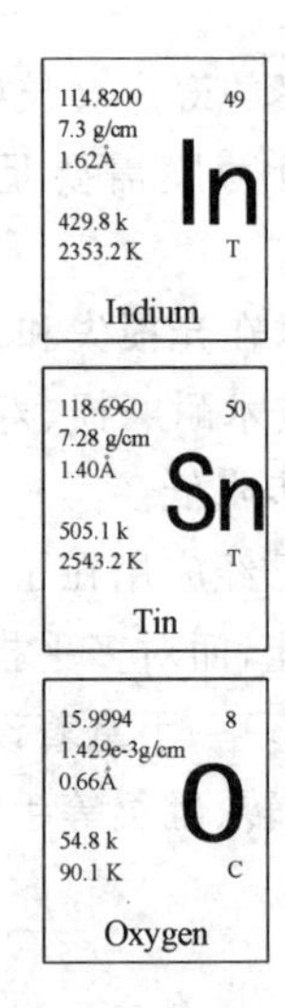

图 16.4　ITO 的特性

16.4.2　ITO 透明塑料薄膜

ITO 透明塑料薄膜制法属低温卷对卷镀膜制程技术，技术水准较高，国内先期投入业者冠华科技因未能达到相关质量要求而未能大量生产供应。另一业者联享光电则为之前唯一宣布可以进入量产 ITO 透明塑料薄膜的国内厂商，相关质量已可符合触控面板业者的要求。国内一些塑料薄膜厂家正与触控面板业者进行送样认证中。目前，国内触控使用的 ITO 透明塑料薄膜来自于日本的仍然居多，因此建议相关材料业者可积极投入 ITO 透明塑料薄膜的国产化进程。

16.4.3　相关油墨胶材

由于油墨胶材影响触控面板质量与生产良率很大，但需求量规模相对其他产业使用量少，供货商多集中在美、日化学品原料公司上。国内 ITO 玻璃生产厂家有：深圳莱宝高科技股份有限公司、南玻集团(精细玻璃事业部)、多纳勒烟台电子有限公司、安徽省蚌埠华益导电膜玻璃有限公司、深圳豪威科技集团有限公司、深圳南亚技术有限公司、成都光明器材厂、邯郸华天真空电子有限公司、江苏省金坛康达克应用薄膜中心、长信薄膜科技(芜湖)有限公司、格拉威宝电子玻璃(深圳)有限公司、深圳市三鑫集团、常州康龙电子有限公司、三盛、万德宏、大华、三信达、爱特鸥等。

16.4.4　ACF 材料

引出线与屏的连接压合是 ITO 触摸屏制造中非常关键的工序。现在的连接压合多使用导电热熔胶和 ACF。中国大陆的包括台湾生产的导电热溶胶都有发现电阻过大的现象，这是导电热熔胶剥离所致，而日本的导电热熔胶会更好，现在比较先进的连接压合是使用 FPC 引出线＋ACF 的做法，ACF(Anisotropic Conductive Film，各向异性导电胶)其特点在于 z 轴电气导通方向与 xy 绝缘平面的电阻特性有明显的差异性，当 z 轴导通电阻值与 xy 平面绝缘电阻值的差异超过一定比值后，即可称为良好的导电异方向，从而达到导通、绝缘、粘着的作用。当然 ACF 的使用也以日本的 Sony Single layer 和 Hitachi Double layer 两款最佳。

16.5　电阻触摸屏的设计

外形尺寸及驱动面积由用户指定，一旦确定，则可开始以下设计。以下提供三种图例，以供参考。

1. 手机屏引出线由下线路直接引出

如图 16.5 所示：

(1) 可视区到粘胶最小距离 $A=0.2$ mm；

(2) 驱动面积到可视区最小距离 $B=0.3$ mm；

(3) 可视区到外形的最小距离 $C=1.8$ mm，$D=1.8$ mm，$E=1.8$ mm，$F=3.0$ mm

(压合的边);

(4) 最小走线线宽 G=0.5 mm;

(5) 走线到可视区最小距离 H=0.2 mm;

(6) 走线到外形边最小距离 I=0.3 mm;

(7) 线间距最小距离 J=0.5 mm;

(8) 最小压合长度 K=7.6 mm;

(9) 最小压合深度 L=1.5 mm;

(10) 压合区内,走线最小线宽 M=0.8 mm,最小 Pitch N=1.3 mm;

(11) 面版实心最小线宽为 0.15 mm;

(12) 面版反空心最小线宽为 0.2 mm。

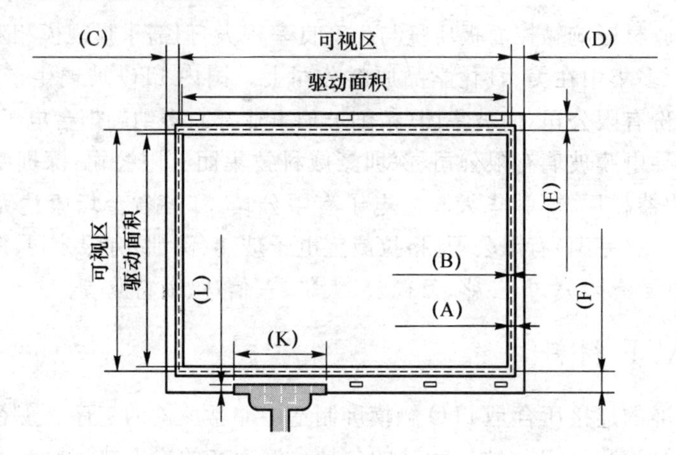

图 16.5　电阻式触摸屏设计图图例一

2. 类比式 4 线引出线由下线路直接引出

如图 16.6 所示:

(1) 可视区到键片最小距离 A=0.5～1.0 mm;

(2) 驱动面积到可视区最小距离 B=0.3 mm;

(3) 可视区到外形的最小距离 C=2.0 mm,D=3.5 mm(需点银胶的边),E=2.0 mm,F=5.5 mm(需压合的边);

(4) 最小走线线宽 G=0.5 mm;

(5) 走线到可视区最小距离 H=0.6 mm;

(6) 走线到外形边最小距离 I=0.6 mm;

(7) 线间距最小距离 J=0.5 mm;

(8) 最小压合长度 K=7.6 mm;

(9) 最小压合深度 L=1.5 mm;

(10) 压合区内,走线最小线宽 M=0.8 mm,最小 Pitch N=1.3 mm。

3. 类比式 4 线引出线贯孔

如图 16.7 所示:

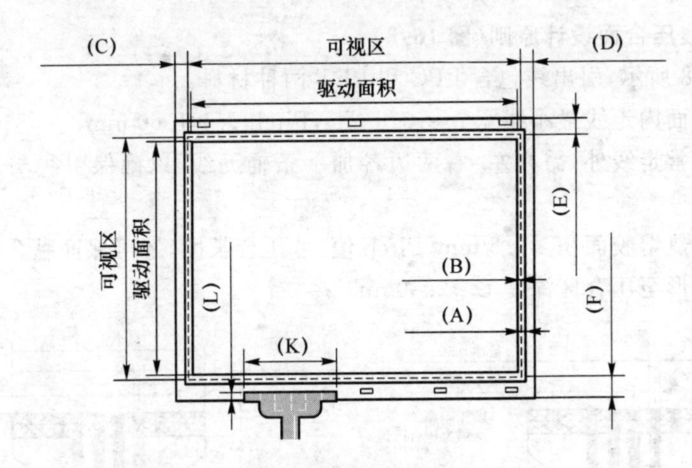

图 16.6　电阻式触摸屏设计图图例二

(1) 可视区到键片距离 $A=0.5\sim1.0$ mm；

(2) 驱动面积到可视区最小距离 $B=0.3$ mm；

(3) 可视区到外形的最小距离 $C=2.0$ mm，$D=2.0$ mm，$E=2.0$ mm，$F=4.5$ mm (需压合的边)；

(4) 最小走线线宽 $G=0.5$ mm；

(5) 走线到可视区最小距离 $H=0.6$ mm；

(6) 走线到外形边最小距离 $I=0.6$ mm；

(7) 线间距最小距离 $J=0.5$ mm；

(8) 最小压合长度 $K=7.6$ mm；

(9) 最小压合深度 $L=1.5$ mm；

(10) 压合区内，走线最小线宽 $M=0.8$ mm，最小 Pitch $N=1.3$ mm。

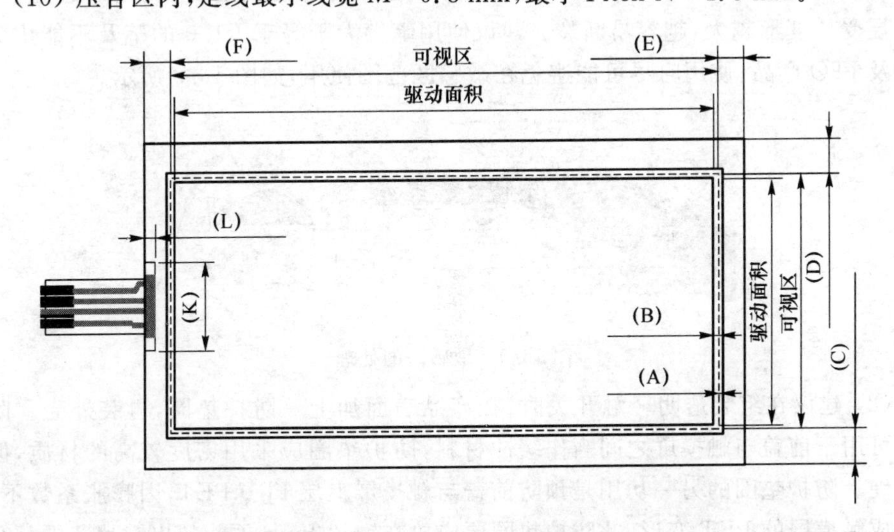

图 16.7　电阻式触摸屏设计图图例三

4. 引出线压合面设计原则(图 16.8)

如图 16.8 所示,引出线包含 FPC 和 PET 两种材料:

(1) 压合面内走线最小线宽 M=0.8 mm,Pitch $N\geqslant$1.60 mm;

(2) 除正常走线外,需在左、右两边各加一条辅助线,以确保引线与 ITO 黏合的牢固性。

(3) 导电热熔胶面积≥2.5 mm(Pitch 值)×压合长度,才可保证黏合的可靠度。

(4) 从外形至压合区深度 $L\geqslant$2.50 mm。

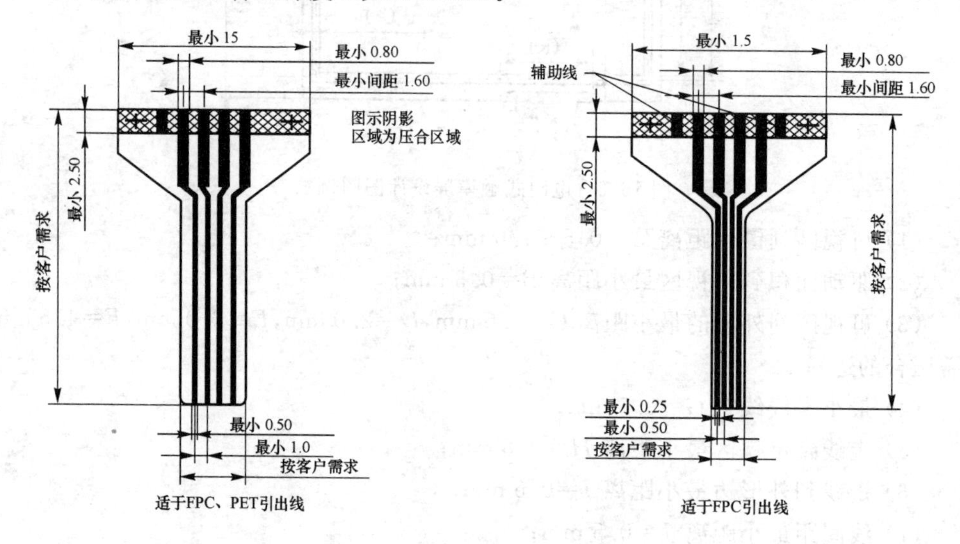

图 16.8 引出线压合面设计原则

5. 敏感区的处理

(1) 敏感区处在与键片接洽的边缘,由于键片自身的高度,笔尖越靠近此区域,ITO 层受压变形越大,越容易断裂。建议使用笔尖大于等于 R1.0 的笔及不能用尖锐物触及 ITO 产品;使用时尽可能避免在敏感区范围使用,如图 16.9 所示。

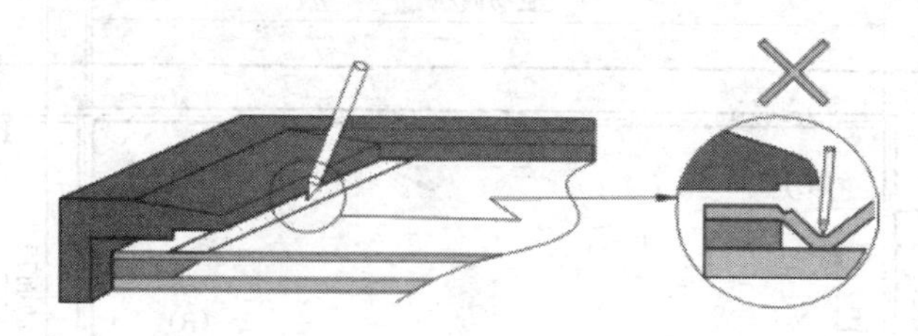

图 16.9 敏感区的处理

(2) 建议在组装透明轻触开关时,在产品表面加上一防护垫圈,再装外壳。防护垫圈可用于前盖与触摸屏之间当作缓冲材料,防护垫圈应采用密度较高的材质,但不可太硬。防护垫圈的另一功用是预防前盖与触摸屏上层 ITO PET,因膨胀系数不同,而造成触摸屏的 PET 变形,此防护垫圈要应放在键片上,且不能超出键片范围。

(3) 触摸屏与 LCD 可用双面胶贴合,不建议触摸屏直接以双面胶与前盖黏合,否则未来可能产生触摸屏上、下层分离。建议触摸屏直接以双面胶与LCD黏合。若外壳设计为比驱动区大时，由于外壳四周恰好是敏感区边缘，而且此区还有防护垫圈的厚度，因此建议不要用笔或尖锐物沿屏幕边缘划动，这样会造成ITO膜的损坏。若用力太大，可能造成玻璃断裂。若外壳设计为比驱动区小时，由于外壳四周完全遮盖了敏感区，因此当沿屏幕边缘划动时，不会造成ITO膜的损坏。但是因为外壳伸进了驱动区，因此防护垫圈的厚度就显得很重要。太厚会使外壳与ITO Film之间的间隙太大，影响产品外观；太薄又会使外壳直接压在ITO Film上，造成短路。最好让外壳与ITO Film之间的间隙保持在0.2～0.3 mm之间。

(4) 建议用户在设计时，一定要考虑敏感区的尺寸及外壳的构造。

(5) 透明轻触开关必需轻拿轻放，且只能靠四边拿，不可触及可视区和拿引线部分。

16.6　触摸屏制造的检测、检验

16.6.1　主材与辅材的进料检验

以电阻式触摸屏使用的ITO Film和ITO Glass为例，说明主材与辅材的进料检验。

(1) ITO Film

• 外观：导电层表面无刮伤，污点，凹凸不平，保护膜贴合良好，应无明显彩虹纹，无牛顿环。

• 尺寸：厚度与规格所示≤+5%。

• 平均方阻值：方阻值与规格所示≤+20%(检测工具：Four point tester)。

• 电阻热稳定性：$R=(R_1-R_0)/R_0\leq+20\%$，其中，R为电阻热稳定变动率；R_1为高温烘烤后之电阻值；R_0为原始电阻值。检测方法：高温烘烤(150 ℃，60 min)后测试电阻值。

• 线性变动率：横向TD≤5%，纵向MD≤3%。检测与计算方法：$(R_{max}-R_{min})\times100\% R_{aver}$。

• 透光率：Clear ITO Film：≥85%　Anti-glare ITO Film：≥80%检测工具SPECTROPHOTOMETER。

• 表面硬度(耐刮伤性)：表面硬度应大于等于2H(防刮伤ITO应无明显划痕)。检验方法：使用RH铅笔成45°角1 kg力度斜推材料非导电面。

• 附着力：蚀刻区，非蚀刻区分别测试绝缘，耐酸的附着能力。(各制造商标准不同。)

• 耐UV性：UV照射能量分崩离析≥3 000 mJ/cm后ITO层是否脱落。

• 蚀刻效果：ITO层易被蚀刻。

• 耐高温性：材料无严重变形，表面无异常，缩水率$x\leq1\%$，$y\leq1\%$。高温测试条件:130 ℃,60 min。

• 环境测试:附着力较环测前无差异,电阻较环测前变动率小于 20%。环测条件:+60 ℃、98%RH、4h,−20 ℃、4h,1 个周期。

(2) ITO Glass:

• 外观:颜色、外观无异常,裁切磨边状况良好。

• 尺寸:厚度、长度、宽度(个别制造检验标准不同)。

• 方阻值:规格值所示±20%。

• 方阻均匀性:TD≤6%,MD≤3%$(R_{max}-R_{min})2\times R_{aver}$

• 方阻垫稳定性:方阻变动率 $R=R_1/R_0\leqslant 1.1$。检验方法:高温烘烤(150 ℃,30 min)后测试电阻值。高温烘烤后接触电阻应在规格值以下,与方阻(R_0)之比率小于 1.1。

• 透光率:在 550 μm,WAVELENGTH 条件下测试透光率应大于 90%。SPECTROPHOT-OMETER。

• 表面硬度(耐刮伤性)表面硬度应大于 3H。检测方法:使用 3H 铅笔成 45°角 1 kg斜推导电面。

• ITO 附着力:高温烘烤 ITO 应无脱落(150 ℃,60 min)。每种测试完后使用 3M810 胶带或保护膜粘贴 ITO Coating 后撕开。(蚀刻后 ITO、UV 照射后 ITO、环测后 ITO 均应脱落。)

• 耐 UV 性:UV 照射能量分崩离析≥3 000 mJ/cm 后 ITO 层无脱落。

• 蚀刻效果:ITO 层易被蚀刻、表面无异常、电阻应在规格值以下。

• 环境测试:环测后,外观较测前无异常,方阻值较测前变动率小于 1.1,环测条件:+60 ℃、98%RH、4h,−20 ℃、4h,3 个周期。+60 ℃、95%RH、24h,1 个周期。环测后,接触电阻应在规格值以下,与方阻(R_0)之比率小于 1.1。

16.6.2 产品外观、电气性能及常见问题

以 4 线电阻屏为例说明产品外观、电气性能及常见问题。

(1) 手纹、印刷污渍及水渍均是 ITO 触摸屏制造中的老问题,整个制造工过程中,从开料之始操作人员十指均严格带指套,指套要求洁净和防静电型。印刷的不良主要是污渍,还包括诸如线路针孔,绝缘粘版,粘胶溢胶、透明干版或阴影等。故此,印刷的设备、工作台版、网版、刮刀等所有与产品接触的物品均应绝对洁净。水渍的因素大多是清洗材料和蚀刻冲洗材料时所致,使用清洗的纯水要求电阻值大于 1 MΩ 小于 18 MΩ,PH 值 7 正负 1.5。蚀刻除二室水、三室水清洗外还应有纯水和超声波水清洗段,并安装雷诺过滤防静电吹干功能。

(2) 触摸屏的边缘经常发现有溢胶现象,也许是由于粘胶过多或粘合时过度用力挤压所致,虽对产品功能无影响,但有损外观,故应从操作和胶的材料使用等各方面来加以改善。

(3) 当将触摸屏加上一片托底板(不论是玻璃或是PC胶板),都会很容易产生彩虹纹(Newton Ring)。

(4) 上线Film的外型尺寸不能超过下线Glass的外型尺寸。

(5) 液晶屏经常有外污、内污的现象,污以擦试痕为多。另外,还有白点、扎伤等很多不良。白点多由材料本身和蚀刻清洗时产生,扎伤多由制造周转造成。

16.7 电容式触摸屏

16.7.1 电容式触摸屏的应用及制作要求

电容式触摸屏已经应用在了iPhone及其他手持设备上,定位单点轨迹/模拟鼠标双击是它的基本功能。触摸屏应用领域的另一热点话题是“多指触控”,即触摸屏能够同时感应到多个点的触控,这一性能由于在苹果的iPhone上得到了实现而变得很流行。表面电容式触摸屏在同一时间无法感应到多指触控,因为它采用了一个同质的感应层,而这种感应层只会将触摸屏上任何位置感应到的所有信号汇聚成一个更大的信号。同质层破坏了太多的信息,以至于无法感应到多指触控。而使用横穿感应方法的双层投射电容式触摸屏则在理论上能非常清晰地识别两指或多指触控,并独立地在整个屏幕上跟踪每个触控点。

与电阻式和表面电容式触摸屏不一样,投射电容式触摸屏不需要经常或由用户进行校准,甚至在工厂中也不需要,因为其电极结构在很大程度上决定了屏幕的响应,而这些都是固定的。

电容式触摸屏的制造对制造环境的要求比电阻式的要高。电容式触摸屏的制造过程是非常怕尘的。对环境的温度、湿度要求也较高,需在相对恒定的条件下且应达千级无尘车间中进行。

在这一发展中市场上,供应链的选择包含许多超越上述技术的权衡,关键的权衡因素包括:薄膜供应的多源化能力、可制造性、质量控制和测试。即便到了最后的工序,即将薄膜层压到最终产品上,也需要非常小心,因为这是一个由于压力不当和层压工艺不够精确而容易引入许多错误的关键步骤。电容屏制造工艺的难点除布线设计外主要是银浆线高温烧结烘烤以及组合。高温烧结温度要求在500 ℃以上,组合要均匀平整。

16.7.2 自电容与互电容原理

自电容感应即扫描电极与地的电容感应,如图16.10所示。

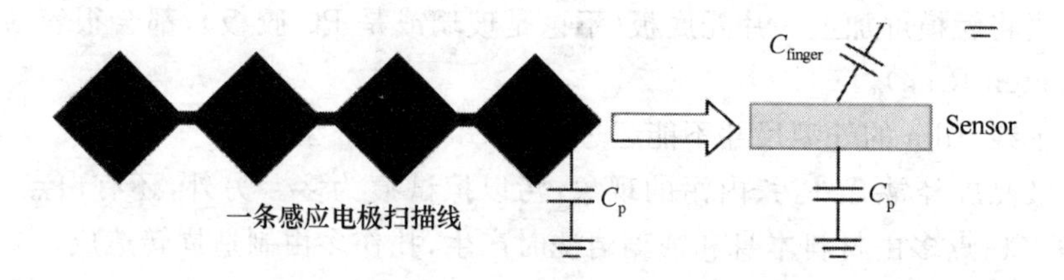

图 16.10　自电容感应

图中,C_p 是感应电极与地之间的寄生电容,C_{finger} 是手指触控时通过人体产生的感应电极与地之间的感应电容。手指触控时相当于这两种电容并联,即 $C_p' = C_p + C_{finger}$,称作寄生电容增加。触控 IC 通过检测寄生电容的变化量,确定手指触控的位置。自电容的扫描方式是依次扫描横向(X)和纵向(Y)电极(扫描周期为 $X+Y$),并根据扫描前后扫描线上的总体电容量变化来确定触控点的坐标位置,如图 16.11 所示。由图 16.11 中可以看出,矩阵交叉中心即为触控点:

- 每个轴上都有一个中心点＝单个触控点;
- 每个轴上都有两个中心点＝两个触控点。

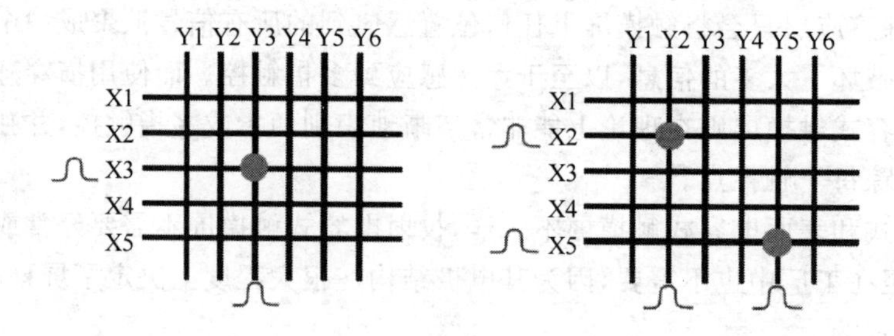

图 16.11　自电容的扫描方式

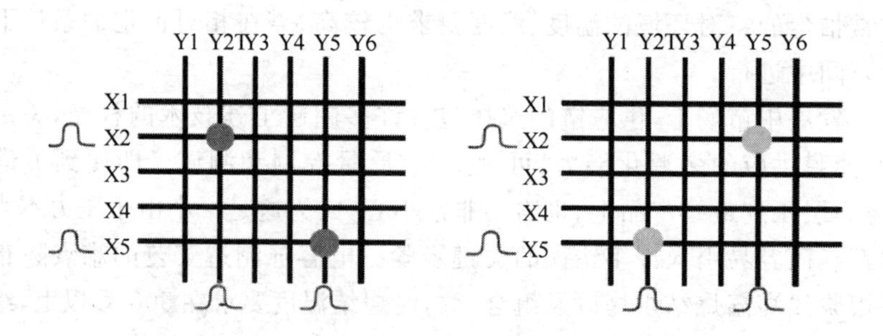

图 16.12　“鬼点”效应

然而,实际上由于“鬼点”效应,即 2 个触控＝4 个交叉点,当有第二个触控存在时就增加了两个“鬼点”,不能确定真正的触控点到底是哪一组。所以自电容感应无法做到真正的多点触控,一般都能做到“单指＋手势”;通过某种算法消除“鬼点”,最多只能做到“虚拟”两指。

互电容,是横向(X)和纵向(Y)的 ITO 电极的交叉处形成的电容,存在如下两类电容：

(1) 驱动和感应单元之间形成边缘耦合电容。

(2) 行列交叉重叠处会产生耦合电容，如图 16.13 所示。

CM 是耦合电容，手指触控时耦合电容(互电容)减少，触控 IC 通过检测耦合电容的变化量确定手指触控的位置。

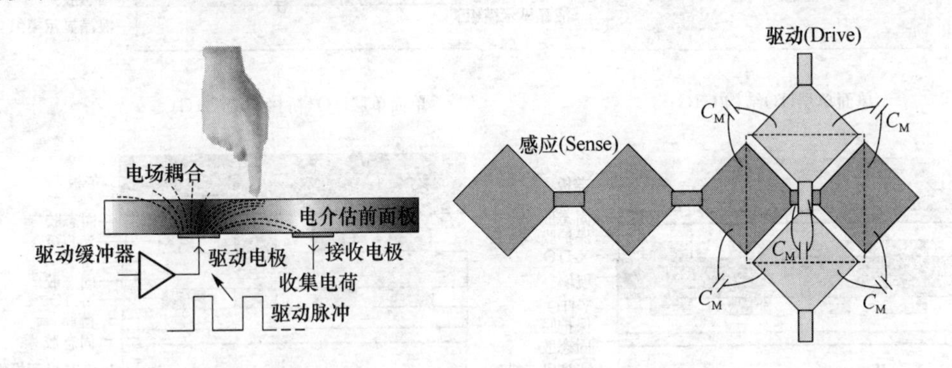

图 16.13　互电容原理图

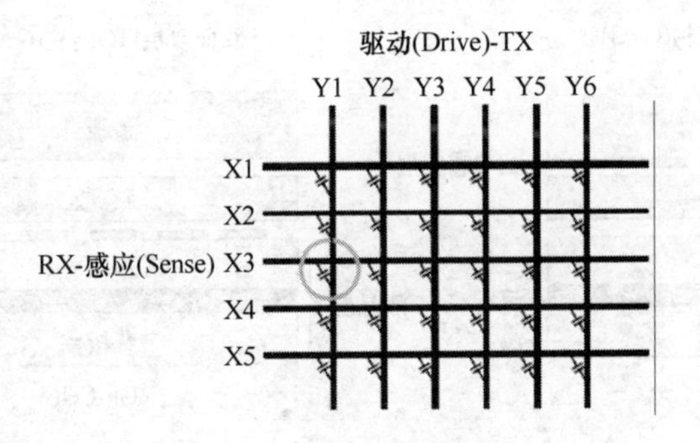

图 16.14　互电容的扫描方式

如图 16.14 所示，互电容的扫描方式是扫描每个交叉处的电容变化，来判定触控点的坐标位置。扫描次序为：在 Y1 上施加驱动信号，并依次在各个感应电极 X1，X2，…，Xn 上“收集电荷”；再在 Y2 上施加驱动信号，并依次在各个感应电极 X1，X2，…，Xn 上“收集电荷”……依此类推，一共扫描 XY 个交叉处。所以，互电容感应可以真实地侦测到多点触控。

16.7.3　几种常见的电容触控结构

几种常见的电容触控结构如图 16.15 所示。

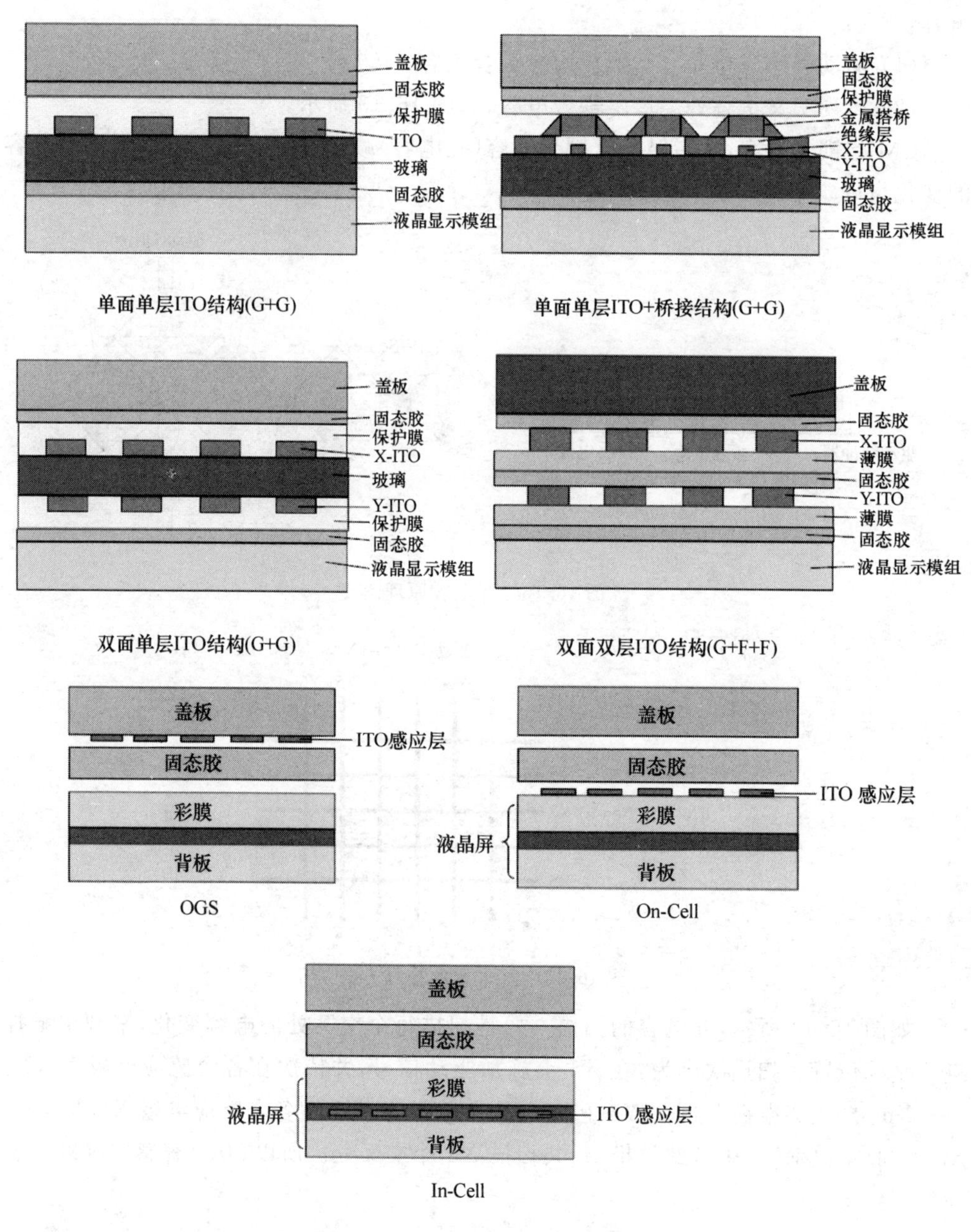

图 16.15　几种常见的电容触控结构

16.8　几种替代 ITO 的新型材料

铟(In)金属的资源枯竭问题导致 ITO 替代材料开始受到关注。透明电极的市场规模预计将从 2012 年的 19 亿美元增长至 2020 年的 51 亿美元,显示面板和触摸屏传感器预计将成为最大的市场。显示面板市场方面,柔性显示的份额预计将在 2019 年增长至整个显示面板市场的 11%,次世代透明电极预计将替代 ITO 和氧化物透明电极。2020 年氧化物替代透明电极预计约占整体的 8%,使用银的材料、碳纳米管以及石墨烯将成为最有力的候补材料。

与显示领域相比,从生产成本看次世代透明电极比较容易进入触摸屏传感器领域。但是在触摸屏传感器上采用的次世代透明电极的市场占有率在 2020 年预计将不到透明电极市场整体的 10%,其原因是在 ITO 替代上因为在低成本生产技术下寻求 ITO 同一水平的特性,需要和大公司的进一步合作。

目前技术上拥有达到 ITO 类似水平特性并能投入大批量生产的次世代电极还没被发布,如果柔性显示市场能比预想发展更快的话,次世代透明电极替代 ITO 的速度也将进一步加快。由于 ITO 膜的透光性、工艺成熟性、可利用的制造资源等,多年内仍旧会占据主导地位。一旦次世代透明电极取代 ITO 变得成熟,则可能推动触控产业和生态系统大大改变。重点关注的是图案化工艺的重新考虑:包括设备、基底材料、工艺模式(R2R, Roll to Sheet, or Sheet to Sheet),工艺温度、触摸屏形式(flat, bendable, curved)等。铟锡氧化物薄膜(ITO Film)的问题是加工费用过高,色彩体现率不足,柔性不足,抗震性脆弱。尤其是在可弯曲性上对应性较差。取代 ITO 膜的次世代新型透明电极应提供更薄、更轻以及优良的耐久性和柔韧性。可批量生产的碳纳米管膜电极的方块电阻通常为 200-500 Ω/□,透光率大约 85%。虽然方块电阻相对较高,但具有低成本、大面积成膜的溶液工艺和印刷工艺等优势,而且柔韧性非常优良,作为柔性透明电极材料的潜在优势很高。

16.8.1　碳纳米管

碳纳米管(Carbon Nanotube, CNT),又名巴基管,是一种具有特殊结构的一维量子材料,在 1991 年 1 月由日本物理学家饭岛澄男发现。碳纳米管主要由呈六边形排列的碳原子组成的数层到数十层的同轴圆管构成。层与层之间保持固定的距离,约 0.34 nm,直径一般为 2～20 nm。碳纳米管具有许多特殊力学、电学和化学性能。由单层或多层石墨烯片绕中心按一定角度卷曲而成的同轴中空无缝管状结构,其管壁大都是由六边形碳原子网格组成。根据管壁层数不同,一般分为单壁碳纳米管和多壁碳纳米管。

根据卷绕方式(n,m)的不同,单壁碳纳米管(SWCNT)可分为:

(1) armchair　　$n=m$　　$C_h=(n,n)$

(2) zigzag　　$m=0$　　$C_h=(n,0)$

(3) chiral　　$n\neq m, m\neq 0$

根据电子结构的不同,单壁碳纳米管可分为:

(1) 金属性　　$(n-m)/3$ 为整数

(2) 半导体性　　$(n-m)/3$ 为非整数

碳纳米管的优劣势比较见表 16.1。

表 16.1 碳纳米管的优劣势比较

优势	劣势	应用
高柔韧性	相对高的方块电阻,不适用中大尺寸显示产品	触摸屏、EPD、柔性 OLED、LCD、EC、EL 显示
中性色		
低雾度		
低反射		
可掺杂改性		
溶液工艺		
化学稳定		
低成本		

16.8.2 纳米银

纳米银(Nano Silver)就是将粒径做到纳米级的金属银单质。纳米银的技术方向如下。

(1) 银纳米线导电墨水(Add-on 触摸屏)

银纳米线通常采用还原法制成,其中银源为硝酸银,还原剂采用乙二醇等,定向剂及稳定剂为 PVP 树脂,合成的银纳米线直径约为 30～60 nm,长度约为 20～30 μm,是一种准一维结构。银纳米线墨水溶剂通常为水、无水乙醇、乙二醇等,根据实际需求而不同,并含有极少量的树脂以保持墨水体系的稳定性及成膜性,溶剂的含量通常为 97%～99%,因此作为 ITO 的替代材料,银纳米线墨水具有先天的成本优势;关于涂布成膜工艺,兼容旋涂、喷涂、狭缝涂等各种涂布方式,其中最具量产性的为狭缝涂布方式,这也是目前日企量产银纳米线 PET 透明导电膜所采用的涂布方式。银纳米线透明导电膜图形化方式兼容现有 ITO 薄膜图形化方式,即黄光湿刻工艺、激光加工工艺等。总之,对于银纳米线导电墨水的工艺,基本可以参考 ITO 材料在触摸屏里的工艺流程;相对于 ITO 材料,银纳米线材料是一种湿法成膜的工艺,节省代价昂贵的真空溅射设备投资及运营费用,辅以低电阻及柔性应用,这是银纳米线导电材料最大的竞争优势所在。

(2) 感光卤化银(Metal Mesh 触摸屏)

目前业界感光卤化银技术以日本富士薄膜(Fuji Film)最为领先,核心专利也由富士薄膜掌握,该材料借鉴传统感光胶片原理研发而成,采用单次曝光双面形成 Pattern 的专利技术,可应用到 GF2 触控结构中,但 GF2(DITIO)专利由苹果公司掌握,因此感光卤化银技术的推广会受到较大困难。生产工艺(以纳米线墨水为例)如图 16.16所示。

对于卤化银 Metal Mesh 技术目前存在很多问题点:如线宽通常大于 5 μm,并且要做相应的黑化处理已消除金属反光,尽管如此,金属网格仍肉眼可视,因此 Metal Mesh 比较适用于中大尺寸,如笔电以上尺寸的触控屏,而对于智能手机,由于与眼睛距离很近,金属网格可视性难以避免,会遇到很大挑战。另外就是摩尔纹问题,虽然目前业界尝试通过减小线宽,将金属网格设计成不规则形状等来改善摩尔纹,但由于金属网格每一种设计均要参考 LCM 的 CF pattern 设计,客制化较差,也限制了 Metal Mesh 技术的应用。感光卤化银工艺制程如图 16.17 所示。

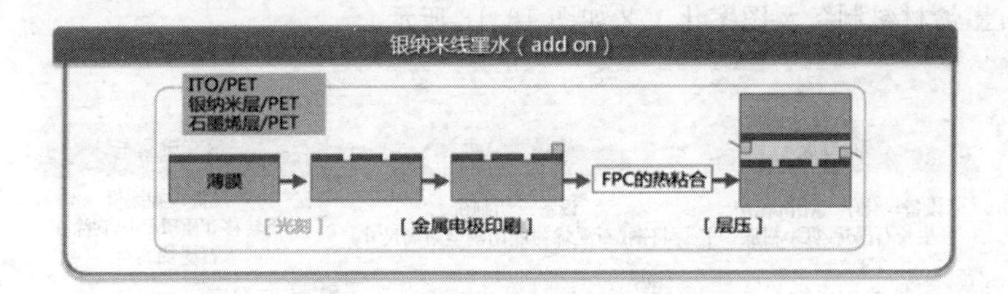

图 16.16　纳米线墨水工艺制程

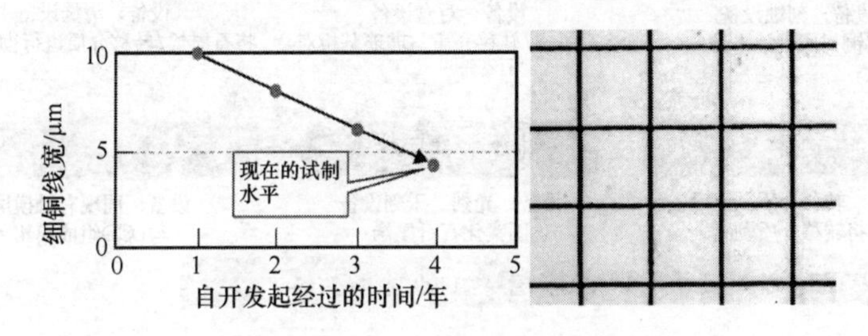

图 16.17　感光卤化银工艺制程

16.8.3　石墨烯

石墨烯(Graphene)是一种由碳原子以 sp2 杂化轨道组成六角型呈蜂巢晶格的平面薄膜，只有一个碳原子厚度的二维材料。石墨烯一直被认为是假设性的结构，无法单独稳定存在，直至 2004 年，英国曼彻斯特大学物理学家安德烈·海姆和康斯坦丁·诺沃肖洛夫成功地在实验中从石墨中分离出石墨烯，而证实它可以单独存在，两人也因“在二维石墨烯材料的开创性实验”，共同获得 2010 年诺贝尔物理学奖。

石墨烯在触摸屏方面的研究进展(国际)见表 16.2。

表 16.2　石墨烯在触摸屏方面的研究进展

研发公司	样品尺寸	方阻	是否有触摸屏	触摸屏种类	是否量产
IBM	>30 英寸	约 150 Ω/□	否	—	石墨烯:量产
SAMSUNG ELECTRONICS	约 30 英寸	约 125 Ω/□	是	电阻	石墨烯:具备量产能力 触摸屏:未量产
SONY	50 m(Roll to Roll)	约 200 Ω/□	是	电阻	石墨烯:具备量产能力 触摸屏:未量产
National Institute of Advanced Industrial Science and Technology AIST	200 m(Roll to Roll)	约 1 000～ 2 000 Ω/□	是	电阻	石墨烯:具备量产能力 触摸屏:未量产

石墨烯材料制备及图案化工艺如图 16.18 所示。

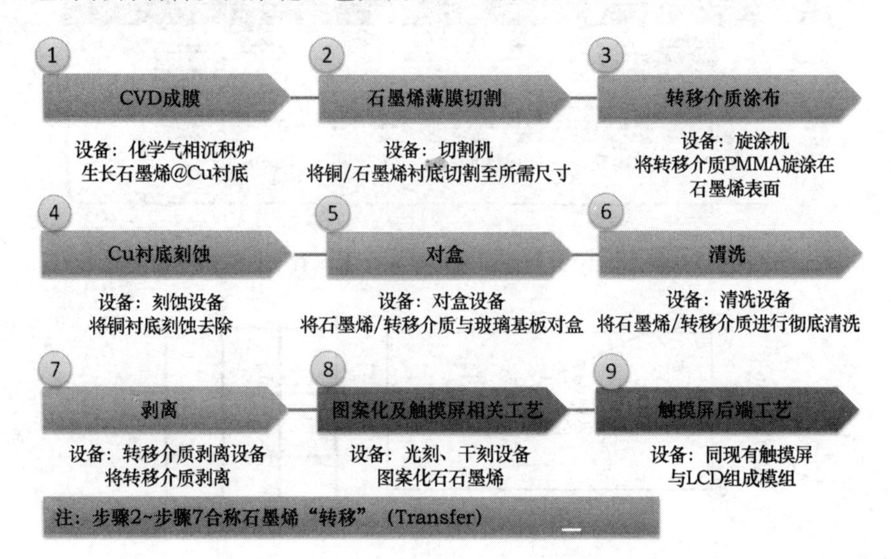

图 16.18　石墨烯材料制备及图案化工艺

石墨烯替代 ITO 的未来预测，如图 16.19 所示。

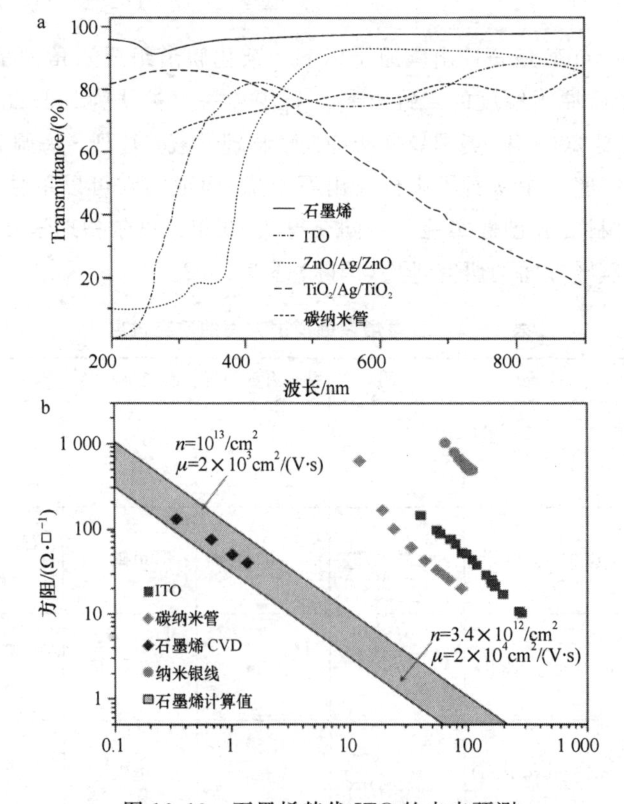

图 16.19　石墨烯替代 ITO 的未来预测

ITO的缺点：

(1) 铟是稀有金属；

(2) 铟化合物有毒,不环保；

(3) ITO较脆,不利于用于柔性显示技术；

(4) 红外光透过率较低,无法应用于特殊领域。

石墨烯的优点：

(1) 原料碳材料储量丰富；

(2) 柔性好；

(3) 透光性好。

石墨烯的缺点：

(1) 成膜及图形化工艺复杂；

(2) 方阻目前仍较大,而且对图形化及其他工艺比较敏感,衰减较大；

(3) 目前成本相对其他技术无明显优势。

本章参考文献

[1] 白石,王延峰,黄敏. LCD触控感应技术发展趋势. 液晶与显示,2010,25(4).

[2] 韩兵. 触摸屏技术与应用. 北京:化学工业出版社,2008.

[3] 洪锦维. 电容式触控技术入门及实例解析. 北京:化学工业出版社,2012.

[4] 张培君. 触摸屏的类别及性能. 家庭电子,2005(04).

[5] 严盈富. 触摸屏与PLC入门. 北京:人民邮电出版社,56-58.

[6] 汤松龄. 电子产品之触摸屏技术浅析. 家用电器,2009(05).

[7] 邢丽娟,杨世忠. 触摸屏的性能及应用. 今日电子,2006(07).

[8] MINAMI T, SONOHARA H, KAKUMU T, et al. Physics of very thin ITO conducting films with high transparency prepared by DC magnetron sputtering. Thin solid film, 1995, 270(1-2): 37-421.

[9] KUMAR A, ZHOU C W. The race to replace Tin-Doped Indium Oxide: which material will win. ACS Nano, 2010, 4(1): 11-14.

[10] WU Z C, CHEN Z H, DU X, et al. Transparent, conductive Carbon Nanotube Films. Science, 2004, 305(5688): 1273-1276.

[11] HU L, HECHT D S, GRUNER G. Percolation in Transparent and Conducting Carbon Nanotube Networks, Nano Lett., 2004, 4(12): 2513-2517.

[12] SUN Y G, MAYERS B, HERRICKS T, et al. Polyol synthesis of uniform

silver nanowires: a plausible growth mechanism and the supporting evidence. Nano Lett. ,2003,3(7):955-960.

[13] SUN Y G,XIA Y N. Large-scale synthesis of uniform silver nanowires through a soft,self-seeding,polyol process. Advanced materials,2002,14(11):833-837.

[14] HU L B,KIM H S,LEE J Y,et al. Scalable coating and properties of transparent,flexible,silver nanowire electrodes. ACS Nano,2010,4(5):2955-2963.

[15] 越石健司·黑沢理.触摸屏技术与应用.薛建设,刘翔,鲁成祝,译.北京:机械工业出版社,2014.

[16] SINGH V,JOUNG D,ZHAI L,et al. Graphene based materials: past,present and future. Progress in Materials Science,2011(56):1178-1271.

第17章 投影显示

随着显示技术的发展和人们欣赏水平的提高，电视机和显示器向着大屏幕和高清晰度发展，特别是随着数字高清晰度电视(HDTV)的广播，这种发展趋势更加明显，事实上，只有大屏幕显示和图像的高清晰才能使人们在观看电视图像时有临场感觉。实现大屏幕显示有三种途径：一是把CRT的尺寸做大；二是用平板显示器件如LCD、PDP、OLED；三是用投影显示器件，如CRT投影显示、LCD投影显示、DLP投影显示、LCOS投影显示，等等。下面对这三种实现大屏幕显示的途径进行简要比较。

大屏幕一般是指40英寸以上的尺寸，CRT彩色电视机的彩色显像管的尺寸由于受到制造工艺、体积和重量等因素的限制，不可能做得很大。

平板显示器件虽然有许多种类(如本书前面一些章节所述)，但是目前作为商品大量生产的只有LCD液晶显示器和PDP等离子显示器，OLED到目前还没有大批量生产。LED是另一种用途的显示器件，不在此叙述。LCD液晶显示器和PDP等离子显示器可以实现大屏幕显示，这两种平板显示器都可以制造出100英寸以上的成品，但是，尺寸越大价格也越高。

投影显示是实现大屏幕的最佳选择，用投影显示的方法可以很轻易地实现40英寸以上的显示尺寸，而且投影显示增大显示尺寸时，其整机成本不像平板显示那样会大幅度增大。随着短焦和超短焦镜头的出现，投影机进入家庭的步伐会加快。

17.1 投影显示原理

17.1.1 什么是投影显示

根据显示器件的显示原理，可以把显示器件分为两大类：直视型显示器件和投影型显示器件。本书前面一些章节所讲述的LCD、PDP、LED、OLED等显示器件都属于直视型显示器件。而微显示(MD)的LCD、LCOS、DLP显示器件则属于投影显示器件，CRT投影管也是投影显示器件；而CRT彩色显像管则属于直视型显示器件。

直视型显示器件的特点是：直视型显示器件所显示的图像是呈现在显示器件上，人们是在显示器件上来观看图像，显示器件的几何尺寸大小与所显示的图像尺寸大小基本一致，例如，对角线尺寸是54 cm的彩色显像管，所显示的图像对角线尺寸也是54 cm，32英寸的LCD显示器件所显示的彩色图像尺寸也是32英寸，42英寸的PDP

显示器件所显示的彩色图像尺寸是 42 英寸,等等。因此,对于直视型显示器件来说,若想显示大尺寸的图像就必须把显示器件本身的尺寸做大。

投影型显示器件的特点是:投影型显示是显示图像呈现在显示器件上后又被光学系统(通常称为光引擎或光机)放大,最终在投影屏幕上显示出被放大了的图像,因此,投影显示器件本身的尺寸大小与所能显示的图像尺寸大小是不一致的,例如,0.7 英寸或 1.3 英寸的投影型显示器件可以显示 50 英寸的图像,其所能显示的图像尺寸大小只受所要显示的图像的亮度、对比度等指标的限制。例如,用某功率大小的光源,一个对角线尺寸为 0.7 英寸的 LCD 微显示器件可以投影显示出 70 英寸的大尺寸的图像,在光源不变的情况下若要想使显示的图像尺寸再大如显示成 100 英寸的图像也可以,但是图像的亮度、对比度、彩色饱和度等会变得较差。如图 17.1 所示为投影显示系统组成图。由图中可以看出投影显示系统由电路系统、光学系统、成像器件、投影镜头和投影屏幕组成,成像器件可分为:CRT 投影管、LCD 面板(Panel)、LCOS 面板(Panel)和 DMD 器件等。投影镜头和投影屏幕对于前投影机和背投影机是两种不同的器件,其性能要求和结构形式都不一样。

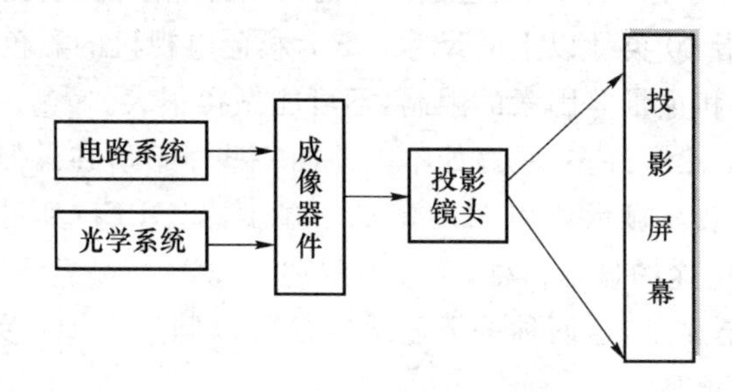

图 17.1　投影显示系统图

17.1.2　投影显示的分类

投影显示按投影方式的不同可分为前投影显示和背投影显示,习惯上把前投影显示称为前投影机或投影机,把背投影显示称为背投影机。

前投影机是图像投射在光学反射屏幕的观众一侧,或者说图像投影方向与观众的观看方向一致。前投影机的优点是体积小、重量轻、便于携带,缺点是投射的图像质量受环境光的影响较大,太亮的环境中投射的图像质量下降,另外,用于便携时还需带着投影屏幕。前投影机近些年发展很快,技术不断改进,各种规格、型号的前投影机大批量生产和销售,应用于商务活动、办公室、会议室、教学、科研等各种领域。

背投影显示是图像投射方向与观众的观看方向相对,或者说图像投射到光学透射屏幕上,图像光透过屏幕后到达观众的眼中。背投影机的特点是投影机和屏幕做成一个整体,使用起来很方便。背投影机的优点是图像质量受环境光的影响小,缺点是体积较大。背投影机一般都包含有高中频电路,而且它的音频放大电路和音频功放电路做得都很考究,扬声器的尺寸可以较大,声音的音质好,是一台完整的电视机,所以习惯上把背投影机称为背投电视机。

近几年来背投影机发展很快,整机厚度已由开始的40～60 cm减小到20 cm左右,与平板显示器相差不多了。

背投影机有两大分支:作为电视应用的背投影机是大屏幕电视机的一个种类,已大批量进入家庭。另一分支是数据背投影机,应用也很广泛,如展会大厅、交通调度指挥中心、公安系统、军事指挥中心、会议大厅、宇宙飞船监控指挥中心,等等。

投影显示按所用投影显示器件分类可分为CRT(阴极射线管)投影显示和微显示器件投影显示。微显示器件投影显示包括:①LCD液晶微显示器件,②LCOS硅基液晶微显示器件,③DLP数字光处理微显示器件。用于投影显示的这些微显示器件的尺寸都很小,而且随着技术和制造工艺的进步,微显示器件的几何尺寸在向小型化发展,同时成本也不断降低,现在微显示器件的尺寸大小一般在0.5～2.0英寸之间。

投影显示不论是前投影显示还是背投影显示,其系统组成及关键技术基本相同。系统的关键技术有成像器件的构成及工作原理,光机(光引擎),投影光源及光源控制系统,成像器件(LCD面板、LCOS面板、DMD)的驱动电路,投影屏幕,显示系统的散热技术。光机中的关键元器件有聚焦器件和匀光器件,透镜系统、分色系统、合色系统、偏振光分光器、反射镜、投影镜头等,对这些关键技术及器件有的单独作为一节来进行讲解,有的则结合到具体的投影显示系统中去讲解。

17.2 CRT投影显示器

CRT投影机也称投影管式或阴极射线管式投影机。我国在20世纪80年代开始研制,90年代有产品上市,到2000年已规模生产大批量上市,占领了大屏幕电视市场的80%以上的市场份额,随着微显示投影技术和平板显示技术的快速发展,CRT投影机的市场份额在逐渐减小,在2006年以后淡出市场。

CRT投影机也有前投影机和背投影机,但以背投影机居多。CRT投影机的基本原理是投影管的电子束受图像信号的调制,带有图像信号信息的电子束在投影管阳极高压作用下高速度轰击投影管屏上的荧光粉,使荧光粉发光。投影管是单色管,三个投影管分别涂上红、绿、蓝荧光粉,红、绿、蓝三个投影管发出的携带有图像信息的红光、绿光、蓝光通过聚焦透镜聚焦并会聚成彩色光图像信号,再通过投影光学系统投射到投影屏幕上形成彩色图像。如图17.2所示为投影管的外形图。

CRT背投影机由三大部分组成:①光学系统;②电路系统;③机械结构和机箱。由于CRT投影机已淡出市场,本书不再对它进行详述。

投影管的外形结构如图17.2所示。

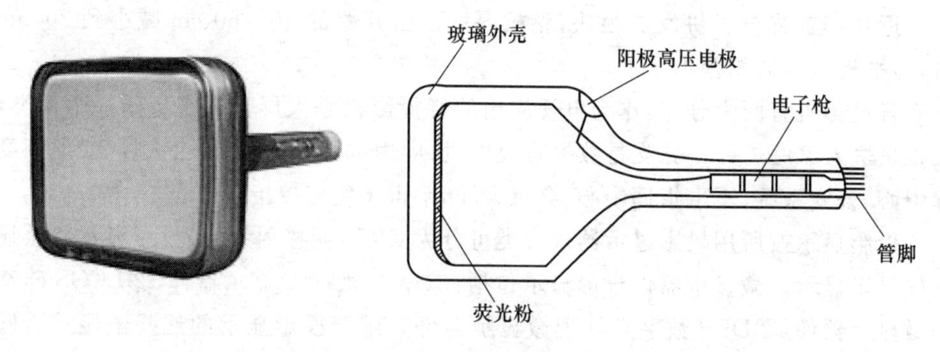

图 17.2 投影管外形结构图

17.3 LCD 液晶投影显示

17.3.1 关于液晶显示和液晶投影显示

液晶显示(Liquid Crystal Display ,LCD)器件是发展速度快、应用面广、产业化规模大的一种显示器件。液晶显示可以分为平板显示和投影显示,平板显示就是我们看到的大、中、小尺寸的液晶显示器,它是应用低温多晶硅(LTPS) TFT-LCD 技术;投影显示应用高温多晶硅(HTPS) TFT-LCD 技术,液晶面板的尺寸很小,一般在 0.5～2.0 英寸之间。

液晶投影机或称 LCD 投影机早在 20 世纪 90 年代就已批量投放市场,经过 10 多年的发展,产品性能有了很大改善和提高,在微显(MD)投影机中,无论是前投影机还是背投影机,LCD 投影机都占有很大的市场份额。

早期的 LCD 投影机是单片式即一片面板,面板的尺寸有 6.4 英寸、1.6 英寸、1.3 英寸等,由于亮度低、对比度小、色彩还原性差等缺点很快被市场淘汰。现在的 LCD 投影机(包括前投影机和背投影机)的主流产品是三片式即有 3 个 LCD 面板,通称为 3 LCD 。LCD 前投影机多用于商务、办公、教学、科研、指挥控制中心等领域,它的显著特点是便携性;LCD 背投影机用于会议室、车站、家庭等领域,用于家庭的 LCD 背投影机都做成 LCD 背投影电视机。

17.3.2 液晶投影机的系统构成

虽然 LCD 投影机有前投影机和背投影机之分,但是它们的系统构成基本上是一样的,一个 LCD 投影机是由电路系统、光学系统、冷却系统、投影系统、机械结构和机箱几部分组成,如图 17.3 所示。

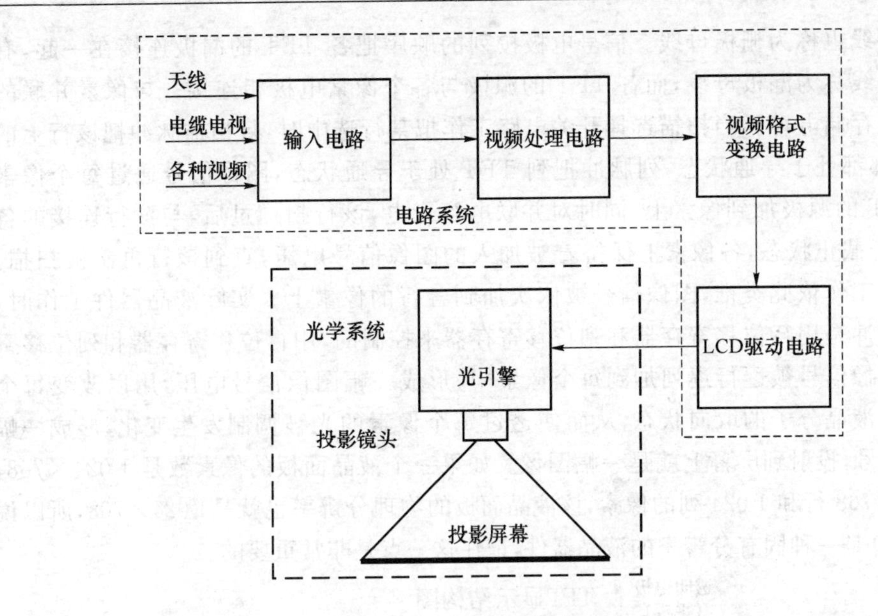

图 17.3　LCD 投影机方框图

1. LCD 投影机的光学系统

(1) LCD 投影机对光学系统的要求

首先,由于液晶器件的特性,LCD 投影机的液晶面板(Panel)工作在光的偏振态,因此在进入液晶面板之前需要把自然光变成偏振光;其次,照射到液晶面板上的光必须均匀,这样投影到屏幕上的图像的亮度均匀性才能好;第三,照射到液晶面板上的光线中不能有红外光和紫外光,因为红外光会使液晶器件发热,温度太高会损坏液晶器件,紫外光会使液晶器件的特性变坏;第四,为了使投影图像亮度高,光学系统的效率应高。

(2) 光学系统的构成

LCD 投影机光学系统由液晶成像器件(液晶面板),照明系统,投影系统和屏幕组成。液晶面板、照明系统、投影系统组装在一起就是通常所说的光引擎或叫光机。把液晶面板作为光学系统中的一部分是因为光通过它时受到调制。

- 液晶面板

投影用液晶面板是高温多晶硅有源矩阵驱动器件,其结构如图 17.4 所示。由图(a)和(b)可以看出,TFT-LCD 面板是由上下两块透明电极构成,在两个透明电极之间封入液晶,液晶是 TN 型工作方式。在下基板上光刻出扫描线和信号线,构成一个矩阵,在矩阵的交点处制作上一个 TFT 元件,TFT 元件只占据矩阵小方格的一小部分,而每个矩阵小方格就是一个液晶像素,参看图(a)中左面是一个 TFT-LCD 器件的示意图,右面是一个被放大的液晶像素。图(b)是一个液晶像素的结构示意图,在图中把 TFT 元件放大了,是为了更清楚地看出它的结构。图 17.5 是其外形图。

TFT-LCD 面板的工作原理如图 17.6 所示,简述如下。

在像素矩阵中各个 TFT 的栅极按行连接在一起并连接到行选择开关电路,把这些行扫描线也称为栅极母线。信号电极按列的顺序把各 TFT 的漏极连接在一起,有时把这些线称为漏极母线,而各 TFT 的源极与各个像素电极相连接。与像素并联的小电容是存储电容。当扫描选择开关电路工作把某行选中时,行扫描脉冲把该行上的 TFT 全部都处于导通状态,列脉冲把列 TFT 处于导通状态,图像信号通过每个像素上的 TFT 的源极加到像素上,同时对并联电容充电,该行扫描过后,与该行连接的各 TFT 处于截止状态,各像素上保持着被加入的图像信号电压,直到该行再次被扫描。其他行的工作依此类推,图像信号被依次加到各行的像素上。实际液晶器件工作时,行和列脉冲是用行位移寄存器和列位移寄存器来控制的,用行位移寄存器和列位移寄存器使图像信号被逐行逐列加到每个像素中,形成一幅图像信号电压,用以改变每个像素中的液晶分子的取向状态,从而使透过每个像素的光被调制发生变化,形成一幅图像光信号,投射到屏幕上就是一幅图像。如果一个液晶面板的像素数是 1 024×768,那就是有 768 行和 1 024 列的像素,该液晶面板的物理分辨率也就是1 024×768,所以说 TFT-LCD 是一种固有分辨率的液晶器件,记住这一点是非常重要的。

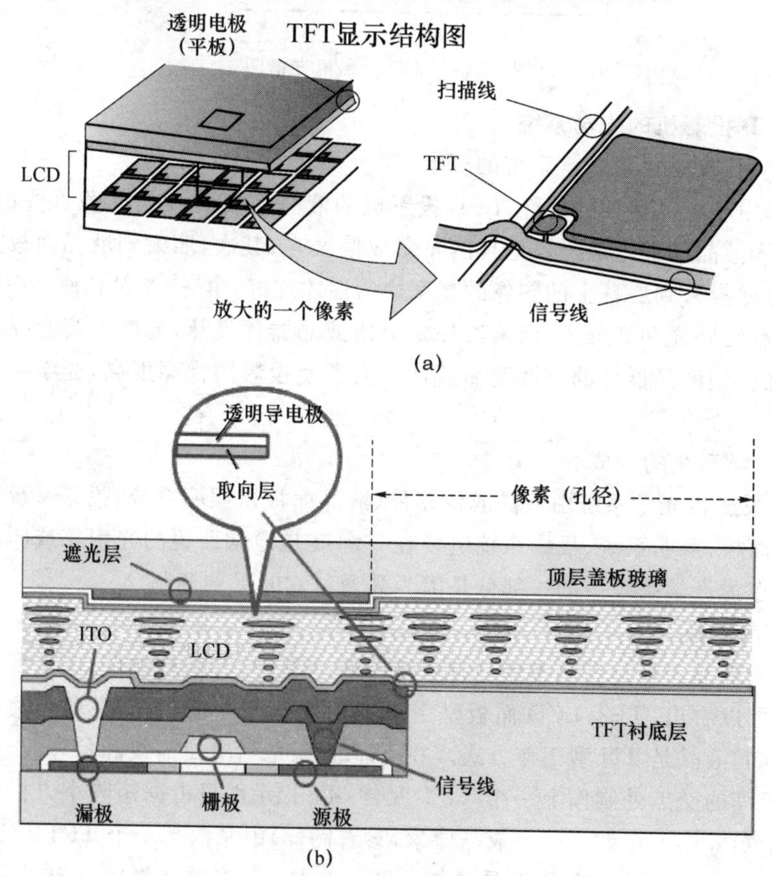

图 17.4 TFT-LCD 结构

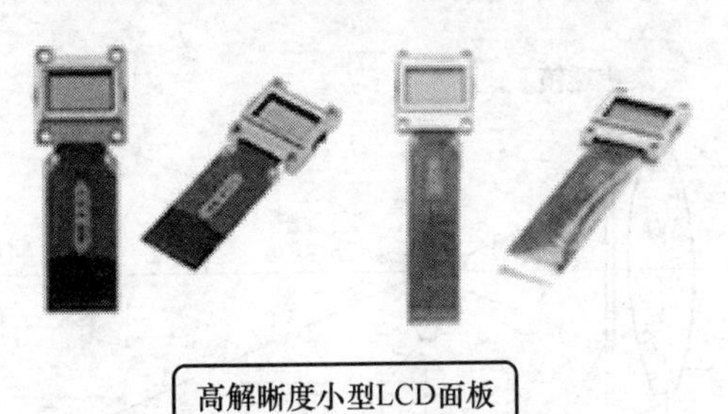

图 17.5 TFT-LCD 外形图

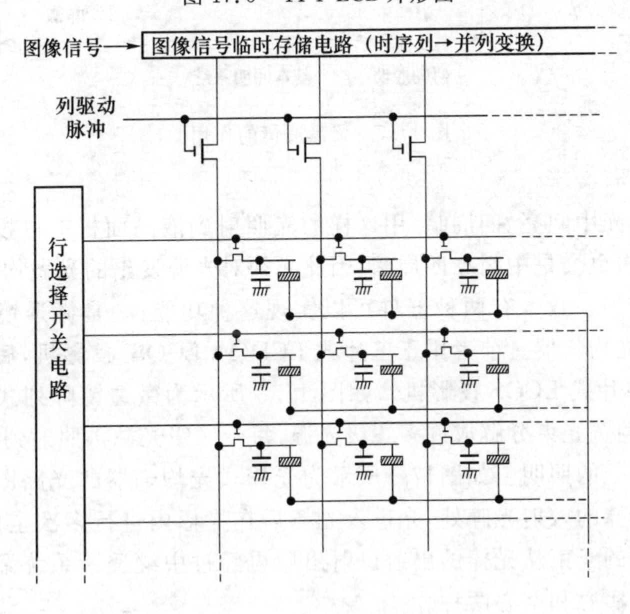

图 17.6 TFT-LCD 工作原理

• 光源

由于液晶器件本身不是发光器件，它只可以透过或反射外部光源照射到它上面的光线，因此，液晶器件需要有一个外光源。对外光源有以下要求：①必须是一个高亮度的光源；②光源的发光强度必须稳定；③长寿命，而且在寿命期内色温稳定；④光源的光谱中红光、绿光、蓝光的比例适当，特别是红光的光谱不能太少；⑤光源的驱动电源工作稳定。

短弧超高压汞灯（即 UHP 灯）是目前液晶投影显示器件较理想的光源，背投影机一般使用 100～350 W 的 UHP 灯；前投影机一般使用 150～450 W 的 UHP 灯。目前 100 W 的 UHP 灯的寿命可达 10 000 小时左右。

• 照明系统

① 聚光透镜

光源发出的光是一个面积较大的平行光束，而液晶面板是很小的面积（0.5～2.0 英寸），所以必须把一个大面积的平行光束聚焦成小面积的光束，这个任务就由聚焦透镜来实现,如图 17.7 所示。

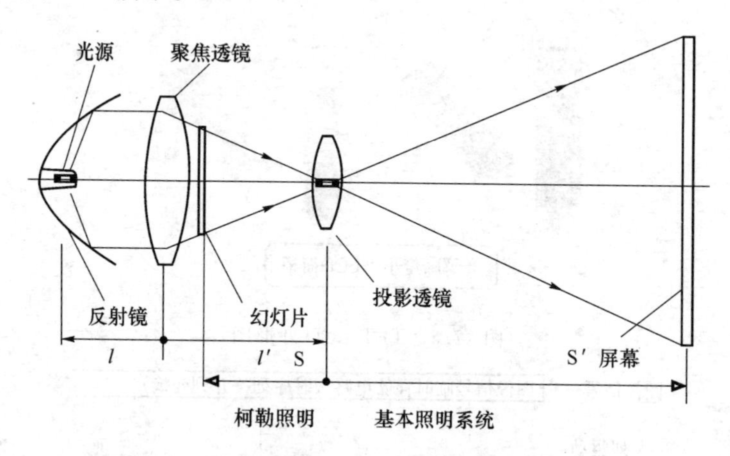

图 17.7　聚焦透镜的作用

② 光积分器

光源发出的光中间亮、四周暗,用这样的光照射到液晶面板上再投射到投影屏幕上,所显示的图像也会是中间亮四周暗,因此必须对光源发出的光做均匀化处理,使其中间和四周的光强一致。有两种器件可以实现这种功能:一是微透镜阵列式光均匀器;二是光棒式光均匀器。前者用于三片式 LCD(或 LCOS)投影机,后者用于单片式 DLP 投影机或单片式 LCOS 投影机。如图 17.8 所示为微透镜阵列式光均匀器的光路图,它把光源的宽光束分解成许多二级光源,每个二级光源再照射到液晶面板上,使液晶面板得到均匀的照明。如图17.9所示为光棒式光均匀器的光路图。光源发出的宽光束会聚在光棒的入射光瞳处,光进入光棒后在光棒内进行多次全反射,使光束被均匀化。均匀化的光束从光棒的出射口射出后再经过中继透镜系统聚焦照射在液晶面板上。光棒有实心和空心两种。

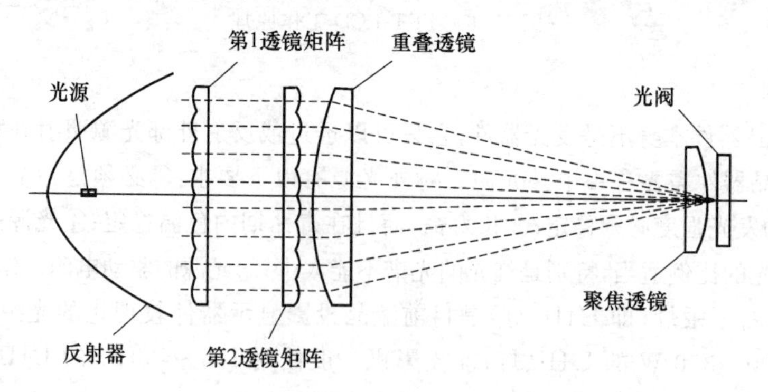

图 17.8　微透镜阵列式光均匀器

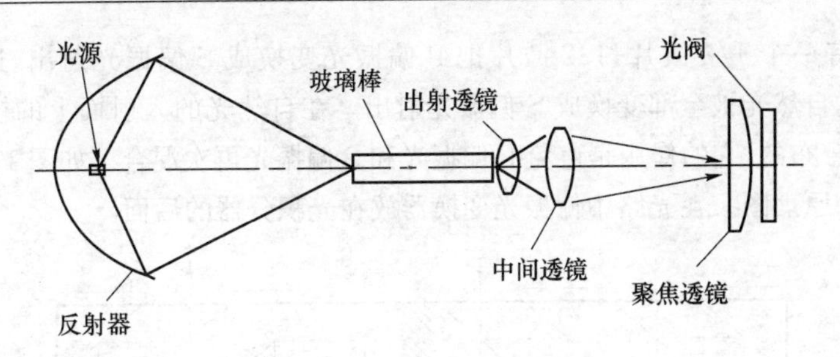

图 17.9 光棒式光均匀器

③ 二向色分色镜

二向色分色镜的作用是把白光分成红、绿、蓝 3 个基色光。通常由两个不同品种的分色镜构成，第一个二向色分色镜透过红光(R)，反射青色光(C=B+G)，第二个二向色分色镜透过蓝光(B)、反射绿光(G)，如图 17.10 所示。二向色分色镜是在玻璃上采用离子辅助镀膜技术(IAD)镀上分色膜，要求二向色分色镜具有良好的湿、热稳定性。为了适应大孔径角的光束，采用空间波长梯度分布技术及低色偏膜系，以实现高效优质的分色要求。

二向色分色镜的技术要求如下。

- 光谱特性(入射角为 45°±15°对 S 偏振光)：透射带的透射率≥90%、反射带的反射率≥99%、波长位置公差(50%)为 1%。
- 温度特性：耐温 350 ℃。

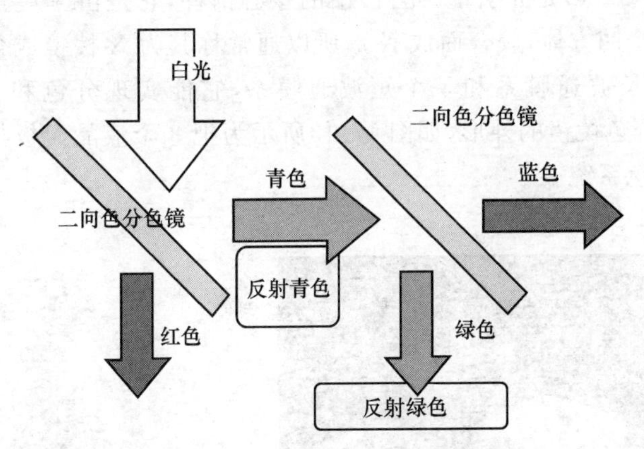

图 17.10 二向色分色原理

④ 偏振光变换器

液晶器件是用偏振光工作的，因此必须把光源发出的自然光变换成互相垂直的 P 偏振光和 S 偏振光，液晶需要 S 偏振光。如果只要 S 偏振光不要 P 偏振光，那么光效率损失一半，因此再把 P 偏振光转换成 S 偏振光。

偏振光变换器(PCS)是由很多棱形镜条胶合而成，通常称为条形偏光变换器，在棱镜条面上镀有偏振光分光膜，光源发出的自然光垂直入射后，在偏光膜上光被分成 P 偏振光和 S 偏振光，S 偏振光被反射后射出，P 偏振光透过偏光膜，但是在 P 偏振光的出射面处有一个 1/2 波片,1/2 波片把 P 偏振光变换成 S 偏振光射出,这样入射到偏振光变换器的自然光被全部变换成 S 偏振光射出。在自然光的入射面上的横线是表示遮光条,是间隔分布的,它的作用是避免 P 偏振光和 S 偏振光再次混合。如图 17.11所示为偏振光变换器的原理图。在光路中偏振光变换器放在光积分器的后面。

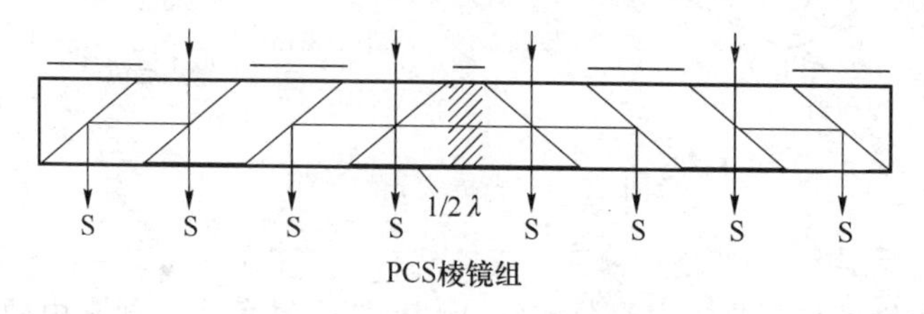

图 17.11　偏振光变换器原理

⑤ 起偏器和检偏器

所谓起偏是把自然光转变为偏振光,而检偏是检验光是否是偏振光。起偏器是把自然光转变为偏振光的一种光学零件,而检偏器是检验光是否是偏振光的一种光学零件。采用离子镀膜技术在玻璃片上镀上偏光材料就可以做成起偏器和检偏器,要求偏振片的透光率大于 90%,耐温 350 ℃以上。

把起偏器放在液晶面板的入射光面前边,把检偏器放在液晶面板的透光(出射光)面后边,用来提纯偏振光以提高 TFT-LCD 的对比度。

⑥ 合色棱镜

合色棱镜(X-Cube)是光引擎(光机)中的核心部件,它是由 4 块三角形棱镜胶合在一起形成的一个四方体,胶合面成 X 形所以通常称其为 X 棱镜或合色棱镜。在胶合面上镀有一个长波通膜系和一个短波通膜系,它能实现分色和合色的功能,如图 17.12所示为合色棱镜的外形,如图 17.13所示为把 3 个液晶面板与合色棱镜装配在一起组成的合色系统。

图 17.12　合色棱镜

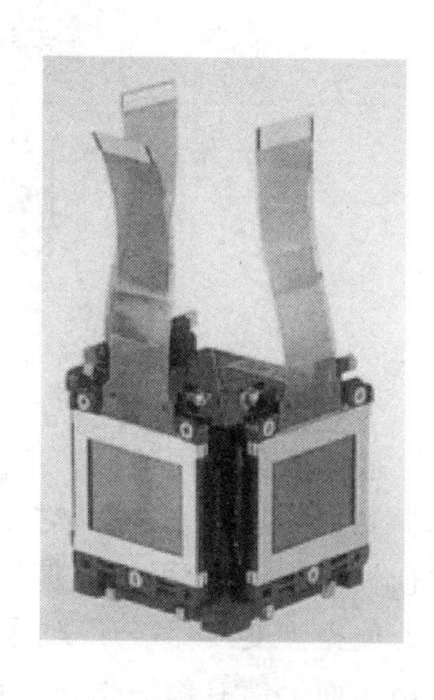

图 17.13　合色系统

对合色棱镜的要求如下：a. 在光的入射面要镀有防反光膜；b．胶合缝要细，要求 ≤5 μm；c. 出射光线平行度≤20 s；d. 工作温度：−10～+40 ℃；e．光谱特性：透射带的透射率≥92%，反射带的反射率≥92%；f. 特性波长位置(50%处)误差±1%。

(3) 三片式 LCD 投影机光学系统

三片式 LCD 投影机是目前市场上最流行的一种液晶投影机，有前投影机也有背投影机，虽然它们的光引擎的结构和技术指标不相同，但是它们的工作原理是一样的。如图 17.14所示为三片式 LCD 投影机光学系统的工作原理。超高压汞灯(UHP 灯)发出的白光被滤除红外光和紫外光后，通过聚光透镜后入射到透镜式光积分器(俗称复眼透镜)被均匀化，均匀化后的光被偏振光变换器变成偏振光后入射到总反射镜，被总反射镜反射后入射到第一个二向色分色镜，该二向色分色镜透过红光，反射绿光和蓝光，绿光和蓝光又被第二个二向色分色镜分光，透过蓝光，反射绿光。至此，自然光被二向色分色镜分成了红、绿、蓝三基色光。红、绿、蓝三基色光通过光学透镜系统(称中继透镜)又被反射镜反射后分别入射到红、绿、蓝 3 个高温多晶硅液晶面板(图中黑色条)，透过 3 个液晶面板的红、绿、蓝三基色光被加到液晶面板上的图像信号电压调制，被图像信号调制的红、绿、蓝三基色光进入合色棱镜，在合色棱镜中汇合成图像光，由合色棱镜射出的图像光信号进入投影透镜，投影透镜对图像光进行聚焦、校正后投射到投影屏幕上形成人眼可见的彩色图像。

2. LCD 投影机的电路系统

LCD 投影机的电路系统包括两大部分：信号处理部分和液晶面板驱动部分。TFT-LCD 是固定分辨率的液晶显示器件，而信源的格式是多种多样的，为了使各种格式的信源信号都能满幅的显示在某种分辨率的液晶面板上，就需要对输入到 LCD 投影机的信号进行处理，信号处理电路有彩色解码电路，A/D 变换电路，图像信号、扫描格式变换电路。把输入的图像信号变换成与液晶面板的物理分辨率相适应的信号，再把这个信号送入到液晶面板驱动电路，产生出液晶显示所需的各种信号并送入液晶面板，使它正确显示图像。如图17.15所示为一个 LCD 背投影电视机的框图。图中图像信号、扫描格式变换电路用的是美国泰鼎(Trident)系统有限公司的数字处理电视(DPTV)专用芯片，其主要特点是可以对模拟视频信号进行数字化处理，把隔行扫描的信号变为倍场频的隔行扫描信号，或变场频(提升)的逐行扫描信号，有多种图像显示方式，如 100 Hz 倍场频方式，画中画(PIP)，画外画(POP)，16∶9 和 4∶3 显示幅度可以切换等。图像信号处理电路部分与一般高档电视机大致相同，不在这里详述。

在电源电路中有风扇控制电路和灯电源控制电路。风扇控制电路是控制 LCD 投影机中的冷却风扇电源的，在 LCD 投影机中的液晶面板、投影灯泡、电源、投影灯电源等处装有冷却风扇，用以散热，任何一个风扇不工作(停止转动)整机电源都要被关闭，以保护投影机不因为过热而损坏。

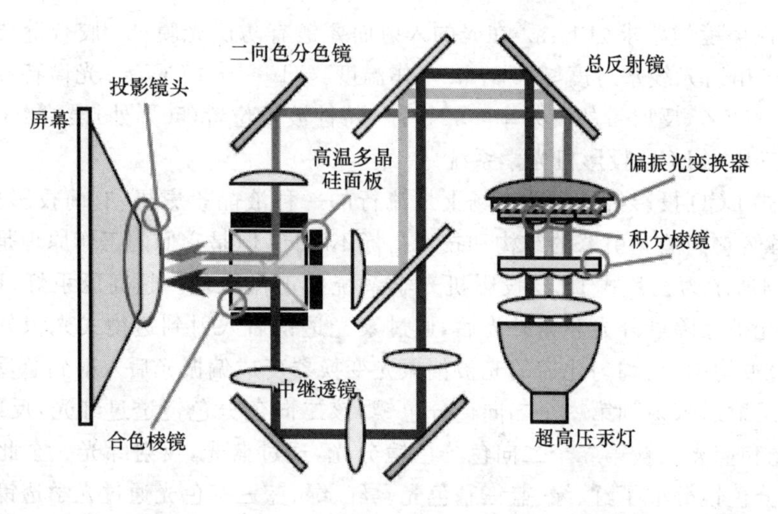

图 17.14　三片式 LCD 投影机光学系统的工作原理

投影灯控制电路是由投影灯生产厂家配套提供的,它的作用是保证灯的启动和正常工作,它输出一个启动高电压约 20 kV 使灯启动,灯启动后的正常维持电压为 60～80 V。为了保证安全,灯一旦出现故障(如灯冷却风扇停转,灯温突然升高),灯电源自动关闭。灯电源控制电路是保证灯稳定工作和灯工作寿命的关键,不同厂家的投影灯各配套自己的灯电源控制电路,它们之间是不能互换使用的。

在图 17.15 LCD 背投影电视机框图中虚线框内是液晶面板驱动电路。由信号处理部分输出的红、绿、蓝模拟信号送到 CXA2111R,在这里信号进行放大、钳位、彩色校正、伽玛校正等处理,红、绿、蓝信号的伽玛校正采用三段控制,可独立调整。

本例中的液晶面板是索尼公司的 LCX029,对角线尺寸为 23 cm(0.9 英寸),物理分辨率为 1 024×768(SXGA)。为了提高液晶的显示速度,LCX029 要求每次向液晶面板并行传送 12 个点的模拟信号电压,而不是串行一个点一个点地传送,因此要求驱动电路具有采样保持功能,同时它还要能够产生正确的采样点、行、场时序信号及为满足液晶特性所需要的预充电信号。液晶驱动电路 CXA3512R 只能提供 6 个点的采样保持信号,因此每个 LCX029 需要有两个 CXA3512R。

LCD 驱动电路的时序控制电路:由信号处理板输入的行同步信号经锁相(PLL)倍频电路 CXA3106RQ 产生最基本的主时钟信号(65 MHz),主时钟信号与行、场同步信号一起输入到时序脉冲发生电路 CXD3500R,产生各电路(CXA3512R、CXA2111R 及液晶面板 LCX029)所需要的时序脉冲。所有电路的工作都由 CPU 输出的串行数据和时钟信号控制。

CPU 用 M37274,它初始化 CXA2112R、CXA3106AQ 和 CXD3500R 的工作状态,控制 CXA2111R 的伽玛校正、CXA3106AQ 的时钟频率、CXD3500R 的各种时序脉冲的分频比及相位等。

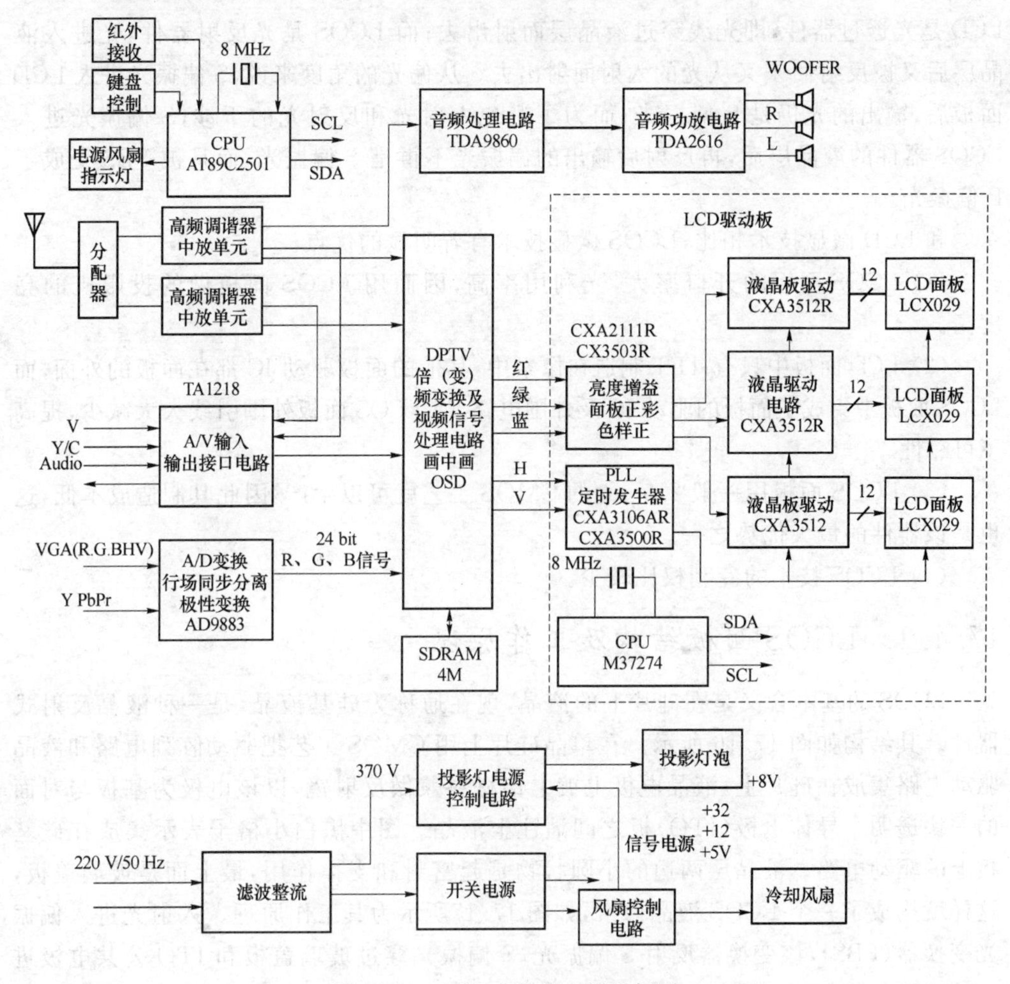

图 17.15　LCD 背投影电视机框图

17.4　LCOS 液晶投影显示

LCOS(Liquid Crystal On Silicon)技术是近几年发展起来的一种新型液晶微显示技术，该技术问世后，世界各地的大小公司都对它感兴趣，一致认为 LCOS 微显示技术是投影领域中最具有竞争力的技术。近几年来经过各方面(芯片或称面板设计制造商，光引擎设计制造商和系统集成制造商)的努力，用 LCOS 技术制造出的 LCOS 液晶投影(包括背投影机和前投影机)性能不断提高，逐渐走向成熟，已经由试生产到小批量生产到大批量生产，其产品逐渐被市场认同，在北美洲市场上已大批量销售。

LCOS 技术是在 LCD 技术的基础上发展起来的，因此，它们之间有许多相同之处，例如：LCOS 面板和 LCD 面板工作都必须用偏振光，这是因为两者都是液晶器件。利用加到像素电极上的图像信号电压的作用，改变灌注在像素中的液晶分子的排列(取向)，从而液晶层对透过它的光通量进行调制从而形成图像光信号，所不同的是

LCD 是光透过器件,即光线穿过液晶层而射出去;而 LCOS 是光反射器件,光进入液晶层后又被反射回来又从光的入射面射出去。从偏光的角度来说,S 偏振光进入 LCD 面板后,输出的光仍是 S 偏振光;而为了避免入射光和反射光的干涉,S 偏振光进入 LCOS 器件的液晶层后,再反射后输出的偏振光不再是 S 偏振光,而是被 PBS 变成了 P 偏振光。

和 LCD 微显技术相比,LCOS 微显技术有着明显的优点。

(1) LCOS 面板的开口率大,光利用率高,因而用 LCOS 面板做的投影机的亮度高。

(2) LCD 面板中只有 TFT 制造在像素中,其他的面板驱动 IC 都在面板的外面,而 LCOS 面板中集成了面板的驱动 IC 及外围电路,使 LCOS 面板外围引线大大减少,提高了可靠性。

(3) LCOS 面板用一般 2.5 μm 的 CMOS 工艺就可以生产,因此其制造成本低,这也是该器件的最大优势之一。

(4) LCOS 技术的专利权比较少。

17.4.1 LCOS 面板结构及工作原理

LCOS 的基本含义是在硅片上的液晶,现在通称为硅基液晶,是一种液晶反射式器件。其结构如图 17.16 所示。在单晶硅片上用 CMOS 工艺把驱动阵列电路和液晶驱动电路集成在硅片上,液晶电极上镀上铝材料兼做反射镜,以该电极为基板与对面的一块透明半导体电极(ITO)板之间灌注上液晶。图中黑白小格子表示集成在硅基板上的驱动电路。液晶层两边的小圆状物是起密封和支撑作用,最上面是玻璃盖板,这样就构成了一个 LCOS 液晶像素,如图 17.17所示为其工作原理。入射光进入偏振光变换器(PBS),该变换器反射 S 偏振光,S 偏振光穿过玻璃盖板和 ITO 公共电极进入液晶层,被下面的镀铝电极反射后再次穿过液晶层、ITO 电极和玻璃盖板进入偏振光变换器,变成 P 偏振光射出,用偏振光变换器实现了入射光和反射光的分离,保证了 LCOS 面板的对比度不受影响。由于镀铝电极是液晶控制电极,在它上面加有图像信号电压,液晶分子因图像信号电压的作用,取向状态发生改变,反射出的光通量受到调制,像素阵列反射光的总和就形成了图像光信号,再通过投影透镜进行聚焦、放大后投射到投影屏幕形成光图像。

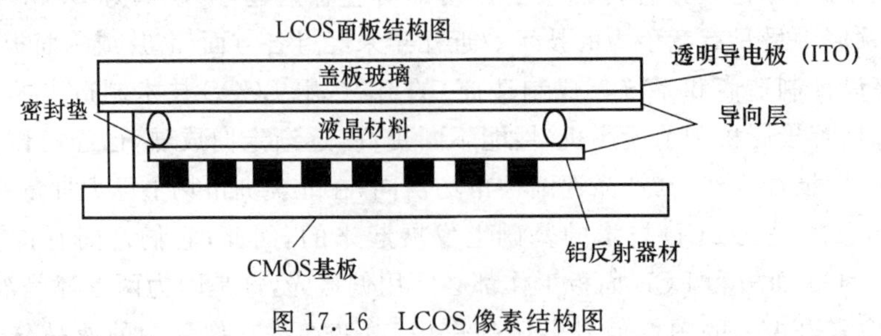

图 17.16 LCOS 像素结构图

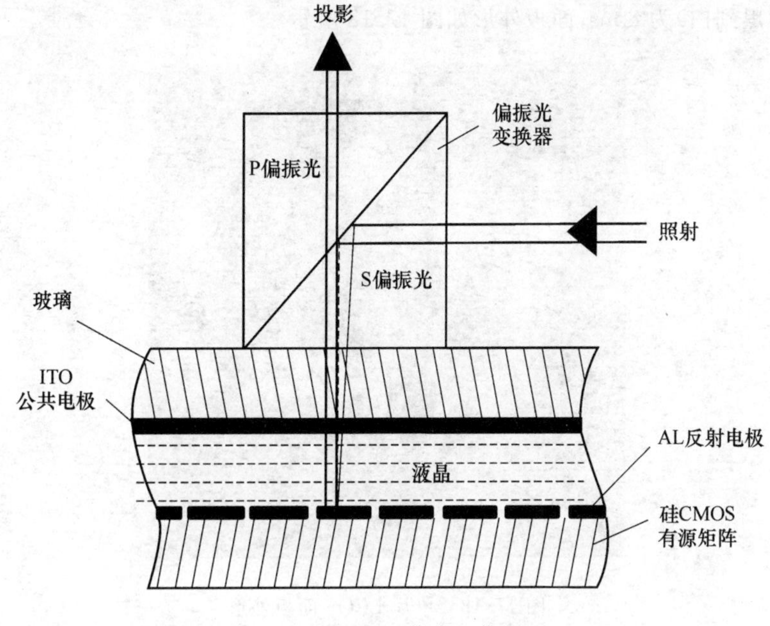

图 17.17　LCOS 像素工作原理

17.4.2　LCOS 微显投影机

用 LCOS 面板的微显投影机也有前投影机和背投影机，它们的系统组成大体相同，也是由电路系统、光学系统、电源系统、机箱结构组成，区别在于背投影机一般做成电视机，要求有高中频电路，光学系统要求有短的光路程，以便机箱厚度小，这就要求投影镜头要短焦距、大广角。投影屏幕也不一样，背投影机要求用硬屏幕，而前投影机一般都使用软屏幕。

LCOS 面板是由像素阵列组成的，像素数是固定的，比如 1 024×768，1 920×1 080，这表示面板的物理分辨率就是 1 024×768，1 920×1 080，用这种面板做的投影机的物理分辨率就是 1 024×768，1 920×1 080。只有信源的解析度与 LCOS 面板的分辨率一致时，投影机才可显示出与输入信号源一样的解析度，此种状态是投影机的最佳分辨率，也叫最大分辨率，因此投影机的电路系统中必须有图像、扫描变换电路（俗称格式变换电路），使输入的各种信号源格式变换成（上变换或下变换）与投影机的物理分辨率相一致的信号格式才能在屏幕上显示出满幅图像，这就是平时所说的投影机的兼容显示功能。但是经过上、下变换后显示的图像的色彩和清晰度都比原来输入信号的清晰度和色彩差。

1. 单片 LCOS 投影机

由于 LCOS 面板开口率大，亮度高，因此可以用单片 LCOS 面板做 60 英寸以下的背投影机，以较好的性价比受到市场欢迎。

一种单片 LCOS 面板的参数如下：对角线尺寸为 1.15 英寸（29.3 mm），像素数为 1 920×1 080；对比度为 800：1；场频为 180 Hz；色轮转速为 540 Hz；寿命为 2 万小时；响应时间(由黑到白)为 8 ms,面板外形如图 17.18 所示。

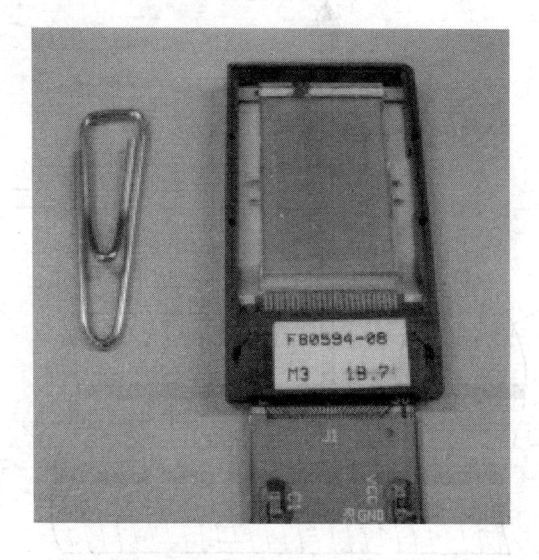

图 17.18 单片 LCOS 面板外形

单片 LCOS 投影机光学系统原理如图 17.19 所示。图中各数字表示:1—超高压汞灯;2—灯抛物形反射碗;3、5—微透镜式光积分器;4—红外光、紫外光滤波器;6—线栅偏振光变换器(PCS);7a、7b—第一组中间透镜组;14、16a、16b—第二组中间透镜组;8a、8b—二向色分色镜;9—反射镜;11R、11G、11B—红、绿、蓝基色孔栏;12—绿光滤波器,滤去黄光;13R、13G、13B—红、绿、蓝扫描棱镜;15c、15d—反光、透光镜 ;17—起偏器;18—偏振光变换器;19—1/4 波片;20—LCOS 成像器(LCOS 面板);21—光分析器;22—投影镜头。

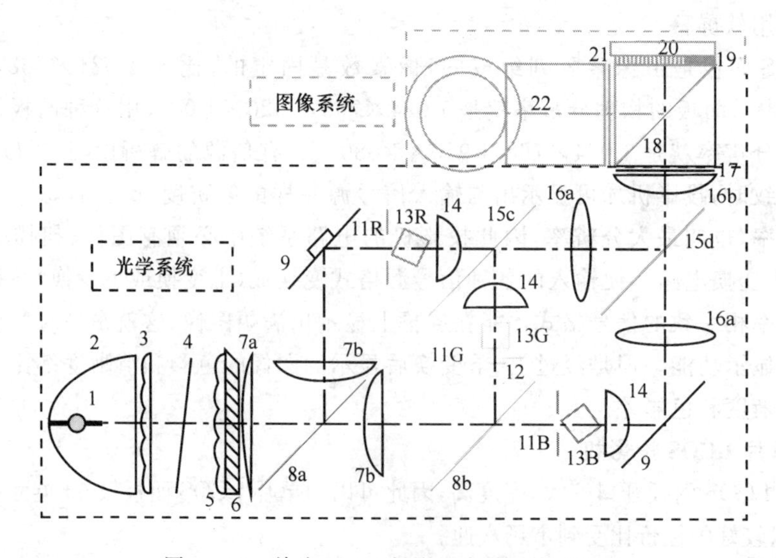

图 17.19 单片 LCOS 投影机光学系统原理图

在图 17.19 光学系统中由 1～17 是光学系统;18～22 是成像系统。超高压汞灯发出的光被反光碗反射，射出的白光被滤去红外光和紫外光后，再经过透镜式光积分器，把光束均匀化，然后被 PCS 变成 P 偏振光，P 偏振光再被 8a 二向色分色棱镜分色，红光反射而青(蓝＋绿)光透过后再由 8b 分色镜分出蓝光和绿光，绿光反射而蓝光透过。红、绿、蓝三色光分别通过光栏 11R、11G、11B 射入红、绿、蓝扫描棱镜。光栏是一个垂直的缝隙，缝隙宽度及要求见表 17.1。

表 17.1　光栏缝隙宽度及要求

彩色	缝宽/mm	孔栏图像占面板高度/(%)
R	3.45	40
G	1.95	23
B	2.70	31

光束通过孔栏后分别是进入红、绿、蓝 3 个用高速旋转的电动机带动的旋转扫描棱镜，扫描棱镜的转速与图像同步信号同步。旋转棱镜是一个 11.84 mm×11.84 mm×30 mm 的玻璃方柱，玻璃的折射率 $n_p=1.7$。由 3 个旋转棱镜输出的红、绿、蓝三色光通过第二中间透镜组聚焦后，经过起偏器对入射光提纯(滤去非偏振光)后进入 PBS 偏振光变换器。光束通过 PBS 进入 LCOS 面板后又反射出来，反射光受加到 LCOS 面板上的图像信号电压的调制而变成了图像光信号。图像光信号被 PBS 变成 S 偏振光反射后进入投影镜头，在投影镜头中经过会聚、校正后投影到屏幕上，形成彩色图像。在投影镜头与 PBS 之间的光分析器是用来提纯偏振光，以提高显示图像的对比度。绿光滤波器的作用是减去黄光使图像红色更好看。

在单片 LCOS 的光学系统中，红、绿、蓝 3 个旋转棱镜形成红、绿、蓝 3 个色带显示在屏幕上，如图 17.20 所示，3 条色带所占屏幕的宽度见表 17.1。棱镜旋转一周，色带在屏幕上出现一次，(由上而下在屏幕扫描一次)，也就是一场色带由上而下滚动一次。但是，对于红、绿、蓝三个基色一场中只有 1/3 的时间出现，为了不使图像有闪烁感，必须对场频提高三倍，例如场频是 60 Hz 的图像信号，棱镜的旋转速度必须是 180 r/s，这样在屏幕上才可产生稳定的、不闪烁的彩色图像。控制棱镜旋转的电动机必须与图像信号同步，同时噪声要小。

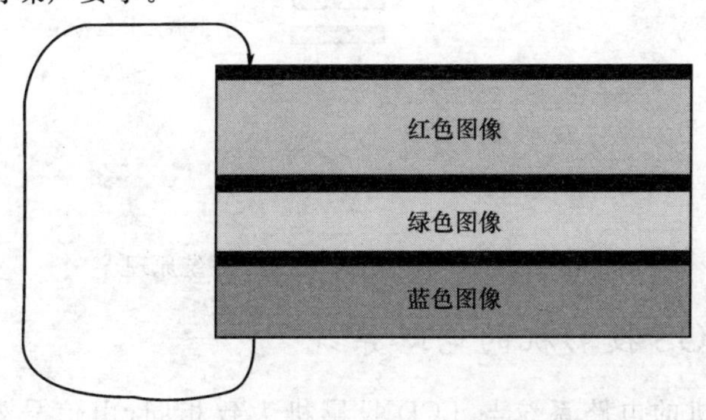

图 17.20　单片 LCOS 成像原理

2. 三片式 LCOS 投影机

单片 LCOS 投影显示系统成本低,大都用于背投影电视机。三片式 LCOS 投影显示系统完全使用光学元件,只要各个光学元件的质量好,会得到高质量、高可靠性的彩色图像。

给出一个三片式 LCOS 面板参数如下:解析度(总像素数)为 1 292×780;像素大小为 11.5 μm×11.5 μm;像素间距为 0.5 μm ,开口率为 92%;工作温度为 10~50 ℃;最佳性能温度为 40~45 ℃;寿命大于 2 万小时,响应时间由黑→白为 6 ms,由白→黑为 9 ms。

三片式 LCOS 投影机光学原理如图 17.21 所示。超高压汞灯发出的白光。首先滤去红外光和紫外光,再经过聚焦透镜聚焦到光束均匀化器(在本例光学系统中光束均匀化器用的是光积分棒)的入射口,均匀化后的光束被偏振光变换器 PCS 转变成 S 偏振光,经过反射镜反射后进入第一个二向色分色棱镜,分出红光和青光,青色光又被第二个二向色分色镜分出绿光和蓝光。红、绿、蓝三色光分别进入各自的偏振光变换器,在这里 S 偏振光被反射进入 LCOS 面板,因为在面板上加了彩色图像信号电压,由 LCOS 面板反射的光受到调制而有光通量大小的变化,携带有图像信息的红、绿、蓝三束反射光穿过 PCS 并变成了 P 偏振光输出到光合色棱镜合成彩色图像光信号,穿过投影镜头投射到屏幕上形成彩色图像。

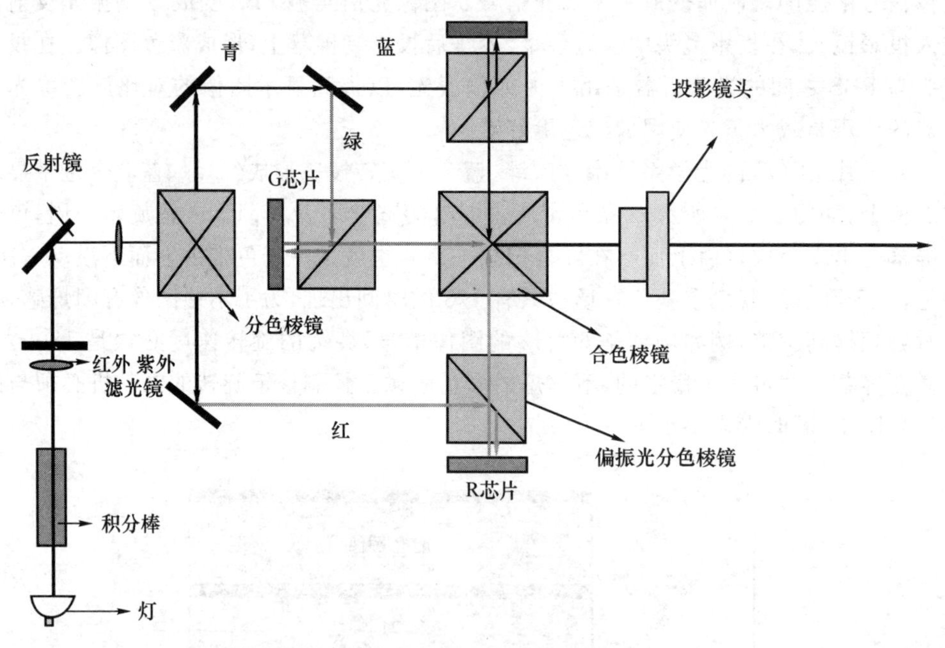

图 17.21 三片式 LCOS 光学系统原理

17.4.3 LCOS 投影机的电路系统

LCOS 投影机的电路系统与 LCD 投影机大致相同,由信号处理电路部分和 LCOS 液晶面板驱动部分组成,如图 17.22 所示为其方框图,在图中高中频部分和声音部分以及电源部分来表示。

视频输入信号输入到 Vpc3230 电路,在这里进行彩色解码、梳状滤波等视频处理,最后进行 A/D 变换后输入到 NV320 视频信号增强电路,进行亮度信号的降噪处理和峰化处理,提高图像清晰度和对比度,进行亮度、对比度、色调和色饱和度控制、黑电平延伸等。处理好的信号送入视频格式变换电路 PW364,进行帧频转换、图像缩放和自动图像优化、显示模式变换,内置有相当于 186 的微处理器,最大输出时钟频率 100 MHz。经过 PW364 处理后的信号送入 SiI164 进行信号格式变换,在 SiI164 中把数字信号转变成 DVI 信号输出到 LCOS 液晶面板驱动电路。SiI161 接收到 DVI 信号再把它转变成红、绿、蓝 3 路数字信号并分别送入 LCOS 液晶面板驱动电路 ASI3100,在 ASI3100 中产生出 LCOS 面板所需要的视频信号和行、列定时信号、控制时钟信号等并把这些信号加到 LCOS 面板去,LCOS 面板中的液晶层受图像信号电压的作用,使反射光的光通量大小变化从而形成图像光信号。

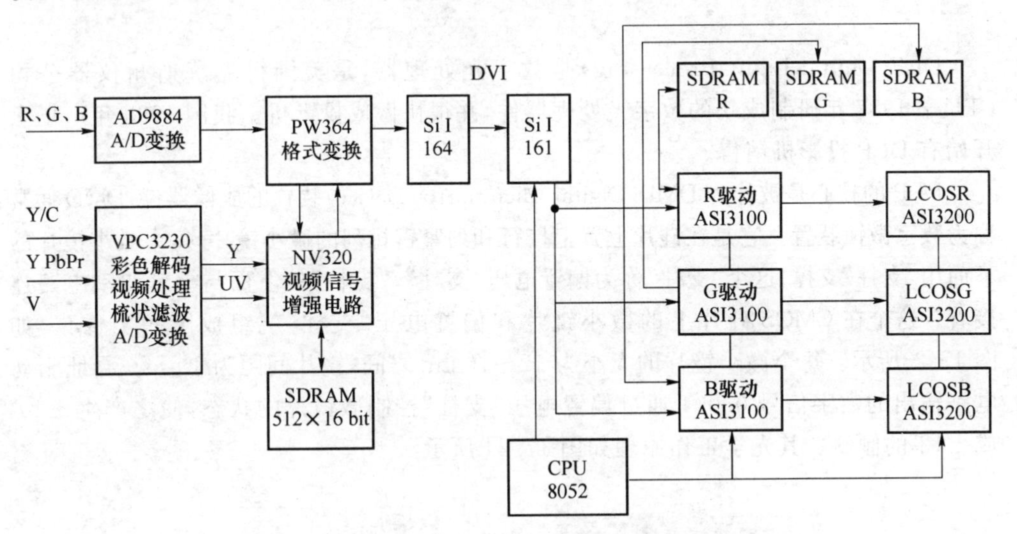

图 17.22 LCOS 投影机电路系统框图

红、绿、蓝信号输入时,要经过 AD9884 进行 A/D 变换,A/D 变换后的视频信号送入 PW364 进行信号格式变换及其他信号处理电路。

LCOS 的电路系统中对视频信号进行各项处理时都是在数字状态下进行,于是有人就误以为 LCOS 投影机是全数字化的投影机,这是不对的,这是因为 LCOS 面板是液晶器件,液晶本身不是发光器件,它是借助于外加电压的作用改变液晶分子的排列方向,从而影响通过液晶层的光通量大小。数字图像信号在加到 LCOS 面板上的液晶像素电极前,由 LCOS 面板的周边电路变成了模拟图像信号,模拟图像信号电压加到 LCOS 面板上的液晶像素电极上,去控制 LCOS 面板上的液晶像素中的液晶分子的排列状态,调制入射到 LCOS 液晶像素中的光通量,LCOS 面板把入射来的光又反射回去,光线在液晶层中走了一个来回。反射回去的光,因液晶分子的排列方向发生变化而强弱发生了变化,形成图像光信号。

17.4.4　LCOS 投影机目前存在的问题

LCOS 技术从一问世就引起业界人士的高度重视,它从原理上和技术发展上有很多优势,如制造成本低、专利技术少。在性能上,它的开口率高,可高达 90%以上,因而整机亮度大,同样亮度的情况下它可以使用比 LCD 更小的投影灯泡,使整机寿命长。它可以比 LCD 和 DLP 更容易做到高清晰度显示,这是因为它的像素尺寸可以做得小,目前它的像素尺寸可以做到 6～8 μm,这样可以很容易实现显示 1 920×1 080 的高清晰度图像。但是,相比 LCD 和 DLP 技术,LCOS 技术还处于发展阶段,在制造工艺方面还不成熟,因此,成品率较低,整机价格偏高;但是,随着技术的发展,LCOS 器件的未来还是很光明的。

17.5　DLP 投影机

DLP(Digital Light Processing)是数字光处理器,是美国得克萨斯州仪器公司(TI)于 1987 年研制成功的数字光处理器件,并很快做成投影机。我国 1995 年市场上开始有 DLP 投影机销售。

DLP 的核心是被称为 DMD(Digital Micromirror Device)装置的成像器件,DMD 通常称为数字微镜装置。它是在硅片上置上按行和列紧密排列的微小镜片,每个微小镜片的下面用“支柱”支撑,这个“支柱”称为偏置电压“支柱”,“支柱”的下面与寻址驱动电路连接着。这个在 CMOS 硅片上的微小镜片和偏置电压“支柱”就组成了一个像素,如图 17.23所示。每个微小镜片的大小为 12～16 μm 之间,镜片间距为 1 μm。寻址驱动电路输出的数字信号 0 和 1 通过偏置电压“支柱”控制微镜片的状态,使之产生±10°或±12°的倾斜。其光学工作原理如图 17.24 所示。

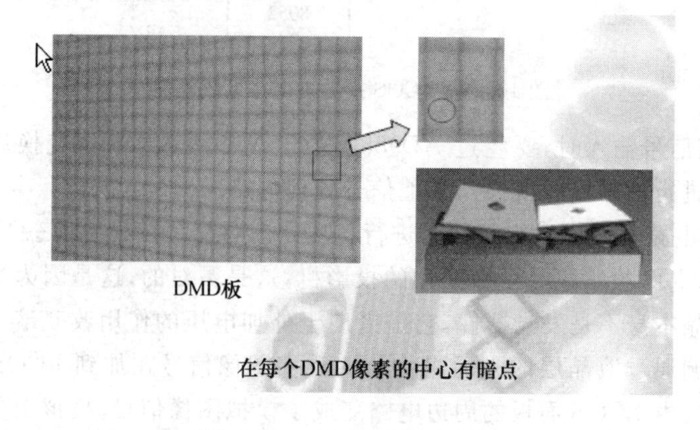

图 17.23　DMD 像素示意图

不通电时像素镜片处于水平位置。当给微镜片加信号 1 时，微镜片由水平位置偏转＋10°(或＋12°)，入射到微镜片上的光反射到投影透镜上，通过投影透镜投射到屏幕上形成一个亮的图像；如若给微镜片加信号 0 时，微镜片由水平位置偏转－10°(或－12°)，入射到微镜片上的光反射到旁边去并被吸光物质吸收，屏幕变成黑色(没有光照射)。图 17.24 中，上方像素图像中间的白方块表示所讲的那个像素所形成的图像。不通电时像素镜片处于水平位置，为了讲述方便，假设此时有一束光以 20°于像素镜法线的角度入射到像素镜片上，根据光的反射原理，入射光以 20°于像素镜片法线的角度被反射出去，反射光镜片偏转＋10°(虚线左边在水平线上方，右边在水平线下方的位置)，此位置时像素镜片的法线相对于微镜水平位置时的法线向右偏移了 10°，因为入射光的位置不变化，入射光以与现在位置的法线夹角 10°的角度入射到微镜面上，反射光以与现在位置的法线夹角 10°的角度反射出，刚好反射到投影透镜上并通过投影透镜投射到屏幕上形成亮的图像。若微镜片偏转－10°(虚线左边在水平线下方，右边在水平线上方的位置)，此位置时像素镜片的法线相对于微镜水平位置时的法线向左偏移了 10°。入射光的位置不变化，入射光以与现在位置的法线夹角 30°的角度入射到微镜面上，反射光以与现在位置的法线夹角 30°的角度反射出去(图中标有－10°的那根线)，偏离投影透镜，屏幕呈现为黑色。这是一个微镜片的光开关作用的工作过程描述，若 DMD 上全部微镜片同时这样动作，那么屏幕上就形成一个全亮图像或一个全黑的图像。DMD 的微镜片的数量多少就表示出 DMD 的物理分辨率大小，例如 1 024×768 的 DMD，其物理分辨率就是 1 024×768。

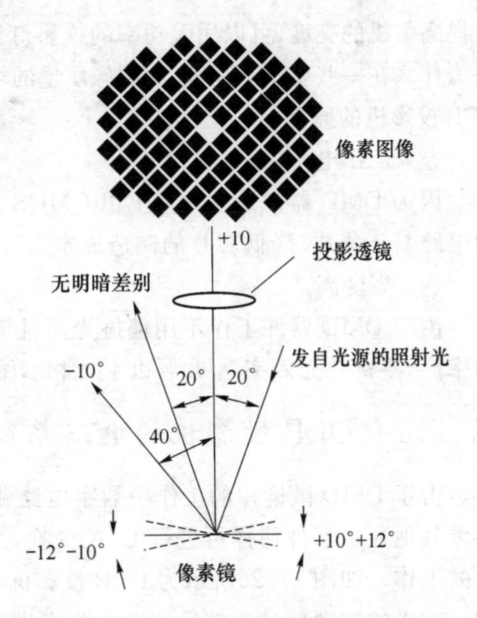

图 17.24　DMD 像素光学工作原理

17.5.1　DLP 投影机的特点

(1) 全数字化

DLP 投影机的成像器件 DMD 是在数字化的信号 0、1 来控制它的工作状态的，因此，视频图像信号进行数字化处理后直接去控制 DMD 的工作，减少了视频电路由于 A/D、D/A 变换产生的附加噪声，提高显示图像的质量。

(2) 投影机的光源功率可以较大

DMD 微镜片是用铝制成的，表面平整光滑，对光的反射效率高，同时微镜片可通过衬底(微镜片的支撑结构和硅片)有效散热，因此可长时间工作图像质量不下降，另外为了提高整机的亮度,可以用大功率的投影灯泡,使投影图像很亮,图像的幅面很大,这就是为什么在一些要求高亮度、高图像质量的场合,如电影放映厅、大的会议中心等只能用DLP投影机的原因。

(3) 工作电压低

因为DMD器件是在硅片上以CMOS工艺做成的,可以用5 V的低电压工作,驱动电路易于集成,降低芯片的制造成本。

(4) 亮度高

由于DMD器件工作不用偏振光而且镜面的光反射率高,因此,DLP整机的光利用率高,整机总光效率达60%以上,因此,图像亮度高。

17.5.2 DLP投影机的电路系统

由于DMD微镜片的工作用数字电路驱动,因此,在视频信号数字化处理后不用再像其他显示器件那样再进行D/A变换,直接送到末级驱动电路去驱动DMD微镜片的工作。如图17.25所示为DLP投影机电路方框图。

输入的视频信号在信号处理电路中进行整形、放大、彩色解调,之后进行A/D变换变成数字Y、U、V信号送到扫描转换电路和格式变换电路,扫描转换电路的功能是把隔行扫描的信号变成逐行扫描信号,减小图像的闪烁现象并提高清晰度。在DLP视频处理电路中,是用运动自适应去隔行处理器来实现隔行信号转变成逐行信号的。运动图像由运动检测电路对视频信号进行检测,图像中运动的部分采用场内插入,静止的部分采用场间插入。场内插入是把同一场内邻近的像素数据进行平均产生新的一行信号;场间插入是把相邻两场的同一位置的像素数据的简单复制产生一行新的信号。把新产生的信号插入两隔行扫描的信号行之间,就变成了逐行扫描信号。由于逐行扫描转换是在原来的两隔行扫描行之间产生一行新的扫描行,垂直取样率变为隔行扫描的两倍。

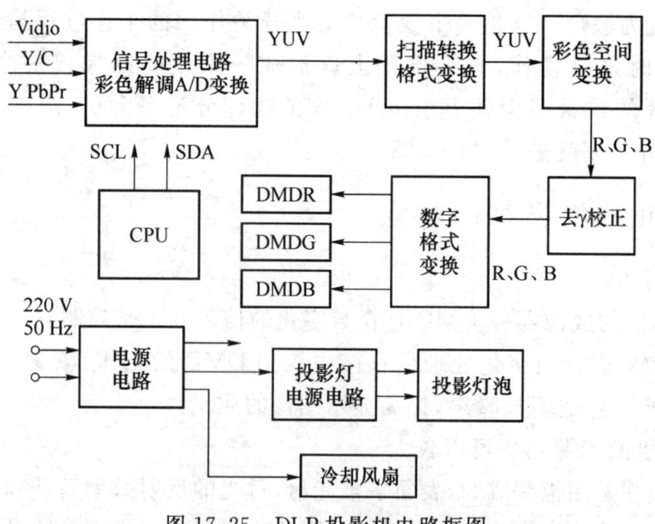

图17.25 DLP投影机电路框图

DLP 的成像器件 DMD 是一个固定分辨率的器件，也就是平常所说的 DMD 的物理分辨率是固定的，例如：800×600，1 024×768 等。输入的视频信号中有电视信号，计算机信号，电视信号中可能是 PAL 制的信号，也可能是 NTSC 制的信号等，以 PAL 制为例，PAL 制的电视信号的取样格式分为 640×480，720×576，1 920×1 080，…，计算机的显示格式分为 VGA(640×480)，SVGA(800×600)，XGA(1 024×768)，…，假如 DMD 的物理分辨率是 800×600，为了使输入信号能够在 DMD 器件上满屏显示，必须对输入信号的显示格式进行变换，使其与 DMD 的物理分辨率一致，如果输入信号的显示格式是 1 024×768，就进行下变换变成 800×600，如果输入信号的显示格式是 640×480，就进行上变换变成 800×600，这就是格式变换。

经过格式变换后的逐行扫描的 Y、U、V 信号进入彩色空间变换电路，在这里 Y、U、V 信号转换成红、绿、蓝信号。由于 DMD 是线性显示，不像 CRT 那样由电信号转变到光显示是非线性，所以必须把视频信号中为了补偿 CRT 显示的非线性特性的 γ(伽玛)校正去掉，因此，红、绿、蓝信号进入到去 γ 校正电路进行去 γ 校正处理。去 γ 校正采用带寻查表(LUT-Lookup table)的 RAM，红、绿、蓝通道有各自的单独的 LUT，带 LUT 结构的 RAM 提供的附加数据由图像亮度和对比度控制调节得到，色温调节也如此。经过去 γ 校正后的红、绿、蓝信号输入到数字格式变换电路，在这里信号由扫描行格式数据变换成红、绿、蓝比特平面格式，该比特平面格式数据用脉宽调制(PWM)形式输出至 DMD，去控制 DMD 的微镜片的偏转角度和微镜片的偏转时间，从而使微镜片反射的光的强弱发生变化，受微镜片调制的光形成图像光信号，穿过投影镜头在投影屏幕上显示出彩色图像。

在电路框图的下方是投影机的电源系统，220 V、50 Hz 的交流电被电源电路整流滤波和开关电源电路变换后分 3 路输出：一路供给 DLP 整机工作所需电源；另一路供给投影机的灯泡激励电路(俗称镇流器)，去控制和点亮灯泡；第三路是供给整机的冷却风扇，使风扇工作。一旦风扇出现故障，投影机的电源进入保护状态，整机停止工作以防止灯泡过热爆炸和损坏 DLP 的光学系统元件。

17.5.3　DLP 投影机的光学系统

光学系统的作用是把输入的视频信号转变成光图像信号并显示在投影屏幕上。光学系统由光机(光引擎)和投影屏幕组成。把光学系统中的光学部件、零件、组件固定在机架上构成光机。这些零、组、部件如下：① 光源，包括投影灯泡、聚光透镜、红外线和紫外线滤波器；② 匀光器件，即实心的光导管；③ 分光器件，包括色轮、二向分色棱镜；④ 分色合色棱镜；⑤ 中继透镜；⑥ 全反射棱镜 TIR(Total Internal Reflection)；⑦ DMD 芯片和 DMD 窗口组件；⑧ 反射镜；⑨ 投影透镜。对以上这些零部件的作用将在下面具体的 DLP 投影机的结构和工作原理中叙述。

17.5.4　单片 DLP 投影机

单片 DLP 投影机的结构和工作原理如图 17.26 和图 17.27 所示。

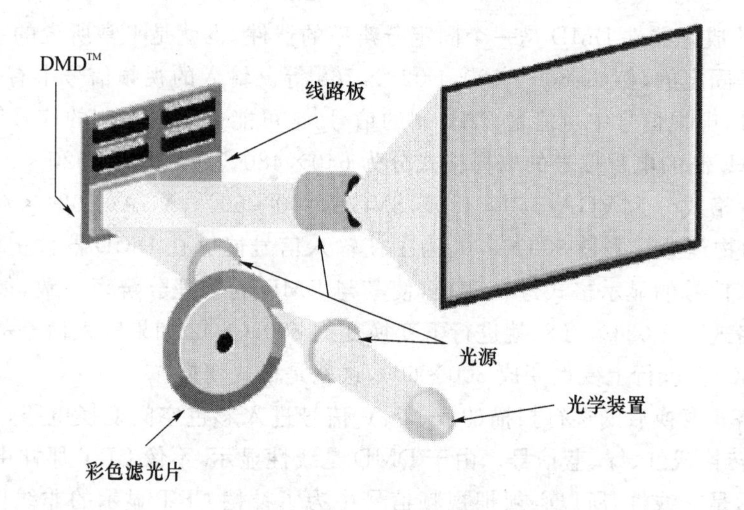

图 17.26　单片 DLP 投影机结构示意图

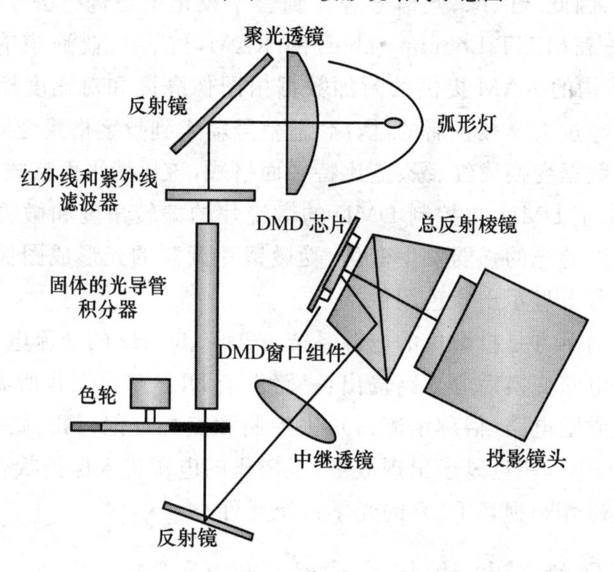

图 17.27　单片 DLP 投影机工作原理

投影灯泡(UHP 灯)发出的光被弧形灯碗反射后输出到聚光透镜,聚光后由反射镜反射到红外、紫外线滤波器,滤掉红外线光和紫外线光后进入匀光器件——实心光导管(也称作聚光棒或积分棒),光线经过光导管后被均匀化,均匀化后的白光束照射到被称做色轮的分光器件上,经过色轮的作用把白光分解为红、绿、蓝三种基色光,色轮的工作原理如图 17.28 所示。红、绿、蓝三基色光经过反射镜反射到中继透镜,中继透镜是一个透镜组,它对光进行聚焦后入射到总反射棱镜(TIR Prism)。总反射棱镜的作用是调整光线射到 DMD 器件上的入射角,使得 DMD 上的微镜片转动时,将光线准确地射入或偏离投影透镜,在投影屏幕上形成图像。

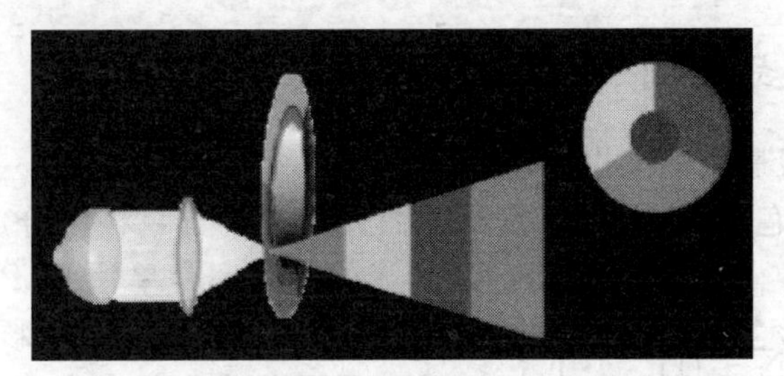

光源的光线通过色轮交替转换为红、绿、蓝三色

图 17.28　色轮的工作原理

单片 DLP 的分光器由图 17.27 可以看出，它是在一个圆环状盘上面等分为 3 个区域，每个区域上涂红、绿、蓝滤色材料，色轮的旋转速度与视频信号是同步的，当某一瞬间红光射到 DMD，DMD 上的微镜片阵列根据视频信号中要显示的红光的信息（哪些微镜片要显示红光、显示红光的深浅），一部分微镜片转动到＋10°的开状态，使视频信号中的红光成分显示到屏幕上形成红光的图像，绿光和蓝光也是如此，这样就形成彩色图像。例如，若视频信号是 NTSC 制式场频是 60 Hz，色轮的转速也是 60 Hz，色轮转一周的时间是 16.7 ms，每一个基色产生的时间是 5.6 ms，如果每一像素显示 8 bit，每一灰度等级允许的脉冲宽度（显示时间）应小于 20 μs，这样才能保证显示正确的 NTSC 彩色图像。

由于色轮被等分成红、绿、蓝 3 个区域，当红光通过时，绿光和蓝光被阻挡；绿光通过时红光和蓝光被阻挡；蓝光通过时红光和绿光被阻挡，也就是说由灯泡发出的白光只有 1/3 被利用，单片 DLP 投影机的光利用率低，图像的亮度低，对比度小，彩色还原性差。为了提高图像质量，对色轮做了改进：为了提高亮度把三段（色轮上只有红、绿、蓝 3 种滤光作用）式改为四段式，即增加了一个透明区域可以透过一部分白光，使显示的图像亮度提高了，但是对比度及色还原性没有提高，如图 17.29(a)所示。

为了改善色还原性，把色轮改进为六段式，如图 17.29(b)所示，即把色轮分成红、绿、蓝、红、绿、蓝 6 个区域。用这种六段式色轮的 DLP 单片投影机的色饱和度比三段式的提高了一倍。现在，为了提高彩色还原性，把六段式色轮做成红、绿、蓝 3 种基色和它们相应的补色青、品红、黄的新的六段式色轮。用这种新六段式色轮进行彩色处理的技术称作极致彩色(Brilliant Color)，这种技术的 DLP 单片投影机的色饱和度和色域有较好的提高，同时亮度也提高了20％～40％（与三段式色轮相比较）。更进一步的改进是在基色和补色的六段色轮上再加白色，在提高色彩还原性的同时又进一步提高了亮度。

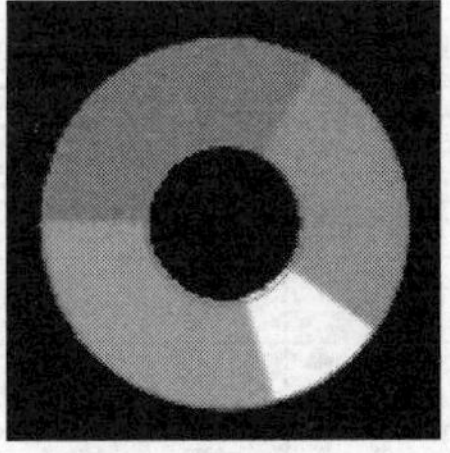

(a) 四段式

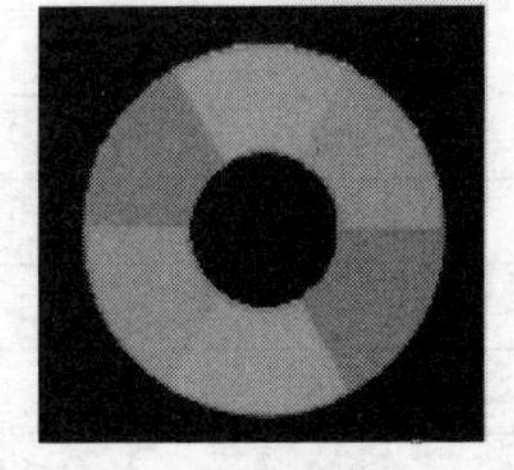

(b) 六段式

图 17.29　色轮的改进

17.5.5 三片式 DLP 投影机

三片式 DLP 投影机的工作原理如图 17.30 所示,由图可见,三片式 DLP 投影机不再用色轮作为分色器件,投影灯发出的白光由光学分色棱镜分成红、绿、蓝三基色光,光的利用率是单片 DLP 投影机的 3 倍,图像的亮度高、对比度大、色彩还原性好。

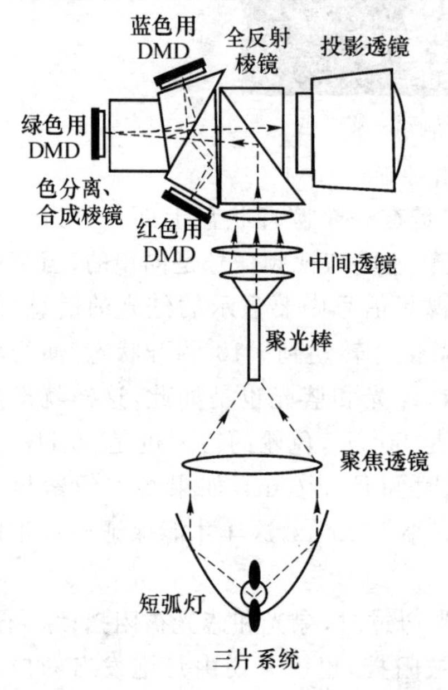

图 17.30 三片式 DLP 投影机工作原理

UHP 灯发出的白光滤去红外光和紫外光后,被聚光透镜聚焦到匀光器的入射口进入匀光器,被聚光棒均匀化后再通过中继透镜进入 TIR 全反射棱镜,TIR 全反射棱镜的作用是调整光线射到 DMD 上的入射角,使得 DMD 上的微镜片转动时,可以将光线准确地射入或偏离投影透镜,在投影屏幕上形成彩色图像。在三片式 DLP 工作原理图中可以看到,进入 TIR 全反射棱镜的白光 W,反射后进入分色棱镜分出 R、G、B 三基色光,三基色光分别投射到相应的 R DMD、G DMD、B DMD 三个器件上并被微镜片反射后进入投影透镜,通过投影透镜(镜头)的光在投影屏幕上形成彩色图像。

三片式 DLP 投影机在亮度、对比度、色彩还原性能等方面都是不错的,它的亮度可达到 15 000~25 000ANSI 流明,分辨率可以达到1 920×1 080。为了提高显示图像的对比度,在 DMD 的微镜片下面的装置上涂黑,减小微镜片之间的间隙造成的反射光。为了降低 DMD 的成本,TI 公司把方形的微镜片改为菱形即所谓的 Smooth Picture 技术,利用微机控制菱形微镜片的工作,使在 DMD 芯片尺寸不变的情况下,提高图像的清晰度。表 17.2 为 TI 公司生产的部分 DMD 器件的性能。

表 17.2 TI 公司生产的部分 DMD 器件性能

型号	对角线尺寸/英寸	分辨率(像素数)	微镜面中心距/μm	倾斜角度/(°)
0.7×GA SDR12	0.7	1 024×768	13.8	12
0.7×GA DDR	0.7	1 024×768	13.68	12
0.7SVGA DR	0.7	848×600	17	10
0.55SVGA DDR	0.55	800×600	13.68	12
0.7×GA SDR	0.7	1 024×768	13.8	12
DHI DDR	0.8	1 280×720	13.8	10
1.1SXGA SDR	1.1	1 280×1024	17	10
HD2/Mustang LVDS	0.8	1280×720	13.68	12
0.9×GA DDR	0.9	1 280×1 024	13.8	10

17.6　投影机关键部件

17.6.1　投影显示的屏幕

屏幕作为投影显示器件成像的载体，在投影显示系统中其作用是很重要的，再好的投影光学系统和电路系统，如果没有一个好的屏幕，就无法达到最佳的显示效果，投影系统显示出的图像的质量就会受到严重的影响。由于投影显示有前投影显示和背投影显示，因此投影显示的屏幕也分为用于前投影显示的前投影屏幕和用于背投影显示的背投影屏幕。

1. 前投影屏幕

前投影屏幕有软质幕(可以卷起来)和硬质幕两种。硬质幕是金属幕，有平板型金属幕和抛物面型金属幕，特点是屏幕增益高，显示图像的亮度大，解析度高；但对比度较差。早期的投影机性能指标低，用金属幕可以补充投影机性能的不足；如今由于投影机性能的提高，再加上金属幕安装使用不方便，价格也较高，金属幕已逐渐被市场淘汰。

前投影屏幕的主要技术指标有：屏幕增益、视角、对比度、解析度(分辨率)、亮度均匀性、幅面比等。

前投屏幕的作用是把投影机投射到屏幕上的图像光反射到观众的眼睛中，因此，前投屏幕是反射幕。屏幕的主要技术是在幕基(一种不透光的布料)上面喷涂上各种不同的光学材料，以减少投影机投射到屏幕上的光的散射和折射，提高光的反射能力，因此，喷涂在幕基上的光学材料的性质就决定了屏幕的增益和视角以及其他的屏幕的光学性能，从而影响屏幕上成像画面的质量。

(1) 前投屏幕的技术指标

① 屏幕的增益和屏幕的观看视角

这两个参数是衡量一块屏幕的很重要的参数，增益高的屏幕图像的亮度大，反之，图像的亮度小，屏幕增益在1～5之间。

人们希望在屏幕中央观看的投影屏幕上的图像与在屏幕边缘处观看到的投影屏幕上的图像的质量一样，这就是观看视角的定义。前投幕一般来说观看视角都比较大，但是如果屏幕的增益太高，观看视角会下降。

② 屏幕的对比度

投射到屏幕上的图像黑白层次要清楚，为了提高屏幕的对比度指标，前投屏幕的幕基避免使用纯白色。

③ 屏幕的解析度

屏幕的解析度取决于喷涂在幕基上的光学材料的颗粒大小，小颗粒的光学材料投射在屏幕上的图像的解析度就高。

④ 屏幕的亮度均匀性

这项指标主要取决于喷涂在幕基上的光学材料的厚度均匀性。

⑤ 屏幕的幅面比

前投屏幕的幅面比有 4∶3、16∶9、1.85∶1 及 2.35∶1 几种。4∶3 的屏幕多用于显示模拟视频信号以及计算机图形符号;16∶9 的屏幕多用于显示高清晰度电视图像;1.85∶1 多用于显示宽银幕电视图像;2.35∶1 多用于显示宽银幕立体声影像图像。

(2) 前投屏幕的分类

前投屏幕根据屏幕材料可分为 3 种。

① 纯白屏幕

纯白屏幕也称白塑幕,它是在幕基上喷涂上纯白高反射材料制成。纯白幕是漫反射幕,它的反射光线各个方向均等,形成均匀漫反射,散射角为 180°,也就是观看视角是 180°,缺点是亮度不高,亮度增益为 1∶1,抗外界光的干扰能力差,适合在室内环境光暗的场合。

② 玻璃微珠幕

玻璃微珠幕是在幕基上喷涂上玻璃微珠,它的特点是反射光指向光源方向(或者说反射光指向投影物镜),它的优点是亮度比白塑幕高,亮度增益为 2～5,而且价格低,缺点是屏幕解析度低,抗环境光能力差。

③ 金属粉幕

金属粉幕是在幕基上喷涂上铝粉而成,它的优点是屏幕的亮度增益高,亮度增益为 2～5,有一定的抗环境光干扰的能力,因而显示图像的对比度高,又因为金属粉幕的颗粒比玻璃微珠幕小,图像解析度也比玻璃微珠幕高,价格较高。

三种反射幕的光学特性如图 17.31 所示。目前有一种抗干扰黑幕的新型反射幕,屏幕的对比度、解析度、抗环境光的能力都有很大提高,其结构有两种:

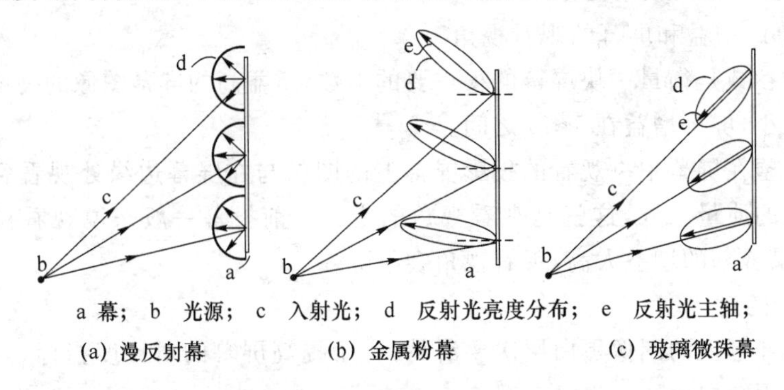

图 17.31 反射幕光学特性示意图

- 把幕基表面制成三角形,三角形的下面喷涂为铝粉,上面喷涂上黑色材料,使画面的对比度得到改善;
- 在幕基表面加一层反射黑栅以提高图像的对比度和抗环境光干扰的能力。

2. 背投影屏幕

背投影屏幕是背投影机的一部分,图像光是穿过屏幕到达观众的眼中,背投影屏幕是透射式的屏幕。屏幕所用材料和屏幕的结构以及它的光学工作原理与前投屏幕完全不一样。

背投影屏幕分为光学结构型和散射型两大类。光学型背投屏幕是利用光学结构来完成对透过屏幕的图像光的光能的均匀分布,显示出高质量的图像。散射型背投屏幕是利用微细粒子对光的散射作用对透过屏幕的图像光的光能均匀分布以显示出较好的图像。

(1) 背投屏幕的结构和光学原理

光学型背投屏幕是由菲涅尔透镜(Fresnel Lens)和透镜状屏(Lenticular Screen)组成的,如图 17.32 所示。

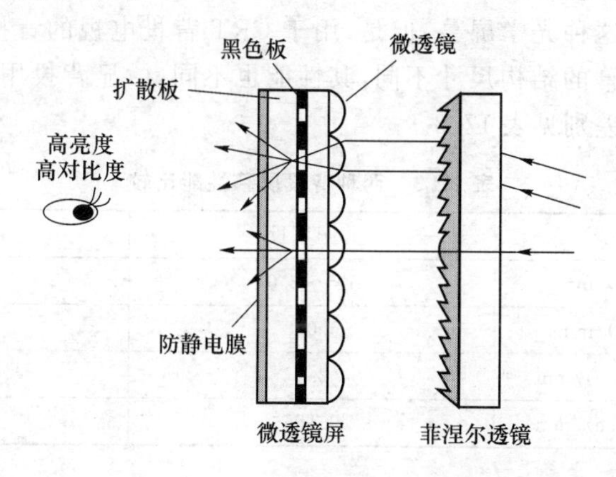

图 17.32　光学型背投屏幕结构和光学原理示意图

① 菲涅尔透镜

菲涅尔透镜通常也叫菲涅尔屏,它是用聚甲醛丙烯酸甲脂材料做成的一块板,在板的一面(图 17.32 中的黑色锯齿状的物体)刻有均匀间隔的同心圆条纹,同心圆条纹的间隔是菲涅尔透镜的一个主要参数。菲涅尔透镜的厚度一般为 2 mm 左右,菲涅尔同心圆条纹(或叫菲涅尔透镜)的间距为 0.1 mm 左右。由于菲涅尔透镜是由许多小同心圆透镜组成,这些小透镜有一个中心焦距长度和焦距长度的范围,这是菲涅尔透镜的又一个重要参数,对于背投影机的机箱设计是非常重要的参数。

菲涅尔透镜的作用:菲涅尔透镜只有在有同心圆条纹的一侧才有光学作用,这些同心圆条纹就相当许多个小透镜,它把光源投射到菲涅尔透镜上的入射光均匀分布并变成平行光输出到透镜状屏,有效消除投影屏上所显示图像的太阳效应(即屏幕中间的图像亮,边缘的图像暗)。

② 透镜状屏

由图 17.32 可以看到透镜状屏的结构,屏的材料也是聚甲醛丙烯酸甲脂,在屏的一侧有许多小凸透镜,中间黑白相间的条是黑色栅条,黑的部分不透光,白色部分可以透光,屏的外侧是一层防静电层。在防静电层和黑栅条之间是扩散板层,在小凸透镜阵列和黑色栅条之间是透光层。

该光学屏幕的光路:从背投影光机镜头投射出的图像光以点光源方式投射到菲涅尔透镜屏上,光线被菲涅尔透镜均匀分布并把入射光变成平行光输出到透镜状屏的凸透镜阵列上,每个小凸透镜对应黑条栅的一个小透光孔,小透光孔把照射到它上面的光线聚焦到小透光孔中,然后光通过扩散层使光线均匀散开,使得屏幕的可视角(水平可视角和垂直可视角)增大,水平可视角增大的角度比垂直可视角增大的角度值大。这样在屏幕上就显示出亮度和色度均匀的彩色图像。屏幕最外层的保护层的作用:一是防止静电功能,使屏幕在使用过程中不至于吸尘土而影响图像的亮度、对比度;二是保护屏幕使其不至于划伤等,保护层的硬度>2H。

背投光学屏幕应用于 CRT 背投影机和微显(LCD、DLP、LCOS)背投影机,可使背投影机显示的图像质量有很大提高,目前所有背投影机特别是用于家庭的背投电视机的背投屏幕都是这种光学屏幕,但是,用于 CRT 背投电视的背投屏幕和用于微显背投电视的背投屏幕的结构尺寸不同,其性能也不同,微显背投用的屏幕和 CRT 背投用的屏幕的数据差别见表 17.3。

表 17.3　两种背投屏幕性能比较

-	微显背投	CRT 背投
厚度(Fresnel Lens)/mm	1.5～2.0	2.0
间距(Fresnel Lens)/mm	0.098	0.112
厚度(Lenticular Screen)/mm	2.1	1.0
间距(Lenticular Screen)/mm	0.155	0.72

由表 17.3 可看出,菲涅尔透镜两者基本一样,而透镜状屏的间距两者相差很大。这是因为不管是什么背投影机,投射到屏幕上的图像都希望亮度均匀性要好,无太阳斑效应,因此,菲涅尔透镜的间距基本一致。由于微显示投影机用的成像器件 LCD 面板、DLP 面板、LCOS 面板都是由像素阵列组成的,要求投影屏幕的解析度高,因此,透镜状屏的间距小。

(2) 背投屏幕的光学特性参数

以 52 英寸 LCD 为例:① 屏幕增益 5.8;② 视角,水平视角±33°(1/2 增益时)、垂直视角±7.7°(1/2 增益时);③ 菲涅尔透镜间距 0.1 mm ;④ 菲涅尔透镜中心焦距 809 mm;⑤ 透镜状屏的透镜(黑色栅条)间距 0.15 mm;⑥ 透镜状屏的光透过率 80%、菲涅尔透镜的光透过率 85%。参数的具体数值仅供参考。

(3) 散射型背投影屏幕

在一些工程应用中也有用散射型背投影屏幕的,这种屏幕比起光学型背投影屏幕性能指标低。单纯的散射型投影屏幕由于有太阳斑效应(中间亮,边缘暗),图像质量较差,因此,把菲涅尔透镜和散射屏幕做在一起,可以克服图像的太阳斑效应使输出光线变成平行光线,以改善图像质量。

17.6.2　投影镜头

投影镜头是实现能量的传送及决定投影系统屏幕上图像质量好坏的关键部件。在微显示投影机中投影镜头与光引擎(俗称光机)做成一个整体,在 CRT 投影机中投影镜头与 CRT 投影管组成一个整体。投影镜头的性能对投影机的图像质量影响很大。投影镜头按技术可分为普通投影镜头和短焦投影镜头两大类,按应用可分为前投影镜头和背投影镜头两大类。

为了缩小投影机的投影距离,研制出了应用短焦/超短焦镜头的短焦/超短焦投影机。

如图 17.33 所示为普通镜头投影机、短焦镜头投影机和超短焦镜头投影机投影一个 70 英寸图像时的投影距离。

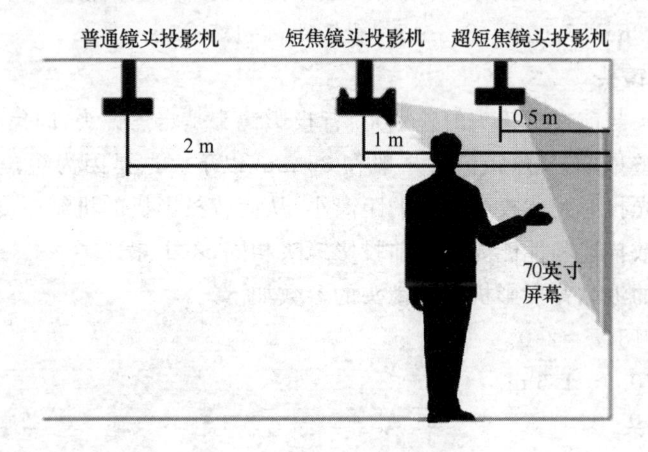

图 17.33　短焦/超短焦优势

1. 前投影镜头

微显示器件 LCD、LCOS、DLP(DMD)的光引擎结构紧密且外形尺寸小,因此投影镜头的外形尺寸也较小。前投影镜头一般多为可变焦距,焦距变化范围为 30～140 mm,焦距的数值决定了投影机投射一个设定画面幅度时投影机与屏幕的距离,焦距越短,投影机与投射屏幕的距离就越近,反之就越远。如果要在近的距离要求投射到屏幕上的画面很大,就需要选择短焦距镜头的投影机,反之则选择长焦镜头的投影机。投影镜头的焦距值是表征投影机投射到屏幕上的画面大小与投影距离大小的一个参数,焦距值越大投射到屏幕上的画面尺寸越大,用以下近似公式计算:

$$l=f'(M+2)$$

其中,l 为投影距离;f'为焦距;M 为投影倍率。假如 $f'=50$ mm,液晶面板为 0.7 英寸,投射到屏幕上的画面尺寸设定为 70 英寸,则投影倍率 $M=70/0.7=100$,投影距离 l 为 5.1 m,即

$$\begin{aligned} l &= 50\times(100+2) \\ &= 5\,100\ \text{mm} \end{aligned}$$

投影镜头另一个重要的参数为相对孔径，是表征镜头通过光线的能力的重要参数，相对孔径 $=D/f'$，这里 D 是镜头的最大通光直径，f' 为镜头的焦距。相对孔径越大镜头的通光量越大。由相对孔径的表示式中可以看出，镜头的通光量与镜头的通光直径(也就是镜头的直径)成正比，与焦距值的大小成反比。直径相同的镜头，如果焦距不相同，它们的通光量大小也不一样。通常用焦距 f' 与镜头直径的比来表示镜头的通光量，这个比值就是平时我们所说的 F 数或光圈数，即

$$F=f'/D$$

F 数的数值标准系列为

$$F=1,1.4,2,2.8,4,5.6,8,11,\cdots$$

投影镜头还有解析度、倍率色差、像差畸变等参数，这些参数是在镜头设计中必须要考虑的，在此就不再叙述。下面给出某液晶投影机采用投影镜头的参数。

镜头：$f'=36\sim57.6$，$F=2.3\sim3$。投影距离：1.5～15 m。

2. 背投影镜头

背投影镜头与前投影镜头的差别是：背投影镜头是定焦镜头，即焦距值是固定的，只有很小的调整量，而且焦距值小一般在 35 mm 以下。这是因为短焦距镜头可以从镜头投射出的光投射到背投屏幕上的距离小，从而背投影机的机箱厚度可以减小。背投影镜头的参数描述和性能要求与前投影镜头相同，不再累述。

一个实用的液晶背投影机所用镜头的参数如下。

镜头：$f'=18$，$F=2.0$。

投影距离：0.9～1.6 m。

3. 短焦镜头

短焦技术主要分为两类。一类按投射比分，可分为三种：第一种投射比在 0.4 以内，现阶段都是反射式超短焦投影机；第二种投射比在 0.4～0.7 之间的短焦投影机；第三种投射比在 0.65～1 之间的普通短焦产品。另一类按投影镜头的结构分：一种采用鱼眼式投影镜头的短焦技术，另一种则是采用自由曲面镜头＋反射镜式投影镜头的超短焦技术。

理论上，普通投影机，投射 100 英寸画面，距离在 3 m 以上；短焦机型，一般实际投射距离在 1 m 以内；超短焦机型，在 0.5 m 以内。

采用鱼眼式投影镜头的短焦技术：鱼眼式投影镜头由若干个非球面、超半球面透镜组成。鱼眼式投影镜头等同于广角镜头，可增大投影镜头的视场角(广角)。如广角镜头焦距为 24 mm，视场角可达 84°；焦距为 8 mm，视场角可达 180°。采用鱼眼式镜头的短焦技术，由于技术上的原因，往往会造成图像桶形弯曲畸变，从而导致投影画面周边的曲线往往会被弯曲。要达到 70 英寸大小画面，投影距离往往需要 1 m 左右。短焦镜头的外形图如图 17.34 所示。

图 17.34　短焦镜头

4. 超短焦镜头

超短焦镜头是由自由曲面透镜组成。光学自由曲面是非对性、不规则、不适合用统一的光学光程式来描述的光学曲面。光学自由曲面面形精度要求亚微米级,表面粗糙度达纳米级。加工工艺采用高精度压缩成型技术、多轴超精密金钢钻加工、微细加工研磨技术、高可靠薄膜设计等诸多综合基础技术,设计并加工出了自由曲面镜头,也可加工成反射镜。自由曲面光学元件在光电产品、光通信产品中应用日益广泛。

如图 17.35 所示,采用自由曲面镜头+反射镜的超短焦技术的投影机不仅畸变量小,投影画面变形小,而且投影距离也较鱼眼式的镜头缩短了很多。投影 70 英寸大小画面所需的投射距离仅需要 0.5 m 的距离。不过采用自由曲面镜头+反射镜技术也存在着设计方法与计算公式复杂,且其所要求的制作工艺很难掌握等问题。因此现今还没有被大量地推广。

目前市场上出现的零距离的超短焦投影机,并非不需要投射距离,而是光线从投影镜头出来后再通过反射镜面的反射,变相缩短了投射距离。光线从镜头中发出,在反射镜中反射一次,画面呈现在镜头的后方,若采用正投方式,在方向上,零距离投影机的镜头其实是指向观众。零距离机型,必然采用反射式设计。换言之,采用反射式设计的超短焦机型,一定是零距离投影机。零距离投影是民用商教领域的特有产品,其产品的特点非常鲜明,最小的投射比可达到 0.19。

短焦/超短焦投影机的投影镜头在我国已经从研发进入产业化阶段,应用也越来越广范,一些技术问题也逐步得到解决,性价比优势也逐渐显现出来,提高了投影显示在多元显示竞争中的竞争力,对推动投影显示产业创新和发展将会起到很大作用。

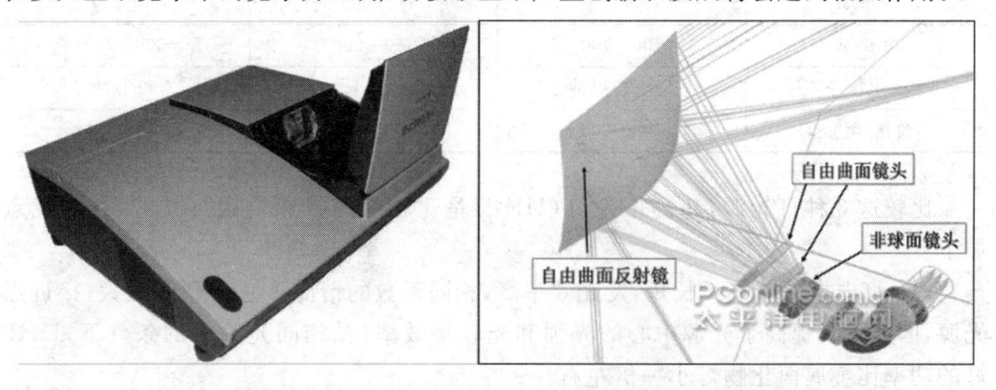

图 17.35　自由曲面镜头+反射镜式光学系统原理图

17.6.3 投影机的光源

微显示投影器件的 LCD、LCOS、DLP 面板都是不发光的,投影机的图像光输出并投射到屏幕上形成光图像,是依靠外光源作用的结果:外光源发生的光经过透镜聚焦后照射到微显示器件面板上,面板的像素阵列受图像信号电压的控制,从面板输出的光(透射式 LCD,反射式 LCOS、DLP)就形成图像光,因此,外光源的好坏直接影响着微显示器件显示图像的质量。外光源由投影灯泡和灯泡点灯器(镇流器)组成,灯泡和点灯器是相匹配的,不同厂家生产的灯泡和点灯器是不可以互换使用的。

1. 投影机对光源的要求

(1) 由于微显示器件的面板尺寸越来越小,要求投影机的光源是一个高亮度的点光源,因此,灯泡的放电电极的极间距离要小。

(2) 灯泡发出的光,经过光学元件的处理后,投射到微显示器件的面板上的光斑要均匀,光斑的亮度要高,这样才能使屏幕上的投影图像亮度高且亮度均匀性好。

(3) 投影光源的光谱应能使红、绿、蓝三基色的光谱能量均衡,才能使投影图像的色还原性好,色彩逼真。

(4) 要求光源的使用寿命长,安全可靠、价格低。

2. 几种常用投影灯光源的比较

目前常用的投影灯光源有:超高压汞灯(UHP)、金属卤化物灯和金属陶瓷氙灯 3 种,其性能比较见表 17.4。

表 17.4 3 种投影灯光源的性能比较

-	超高压汞灯 UHP	金属卤化物灯	金属陶瓷氙灯
放电弧长/mm	1～1.5	3～5	0.5～1
发光效率/($lm \cdot W^{-1}$)	55～65	<80	30～40
发光原理	放电发光	放电发光	放电发光
平均色温/K	7 500～8 500	6 000	6 500
亮度/150 W(熙堤)	6×10^5	$\sim10^4$	3×10^5
寿命/h	≥6 000	<3 000	<5 000
功率/W	100～150	150～200	300～450
点火电压/kV	15～20 脉冲	15～20 脉冲	30 脉冲
价格/美元	100～200	100～200	330～400

比较这 3 种灯光源,超高压汞灯(UHP)是比较好的投影机用灯光源,它的优点如下。

(1) 灯电极的放电弧长短,发光效率高,相同瓦数的情况下它的亮度最大,接近点光源,因此大大提高了光源中心的光强和光收集效率,在相同光输出的条件下,UHP 灯的功率比金属卤化物灯小一倍左右。

(2) 灯的工作寿命长,目前 100 W 的 UHP 灯的寿命已达到 10 000 小时左右。

(3) 灯的稳定性好，在寿命期内的光衰小。

但是由表 17.4 可见，UHP 灯的色温高，因此显色指数偏低，发光颜色偏蓝，红光与蓝、绿光的比例偏小，这是因为 UHP 灯内汞蒸气放电发光的光谱中红光的成分少造成的。为此，一方面在 UHP 灯内掺入少量卤化物以增加光谱中的长波的比例，从而增加红光的成分，另一方面，在光机的设计时通过对蓝、绿光的滤光片的调节作用，损失一些蓝、绿光，而红光不损失，这样使得红、绿、蓝光的比例平衡，改善图像的色彩还原性。

目前，100 W 的 UHP 灯的性能见表 17.5。

表 17.5　100 W 的 UHP 灯性能

放电弧长	<1.4 mm	半光束角	2°
寿命	>6 000 h	光衰特性	>75%(4 000 h 以后)
光通量	6 000 lm	显色指数	60

3. UHP 灯的结构和工作过程

UHP 灯光源的整体结构如图 17.36 所示。它包括 UHP 灯管、反光碗和与灯激励器的插座。如图中所示，用纯钨做的两个电极被密封在石英玻璃壳内，电极放电的石英发光管内有汞和少量金属卤化物和隋性气体氩，图 17.37 是把灯管装配进反光碗的示意图，反光碗的形状有圆形，也有抛物形，灯管的电极放电部分位于反光碗（圆形或抛物形）的焦点位置，光线经反光碗反射后变成平行光输出。

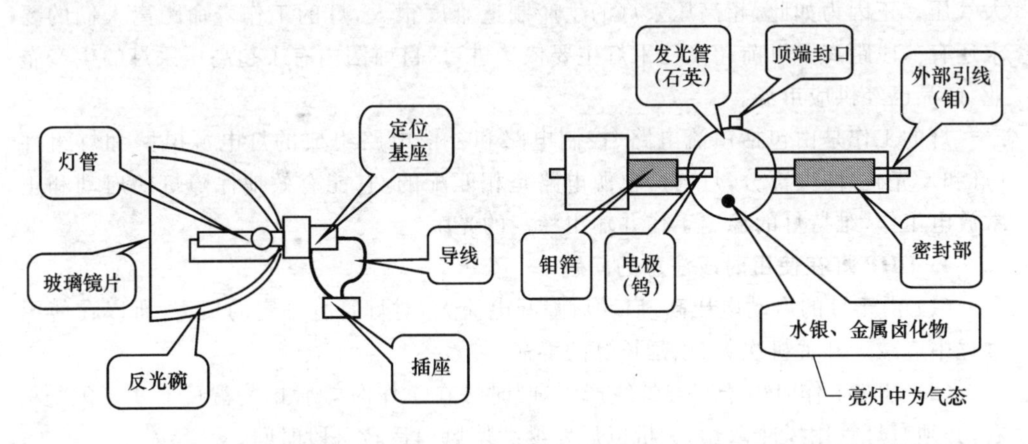

图 17.36　UHP 灯结构示意图　　图 17.37　UHP 灯的灯管结构示意图

UHP 灯发光辐射能量中约有 34%的能量是红外线，6%的能量是紫外线，其余是可见光。红外线是热能，若 UHP 灯输出的光能中含有红外线，会破坏光机中的光学元件如分色镜和聚光镜，并破坏微显示器件的面板，紫外线也会对光学系统有害并破坏微显示器件的面板，因此反光碗的面上要镀上反射可见光、透射红外线的冷反光膜，红外线透过反光碗向后辐射并被冷却风带走，以降低灯内温度。反光碗前面的玻璃片的厚度约 2.5 mm，具有隔热、吸收紫外线、防止灯管爆炸的作用。在玻璃片的两面镀有耐高温的透光膜,使玻璃两表面对可见光的4%～5%的反射率降至1%以下,也就是说这块镀上透光膜后的防爆玻璃片,对可见光的透过率大于99%。灯光源输出的光束是冷光束,UHP灯也称冷光灯。

UHP灯的工作过程如下:灯在点灯(启动)前,灯管处于绝缘状态,电极之间的阻抗无穷大;当20 kV左右的高压脉冲加到灯的电极上,氩气放电使管内温度快速升高到900 ℃以上,汞原子被激活,汞蒸发成汞蒸气放电,汞蒸气压可达200个大气压(20 MPa),汞蒸发放电的光谱是在紫外线到可见光的范围的连续光谱,而且汞蒸气压越高可见光部分也越丰富,红光的含量也越高,电弧的亮度也越亮,这也就是UHP灯管内的汞蒸气压为什么要200个大气压的原因。

随着技术的进步,灯的点灯电压(启动电压)现在已不是20 kV左右的高压了,已经降低到了2.5 kV,灯的工作电压也降低到(75±15)V,这样大大提高了灯的安全性。

汞蒸发放电后,金属卤化物蒸发,在6 000 K左右的电弧中心电离并发出金属光素所固有的光谱,由于金属原子在发光时要吸收一部分能量,所以汞的光谱会相对减弱。电离后的金属和卤素原子在接近发光管的管壁的低温区再度结合成金属卤化物,如此循环往复,保证了灯管能持续稳定地工作。

UHP灯的工作条件极为严酷,以150 W灯为例:启动电压为20 kV,启动电流达数十安培,刚点燃时,灯压降只有十余伏,而灯电流高达4 A。正常工作时灯压降为(80±15)V,而灯电流降为1.65 A。玻璃壳温度接近1 000 K,灯内蒸气压力高达200大气压。正因为如此,超高压汞灯的生产制造难度很大,灯的工作寿命距离人们的要求还有一段距离。以前超高压汞灯主要依赖进口,目前国内有了超高压汞灯的生产企业,产品已经供应市场。

灯的工作是由包括镇流电路、控制电路和补偿电路组成的灯电源电路和灯组件(灯和反光碗)两大部分,灯与灯电源电路是相匹配的,它能有效地保障灯的启动和正常放电工作,维持灯的稳定工作并输出稳定的光束。

4. UHP灯在使用时应注意的问题

(1) 由于灯的启动电压高,启动后瞬间电流大,对灯管有一定的损害,所以在使用过程中应减少开关机次数,以延长灯的寿命。

(2) 灯在工作时由于有红外线产生,同时灯在工作时灯管内的温度有1 000 ℃左右,必须对灯管用风冷散热,关机以后要继续使风扇运转一段时间。

(3) 灯管损坏要换一个灯组件,即灯管和反光碗,而且要换与原来功率一样的灯,不可为了提高亮度随意加大灯的功率。

5. 其他的灯光源

在表17.5中列出了3种灯光源,下面介绍金属卤化物灯和金属陶瓷氙灯。

金属卤化物灯:金属卤化物灯是利用放电发光的原理制成的灯,在发光泡中封入Dy-Na-Cs-Hg或Dy-Sn-In-Ti-Hg等物质,当灯电极加上15～20 kV的脉冲电压时,灯管内的物质发生电离发光。它的发光效率高,色温为6 000 K,色彩较好,价格便宜,对于投影机来说也是不错的光源；但它的寿命短，一般使用 1 000 小时左右亮度就会降低到灯开始工作时的一半，目前一些前投影机仍在使用。

金属陶瓷氙灯：这种灯也是利用超高压放电发光的原理工作的灯光源，在发光管中封入氙气。它的点火电压(启动电压)为 30 kV，氙灯的色温 6 500 K，最接近日光，用氙灯的投影机显示的图像色彩最接近自然色，而且在其半衰期内灯的光谱不变化。灯的启动时间短且关机后可马上再开机，也就是说氙灯可以瞬时启动或可以重复启动。由于氙灯的发光效率较低，所以氙灯的功率都较大，这样才能保证投影机的亮度指标。目前，一些大型高档的前投影机使用它。

6. LED 光源

半导体 LED 光源是近年来发展起来的一种新型光源。用 LED 光源做投影机光源可以用白光 LED，也可以用 R、G、B 三基色 LED，用 R、G、B 三基色 LED 比用白光 LED 照明效率高。用 LED 做光源的小型(迷你型)投影机，其体积如手机大小。也可以用 LED 光源做大尺寸的 LCD、LCOS、DLP 前投影机和背投影机。

用 R、G、B 三基色 LED 做光源的 LCOS 投影机原理图如图 17.38 所示。

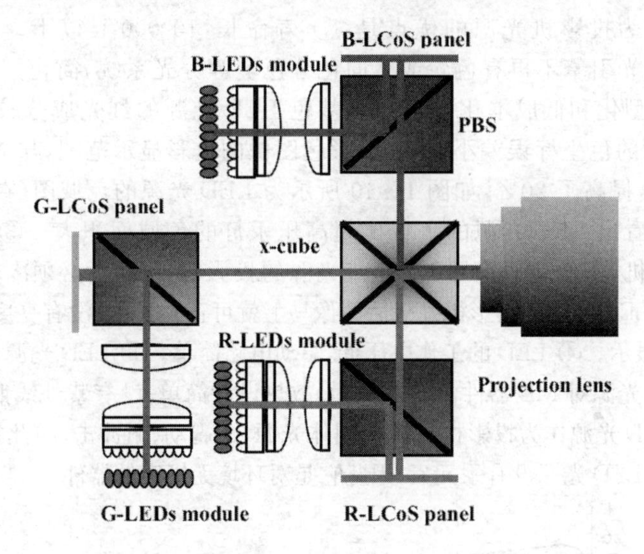

图 17.38　用 LED 做光源的 LCOS 投影机原理图

由于单个 LED 发出的光通量小，所以采用多个 LED 组成面矩阵光源。为了有效地将 LED 面矩阵光源发出的光能量传递到成像器件 LCOS 面板上，必须把 LED 面矩阵光聚焦成一个与成像器件的尺寸大小相当的小光束，也就是所谓的光能的收集。这是用 LED 光源作为投影机光源的一个关键技术，把 LED 面矩阵光聚焦成一个与成像器件的尺寸大小相当的小光束的方法有多种：①用透镜；②用收集器；③用聚光器；④用光锥(CORE)。在图 17.38 中使用的是透镜方式。R、G、B 基色光分别照射到相应的 R、G、B LCOS 面板上，由于 LCOS 面板上加有图像信号电压，由 LCOS 面板再反射出的光就变成了携带有图像信号的光信号，由 LCOS 面板反射出的 R、G、B 光信号分别进入 X 合色棱镜并在合色棱镜中形成图像光信号，再通过投影镜头输出投射到屏幕上形成彩色图像。

可以用高功率的 LED 作为微型投影机的光源,如图 17.39 所示为用 LED 做外光源的微型投影机原理图。

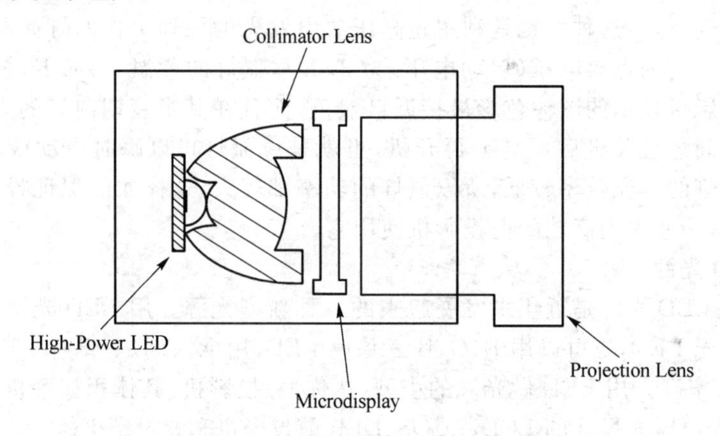

图 17.39 用 LED 做外光源的微型投影机原理图

LED 光源作为投影机光源的优点是:① 寿命长,10 000 h 以上。② 用三基色 LED 光源投影机光引擎不再有色轮或二向色分色境等分光系统,简化了光机的设计,有利于投影机小型化和低成本化,而且,三基色 LED 光源的红光成分较 UHP 灯多,R、G、B 单色光源的色坐标误差小,扩大了彩色图像的色彩显示范围,与 NTSC 制式色彩显示范围相比,提高了 20%,如图 17.40 所示为 LED 光源的色域图(在 *U-V* 坐标系中),在图中可以看出 LED 光源的色域比超高压汞灯的色域面积大。③ 投影机关机后可以马上再开机,不像一般采用 UHP 灯光源的投影机,关机后必须冷却一段时间后才能再开机。用 LED 光源的投影机开机后图像马上就可正常显示,没有亮度等待时间,真正实现图像快速显示。④ LED 的工作电压低,驱动电路简单。⑤ LED 光源的光没有紫外线和红外线,LED 光源对 MD 器件没有热辐射,散热设计简单;没有紫外线照射,MD 器件不会损坏。⑥ LED 光源作为投影机光源是固体光源,耐震动、耐冲击,因此提高了整机的可靠性。⑦ 由于 LED 光源没有汞元素,因此它是对环境无损害的器件。

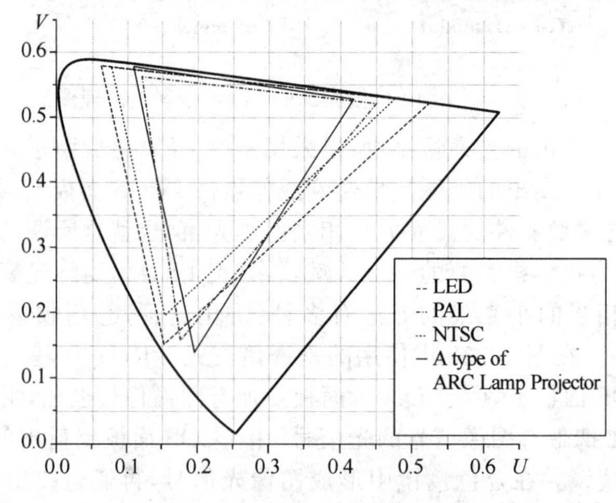

图 17.40 LED 光源的色域图

目前LED光源还有一些问题：① 因为LED光源是一种新型光源，现在成本偏高。② 它的流明效率偏低，约为10～30 lm/W，目前整机亮度还低于超高压汞灯(UHP)光源的投影机。③ 耗电量比超高压汞灯大，LED的发光效率与环境温度有关系，环境温度升高后其发光效率会降低，因此LED光源的冷却系统要好。

7. 激光光源

激光光源是利用激发态粒子在受激辐射作用下发光的电光源。是一种相干光源。激光光源由工作物质、泵浦激励源和谐振腔三部分组成。

半导体激光光源是用半导体材料作为工作物质而产生受激发射作用的激光器。常用工作物质有砷化镓(GaAs)、硫化镉(CdS)、磷化铟(InP)、硫化锌(ZnS)等。激励方式有电注入、电子束激励和光泵浦三种形式。半导体激光器件，可分为同质结、单异质结、双异质结等几种。

近年来由于半导体激光器(LD)和激光器泵浦的全固态激光器(DPL)的快速发展，激光显示技术也有了很大的发展，激光显示技术已发展到产业化前期阶段。我国以中国科学院光电研究院为主，在有关单位的配合下，掌握了核心光学晶体材料和器件、半导体与全固态R、G、B三基色激光器等关键技术，研制出了60in、84in、140in、200in的大屏幕激光投影机，该机是以R、G、B三基色激光器发出的R、G、B三基色激光作为投影机的显示光源，取代了投影机中传统的灯光源。利用激光做光源的投影机有人称其为激光显示投影机。它的工作原理如图17.41所示。

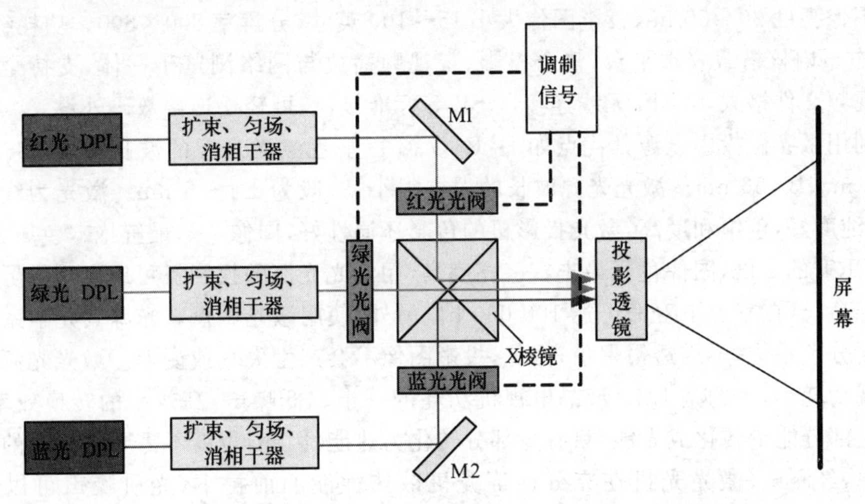

图17.41 激光光源的投影机原理图

红、绿、蓝全固态激光器发出的红、绿、蓝三色激光束分别经过扩束、匀场、消相干后入射到相对应的红、绿、蓝三个显示面板(或者称光阀)上，显示面板可以是DMD、LCD面板、LCOS面板，视频图像信号经过解调后去控制显示面板的工作，也就是说显示面板上加有彩色图像调制信号，红、绿、蓝三色激光经过显示面板，被显示面板反射或透过后光通量发生了变化，从而变成了红、绿、蓝图像光信号，带有图像信号的红、绿、蓝三色激光图像光信号进入X棱镜合色后入射到投影透镜，再通过投影透镜投射到屏幕上得到激光显示图像。

因为激光光源可以实现高亮度,所以做成高亮度的大屏幕投影机,用激光光源还可以做成微型投影机,图 17.42 就是国内生产的一种用激光光源的微型投影机,产品的外型如手机般大小。

图 17.42　采用激光光源的微型移动智能投影机

该微型投影机产品采用激光光源,体积如手机大小,重量为 160 g。自动对焦,投影机图像亮度 20～50 lm,投影图像大小 15～100 英寸,分辨率 800×600。功耗约为 8 W 左右。内核搭载安卓平台,整合投影、音视频播放与网络浏览于一体,支持全部主流音视频文件格式,Wi-Fi 无线连接,USB 等标准接口,可轻松连接数码外设。

利用激光做投影光源其优点如下:R、G、B 三基色激光光源的波长为 R 635 nm、G 532 nm、B 456 nm。激光光源波长的误差很小,一般为±1～5 nm。激光为线谱光源,色纯度好,色饱和度高,激光投影机的色彩还原性好,图像色彩最鲜艳。色域大,大约是 CRT 的 2 倍,图像色彩最丰富。亮度高,用激光光源的投影机可以实现大屏幕显示。寿命长,在室温下寿命可达 100 000 h。另外,使用激光做投影光源其光学系统可以不要分色系统,不用透镜聚焦,因此,投影图像不会产生失真或变形。激光光源的投影电视功耗小,大约是 LCD 液晶电视机功耗的一半。低噪声,高效率的转换效率,意味着大部分能量转化成光能,只有少部分转化为热能,因此,也就不需要高分贝的大功率风扇,经测试,激光光机在充分保证光机散热性能的前提下,光机噪声可以低于 35 dB,远低于普通光源光机噪音水平。

全固态 RGB 三基色激光器发出的红、绿、蓝三色激光的波长可以按照要求来设计,激光显示和 CRT 荧光粉发光的对比如图 17.43 所示,由图中可以看出,三基色激光的波长差不多已处在了色度三角形的三个顶点的位置上,激光显示的色域比 CRT 荧光粉发光显示的大很多,所以用激光显示技术显示的图像色彩更丰富。也就是说用激光显示技术显示的图像更接近真实的物体的颜色。

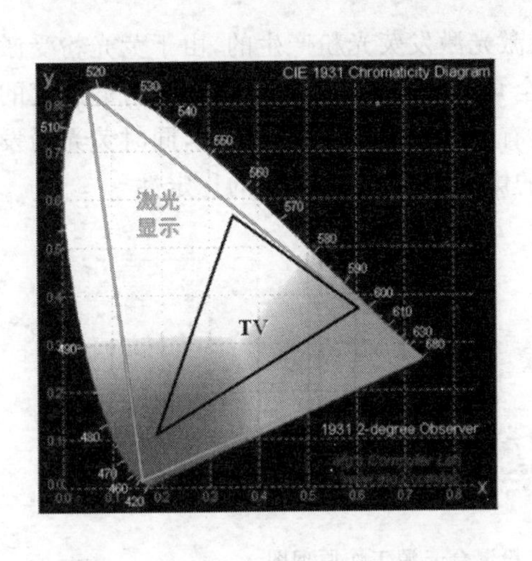

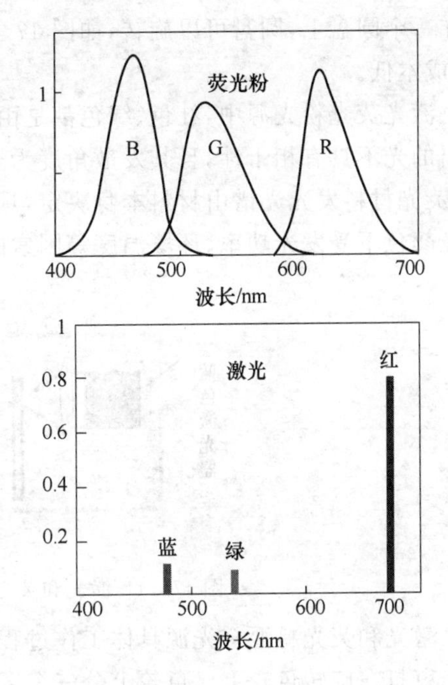

图 17.43　激光显示和 CRT 荧光粉发光的对比

激光光源作为投影机的光源目前还有一些课题需要努力解决，一是提高激光发生器的输出功率，二是减小激光发生器的体积，三是降低激光发生器的成本。

激光除作为投影机光源应用外，还可以直接用激光扫描做成投影机。激光扫描投影机有两种形式：一种形式是 R、G、B 三个激光束分别射到激光用的特制的成像器件上，视频图像信号经过解调后去控制激光成像器件的工作，R、G、B 三个激光束通过激光成像器件后，形成 R、G、B 三个激光束图像信号，把这带有图像信号的 R、G、B 三个激光束汇合在一起形成激光图像信号，通过光缆送到放映镜头投射到屏幕上形成彩色图像，这种激光成像器件有 2002 年索尼公司推出的 GLV(Grating Light Valve)栅状光阀器件和 2004 年柯达公司推出的 GEMS(Grating Electro-Mechanical System)栅状电子-机械系统。另一种形式是视频图像信号经过解调后去控制激光发生器的激光输出，从激光发生器输出的 R、G、B 三个激光束就是携带有图像信号的三个激光图像信号，把 R、G、B 三个激光束汇合在一起形成激光图像信号，通过光缆送到放映镜头，放映镜头中有一个多面旋转棱镜和一个顷斜棱镜，在同步信号的控制下实现激光束的水平扫描和垂直扫描，在投影屏幕上形成彩色图像。

8. 混合光源

(1) 激光和荧光粉混合光源

用激光和激光激发荧光粉发光获得 R(红)、G(绿)、B(蓝)三基色光的一种光源。一般用蓝色激光器做光源，蓝色激光器发出的蓝光作为 B(蓝)光，同时用蓝色激光器发出的 B(蓝)光来激发 R(红)、G(绿)荧光粉，R(红)、G(绿)荧光粉受激发后发出 R(红)光和 G(绿)光，从而获得 R(红)、G(绿)、B(蓝)三基色光。R(红)、G(绿)荧光粉涂在一个圆盘上,圆盘可以旋转,如图 17.44 所示。这种光源的优点是:无散斑、长寿命、成本低。

激光荧光粉光源中,红色、绿色都是由激光激发荧光粉产生的,由于荧光粉受激后发出的光不具有相干性,且其发散角度为全角,完全不具有激光的超高能量密度的属性,荧光材料发光光谱由材料本身决定,具有非常良好的颜色一致性,同时荧光粉发出的光颜色不受发光功率、环境温度等因素的影响,具有非常良好的稳定性

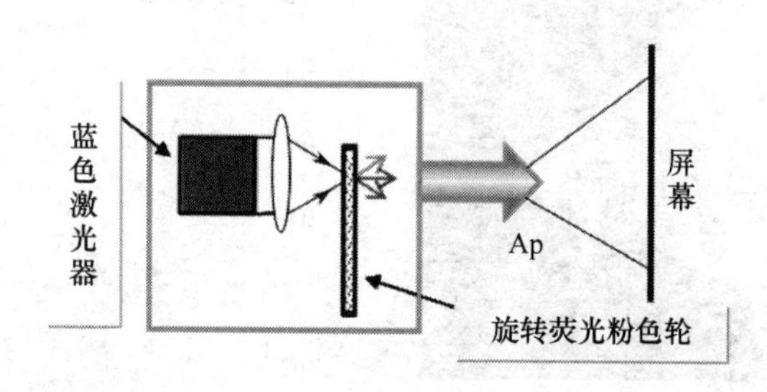

图 17.44 激光和荧光粉混合光源工作原理图

激光和荧光粉混合光源具体工作过程:用蓝光半导体激光器发射出激光束,蓝色激光束打在旋转色轮上。色轮上分三个区域:涂有绿色荧光粉的区域,涂有红色荧光粉的区域和透明区域。蓝色激光束打在旋转色轮上的绿色荧光粉的区域后绿色荧光粉发出绿色光,蓝色激光束打在旋转色轮上的红色荧光粉的区域后红色荧光粉发出红色光,蓝色激光束可以直接通过透明区域输出蓝色光。如图 17.45 所示为荧光粉色轮的示意图,色轮的直径大小约为 40 mm,色轮的转动速度为 7 200 r/min,蓝色激光束的直径为 2 mm。通过色轮的转动形成了红、绿、蓝三色光。经过投影机的光学系统和信号控制系统形成图像光,图像光通过投影镜头射到屏幕上得到投影图像。

激光荧光粉混合光源的技术关键是选择质量好的荧光粉,保证荧光粉发出的光色谱不要太宽,温度升高后发光效率不能降低。在当前的激光荧光粉显示技术中,蓝光是由蓝色激光经过散射消除相干性后直接产生的。但是,蓝光在显示中所需要的亮度比例很低,一般来讲不超过最终显示的白光能量的 5%。也就是说,对于 2 000 lm 的投影机来说,蓝光不超过 100 lm。这当然从本质上就消除了蓝光烧伤人眼的可能性。

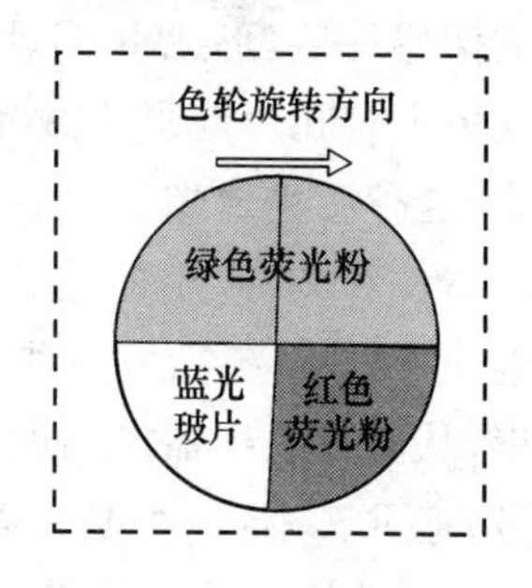

图 17.45 荧光粉色轮

综上所述,在用于显示的红、绿、蓝三基色光中,只有占很低能量比例的蓝光具有激光的特性,在经过消相干、消散斑等一系列处理措施后,其使用安全性与传统投影机没有区别。

(2) 激光和发光二极管 LED 的混合光源

利用蓝激光和红、绿 LED 光源组成的混合光源,可以应用这种光源生产前投影机和背投影机。这种光源的亮度、色域面积、可靠性具有一定的优势。

相对于投影机的气体放电灯的超高压汞灯和氙灯光源来说,我们有时称半导体激

光光源(LPD)、发光二极管(LED)光源为固体光源。每一种光源都有它的优缺点,可根据需要来选择使用。如图 17.46 所示为是在 X-Y 坐标系中各种光源的色域大小图,由图中可见激光光源的色域面积最大。

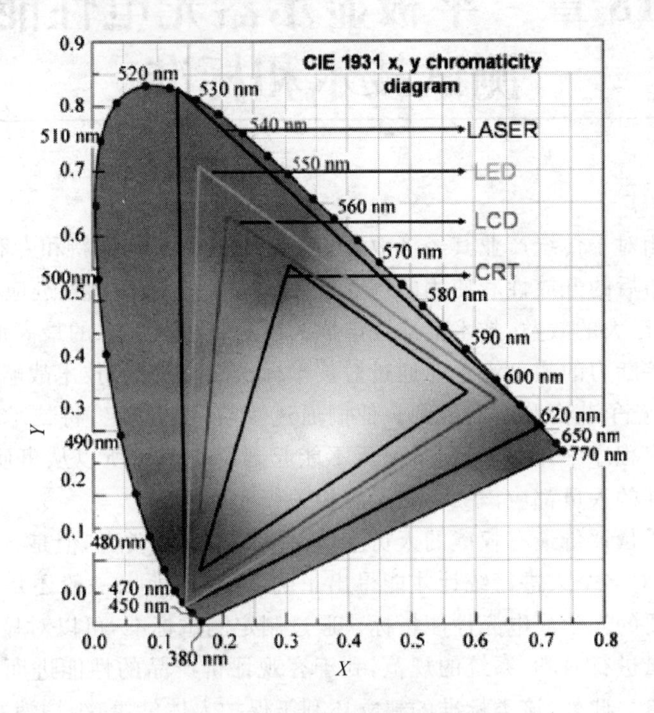

图 17.46　各种光源的色域图

本章参考文献

[1] 韩景福.大屏幕投影技术基础//中国电子视像协会大屏幕投影显示设备分会技术培训班讲义.2004.

[2] 高光义.多媒体投影器用短弧超高压汞灯//2001 年中国国际大屏幕显示技术研讨会论文集.中国电子学会,2001.

[3] 诸定昌.LCOS 投影光源的特性要求和选择//2001 年中国国际大屏幕显示技术研讨会论文集.中国电子学会,2001.

[4] 赵福庭.多媒体投影机中的光学元器件//2001 年中国国际大屏幕显示技术研讨会论文集.中国电子学会,2001.

[5] SHMIZU J A.适用于背投高清晰度电视的卷进式彩色 LCOS//2003 年中国电子视像协会大屏幕投影显示设备分会技术研讨会论文集.

第 18 章　平板显示器光电性能的测试技术和标准

显示产业相对于传统产业其经济效益更多地取决于技术创新和专利权，而专利加上技术标准公布后的开放性和使用的广泛性、强制性，将会构成先进应用技术的制高点，为企业带来巨大的效益，技术标准逐渐成为专利技术所追求的最高形式。因此，真正有竞争力或垄断力的超一流企业通过对技术标准战略、专利技术战略进行商业化运作，控制着市场竞争节奏和游戏规则。他们通过参与标准制定，将技术壁垒隐含在标准和合格的评审程序中，可以起到关税所不能起到的作用。所以从事研究、生产平板显示技术和器件的人员都应该关心和了解相关行业的标准。

对显示器质量评价最有权威的人员应该是使用者或观赏者，但是各人评判标准不一，需要长时间对多个人进行统计才能得出正确的结论，所以一般还是使用仪器来测量显示器的主要的光学或电光性能指标。通过制定测试标准，可以对显示器的光学或电光性能的测量进行科学、系统的规范，利于客观评价产品的性能进而帮助企业稳定和提高产品质量。此外，该类标准的建立还利于保护人体健康，维护消费者权益。

18.1　规定标准的测试环境和测量条件

1. 标准测量环境条件

应保持环境温度为(25 ± 3)℃，相对湿度为 25% ～ 85%，大气压力为 86 ～ 106 kPa。

2. 标准暗室条件

许多光学参数测量需要在无环境光的暗室中进行。在显示器不工作的情况下，显示屏表面的照度应小于 0.3 lx

3. 标准的环境光照明条件

绝大多数显示器是在有环境光照明下工作的，有的(如手机和机载车载显示器)甚至会工作在阳光直射条件下，所以测量有环境光照明条件下的对比度(即俗称亮室对比度)是更有实用意义的。

环境光照明分两大类，一种是漫射照明，用于模拟无阳光直射进屋且未开着灯的室内情况和白天有云层遮断时的室外情况；另一种定向光照明，用于模拟暗室中有光源直射和室外晴天阳光直射的情况。当然也有漫射光与直射光以不同比例组合的情况。

18.1.1　对模拟光源的要求与实现

1. 对模拟室内环境光光源的要求

模拟漫射环境光的光源可以采用标准光源，如果使用标准光源或荧光灯作为光源，应规定灯的色差面积小于 SDCM（Standard Deviation of Color Matching，色容差），滤掉紫外光谱，已老化过 100 h，使用时间不多于 2000 h。计算亮室对比度时，取漫射光在屏上的照度为 150 lx。测出显示屏的漫反射率，可以计算出漫射光在屏上产生的视在亮度 ΔL。同一光源产生的更高照度下的视在亮度，就可以乘以比例系数求出。模拟定向环境光的光源应该与模拟漫射环境光的光源相同。定向光源应安置在垂直置放被测显示屏面上方 35°处（如图 18.1 所示，$\theta_s = 35°$），光源对被测点的张角应小于 8°。定向光照明下测量亮室对比度时，一般取定向光在被测面垂直方向的照度为 100 lx。也可以在两种照明光组合情况下测亮室对比度，这时可取屏面上漫射光照度与定向光照度之比约为 6∶4。

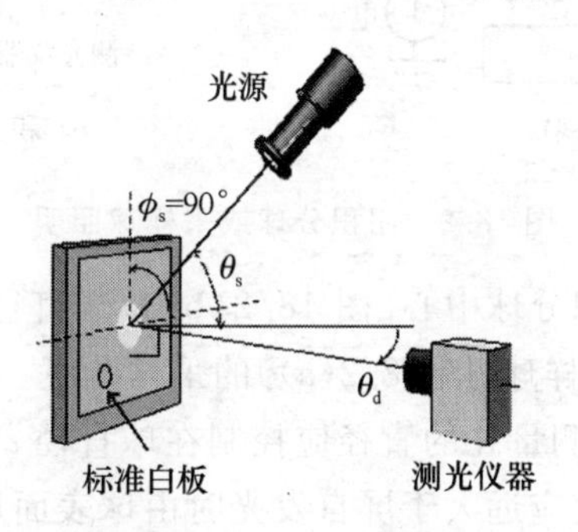

图 18.1　定向光照明

2. 对模拟室外环境光光源的要求

模拟室外漫射照明的日光光源应具有如日光的 16 500 K 相关色温，并加红外滤光片防止显示屏被晒热。日光的漫射光照度可高达 10^4 lx，是难以实现的。如果显示屏在 16 500 K 的相关色温阳光照射下无明显的荧光效应。则可以先用已知光谱分布的 A 光源测出显示屏表面的漫散射率谱 $\rho_A(\lambda)$，再校准到 16 500 K 色温光源照射下的表面漫散射率谱 $\rho_{16500}(\lambda)$，积分后便得到在日光照明下的显示屏漫散射率谱。这样便可以先在低照度下测出环境光照明在屏上产生的视在亮度，再用比例系数计算出在高照度下环境光照明在屏上产生的视在亮度。

模拟定向光照射的日光光源可用 D65 标准光源，由于定向光在屏上的照度可能高达 10^5 lx，需要用红外滤光片将红外辐射滤掉。当显示屏在 D65 光源照射下荧光效应不明显时，仍可用 A 光源测出屏的反射率谱 $\rho_A(\lambda)$。再用 D65 光谱分布校准到在 D65 照射下屏的反射率谱 $\rho_{D65}(\lambda)$。再积分求出在 D65 光源照射下屏的总反射系数 ρ_{D65}。这样，就可以在低照度下实测出环境光照明在屏上产生的视在亮度，再用比例系数计算出在高照度下环境光照明在屏上产生的视在亮度。定向光应该安置在垂直置放显示屏上方 45°(即图 18.1 中 $\theta_s=45°$)处,光源对待测点的张角应小于等于 0.5°。

3. 用积分球实现漫射光照明(图 18.2)

用积分球法测量漫射环境光照明下对比度精度高,积分球可以是全球、半球或采样球。附在积分球上的光源进入积分球后,被涂在球内表面的高反射率涂层无数次反射后,球内任一块表面(或球内任一点)都是完全漫发光体,即在球内创造了一个完全均匀照明的环境光。对积分球的要求如下:

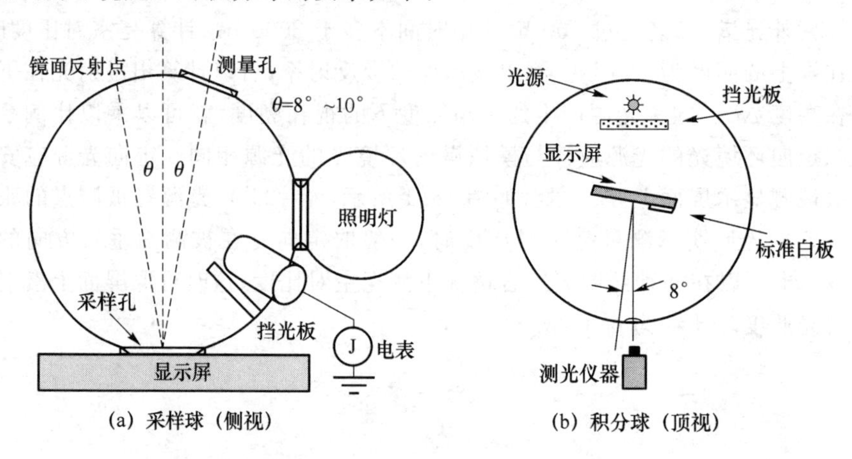

图 18.2 用积分球或采样球照明

(1) 小显示屏置放在积分球中心〔图 18.2(b)〕,球直径应是显示屏对角线尺寸 7 倍以上;大显示屏置放在采样球〔图 18.2(a)〕的采样孔下。

(2) 照明孔、采样孔和测量孔的直径应控制在球直径 d 的 1/8~1/10。

(3) 积分球对屏的照度应远大于屏自发光时由球表面反射回来照在屏上的照度。

(4) 近似模拟 16 500 K 相关色温日光的光源的真实发射光谱可用分光光度计加标准的白板测得。白板应安放在待测面积附近或采样球靠近采样孔的壁上。

(5) 测光仪器(LMD)聚焦在待测屏面上;LMD 轴线经过测量孔中心,并且相对于屏中心垂线或采样孔中心垂线转过一个 θ 角度(8°~10°),以防止照射到 LMD 镜头上的光反射到待测点。

(6) 积分球在显示屏待测面积上照明的不均匀性应低于±5%。

(7) 测光孔的直径应比 LMD 透镜有效孔径大 20%~30%。

(8) 积分球的光源不能直接照射到 LMD 透镜上。

(9) 置于采样球外的显示屏应尽可能贴近采样孔,被测面积上应包含多于 500 个像素。如显示屏与采样孔之间有显著的间隔,则采样孔应加大。

4. 实现定向光照明

定向光源如图 18.1 所示,相对显示屏法线有一个倾斜角。测量在暗室中完成,其四壁、地面、屋顶、桌面上均涂有反射率小于 10%的无光泽黑色涂料。从显示屏镜面反射回来的反射光用光陷阱吸收掉。这样,将无杂散光影响测量。

(1) LMD 法线垂直于显示屏，并聚焦在屏表面。定向光源和屏法线、LMD 轴线处于同一垂直面上，但是相对水平面有一个倾角。光源对待测面积中心的张角为 8°(模拟室内定向照明)或 0.5°(模拟室外定向照明)，这是用调节待测屏与光源之间的距离来改变的。

(2) 当显示屏不工作时，在定向光源照射下，LMD 在待测面积上应能检测到足够大的光电流。当光源光谱分布具有尖锐峰或线光谱时，应配备能分辨带宽小于等于 5 nm的分光光度计以用来测量屏的反射光谱。

(3) 用已知反射光谱的标准白板置于屏待测面积处，可以测出屏的显色相关色温和反射光谱。

18.1.2　标准的测量设备安置方式

LMD 与显示屏之间的安置应如图 18.3 所示：

(1) LMD 可以是用视觉曲线校正过的亮度计，能检测 CIE 1931 XYZ 三刺激值的色度计，能计算亮度和色度的光谱仪，带具有近似于 CIE 1931 标准测色观察者响应特性的滤色片的成像光度计。

(2) LMD 的视场应包含大于 500 个像素，并且聚焦在显示屏上。

(3) 标准测量距离 l_{x0} 应该等于 2.5 V 或 50 cm(当 $V < 20$ cm 时)。V 是显示屏有用面积短边的长度。

(4) LDM 测量透镜对显示屏被测部分中心所张之角(即孔径角)应小于等于 5°；透镜中心对被测区域所张之角(即测量场角)应小于等于 2°。

(5) 显示器件应工作于设计规定的场频。

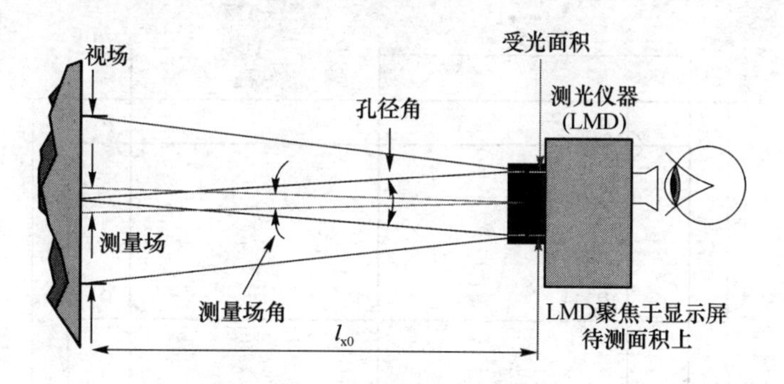

图 18.3　标准的测量设备安置方式

18.1.3　测量前 LMD 与显示器的预热时间

仪器与显示器通上电后，每隔 15 分钟测量一次显示屏的亮度，当亮度变化达到小于等于 2% 时，认为已进入稳定状态，可以开始测量了。

18.2 亮度和亮度均匀性

18.2.1 亮度测量

亮度分全屏最大亮度与窗口最大亮度两种。有些显示器(如 LCD),这两者测量值是一样的;有些显示器(如 PDP)电路中装有平均亮度高时自动功率限制电路,使两种方法测得亮度之值相差很大。对于脉冲式发光的显示器(如 CRT),需要检查光电转换元器件是否饱和。插入一个中性滤光片,如果输出光电流正比于滤光片的透过率,则光电转换元器件未饱和。

1. 全屏最大亮度

对于单色显示,使全屏发光,加最大灰度等级信号;对于彩色显示,全屏加 100% 的白光信号。用透镜式亮度计对准屏中心进行测量。

2. 最大窗口亮度

最大窗口亮度是指全屏只有一小块面积工作于最大亮度时,该面积中心亮度的时间平均值。有些显示器具有亮度负载特性,即随着窗口面积缩小,窗口亮度会增加。这时窗口亮度定义为当窗口面积进一步减小,亮度保持不变时的屏亮度。如果随着窗口变小,亮度持续地上升,则 4% 窗口中心的亮度为最大窗口亮度。

16.2.2 亮度的均匀性

测量屏上 5 点或 9 点最大窗口亮度。测量点分布如图 18.4 所示。

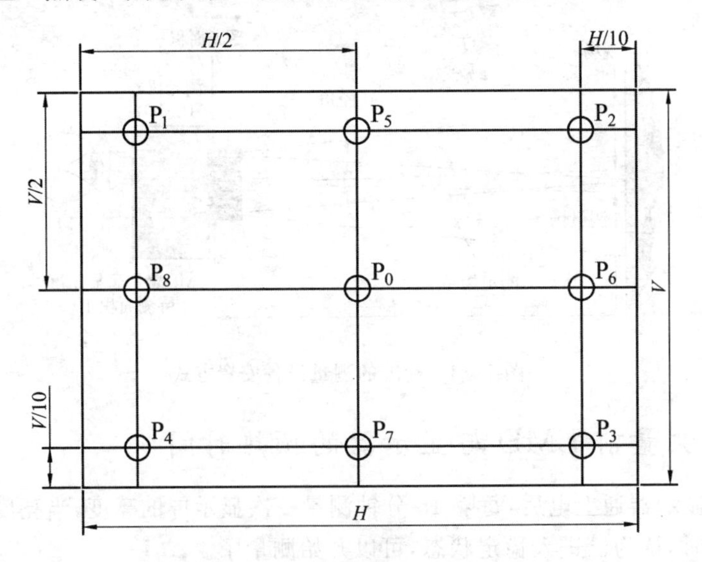

图 18.4 测量点分布

亮度平均值是

$$L_{av} = \frac{1}{n+1}\sum_{i=0}^{n} L_i \tag{18.1}$$

其中，$n=4$ 或 8；L_i 是在位置 P_i 的亮度；P_i 处的亮度偏差为 $\Delta L_i = L_i - L_{av}$。显示屏亮度不均匀性定义为（$\Delta L_i / L_i$）100%的最大值。

18.3 对 比 度

对比度分暗室对比度和亮室对比度两种。

18.3.1 暗室对比度

暗室对比度又分全屏暗室对比度和 4% 窗口暗室对比度。

1. 全屏暗室对比度

先按测全屏最大亮度方法测量出屏中心最大亮度 L_{DRfmax}，然后对显示器全屏施加 0% 最小亮度信号，则得屏中心最小亮度 L_{DRfmin}，则全屏暗室对比度：

$$DRCR_f = L_{DRfmax} / L_{DRfmin} \tag{18.2}$$

要注意 $DRCR_f$ 是在两种完全不同驱动条件下测得的亮度之比。亮场对暗场无任何干扰，距离实际使用情况相差甚远。这种测试方法对 CRT 显示器特别有利，因为 CRT 的全屏暗场亮度可以接近零，这样测出的暗室对比度一定很高。实际上由于 CRT 屏玻璃很厚，亮处的光会通过屏玻璃上下层之间的反射传到相邻像素处。

2. 4%窗口暗室对比度

4%窗口对比度考虑了实际画面总是亮暗区域并存，并且可能相互干扰这种情况。测量步骤如下：

(1) 在暗背景上显示加有 100% 白屏信号的 4%窗口面积，测量窗口中心之亮度 $L_{BR0.04}$。

(2) 加测试信号于模块，如图 18.5 所示，在暗背景上产生 A_1、A_2、A_3、A_4 4 个 4% 亮窗口。

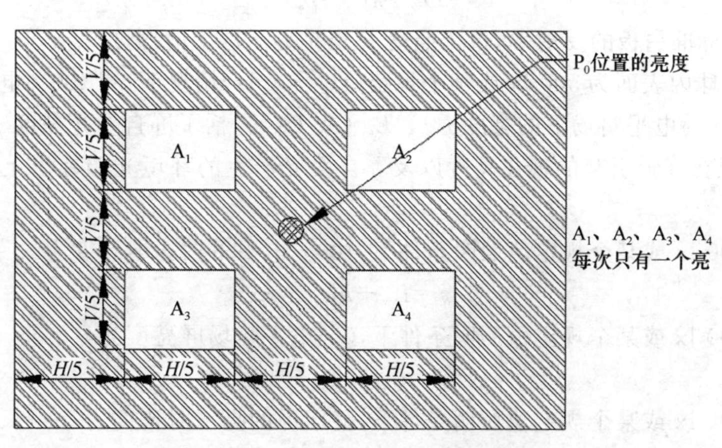

图 18.5　4%窗口暗室对比度测试图案

(3) 亮度计对准屏中央暗面积中心,让 A_1、A_2、A_3、A_4 4 个窗口轮流有一个为100%的亮窗口,测得 4 个最小亮度值 L_{DRimin}。用下式计算 L_{DRmin}

$$L_{DRmin}=(L_{DRimin}+L_{DRimin}+L_{DRimin}+L_{DRimin})/4 \tag{18.3}$$

(4) 计算 4% 窗口暗室对比度

$$DRCG_{w0.04}=L_{BR0.04}/L_{DRmin} \tag{18.4}$$

由测试步骤可知,$DRCG_{w0.04}$考虑了亮窗口通过显示器件结构或电路对暗窗口的影响。显示器的 $DRCG_{w0.04}$不会很高。

测量 L_{DRmin}时,可用截锥形光筒套在 A_1、A_2、A_3、A_4 面积上,以消除由亮方块引起的杂散光对屏中心的影响。

18.3.2 亮室对比度

如果亮室采用日光灯方法,则测量亮室对比度与测量暗室对比度没有什么不同,只是在测暗场亮度时,屏上多了一份由于环境光照明产生的视在亮度,不再重复。下面介绍采用积分球实现环境光照明的亮室对比度测量方法。

1. 全屏亮室对比度

小显示器放在积分球中央,大显示器可以将显示屏紧贴积分球的采样口。测试步骤如下:

(1) 在暗室中测出 100% 电平下白场的亮度 L_w 和 0% 电平下暗场的亮度 L_b;

(2) 将显示器放在积分球中或紧贴积光球采样口;

(3) 测量积分球光源关闭状态下,100%电平下白场的亮度 L_w'和 0%电平下暗场的亮度 L_b'。L_w'(或 L_b')包括了屏自发光亮度和屏自发光在球内产生的均匀照明光在屏上产生的视在亮度。

(4) 显示器不加电,点亮积分球光源并调节发光强度,使球内表面照度达到500 lx或某个规定值。将照度计放在采样口可以直接测出球内表面照度,或在采样口放一块标准白板,由附在积分球上的亮度计测出白板上的亮度 L_{std},则白板上的照度

$$E=\pi L_{std}/\rho_{std}$$

其中,ρ_{std}为标准白板的反射率,这个照度 E 也是显示屏上的照度。

(5) 在球内表面为 500 lx 或某个规定值(k 500 lx)情况下,测 100%电平白场下的亮度 L_{aw}和 0%电平暗场下的亮度 L_{ab}。L_{aw}(或 L_{ab})包括了屏自发光亮度、球光源产生的环境光照在屏上引起的视在亮度以及屏自发光产生的环境光照在屏上引起的视在亮度。

(6) 500 lx 或某个规定值照明条件下,100%电平下白场屏亮度为

$$L_{AW}=L_w+kL_{aw}-kL_w' \tag{18.5}$$

(7) 500 lx 或某个规定值照明条件下,0%电平暗场屏亮度为

$$L_{AB}=L_b+kL_{ab}-kL_b' \tag{18.6}$$

(8) 500 lx 或某个规定值照明条件下,显示屏的亮室对比度为

$$BRCR_{f1}=L_{AW}/L_{AB} \tag{18.7}$$

2. 4%窗口亮室对比度

利用积分球产生环境光测试 4% 窗口亮室对比度时，模块的驱动方式与测 4%窗口暗室对比度时一样，亮室对比度测试步骤可仿上面所述过程进行测试。

18.4　色度和色度的均匀性

18.4.1　屏中心色坐标、色域和色域面积

如为单色屏，使全屏工作在最大灰度等级，用亮度计测出屏中心的 CIE 1931 XYZ 色度图上坐标(x,y)。如为彩色屏，使全屏工作于最大灰度等级白场情况下进行测量：

(1) 测出屏中心，CIE 1931 XYZ 色度坐标 $W(x,y)$。

(2) 只显示红色信号，测出屏中心色度坐标 $R(x,y)$。

(3) 只显示绿色信号，测出屏中心色度坐标 $G(x,y)$。

(4) 只显示蓝色信号，测出屏中心色度坐标 $B(x,y)$。

(5) $R(x,y)$，$G(x,y)$，$B(x,y)$在 CIE 1931 XYZ 色度图上构成的三角形，即显示屏的色域(图 18.6)。

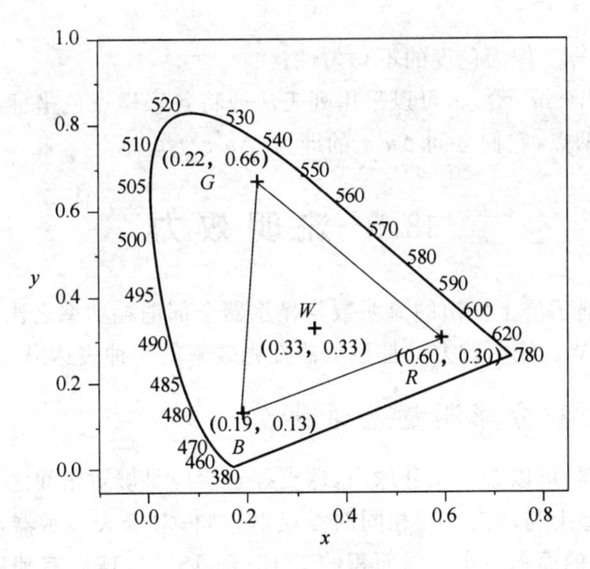

图 18.6　色域示意例子

(6) 由于 u'-v'色度图在色差与色度图中距离之间的对应上，比 x-y 色度图要好，因此在比较可再现的色域时，使用 u'-v'色度图更为合适。u'-v'与 x-y 两系统坐标间的转换公式参见公式(18.10)。色域面积是 $R(u',v')$，$G(u',v')$，$B(u',v')$构成的三角形面积：

$$A=256.1\left|(u'_R-u'_B)(v'_G-v'_B)-(u'_G-u'_B)(v'_R-v'_B)\right| \tag{18.8}$$

(7) 色域覆盖率 C_p 是在 u'-v' 色度图中显示屏色域面积占色度空间全部面积的百分比：

$$C_p=\frac{S_{RGB}}{0.1952}100\% \tag{18.9}$$

数字电视要求 $C_p \geqslant 32\%$。

18.4.2 色度的不均匀性

(1) 对于单色显示器，使全屏工作于最高灰度等级；对于彩色显示器，加一个全屏100%白电平信号。

(2) 测量点分布示于图 18.4 中，测量 P_i 处的色度坐标(x_j，y_k)，再利用公式

$$u'=\frac{4x}{-2x+2y+3}, v'=\frac{9y}{-2x+2y+3} \tag{18.10}$$

转变为(u'_j，v'_k)。

(3) 对于小于 6 英寸之屏，i 取 0～4；对于大于 6 英寸，小于 11 英寸之屏，i 取 0～8；对于大于 11 英寸之屏，i 取 0～12。

(4) 在(u'，v')色度图上，任意一对色度采样点之间的色度差为

$$\Delta u'v' = \sqrt{(u'_j-u'_k)^2+(v'_j-v'_k)^2} \tag{18.11}$$

其中，$j \neq k$。

(5) 取$(\Delta u'v')_{max}$作为色度的不均匀性；

(6) 为了找出$(\Delta u'v')_{max}$，可以采用列表法或将各采样点色坐标都画在坐标面上，找出距离最远的两点，它们之间 $\Delta u'v'$ 的即为$(\Delta u'v')_{max}$。

18.5 流明效力

流明效力是显示屏上发出的流明数与显示器全部消耗功率之比，是显示器的重要指标，单位是 lm/W。流明效力也是显示器发光效率的一种表达形式。

18.5.1 采用积分球测量光通量

对于小显示器，可以置入积分球内，球直径至少应是屏对角线之 3 倍，显示器背面支架和导线都应涂上与球内表面相同的漫反射材料；对于大显示器，将屏中心对着球之采样口；采样口的面积应小于球面积的 1/15(图 18.7)；球内有辅助光源(带紫外滤光片的标准 A 光源)用于修正待测显示屏与标准灯之间对光吸收特性上的差异。光电检测器的光谱灵敏度已校准到与视觉曲线相一致。

测试步骤如下：

(1) 将已知流明数为 Φ_s 的校正用标准灯置于球中心〔图 18.7(a)〕或采样孔处〔图 18.7(b)〕。

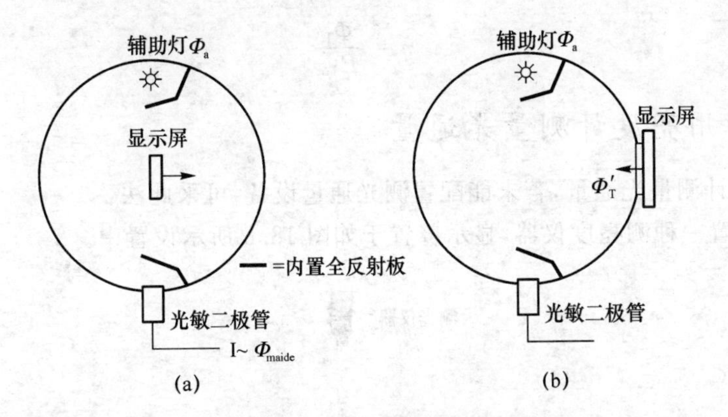

图 18.7　光通量测量装置

(2) 关闭辅助灯，点亮标准灯，测得光电流 I_s 为

$$I_s = S_p \Phi_s \tag{18.12}$$

其中，S_p 为当校准灯安置在球中心或在采样孔时，光电检测器的光电转换系数。

(3) 取出校准灯，将显示屏安置于球中心〔图 18.7(a)〕或采样孔处〔图 18.7(b)〕。关闭辅助灯，使显示屏工作于 100% 电平的全屏白场。测得光电流 I_T 为

$$I_T = S'_p \Phi_T \tag{18.13}$$

其中，S'_p为待测显示屏安置在球中心或在采样孔处时，光电检测器的光电转换系数；Φ_T 为待测屏产生的流明数。由式(18.12)和式(18.13)得：

$$\Phi_T = \frac{I_T S_p}{I_s S'_p} \Phi_s \tag{18.14}$$

(4) 点亮辅助灯，校正待测显示屏和校正用标准灯的吸收：

① 标准灯不点亮，置于球中心或采样孔处，测得光电信号 I_{SA} 为

$$I_{SA} = S_p \Phi_a \tag{18.15}$$

其中，Φ_a 为辅助灯产生的流明数；S_p 为存在标准灯时之光电转换系数。

② 待测屏不加电，置于球中心或采样孔处，测得光电信号 I_{TA} 为

$$I_{TA} = S'_p \Phi_a \tag{18.16}$$

其中，S'_p为存在待测显示屏时的比例系数。由式(18.15)和式(18.16)可求出：

$$\frac{S_P}{S'_P} = \frac{I_{SA}}{I_{TA}} \tag{18.17}$$

(5) 将式(18.17)代入式(18.16)得待测显示屏发出的流明数

$$\Phi_T = \frac{I_T S_p}{I_s S'_p} \Phi_s = \frac{I_T I_{SA}}{I_s I_{TA}} \Phi_s \tag{18.18}$$

(6) 显示屏置于球内时，式(18.18)成立。若显示屏置于采样孔处，设采样孔面积 S_H，屏发光面积为 S_F，则式(18.18)应乘上比例系数 S_F/S_H。若考虑屏各处发光不均匀性，则应按上述过程多测几点，按式(18.18)计算出一系列 Φ_{Ti}，取平均值后作为 Φ_T。

(7) 测出显示器的总功率消耗 P_{Tot}。

(8) 显示器的流明效力

$$\eta = \frac{\Phi_T}{P_{Tot}} \tag{18.19}$$

18.5.2 用亮度计测量光通量

用亮度计测量光通量,若未能配置测光通量设备,可采此法:

(1) 安置一种测亮度仪器,显示屏置于如图 18.8 所示设置中。

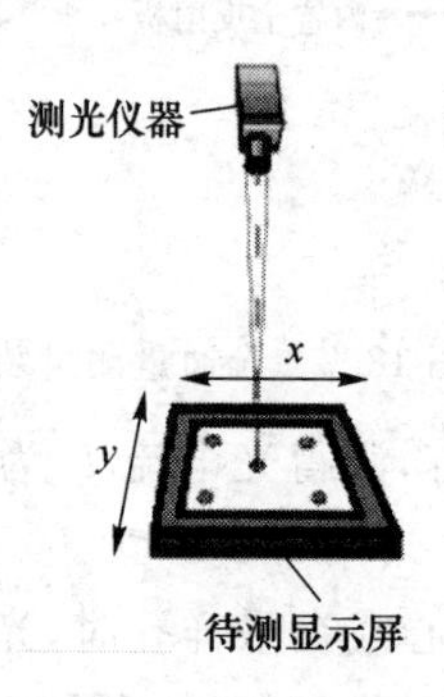

图 18.8 用亮度计测量光通量时的装置

(2) 使显示屏工作于 100%灰度级别。

(3) 按如图 18.8 所示,测量 5 或 9 个位置的亮度,并计算出平均亮度 L_{ave}。

(4) 测量显示器的总功率消耗 P_{Tot}。

(5) 计算流明效力

$$\eta = \pi L_{ave} S_F / (\rho P_{Tot}) \tag{18.20}$$

其中,S_F 为有效显示面积;ρ 为显示屏的漫散射率。

式(18.20)只适用显示屏为浪伯面,并且漫散射谱随视角改变无显著的漂移这种情况。所以一般情况下,此法只能对显示屏的流明效力作估计性的测量。

18.6 显示器的静态图像质量指标

18.6.1 可视角

可视角是指达到视觉规范要求的可视范围,也称为视角范围。对于主动发光的显示器,视角范围问题不大,一般可达到大于等于 160°。对 LCD,由于液晶的工作原理是基于液晶光学参量的各向异性,液晶显示屏的亮度和对比度一定会随视角不同而发生变化,所以其视角范围不大,曾是约束 LCD 进入电视领域的重大障碍之一。

对于无源 LCD,它本身不发光,靠调制外界光显示图像,因此,不能用亮度去标定显示效果,只能用对比度;对于有源 LCD,因为带有背光源,可以等效认为是自发光显示器,可以用亮度去标定显示效果。

在液晶显示器行业中,为了便于使用者记忆,一般将方位角 φ 按时间的表盘区域划分为 12:00、3:00、6:00、9:00 几个区,并以此命名,如图 18.9 所示。

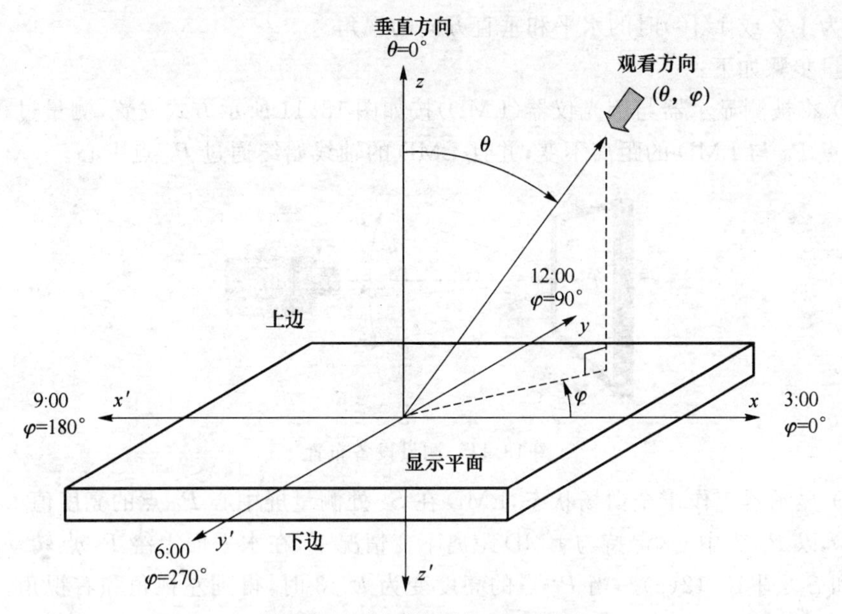

图 18.9　观察方向及 φ 角与表盘区域之间的关系

TN 型液晶显示器视角范围较小，只有 45°立体角，其最佳视角位置有时也不在显示屏的法线方向，这时最好用全视角等对比度曲线来描述，如图 18.10 所示。

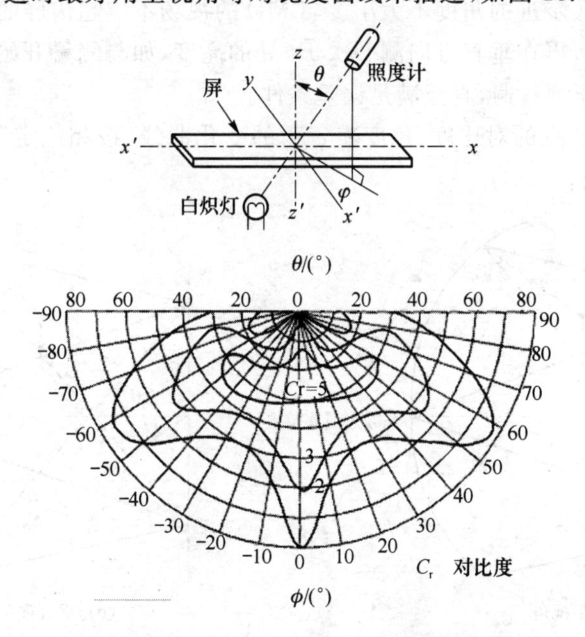

图 18.10　TN 型液晶显示器视角范围

对于主动发光显示器(包括 TFT-LCD)，一般用面向画面的上下左右的有效视角来表示。IEC 公布的文件规定可视角为：当屏中心的亮度减小到最大亮度的 1/3(也可定义为 1/2 或 1/10)时的水平和垂直方向的视角。

测量步骤如下：

(1) 将被测显示器与测光仪器(LMD)按如图 18.11 所示方式安置,测量过程中保持测量点 P_0 与 LMD 的距离不变,并且 LMD 的轴线始终通过 P_0 点中心。

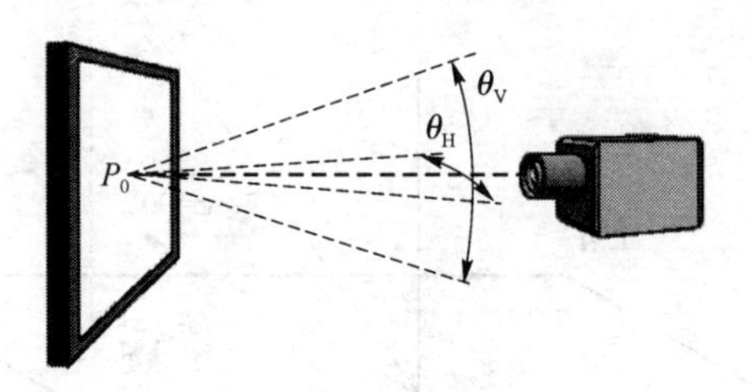

图 18.11　测量设备布置

(2) 显示器工作于全白场状态,LMD 在 S_0 处测量屏中心 P_0 点的亮度值 L_0。

(3) 以 P_0 为中心,保持与 LMD 距离不变情况下,在水平面上绕 P_0 点转动 LMD 至 S_1 和 S_2〔图 18.12(a)〕,当 P_0 点的亮度变为 $L_0/3$ 时,得到左视角和右视角。$L_0/3$ 亮度的水平可视角 θ_H 即左视角与右视角的和。

(4) 垂直上下绕 P_0 点转动 LMD 位置至 S_3 和 S_4 处〔图 18.12(b)〕,当 P_0 点的亮度变为 $L_0/3$ 时,得到上视角和下视角,$L_0/3$ 亮度的垂直视角 θ_V 是上视角和下视角之和。(在《数字电视液晶显示器通用规范》中规定:$\theta_H \geqslant 120°$;$\theta_V \geqslant 80°$。)

(5) LMD 每次步进的角度不大于 2°,LMD 的视场不应超出屏的发光面积。

(6) 测试完后,再在垂直方向测一次 P_0 处的亮度,如与测量开始时之相对偏差大于 5%,则必须重新测一遍,直至满足误差条件。

(7) 可测出 P_0 点的对比度、色度随 φ 角的变化曲线,按相应定义得出与对比度、色度相关的可视角。

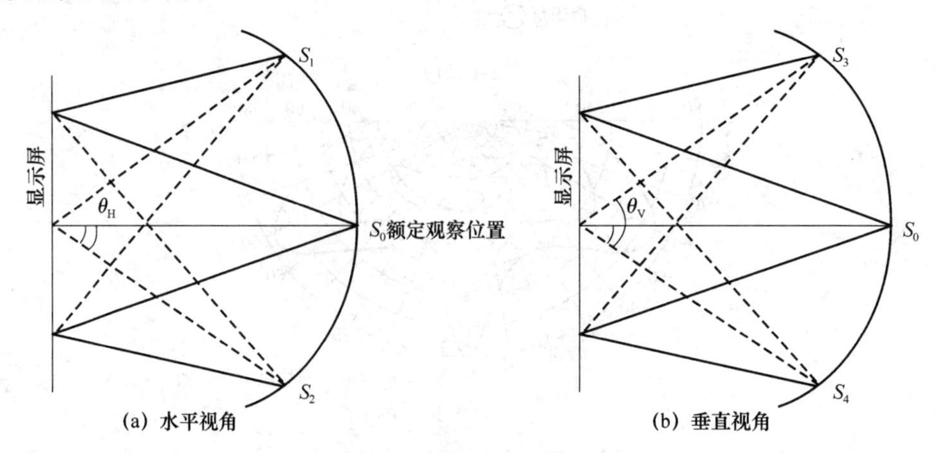

图 18.12　视角范围的测量

TFT-LCD 的可视角窄一度是个问题,在夏普等公司采取了一系列措施后,这一问题得到了显著改进。这些措施主要是平面开关模式(IPS)、垂直排列模式(VA)和改进的超大视角模式(ASV)。夏普在其网站上曾称:和PDP的160°可视角相比,LCD的视角可以达到170°。尽管这些数字本身是正确的,但是与这些数字相关的可视角的定义,对于LCD与PDP却是不相同的。

对于LCD,可视角的定义是对比度下降到10:1的观看角度,这个定义对笔记本式计算机来说是适用的,但对于追求高质量图像的高清晰度显示来说,对比度只大于10:1是远不够的。而对于PDP,可视角的定义是亮度下降到垂直观看时亮度的1/3时的观看角度。

既然对这两种显示器可视角的定义不同,它们之间也就没有比较的前提了,需在相同的可视角定义下进行测试比较。对于在PDP屏,如以对比度下降到10:1的标准来测量可视角时,PDP的视角可以达到180°,这也是物理上的最大视角。同样,在亮度下降到垂直观看的1/3的标准下,LCD视角水平方向为122°,垂直方向为91°,而PDP的视角垂直和水平方向均为151°(图18.13)。因此,两种可视角定义下,PDP的可视角都比LCD好。这是PDP与LCD在争夺40英寸以上电视显示屏市场过程中,双方厂家之间发生过的一次论战。

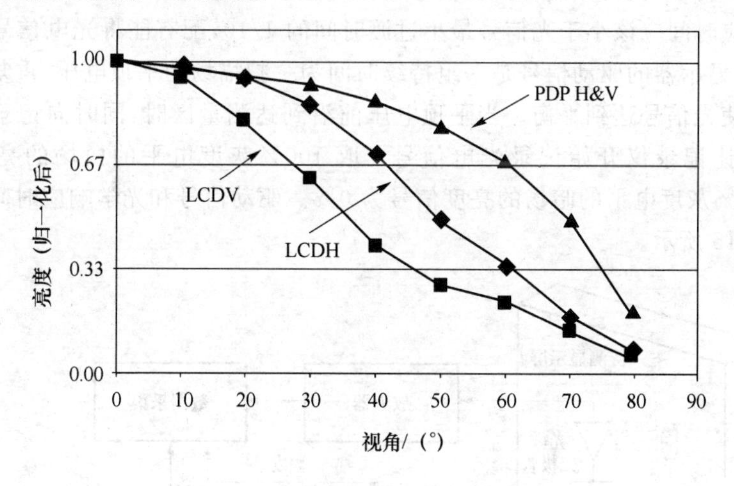

图18.13 PDP、LCD可视角的比较

18.6.2 响应特性

施加于显示器的电信号与显示屏上相应显示的光信号不是同步的,光信号的变化相对于电信号的变化总会有或多或少的滞后。造成这种滞后有两个原因,一个是发光材料电光特性本身有滞后现象,另一个是由于显示屏的引线电阻 R 和屏本身的像素电容 C 构成的 RC 充放电效应。

对于主动发光型显示器,发光材料的电光特性引起的滞后时间一般为毫秒量级,如CRT彩色电视荧光粉的余辉时间约为2 ms,而OLED屏材料的响应时间为微秒量级,均不会对显示器的响应特性造成影响。

对于非发光型的LCD,所谓施加信号电压就是改变液晶层中的电场,驱动液晶分子作各种转动,响应时间较长,一般为几十毫秒到几百毫秒(注意:一帧的时间为20 ms

或 16.7 ms),会使静态图像转换的速度变慢或使运动图像变模糊,曾是 LCD 进军电视领域的重大障碍。

对于无源显示器件,电信号直接施加在像素电容上,当屏本身很薄(如 OLED 屏厚为几百纳米;ELD 屏厚只有几个微米),又有电流流过屏时,*RC* 充放电效应会严重影响显示器的响应特性。对于电流注入型显示器,当屏尺寸变大时,引线电阻与像素电容都增加,*RC* 效应会大大增加。LCD 是电压控制型显示器件,这个问题相对较轻,但是由于对像素电容的充放电电流仍然存在,引线电阻的效应仍然存在。

对于有源显示器件,由于电信号是施加在薄膜晶体管(TFT)上,TFT 的极间电容很小,可以大大降低 *RC* 效应。

所以对于有源显示器,一般不存在响应特性问题;对于 LCD 无论是无源的还是有源的,由于屏本身的工作原理决定的长的响应时间成为影响 LCD 显示器响应特性的主要原因。

测量显示器响应特性的方块图如图 18.14 所示。用于测量显示器响应特性的 LMD 需要具备下列特性:能将亮度信号转换为电信号;能对快速变化的光信号产生线性响应;响应时间应该小于光信号最小过渡时间的 1/10;配有能将光电信号记录下来的记录仪。显示器的驱动信号是一组持续时间为一扫描场的平顶电压,重复频率应该足够低,以使光信号达到平衡。当平顶电压前沿到达测量区时,同时向记录仪发一个触发信号,让记录仪开始记录光电信号。取 100%灰度电平的白场的亮度信号为 100%,取 0%灰度电平的暗场的亮度信号为 0%。驱动信号和光学响应时间之间的关系如图 18.15 所示。

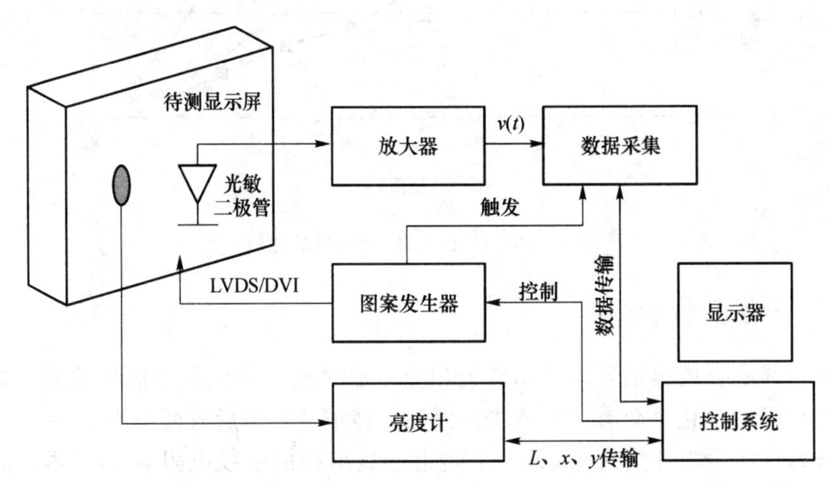

图 18.14 测量显示器响应特性的方块图

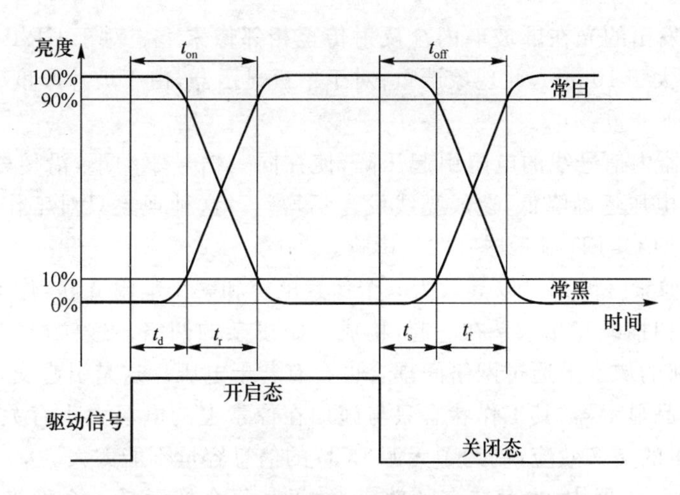

图 18.15　驱动电压和光学响应时间之间的关系

屏的响应时间包括开启时间 t_{on} 和关闭时间 t_{off}。开启时间包括开启延迟时间 t_d 和上升时间 t_r，而关闭时间包括关闭延迟时间 t_s 和下降时间 t_f。

开启时间 t_{on} 是指从关闭态电压跳变到开启态电压的瞬间(不包括其中跳变时间)到亮度变化值达到最大变化值的 90% 瞬间的时间间隔。开启延迟时间 t_d 定义为从关闭态电压跳变到开启态电压瞬间到亮度变化值达到最大变化值 10%瞬间之间的时间间隔。而上升时间 t_r 定义为从最大变化值 10% 到 90%之间的时间间隔(图 18.15)。

关闭时间 t_{off} 定义为从开启态电压首次跳变到关闭态电压瞬间(不包括跳变时间)到亮度变化值达到最大变化值 90% 瞬间之间的时间间隔。这儿，关闭延迟时间 t_s 定义为从开启态电压首次跳变到关闭态电压时的瞬间(不包括跳变时间)到亮度变化值达到最大变化值 10%瞬间之间的时间间隔，下降时间 t_f 定义为亮度从最大变化值的 10% 变到 90% 的时间间隔(见图 18.15)。

测量步骤如下：

(1) 将电压源与显示屏相连接。当屏处于开启态时，要保证只有中心的一小块面积(如 5 mm×5 mm)发光。

(2) 让屏工作于稳定的关闭态，然后改变驱动电压，使显示状态瞬间地跳变到开启态。用信号记录仪测量和记录显示的亮度-时间曲线和驱动电压时间曲线，如图 18.15所示，可获得开启时间 t_{on}。

(3) 让屏工作于稳定的开启态，然后改变驱动电压，使显示状态瞬间地跳变到关闭态。用信号记录仪测量和记录显示的亮度－时间曲线和驱动电压－时间曲线，如图 18.15所示，可获得关闭时间 t_{off}。

18.6.3　交叉效应

显示器件中的交叉效应与多路通信中两条互不相干线路之间的“串音”现象类似，是指一个像素上的亮度会受邻近像素亮度的影响。引起交叉效应的原因从广义来讲有三个方面：

(1) 像素发出的光在屏玻璃内全反射传至相邻像素上。对于 CRT 显示器,由于其屏玻璃厚度大于 10 mm,此现象严重;对于平板显示器,由于玻片厚度一般小于等于 1 mm,此现象不严重。

(2) 显示器内信号线的电阻引起压降,使在同一信号驱动下,沿传输线施加在各像素上的信号电压逐渐降低,造成亮线发光不均匀。这种现象只对工作电压低、工作电流大的注入型 OLED 显示器有明显影响。

(3) 每个像素一般都可以等效为一个像素电容和一个电阻并联,像素互相之间又通过信号线和扫描线互相联系在一起,构成一个复杂的网络。这样,当对一个像素施加电压时,相邻的像素上通过网络间耦合也会有若干电压。这是引起交叉效应的主要原因。对于液晶显示器,其工作状态只与施加在像素上的电场大小有关,而与其极性无关,造成严重的交叉效应,制约了无源 LCD 的信息容量不能太大。

在 OLED 显示器中,也存在交叉效应,由于其每个像素是一个发光二极管,对电压具有方向性,可采用对不发光的像素施加一个负电压来抑制交叉效应。每个液晶像素串联上一个强非线性元件或有源器件就可以抑制交叉效应,所以有源 LCD 的交叉效应问题不大。在 PDP 中,每个像素是一个小的放电空间,本身具有强的非线性特点,所以 PDP 的交叉效应问题也不大。

测量显示器件交叉效应的基本原理是:先在均匀背景下测量选定点的亮度,然后使附近方块变成全亮(或全黑)再测量选定点的亮度。用选定点亮度变化量的百分比来定量表示交叉效应的大小。具体的选择方式可以有多种,下面选择一种进行介绍。

测量步骤如下:

(1) 在屏中心开一个 4% 窗口,窗口中心 P_0 是待测点,如图 18.16 所示。背景亮度取 100% 灰度级白场亮度的 18%(或 50%)。

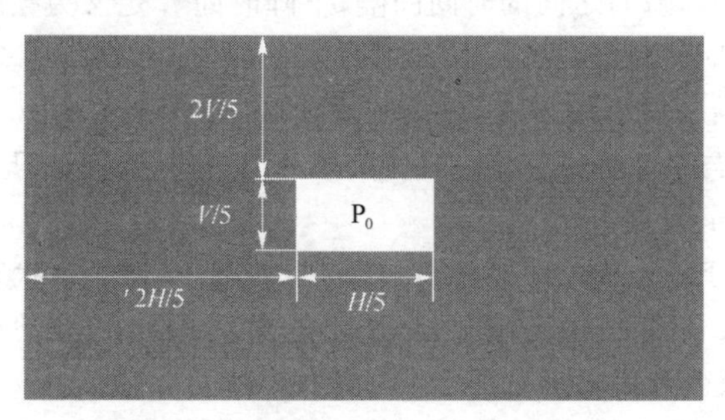

图 18.16 屏中心 4%窗口中的测量点 P_0

(2) 如图 18.17(a)所示,让显示屏中 A_{W1},A_{W2},A_{W3},A_{W4} 4 个 100% 灰度级电平亮窗口依次只亮一个,测得 P_0 点的亮度分别为 L_{W1},L_{W2},L_{W3},L_{W4},取其平均值为

$$L_{W,on}=(L_{W1}+L_{W2}+L_{W3}+L_{W4})/4 \tag{18.21}$$

其中,$L_{W,on}$为在相邻四角 4% 亮窗口影响下屏中心点 P_0 的平均亮度。

(3) 如图 18.17(b)所示,让显示屏中 A_{B1},A_{B2},A_{B3},A_{B4} 4 个 0% 灰度级电平暗窗口依次只暗一个,测得 P_0 点的亮度分别为 L_{B1},L_{B2},L_{B3},L_{B4},取其平均值为

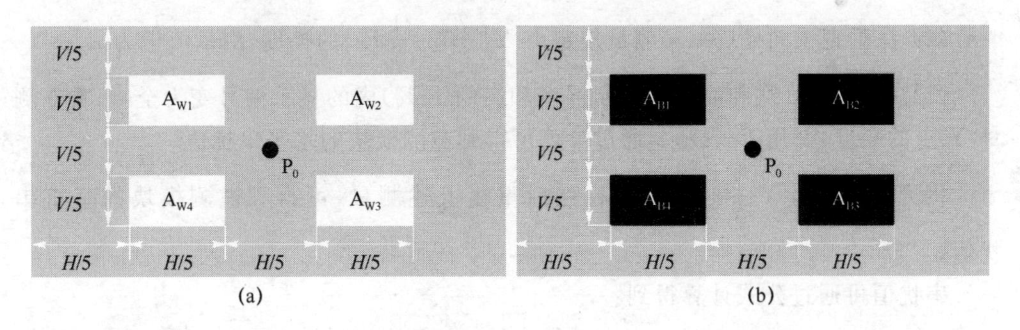

图 18.17 在 A_{W1},…,A_{W4} 和 A_{B1},…,A_{B4} 轮流出现一个情况下测量 P_0 点的亮度

$$L_{B,on}=(L_{B1}+L_{B2}+L_{B3}+L_{B4})/4 \tag{18.22}$$

其中,$L_{B,on}$为在相邻四角 4% 暗窗口影响下屏中心点 P_0 的平均亮度。

图 18.17 中的 8 个窗口处在中间窗口的 4 个角上,通过交叉效应对 P_0 点的亮度影响较小。

(4) 如图 18.18(a)所示,让显示屏中 A_{W5},A_{W6},A_{W7},A_{W8} 4 个 100% 灰度级电平亮窗口依次只亮一个,测得 P_0 点的亮度分别为 L_{W5},L_{W6},L_{W7},L_{W8},以 L_{Wi} 表之。

(5) 如图 18.18(b)所示,让显示屏中 A_{B5},A_{B6},A_{B7},A_{B8} 4 个 0%灰度级电平暗窗口依次只暗一个,测得 P_0 点的亮度分别为 L_{B5},L_{B6},L_{B7},L_{B8},以 L_{Bi} 表之。

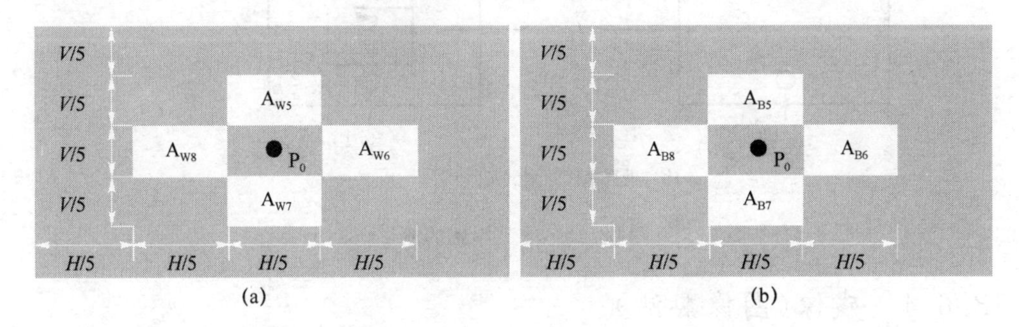

图 18.18 在 A_{W5},…,A_{W8} 和 A_{B5},…,A_{B8} 轮流出现一个情况下测量 P_0 点的亮度

图 18.18 中的 8 个窗口处在中间窗口的上下或左右,通过交叉效应对 P_0 点的亮度影响较大,因为扫描信号施加在同一行的所有像素上,而视频信号施加在同一列的所有像素上。

(6) 亮场的交叉效应可定义为

$$CT_W=\left(\frac{|L_{Wi}-L_{W,on}|}{L_{W,on}}\right)_{max}\times 100\%, i=5,6,7,8$$

暗场的交叉效应可定义为

$$CT_B=\left(\frac{|L_{Bi\_}-L_{B,on}|}{L_{B,on}}\right)_{max}\times 100\%, i=5,6,7,8$$

当然还可以有其他的定义方式,如图 18.19 所示为另一种测试方法。

(1) 给被测模块施加一个电压信号,使显示屏处于初始的亮度值 L_{ref}(对于从 0～255 亮度等级的显示屏,推荐取 31 亮度等级为初始显示状态)。

(2) 在垂直视向处($\theta=0$)测量规定点 $Y\left(\frac{7}{8}W,\frac{1}{2}H\right)$的亮度,测量值记为 L_a;

(3) 中心矩形(宽和高均为显示屏宽和高的50%)内的显示信号变为全暗,重新测量 Y 点的亮度,并用 L_b表示。通过计算可得到被测模块的水平串扰值。

将测量点改为 $Y'\left(\frac{1}{2}W,\frac{7}{8}H\right)$,然后重复上述测量,可得到被测模块的垂直串扰值。

串扰值可通过公式计算得到:

$$CT=\left|\frac{L_b-L_a}{L_a}\right|\times 100\% \tag{18.23}$$

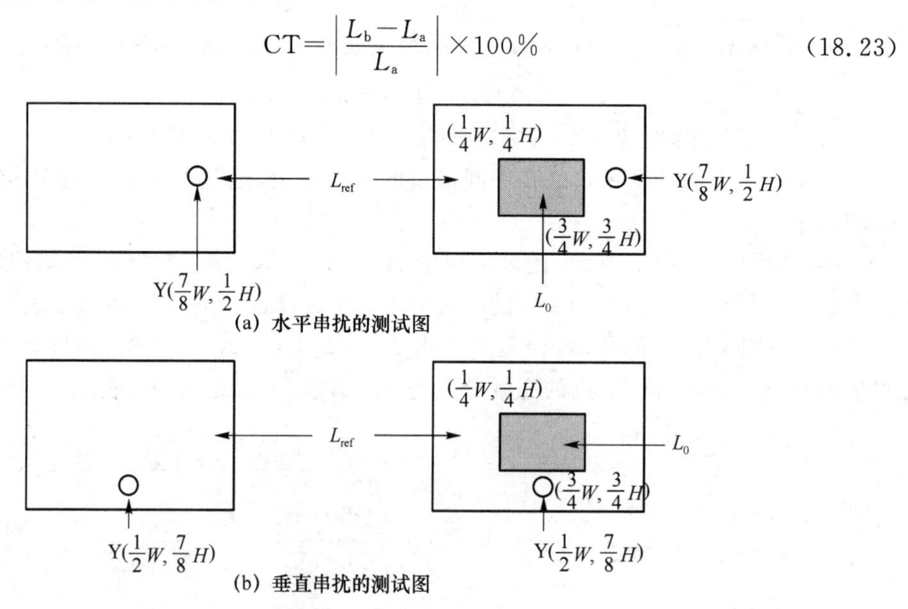

图 18.19　交叉串扰的测试

18.6.4　残像(图像黏滞)

显示屏在长时间显示静止图像后,再显示其他图像时,会叠加上一幅原先图像的影子。如果经过一段短时间(如几分钟)后影子消失,这种影子称为余像(Image Retention),对显示屏不造成永久性损伤;如果这个影子长时间后也不消失,则称为残像(Image Pesistence)或图像黏滞(Image Sticking),是显示屏永久性的灼伤。

造成灼伤的原因是长时间工作在高亮度下的像素的发光性能褪化,发光灵敏度下降;而未发光或工作于低亮度的像素,其发光灵敏度未下降或下降少。这样,当再工作于白场时,原先发光强之处就显得较暗,形成了上述的影子。对于余像,因为能自动消除,可以不予理会;而残像则是显示器的一个不可忽视问题。残像曾是 PDP 显示器的一个重大问题,引起的主要原因是其绝缘层 MgO 的二次发射系数在工作过程中变小,使发光强度下降;残像在 LCD 和 OLED 显示器中也存在,但是程度较轻;CRT 显示器中残像成因是由于荧光粉在电子轰击下发光性能下降,但是下降很慢,所以 CRT 显示器的残像问题不大。总之,不论是什么种类显示器都要避免长时间工作于显示静止图像状态。

残像的测试过程如下：

(1) 待测显示器已经过足够时间的老练，即显示屏发光已进入平稳状态。这是必要的，因为如 OLED、ELD 这类显示器工作初始阶段发光性能下降很快，经过一段工作时间后才转入平稳阶段。

(2) 作残像测试时，采用 4%白窗口。窗口的亮度取100% 最大亮度，或根据实际使用情况取其他值。对于电视、数码相机和手机可分别取 15%、20%、30%。对于具有大量白背景的手机取 60%。各种亮度的静态窗口如图 18.20 所示。

图 18.20　各种亮度的静态窗口示例

(3) 按规定的亮度，启动显示屏中心 4%窗口，然后每过一段时间，使全屏工作于100%亮度水平 10 min，检查窗口边界是否已显示。如已显示，在该 10 min 内完成对窗口中心亮度和色度的测量。驱动信号电平如图 18.21 所示。

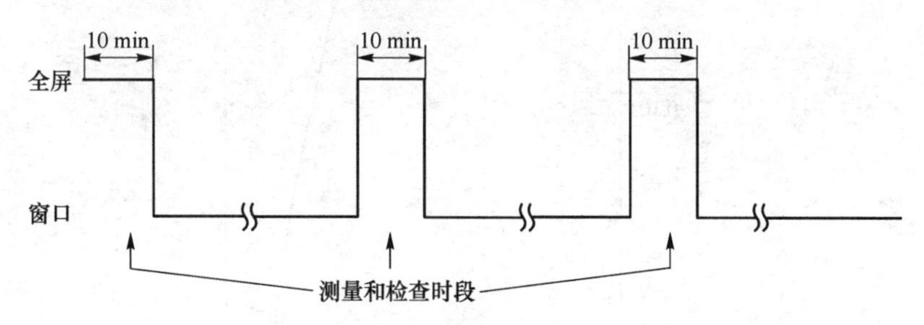

图 18.21　残像测试用的驱动信号电平

(4) 残像引起的亮度变化用$(L_0-L_t)/L_0$ 表示。L_0 是试验开始时 4% 窗口中心的亮度；L_t 是试验经过了 t 时间后，100%白场驱动条件下，4% 窗口中心的亮度。取 $\Delta L/L_0$ 达到 3%、5% 或 10% 的时间作为产生亮度残像的时间。

(5)残像引起窗口中心色的度变化用 CIE 1976 均等表色空间中坐标的变化 $\Delta u'v'$ 表示：

$$\Delta u'v' = \sqrt{(u'_t - u'_0)^2 + (v'_t - v'_0)^2} \tag{18.24}$$

其中，(u'_0, v'_0)是试验开始时窗口中心的色坐标；(u'_t, v'_t)是经过时间 t 后的色坐标。取 $\Delta u'v'$ 达到 0.004、0.005 或 0.01 所需的时间作为产生颜色残像的时间。

(6) 在整个试验过程中,应采用同一个测光仪器。

18.6.5 闪烁

闪烁(Flicker)是指人眼对显示屏亮度快速变化的一种主观感受,即感知到屏幕好像在快速地闪动,包括场频闪烁。因为是人眼的主观感受,所以并不是简单地等同于显示屏上亮度的波动值。从人眼的时间特性可知,当亮度波动频率超过临界闪烁频率时,人眼不再感受到亮度的变化,即感受不到闪烁,而用仪器测试时,这种亮度波动仍然存在。

闪烁会使视觉不舒服,长时间观看有闪烁的显示屏会导致人眼疲劳。闪烁现象在CRT显示器中最显著。各类平板显示器相对较轻。闪烁是显示屏的本底噪声,分为黑噪声和亮噪声两种。但是人眼对暗噪声相对不敏感,所以闪烁只对亮噪声而言。引起闪烁的原因是多方面的,工艺、结构、材料、电路各方面的不稳定性、不均匀性、微观的随机性变化都会产生亮度跳变起伏。例如,CRT显示器行扫描同步不稳定就会引起行间闪烁。在LCD显示器中,液晶分子随机的热运动会改变液晶分子的取向,造成透过光的强度作随机的变化。通过统计方法可测出人眼对闪烁频率的对比(度)敏感度曲线,如图18.22所示。

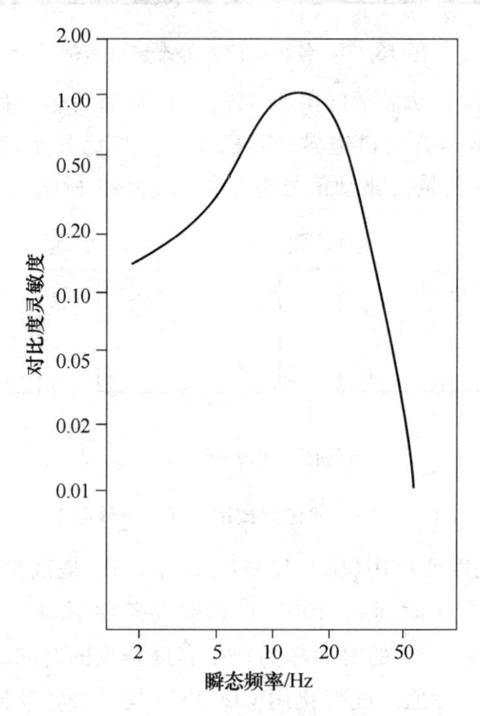

图18.22 对光源闪烁的视觉对比(度)敏感度曲线

由图中曲线峰值可知,最敏感的频率是8.8 Hz,偏离该点后,敏感度随频率变化而降低。当$f \geqslant 40$ Hz,闪烁就很小了;当$f \geqslant 50$ Hz,就会完全感觉不到闪烁。影响闪烁灵敏度的因素很多,包括目标在视网膜中成像的尺寸、背景亮度、观察视角、显示器尺寸、观察者的年龄和性别等，所以至今还没有一个令人们满意的测试方法。下面介绍几种评测显示器闪烁的方法。

(1) 查闪烁预测曲线

根据不同屏亮度和观察视角绘制了临界闪烁频率(CFF)值曲线(图 18.23)。所谓观察视角是指观察者在侧面观看显示屏时，偏离屏垂线的角度。选定屏的亮度和观察视角，由曲线查到纵坐标，即 CFF。

此法简单，缺点是考虑的因素不全面，并且给出的数据偏保守。

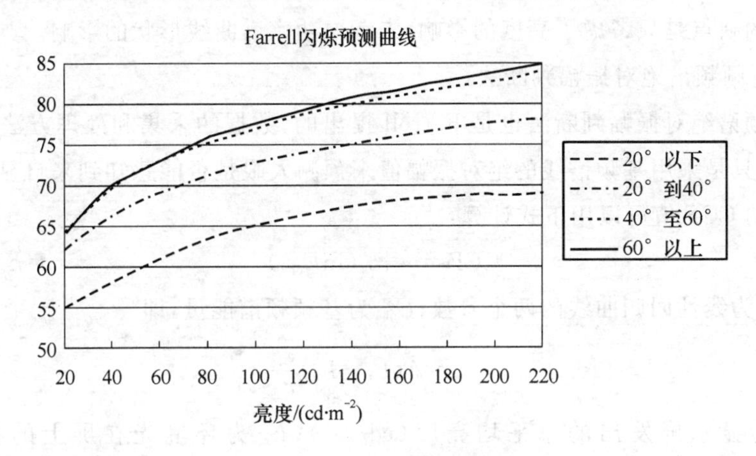

图 18.23　闪烁预测曲线

(2) 频谱分析法

让显示屏工作于最大对比度和 50% 最大亮度状态下，用具有快速响应的亮度计测量屏中心亮度随时间的变化波形 $L(t)$，对 $L(t)$进行频谱分析(即傅里叶分析)，得到 $P_{\mathrm{FFT}}(F)$功率谱，再用如图 18.24 所示的对比(度)敏感度曲线处理一下(即使两者相乘，加入人眼的低通滤波特性)，获得函数 $P'_{\mathrm{FFT}}(F)$，这就是人眼感知到的功率谱。取最大功率谱 $P_{\mathrm{f}}^{\max}$ 和基级功率谱 P_0 比值之对数作为闪烁等级 F(单位 dB)的衡量，即

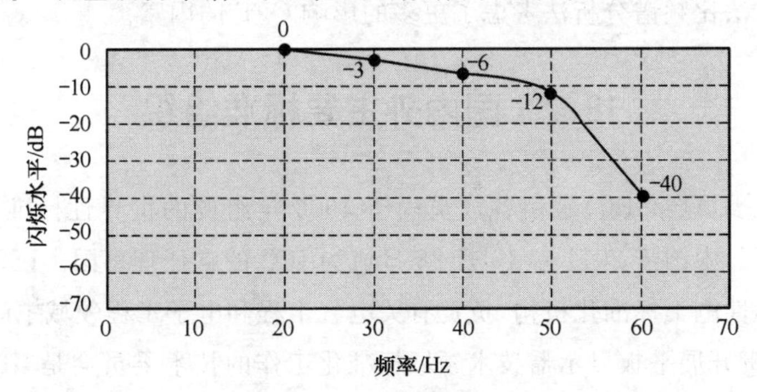

图 18.24　对比(度)敏感度曲线

$$F=10\times\log\left(P_{\mathrm{f}}^{\max}/P_0\right) \tag{18.25}$$

其中，基级功率谱即显示器的场扫描频率或刷新频率下谱线强度；最大功率即一级谱线强度。功率频谱的例子如图 18.25 所示。

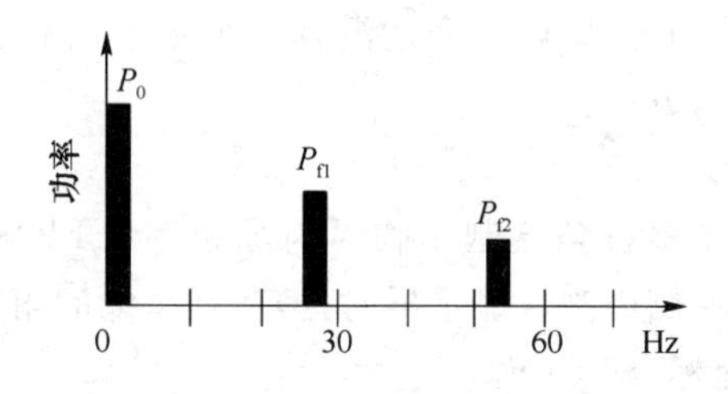

图 18.25 功率频谱的例子

此法的缺点是只考虑了亮度的影响,未考虑功率谱曲线形状的影响。

(3) 基频频谱绝对振幅判断法

基频频谱绝对振幅判断法也是 Farrell 提出的,数据的采集和处理方法与频谱分析法相同,只是采用基频谱线的绝对振幅值来预测人眼是否能感知到来自显示器的闪烁。预测的 CCF 值可以用下式计算:

$$\mathrm{CCF}=m+n(\ln E_{\mathrm{obs}}) \tag{18.26}$$

其中,m、n 为线性回归曲线的两个参数;E_{obs}为基频频谱能量,即

$$E_{\mathrm{obs}}=A(L_{\mathrm{t}}-L_{\mathrm{r}})\frac{c_1}{c_0} \tag{18.27}$$

其中,L_{t} 为显示屏发出的总平均亮度(cd/m^2);L_{r} 为环境光在屏上的视在亮度(cd/m^2);A 为视网膜受照面积,可用下式计算:

$$A=12.45284L_{\mathrm{t}}^{-0.16032} \tag{18.28}$$

c_1/c_0 为与发光材料的余辉相关的量,可表示为

$$c_1/c_0=2/[1+(\alpha f)^2]^{0.5} \tag{18.29}$$

其中,f 为显示屏的刷新率;α 为当假设发光材料的发光强度是按指数方式衰减时的时间常数。

显然此方法比频谱分析法考虑了更多的影响 CFF 的因素。

18.7 国内外主要标准组织

国际电工委员会(IEC)是由各成员国于 1906 年组成的世界性标准化组织,目前有 60 个成员国,中国于 2011 年 10 月 28 日成为 IEC 的常任理事国。IEC 是世界上成立最早的国际性电工标准化机构,负责有关电气工程和电子工程领域中的国际标准化工作,其中负责开展平板显示器技术领域标准化工作的技术委员会是“IEC/TC110 电子显示器件技术委员会”。下设 LCD、PDP、OLED、3D(立体显示器件)、E-paper、FDD(柔性显示器件)、触控与交互显示器件和激光显示器件八个工作组和 BLU(液晶背光源)一个项目组,有各国专家 100 余人。

我国于 2003 年 6 月成立了平板显示技术标准工作组(现名称“工业和信息化部

平板显示技术标准化工作组”)，该工作组的主要任务是为联合国内平板显示器件厂商、科研院所和高校研究和完善本领域的标准体系，制定符合我国技术和产业发展状况并具有自主知识产权的平板显示行业及国家标准，组织研讨国内外相关标准中的重大技术问题，提出相应的建议和对策。目前工作组下设有 LCD、PDP、OLED、LED 屏、3D 显示器件、E-paper 六个分组和触控与交互显示器件、激光显示器件两个项目组，成员单位 60 余家。

本章参考文献

［1］ IEC 62341-6 Ed. 1. 0. Organic Light Emitting Diode Displays-Part 6: Measuring Methods of Optical and Optoelectrical Parameters. 2007.

［2］ IEC 62341-6-2. Organic Light Emitting Diode Displays: Measuring Methods of Visual Quality.

［3］ IEC 61747 6 2-Part-2. Measuring Methods for Liquid Crystal Display Modules-Reflective Type. 2007.

附录 A:平板显示相关网站

政府部门及协会

1. 国家工业和信息化部网站:http:// www. miit. gov. cn/
2. 中国光学光电子行业协会:http://www. coema. org. cn/
3. 中国光学光电子行业协会液晶分会:http://www. coda. org. cn
4. 中国计算机行业协会:http://www. chinaccia. org. cn/
5. 中国物理学会:http://www. cps-net. org. cn/
6. 中国电子视像行业协会:http://www. cvianet. org. cn

媒体、研究机构

1. 中国电子信息产业网:http://cena. com. cn/
2. 赛迪网:http://ccidnet. com/
3. 中华液晶网:http://www. fpdisplay. com/
4. 平显资讯:http://www. fpdnews. com. cn/
5. 液晶与显示:http://www. yjyxs. com/
6. 北京电子科技情报网:http://www. ithowwhy. com. cn/
7. 中华显示网:http://www. chinafpd. net/
8. 中国触摸屏网:http://www. 51touch. com/
9. 中电网:http://www. chinaecnet. com/index. asp/
10. 飞达光学网:http://www. 33tt. com/
11. 液晶时代:http://www. lcdera. com/
12. 彗聪网:http://hc360. com/
13. 中国半导体照明网:http://www. china-led. net/
14. 国际 LED 网:http://www. ledchina. com. cn/
15. 中国产业经济信息网:http://www. cinic. org. cn/
16. 上海情报服务平台:http://www. istis. sh. cn/
17. 中国信息产业网:http://www. cnii. com. cn/
18. 中国报告网:http://www. chinabgao. com/
19. DisplaySearch:http://www. displaysearch. com. cn/

20. Displaybank:http://www.displaybank.com/
21. DigiTimes科技网FPD报告网站:http://gb-www.digitimes.com.tw/
22. WitsView:http://www.witsview.cn/
23. 中国新材料项目网:http://www.matinfo.com.cn/
24. 戴客网:http://www.imdaike.com/
25. 台湾工业技术研究院:http://www.itri.org.tw/
26. 台湾科技政策研究与资讯中心:http://cdnet.stpi.org.tw/
27. 台湾科技产业资讯室:http://cdnet.stpi.org.tw/
28. 广东电子行业网:http://www.gdeia.com/
29. 深圳市电子行业信息网:http://www.seccw.com/
30. 电子时报:http://www.digitimes.com.tw/

平板显示产品主要产商

1. 京东方科技集团:http://www.boe.com.cn/
2. 深圳天马微电子公司:http://www.tianma.com.cn/
3. 昆山龙腾光电:http://www.ivo.com.cn/
4. 华星光电:http://www.szcsot.com/
5. 中电熊猫:http://www.cecpandalcd.com.cn/
6. 长虹:http://cn.changhong.com/
7. 海信:http://www.hisense.com/
8. 彩虹:http://www.ch.com.cn/
9. 厦华:http://www.xoceco.com.cn/
10. 创维:http://www.skyworth.com/
11. TCL:http://www.tcl.com/
12. 海尔:http://www.haier.com/
13. 虹欧:http://www.cocpdp.com/
14. 康佳:http://www.koonka.com/
15. 冠捷:http://www.aocmonitor.com.cn/
16. 优派:http://www.viewsonic.com.cn/
17. 德浩:http://www.det.com.cn/
18. 赛维克:http://www.sawink.com.cn/

附录B:世界液晶研究小组、研究中心

(亚洲)

1. 日本亚洲技术信息委员会平板显示工程
http://www.atip.or.jp/fpd/
2. 日本秋田大学电子与电气工程系光学元件实验室
http://www.ee.akita-u.ac.jp/~liquid-crystal
3. 日本 Hokkaido 大学结构化学实验室
http://barato.sci.hokudai.ac.jp/stchem/eng
4. 日本 Kitasato 大学分子结构实验室
http://jet.sci.kitasato-u.ac.jp/lms/index/
5. 日本 Kyushu 大学 Kajiyama 实验室
http://www.cstf.kyushu-u.ac.jp/kajiyamalab/index.html
6. 日本日本东京大学 Kato 实验室
http://www.chembio.t.u-tokyo.ac.jp/chembio/lab
7. 日本日本理科大学 Kondo 实验室
http://kndo-www.ch.kagu.sut.ac.jp/
8. 韩国 Kyunghee 大学 TFT-LCD 研究中心
http://www.tftlcd.kyunghee.ac.kr/
9. 香港科技大学显示研究中心
http://www.cdr.ust.hk/
10. 印度 Raman 研究所
http://www.202.54.37.67/lc/index.htm
http://rri.ernet.in/

(欧洲)

11. 英国 Exeter 大学 Bruce 研究小组
http://www.ex.ac.uk/chemweb/Staff_research/dwb
http://newton.ex.ac.uk/research/thinfilms/tfi.html
12. 英国 Hull 研究小组

http：//www. hull. ac. uk/prospectus/chem_ liquidcr
http：//www. hull. ac. uk/Hull/Chem_Web/computational_chemistry/ccc. html
13. 英国 Manchester 研究小组
http：//esl. ph. man. ac. uk/lxtals/index. htm
14. 英国伦敦 Imperial 学院 Seddon/Templer 研究小组
http：//www. ch. ic. ac. uk/liquid_crystal/
15. 英国 Oxford 研究小组
http：//prague. eng. ox. ac. uk/~flcse/lc_tech. htm
16. 德国 Hamburg 大学 Volkmar Vill 液晶小组
http：/liqcryst. chemie. uni-hamburg. de/
17. 德国 Ch. Bahr 研究小组
http：//www. staff_ www. uni-marburg. de/~schlaufd/welc
18. 德国 Halle 研究小组
http：//lcsl. mpglcs. uni-halle. de/
19. 德国柏林 Heppke 研究小组
http：//www. tu-berlin. de/~insi/agheppke. html
20. 德国 Halle 大学 Tschierske 研究小组
http：//www. chemie. uni-halle. de/org/ak/tschiers

（美国和加拿大）

21. 美国 KENT 大学 ALCOM 液晶态光学材料科研中心
http：//alcom. kent. edu/ALCOM/ALCOM. html
22. 美国肯特大学液晶研究所
http：//www. lci. kent. edu
23. 美国 Colorado 大学 Clark 研究小组
http：//bly. colorado. edu/
24. 美国 Brandeis 大学复杂流体研究小组
http：www. elsie. brandeis. edu/
25. 美国 Cornell 大学蓝相研究小组
http：www. Lassp. cornell. edu/sethna/LiquidCrys
26. 美国 Florida 州立大学液晶研究小组
http：//lcopt. physics. fsu. edu/
27. 美国 MIT 大学 Swager 研究小组
http：//web. mit. edu/tswager/www/home. html/
28. 加拿大 Queens 大学 Lemieux 研究小组
http：//www. chem. queensu. ca/faculty/lemieux/lem

29. 加拿大 Simon Fraser 大学 John Bechhoefer 研究小组

http://www.eeap.ogi.edu/~barbero/Flat/FPD.html

30. 加拿大 Calgary 大学 James Gleeson 研究小组

http://www.ucalgary.ca/~gleeson/

世界液晶组织

31. 国际信息显示协会

http://www.sid.org/pub.html (文献索引)

http://www.sid.org/dic/patents/patents.html (专利)

32. 国际液晶学会

http://scorpio.kent.edu/ILCS/

33. 英国液晶学会

http://friedel.dur.ac.uk/~dch0mrw/blcs/blcs.ht

34. 日本液晶学会(JLCS)

http://www.soc.nacsis.ac.jp/jlcs/index-e.html

35. 日本液晶科学家联合会(JALCS)

http://jalcs.c.u-tokyo.ac.jp/JALCS/JALCShome-e

36. 意大利液晶学会

http://bohp03.bo.infn.it/sicl/

与液晶显示有关的科学机构

37. ACS (American Chemical Society 美国化学学会)

http://www.acs.org/

38. APS (American Physical Society 美国物理学会)

http://www.aps.org/

39. IUPAC (International Union of Pure and Applied Chemistry 国际纯粹和应用化学联合会)

http://www.chemistry.rec.org/rsc/iupac.htm

40. MRS (Materials Research Society 材料研究会)

http://www.mrs.org/

41. RSC (Royal Society of Chemistry 皇家化学学会)

http://www.rsc.org/

42. SID (Society for Information Display 信息显示学会)

http://www.sid.org/

43. SPIE (The International Society for Optical Engineering 国际光学工程学会)

http://www.spie.org/

世界著名液晶及平板显示器公司

44. 测试和模拟液晶显示器
http://www.autronic-melchers.de/
45. 光阀和显示器的 Displaytech 公司
http://www.displaytech.com
46. LCD 在香港的生产总部
http://www.ee.ust.hk/~cdr/local.html
47. 生产 LCD 检测设备
http://www.instec.com
48. 德国 Merck 液晶公司
http://www.merck.de/LC/Welcom.GB.html
49. 英国 Merck 液晶公司
http://www.merck-ltd.co.uk/icclcd.htm
50. Nematel 公司
http://www.gaston.iap.physik.th-darmstadt.de/olc97
51. Sharp 公司
http://www.sharp.com
http://www.ns3.sharp.co.jp/sc/library/lcd_e/indexe
52. 英国 Sharp 公司
http://www.sharp.co.uk/lc.htm
53. T&D 技术有限公司
http://www.home.netvigator.com/~tdltd/
54. 三星:http://www.samsung.com
三星 SDI:http://www.sdichina.com
55. LG Display:http://www.lgdisplay.com
LG Electronic:http://www.lge.com
56. 松下:http://www.panasonic.cn
57. 日立:http://www.hitachi.com.cn
58. 东芝:http://www.toshiba.com
59. NEC:http://www.nec.com
60. 富士通:http://cn.fujitsu.com
61. 飞利浦:http://www.philips.com
62. 三洋:http://www.sanyochina.com

与液晶专业有关的期刊

63. 液晶(Liquid Crystal)

http://www.tandf.co.uk/JNLS/lct.htm
64. 今日液晶(Liquid Crystal Today)
http://www.tandf.co.uk/JNLS/lcy.htm
65. 分子晶体与液晶(Molecular Crystals and Liquid Crystals)
http://www.gbhap-us.com/journals/146/146-top.htm
66. http://www.tu-berlin.de/~insi/ag_heppke/Journals.html

液晶专业出版物

67. http://www.sid.org/books.html
68. http://www.iog.com/news/bookstore.htm

液晶会议

69. http://liqcryst.chemie.uni-hamburg.de/lc/conf_lc.htm

液晶购物指南

70. http://scorpio.kent.edu/~gleeson/guide.html
71. http://www.ucalgary.ca/~gleeson/guide.html

液晶研究现状

72. WTEC (World Technology Evaluation Center 世界技术评估中心)
http://itri.loyola.edu/displays/toc.htm
(包括液晶显示、真空荧光显示、电致发光、场致发光等平板显示的有关材料和器件的详细介绍及俄罗斯的研究情况介绍。)
73. JTEC (Japanese Technology Evaluation Center 日本技术评估中心)
http://itri.loyala.edu/dsply_ip/toc.htm
(包括平板显示的材料和器件的详细介绍及日本的研究情况介绍。)

免费专利及文献检索

74. SID 提供的专利检索
http://www.sid.org/dic/patents/patents.html
75. SID 提供的文献检索
http://www.sid.org/pub.html